AQUATIC ORGANIC MATTER FLUORESCENCE

水生环境有机质荧光分析

理论与实践

[美] 葆拉·G. 科布尔（Paula G. Coble）

[美] 杰米·利德（Jamie Lead）

[澳] 安迪·贝克（Andy Baker）

[英] 达伦·M. 雷诺兹（Darren M. Reynolds）

[美] 罗伯特·G. M. 斯潘塞（Robert G. M. Spencer）/ 编

何　伟　等 / 译

中国环境出版集团　　CAMBRIDGE

图书在版编目（CIP）数据

水生环境有机质荧光分析：理论与实践/（美）葆拉·G.科布尔等编 ；何伟等译. --北京：中国环境出版集团，2025.3. --ISBN 978-7-5111-5975-5

Ⅰ. O482.31

中国国家版本馆 CIP 数据核字第 20247QN998 号

著作权合同登记号：01-2023-4820

责任编辑　宋慧敏
封面设计　岳　帅

SHUISHENG HUANJING YOUJIZHI
YINGGUANG FENXI LILUN YU SHIJIAN

出版发行　中国环境出版集团
　　　　　（100062　北京市东城区广渠门内大街 16 号）
　　　　　网　　址：http://www.cesp.com.cn
　　　　　电子邮箱：bjgl@cesp.com.cn
　　　　　联系电话：010-67112765（编辑管理部）
　　　　　发行热线：010-67125803，010-67113405（传真）
印　　刷　北京中科印刷有限公司
经　　销　各地新华书店
版　　次　2025 年 3 月第 1 版
印　　次　2025 年 3 月第 1 次印刷
开　　本　787×1092　1/16
印　　张　22.25　彩插 12
字　　数　500 千字
定　　价　108.00 元

水生环境有机质荧光分析：理论与实践

　　这是第一本关于水生环境有机质荧光分析理论与实践的综合性书籍，本书的编者都是该领域的先行者。本书以尽可能广泛的术语涵盖了上述主题，为学科间的比较提供了通用模板，并保证了数据解析和结果解释的一致性。本书包括有机质荧光的基础物理和化学影响因素以及环境影响因素。本书包括样本前处理、数据处理、现场和实验室仪器操作等内容，为成功的荧光分析提供了所需的实用建议。本书还讨论了数据解析和模型构建等前沿方法，如平行因子分析（parallel factor analysis）。本书将引起利用荧光技术开展野外调研、实验室研究或工业应用的高年级学生和研究人员的兴趣，所涵盖学科包括但不限于环境化学、海洋科学、环境地球科学、环境工程、土壤科学和自然地理学。

葆拉·G. 科布尔（Paula G. Coble）是南佛罗里达大学海洋科学学院（College of Marine Science，University of South Florida）教授，从事天然有机质（natural organic matter）荧光研究 20 余年。

杰米·利德（Jamie Lead）是南卡罗来纳大学（University of South Carolina）环境纳米科学与风险教授、环境纳米科学与风险智汇南卡中心（Environmental Nanoscience and Risk SmartState Center）主任，英国伯明翰大学（University of Birmingham）环境纳米科学兼职教授、环境纳米科学分析与表征实验室（Facility for Environmental Nanoscience Analysis and Characterisation）主任。

安迪·贝克（Andy Baker）是新南威尔士大学连通水域倡议研究中心（Connected Waters Initiative Research Centre，University of New South Wales）主任、澳大利亚国家地下水研究与培训中心（National Centre for Groundwater Research and Training，Australia）研究项目负责人。

达伦·M. 雷诺兹（Darren M. Reynolds）领导生物科学研究中心（Centre for Research in Biosciences）的一个研究小组，并担任位于布里斯托尔（Bristol）的西英格兰大学生物传感技术研究所科学顾问委员会（Scientific Advisory Board for the Institute of Bio-Sensing Technology，University of the West of the England）委员。

罗伯特·G. M. 斯潘塞（Robert G. M. Spencer）是位于马萨诸塞州法尔茅斯（Falmouth，Massachusetts）的伍兹霍尔研究中心（Woods Hole Research Center）的助理研究员。他是一名地球系统科学家，研究领域包括水生地球化学和生物地球化学，主要关注碳氮循环。

译者简介

何伟博士是中国地质大学（北京）水资源与环境学院副教授、学院实验中心副主任。他专注于利用荧光光谱法和吸收光谱法开展水圈系统天然有机质的环境行为和生态效应研究。发表学术论文 140 余篇，参编英文专著 2 部，授权专利 5 项，拥有软件著作权 5 项。

贡献者名单

乔治·艾肯（George Aiken）

美国科罗拉多州博尔德市（Boulder，Colorado，US），美国地质调查局国家研究计划水资源学科（U.S. Geological Survey，Water Resources Discipline，National Research Program）

安迪·贝克（Andy Baker）

澳大利亚悉尼（Sydney，Australia），新南威尔士大学连通水域倡议研究中心

托马斯·J. 博伊德（Thomas J. Boyd）

美国华盛顿特区（Washington，DC，US），美国海军研究实验室化学分部（Chemistry Division，U.S. Naval Research Laboratory）

拉斯穆斯·布罗（Rasmus Bro）

丹麦腓特烈斯贝校区（Frederiksberg C，Denmark），哥本哈根大学生命科学学院食品科学系（University of Copenhagen，Faculty of Life Sciences，Department of Food Science）

罗伯特·F. 陈（Robert F. Chen）

美国波士顿（Boston，US），马萨诸塞大学（University of Massachusetts）

葆拉·G. 科布尔（Paula G. Coble）

美国圣彼得斯堡（St. Petersburg，US），南佛罗里达大学海洋科学学院

萝宾·N. 康米（Robyn N. Conmy）

美国俄亥俄州辛辛那提（Cincinnati，Ohio，US），美国环境保护局国家风险管理研究实验室（U.S. Environmental Protection Agency，National Risk Management Research Laboratory）

罗丝·M. 科里（Rose M. Cory）

美国，密歇根大学地球与环境科学系（Department of Earth & Environmental Sciences，University of Michigan）

卡洛斯·E. 德尔卡斯蒂略（Carlos E. Del Castillo）

美国马里兰州巴尔的摩（Baltimore，Maryland，US），约翰霍普金斯大学（Johns Hopkins University）

罗萨纳·德尔韦基奥（Rossana Del Vecchio）

美国科利奇帕克（College Park，US），马里兰大学地球系统科学跨学科中心（Earth System Science Interdisciplinary Center，University of Maryland）

布赖恩·D. 唐宁（Bryan D. Downing）

美国加利福尼亚州萨克拉门托（Sacramento，California，US），美国地质调查局

蕾切尔·S. 加博尔（Rachel S. Gabor）

美国博尔德，科罗拉多大学环境研究系及北极和高山研究所（Environmental Studies and Institute of Arctic and Alpine Research）

约翰·R. 吉尔克里斯特（John R. Gilchrist）

英国克莱德班克（Clydebank，UK），吉尔登光电有限公司（Gilden Photonics Ltd.）

戴安娜·M. 麦克奈特（Diane M. McKnight）

美国博尔德，科罗拉多大学土木、环境和建筑工程系（Department of Civil，Environmental，and Architectural Engineering）及北极和高山研究所

马修·P. 米勒（Matthew P. Miller）

美国莫阿布（Moab，US），美国地质调查局犹他州水科学中心（Utah Water Science Center）

凯瑟琳·R. 墨菲（Kathleen R. Murphy）

瑞典哥德堡（Gothenburg，Sweden），查尔姆斯理工大学土木与环境工程系水环境技术组（Water Environment Technology，Department of Civil and Environmental Engineering）

克里斯托弗·L. 奥斯本（Christopher L. Osburn）

美国罗利（Raleigh，US），北卡罗来纳州立大学海洋、地球和大气科学系（Department of Marine，Earth，and Atmospheric Sciences，North Carolina State University）

达伦·M. 雷诺兹（Darren M. Reynolds）

英国布里斯托尔，西英格兰大学生物科学研究中心

罗伯特·G. M. 斯潘塞（Robert G. M. Spencer）

美国马萨诸塞州法尔茅斯，伍兹霍尔研究中心

科林·A. 斯特德曼（Colin A. Stedmon）

丹麦卡瓦列戈登（Kavalergården，Denmark），丹麦技术大学国家水生资源研究所（National Institute for Aquatic Resources，Technical University of Denmark）

关于编者

葆拉·G.科布尔（Paula G. Coble）是南佛罗里达大学海洋科学学院教授，20年来一直从事天然有机质荧光的研究。她是最早使用激发-发射矩阵光谱（excitation-emission matrix spectroscopy，EEMS）来表征水生环境有色溶解性有机质（colored dissolved organic matter，CDOM）的研究人员之一，并发表了数篇关于该主题的综述性论文。科布尔教授的研究集中于海洋和河口系统中 CDOM 的循环、原位荧光计（in situ fluorometer）的开发和部署以及利用荧光追踪有机质循环和水的质量混合。最近，科布尔教授一直在推动将 EEMS 技术应用于海洋环境石油泄漏的研究，包括区分物理和化学扩散的影响。

杰米·利德（Jamie Lead）是南卡罗来纳大学环境纳米科学与风险教授、环境纳米科学与风险智汇南卡中心主任，英国伯明翰大学环境纳米科学兼职教授、环境纳米科学分析与表征实验室主任。他主要研究天然颗粒和人造颗粒及其相互作用，以及它们的环境归趋和影响，还开展天然颗粒和人造颗粒合成与表征以及风险评估和监管等工作。

安迪·贝克（Andy Baker）是新南威尔士大学连通水域倡议研究中心主任、澳大利亚国家地下水研究与培训中心研究项目负责人。他的研究领域广泛，包括历史气候变化、水文地质、有机质表征和同位素地球化学。他关注地理分支学科、地球科学、环境科学和工程学科领域之间的跨学科科学方法。贝克在《自然》（*Nature*）和《科学》（*Science*）等高引用率期刊上发表了150多篇论文，并获得60多个研究项目的资助。2003年，他被授予菲利普·勒韦休姆奖（Phillip Leverhulme Prize）；2009年，他被授予杜伦大学高等研究院学者（Durham University Institute for Advanced Studies Fellowship）。贝克开展水生环境有机质荧光研究始于20世纪90年代，当时他对洞穴石笋中保存的有机质进行了研究。随后，他对岩溶地下水、英国河流的有机质荧光性质进行了研究，并最终开发了饮用水净化系统和废水处理系统等工程系统。

达伦·M.雷诺兹（Darren M. Reynolds）领导着生物科学研究中心的一个研究小组，并担任位于布里斯托尔的西英格兰大学生物传感技术研究所的科学顾问委员会委员。他是一名多学科科学家，致力于开发应用于环境、农业食品和健康领域的技术平台。雷诺兹的研究领域包括开发用于环境与生物传感以及生物勘探应用的光学技术和方法。他目前参与合成生物学（生物发光报告细菌）的开发和应用，以发现和表征噬菌体，并评估其在卫生和农业食品部门作为生物控制剂、生物抗菌剂的潜在用途。他正在与工业伙伴合作开发原位荧光传感器，以进一步了解溶解性有机质（dissolved organic matter）在支撑水生系统微生物过程中所发挥的作用。

罗伯特·G. M. 斯潘塞（Robert G. M. Spencer）是位于马萨诸塞州法尔茅斯的伍兹霍尔研究中心的助理研究员。他是一名地球系统科学家，研究领域包括水生地球化学和生物地球化学，主要关注碳氮循环。他的大部分研究集中于自然系统内不同环境时间尺度上水圈和生物圈之间的界面。斯潘塞是一位高度跨学科的科学家，他使用一整套分析技术来研究物理过程、化学过程和生物过程（特别是流域水文、生态系统过程、全球气候变化和土地利用变化）对水生环境和陆地环境中的碳氮循环的影响。目前，斯潘塞的一个重点研究是考察热带和北极关键带有机质从土壤和冰川通过河流和河口进入海洋的输出、过程和归趋的控制因素。斯潘塞在这项研究中广泛使用了有机质荧光分析方法，以描述有机质的来源和降解历史，并提高了有机质库组分［如溶解性有机碳（dissolved organic carbon）和生物标志物（biomarker）］的分辨率。

序　言

为了满足科技工作者对利用荧光光谱技术（fluorescence spectroscopy）分析水生环境有机质日益增长的需求，特编撰本书，主要介绍了荧光原理、实验室和野外荧光分析方法以及荧光光谱数据处理和解释等内容。编者团队所属学科广泛，反映了水生环境有机质荧光研究受到多个学科的关注。30 多年来，有机质荧光的研究仍集中于学科内，真正意义上的跨学科研究较为匮乏。我们希望本书能在一定程度上解决上述问题。本书在环境化学、海洋科学、环境地球科学、环境工程、土壤科学和自然地理等多个科学领域有广泛的读者群体，是从事水生环境有机质荧光研究的初学者的核心教材。前 3 章概述了水生环境有机质荧光：第 1 章概述了荧光原理，第 2 章综合分析了荧光与溶解性有机质化学之间的关系，第 3 章对水生有机质荧光的研究历史和现状进行了多学科综述。我们期望上述章节能引起环境光学研究方法和有机质环境化学领域的学生和研究人员的广泛兴趣。接下来的 3 章重点介绍采样技术和仪器装备：第 4 章详细介绍了荧光分析所需的采样设计，第 5 章和第 6 章介绍了实验室（实验台）和现场（原位）荧光分析仪器设计和质量保证与质量控制方法。编者相信，计划开展现场、实验室或工业应用荧光分析的本科生、博士生、博士后等研究人员和研发人员将对上述章节特别感兴趣。第 7 章和第 8 章调查了环境因子对水体有机质荧光的影响，详细介绍了自然界和工程系统中有机质的化学作用和生物作用。对自然环境和工程环境中有机质转化感兴趣的科研人员将从上述章节中获益，例如，他们能开展河流有机质转化过程和水处理过程相关有机质化学性质变化的研究。最后，第 9 章和第 10 章总结了用于分析和解析荧光数据的方法，重点介绍了指数和多元统计建模方法的使用。

今天，水生环境有机质相关领域快速发展，我们面临的挑战是如何出版一部适用于当下也有用于将来的研究性的教科书。令人兴奋的是，技术改进为水生环境有机质荧光研究带来了发展机遇。在编撰本书时，常规的荧光分析仍是使用氙光源（xenon light source）、衍射光栅（diffraction grating）和光电倍增管（photomultiplier tube），从激发、发射、强度3 个维度获取数据。值得注意的是，紫外发光二极管（light-emitting diode，LED）作为光源、电荷耦合器件（charge-coupled device，CCD）作为检测器的荧光分析技术日益成熟。LED 光源允许更小的仪器输出功率和尺寸，从而增强了便携性且适用于多样化的应用场景。CCD 检测器提高了分析速度，从而为激发、发射、强度、时间四维数据获取和建立新实验方法提供了可能性。近年来，集成吸光度测量和多元建模软件的全套仪器发展，使得非专业人员比以往任何时候都更容易进行水生环境有机质荧光测量。我们认为，后一种技术发展使得这本书比以往任何时候都更有价值。

本书汇集了编者过去十年的一系列研究成果。这些成果部分源于英国倡议的荧光网络计划（Fluoronet）。这是一个知识传输网络计划，于 2006—2009 年获得了英国自然环境研究理事会（Natural Environment Research Council）资助，由当时在英国伯明翰大学工作的安迪·贝克（Andy Baker）和杰米·利德（Jamie Lead）负责。本书的部分内容借鉴了达伦·M. 雷诺兹（Darren M. Reynolds）和罗伯特·G. M. 斯潘塞（Robert G. M. Spencer）在荧光网络计划中开设的培训课程和讲习班所使用的教材。追根溯源，本书的想法始于 2006 年和 2007 年举行的美国地球物理联合会秋季会议（American Geophysical Union Fall Meetings）；来自不同学科的研究团队开始探讨有机质表征这一学术议题，与会者在正式或非正式的场合开展学术交流，形成一个共同的想法，即需要召开一个专家会议，在不同的学科群体之间建立可比较的分析方法和流程，以及编写一本适用于多学科的研究性的教科书。2008 年，由葆拉·G. 科布尔（Paula G. Coble）和英国伯明翰大学的安迪·贝克提议并召集的美国地球物理联合会查普曼会议有机质荧光专题促成了上述决议。我们十分高兴该书在几年后由剑桥大学出版社付梓发行。

译者序

在地球表层系统中，岩土、大气、水体、生物及人类相互作用，形成了宏大的自然与社会交互作用的综合景观，"人-水"相互作用尤为引人注目。天然有机质来源广泛、组成复杂，时空分布和环境行为存在异质性，是水圈生物地球化学循环和生态功能的核心驱动力，同时也在人类社会的工农业生产和日常生活中扮演着不可或缺的角色。其在水圈与人类活动圈层的交织互动中，占据了举足轻重的地位。

随着科技的进步，天然有机质的表征技术从最初的光谱、色谱分析，跃升至高分辨率质谱等尖端技术，实现了从宏观到微观、从表观到分子层面的深刻洞察。尽管高分辨质谱技术引领了当前研究的风潮，然而，光谱技术，尤其是荧光技术，凭借其快速、经济、高效的特点，在原位监测与高频分析中展现出独特优势。即便是具有荧光的有机化合物仅占天然有机质的一小部分，但其与环境生物地球化学过程紧密关联；考虑到荧光技术的样本需求量小且分析前的准备工作简易、适用于原位或遥感测量平台、可提供高空间分辨率测量数据等优势，该技术应用前景依然令人期待。

十年前，我在韩国世宗大学开展天然有机质环境地球化学研究期间有幸接触到 Paula G. Coble 教授等的著作 *Aquatic Organic Matter Fluorescence*。这本书开启了我通过分子荧光视角探索水圈系统天然有机质特征、来源及其归趋的科研方向。自 2018 年创办了天然有机质研究情报公众号以来，我目睹了分子荧光技术在国内外的广泛应用与蓬勃发展。然而，不容忽视的是，许多研究者在使用这项技术时，仍停留在操作层面，对其背后的原理、仪器操作、数据处理等知之甚少。这在一定程度上制约了研究成果的质量与深度。*Aquatic Organic Matter Fluorescence* 一书，恰逢其时地填补了这一空白。该书不仅是分子荧光技术应用于天然有机质研究的里程碑式著作，更是由领域内多位先驱携手打造的智慧结晶。书中不仅详尽阐述了荧光技术的基础理论、环境影响因素、样本处理及数据分析方法，还深刻剖析了技术应用的局限性与挑战，为研究者提供了一套严谨且实用的技术操作指南。即便时光荏苒，十年已过，该书的内容依然保持其前沿性与指导性，特别是在"双碳"目标成为国家战略的当下，荧光技术作为精准识别减污降碳效果的利器，其重要性越发凸显。

该书汇聚了 20 位杰出学者的智慧，其中，主要编者 Paula G. Coble 教授是最早使用激发-发射矩阵光谱（EEMS）来表征水生环境有色溶解性有机质（CDOM）的研究人员之一；Jamie Lead 教授主要研究天然和人造颗粒的环境归趋与影响；Andy Baker 教授首次利用荧光技术对洞穴石笋中保存的有机质进行了研究；Darren M. Reynolds 教授开发原位荧光传感器，以帮助进一步了解溶解性有机质在支撑水生系统微生物过程中所发挥的作用；Robert G. M. Spencer 教授广泛使用了有机质荧光以描述有机质的来源和降解历史。他们通过 4 个部分、10 章的精心编排，构建了一个从理论到实践、从基础到前沿的完整知识体系。第一部分由第 1 章～第 3 章构成，综述了荧光原理、荧光与有机质化学之间的关系和水生有机质荧光的研究历史与现状；第二部分由第 4 章～第 6 章构成，介绍了野外采样设计、原位和异位分析仪器及其质保/质控方法；第三部分由第 7 章和第 8 章构成，调查了环境因子对有机质荧光影响；第四部分由第 9 章和第 10 章构成，总结了荧光指数和多元统计建模等方法解析荧光数据。对于初学者而言，这无疑是一部不可多得的入门宝典。

本书从萌生想法到最终定稿历时七年，经历了"翻译—修改—校改"的精心打磨。在翻译阶段，何伟负责第 2 章至第 4 章、第 8 章和第 10 章，时峰负责第 1 章，杨晓川负责第 5 章和第 6 章，易姝祺负责第 7 章，王宪革负责第 9 章。在修改阶段，何伟对全书进行了修改和注解，中国环境出版集团编辑为全文的润色和修改付出了巨大的精力，与译者逐字逐句地核对相关翻译内容以确保其准确性。在校改阶段，何伟、陈晓睿、易冰、曹旭、曾宪江共同进行了认真彻底的修改。由于原著相关章节作者来自美国、澳大利亚、英国、瑞典和丹麦等国，他们的语言风格方面存在一定的差异，我们尽力忠于原著，将直译与意译相结合，且适当添加注解，以求准确表达原意的同时便于中文读者阅读。

感谢原著众多作者，他们在多学科背景下达成的共识与共同努力，使得这本书得以问世并受到广泛关注。感谢原著编者之一的 Robert G. M. Spencer 教授热心解答了我在翻译过程中遇到的问题。特别感谢北京大学徐福留教授，韩国世宗大学 Jin Hur 教授，中国地质大学（北京）郭华明教授、刘菲教授、王广才教授等专家对翻译工作的支持。感谢编辑团队及所有在翻译过程中给予帮助和支持的人。

我呼吁广大读者关注原著，并与我们一同探讨书中的研究方向与问题。让我们秉承科学严谨的态度，共同推动荧光技术在天然有机质研究中的应用与发展，为地球科学与环境保护事业贡献我们的力量。

本书翻译工作受到国家自然科学基金面上项目"地下水有机质对人为补水的响应机制：以北京为例"（42177201）和中国地质大学（北京）求真学人项目（265QZ2021004）的联合资助。

2024 年 8 月

于中国地质大学（北京）

目 录

第三部分 环境效应

第四部分 解释与分类

彩色插图

第一部分

概　述

第 1 章　荧光原理

达伦·M. 雷诺兹（Darren M. Reynolds）

1.1　冷发光（luminescence）

虽然本章主要探讨荧光过程，但重要的是要理解荧光是一种**冷发光**现象。一般来说，冷发光是物质自身发射的光，且该发射光不像白炽发光那样会发出热辐射。就荧光而言，是物质经可见光或紫外光照射后发出的光。其他重要的冷发光类型包括磷光（phosphorescence）、化学发光（chemiluminescence）和电致发光（electroluminescence），下文将对上述冷发光逐一进行介绍。

磷光是物质经光照射后发出的光，通常持续几分钟或几小时。磷光的缓慢释放特征是亚稳态下能量储存的结果，通常是热激活的。在这种情况下，亚稳态是指能态相对于具有不同能态的周围系统表现出局部稳定性。**光致发光**（photoluminescence）是一个更通用的概念，包括荧光和磷光。

化学发光是在冷化学反应中发出的光，**生物发光**（bioluminescence）本质上也是生物的化学发光。**热致发光**（thermoluminescence）是磷光的一种，但主要发生在高温条件下。热致发光与白炽发光没有关系，因为热致发光的能量来源于其他光照射而非热激发，热激发只是启动了热致发光过程。

电致发光是由电的影响引起的光发射现象。例如，在阴极发光中，光的发射是由电子束的激发引起的。**辐射发光**（radioluminescence）是由核辐射或 X 射线激发引起的，而**摩擦发光**（triboluminescence）通常发生于材料断裂或抛光等机械性改变时。

17 世纪和 18 世纪，一些研究人员已报道了冷发光现象，然而，"荧光"的首次描述源于英国科学家乔治·G. 斯托克斯爵士（Sir George G. Stokes）于 1852 年发表的关于矿物萤石发光特性的文献。直到约瑟夫·约翰·汤姆森爵士（Sir Joseph John Thomson，1897a，1897b）发现了电子，普朗克（Planck，1900，1901）发现了物质的量子化本质（quantized

nature of matter），爱因斯坦（Einstein，1905）发现了光，我们对物质和能量的理解才发生了翻天覆地的变化。事实上，正是当前的量子力学理论（theory of quantum mechanics）为我们对荧光过程的理解提供了支撑。

1.2 量子力学与电子理论的关联

波粒二象性（wave–particle duality）是现代量子力学的核心概念（Anastopoulos，2008）。粒子和物质表现出波和类粒子的特性，这一事实有助于解释它们在量子尺度上的行为。为了理解光**如何**与物质相互作用，首先考虑光的性质和物质在电子结构方面的作用是很重要的。遗憾的是，关于量子理论和科学历史上的重大发现的深入讨论超出了本章的范围。然而，为了让读者深入了解光**如何**与物质相互作用，从而产生光发射，有必要首先考虑光的性质，以及物质的电子结构是怎样的。历史上的许多重大发现都有助于我们对宇宙中光与物质相互作用产生光发射的理解，为了简化起见，本章将聚焦于 19 世纪末到 20 世纪取得的相关科学发现。

1.2.1 波粒二象性和能量与物质的量子化

在 19 世纪早期，原子是已知的最小粒子，被认为是不可摧毁和不可分割的，因此，人们无法窥探亚原子粒子（subatomic particles）及其对光-物质相互作用中的能量转移过程所起的作用。基于上述原理的磁、电和光现象引发科学家的强烈好奇，从而促使早期电磁理论研究取得了一系列进展。

1.2.1.1 亚原子粒子

1838 年，迈克尔·法拉第（Michael Faraday）将电流通过一根装有稀薄空气（部分真空）的玻璃管。法拉第观察到从负极（阴极）发出的光弧几乎到达正极（阳极）。这些所谓的阴极射线，也就是我们现在熟知的电子束，曾是人们非常感兴趣的课题（Faraday，1844；Dahl，1997）。1839 年，在法拉第的研究工作完成不久后，对光性质着迷的法国物理学家埃德蒙·贝克雷尔（Edmund Becquerel）发现，某些物质暴露在阳光下会产生电（即电子发射）（Becquerel，1839）。1857 年，德国物理学家海因里希·盖斯勒（Heinrich Geissler）重复了法拉第的试验，但这一次，他使用改进的泵，从专门设计的玻璃管中抽出更多的空气以维持 10^{-3} 个大气压的真空度。盖斯勒发现，辉光而不是光弧完全填满了电子管（Dahl，1997）。詹姆斯·克拉克·麦克斯韦（James Clerk Maxwell）关于电磁场本质的研究工作为更深入地理解光的本质铺平了道路。在 1862—1864 年，麦克斯韦证明了电场和磁场以波的形式在空间中以光速传播。据此，麦克斯韦推导出麦克斯韦方程（Maxwell's equations），表明电、磁和光都是同一现象的不同表现形式，并于 1865 年通过其出版物《电磁场的动力学理论》（"A dynamical theory of the electromagnetic field"），提出了电磁统一理论。

1876 年，德国物理学家欧根·戈尔德施泰因（Eugen Goldstein）创造了"**阴极射线**"（cathode rays）一词，他证明阴极发出的光会投射出阴影（Hedenus，2002）。19 世纪 70 年代，英国科学家威廉·克鲁克斯爵士（Sir William Crookes）发明了第一个高真空阴极射线管。他利用电子管证明了出现在电子管内的发光射线实际上将能量从阴极带到阳极。克鲁克斯还利用磁场使阴极射线偏转，并显示出阴极射线的行为就像它带负电荷一样。1879 年，他提出这些观察结果可以用物质的第四种形态来解释，即负电荷分子从阴极高速投射出来。克鲁克斯将第四种形态称为"辐射物质"（radiant matter）[①]（Crookes，1879；Eliezer & Eliezer，2001）。

埃德蒙·贝克雷尔的光电转化工作引起了德国物理学家海因里希·赫兹（Heinrich Hertz）的极大兴趣。1887 年，在发现电子之前，赫兹进行了实验，证明了当紫外光照射在阴极上时，穿过两个电极间气隙（air gap）的电火花更容易发射出来。最终，在 1897 年，J. J. 汤姆森（J. J. Thomson）在研究低温下气体导电的实验中证明了阴极射线是由带负电荷的**粒子**组成的，这些粒子就是我们现在所知道的电子，而且这些粒子比当时已知的最小离子（氢离子）要轻得多。这些观察结果（Thomson，1897a，b）以及 Becquerel（1896）在自然荧光矿物研究中偶然发现的放射性，为原子并非不可摧毁，而是由**亚原子粒子**组成的新见解提供了证据。汤姆森意识到，因为许多原子看起来是带电的，所以原子内一定也存在其他"带正电"的亚原子粒子。1903 年，汤姆森提出假说，单个原子就像面包里分散着"葡萄干"一样，"均匀带正电"的球体里分散着电子。

1.2.1.2　量子化物质与能量

在发现电子和可能出现更多的亚原子粒子之前，人们已经知道物质具有质量、化学性质和电磁性质。总的来说，在 19 世纪后期，人们对导致许多已观察到的化学性质和电学性质的物质组成方面知之甚少。人们普遍认为，物质的排列与肉眼不可见的微小振荡粒子存在有关，而正是这些振荡性质导致了我们所观察到的化学性质和物理性质。1894 年，威廉·维恩（Wilhelm Wien）利用热力学理论和麦克斯韦电磁理论，解释了波长分布和吸收所有辐射的理论物质［黑体（black-body）］的辐射热能之间的关系。1896 年，威廉·维恩进行了一项实验，旨在研究空腔内处于热力学平衡状态的黑体所发出的电磁辐射的光谱辐射率。威廉·维恩在 1911 年 12 月的诺贝尔奖演讲中介绍了他的热辐射定律——维恩定律（Wien's Law），该定律准确地预测了高频（短波长）下黑体辐射行为，但无法准确预测低频（长波长）下的黑体辐射行为。马克斯·普朗克（Max Planck）被学界公认为量子力学创始人，他发现黑体发出的电磁辐射强度取决于辐射的频率（光的颜色）和发射

---

① 译者注：一般认为物质第四态是等离子体（plasma），又叫作电浆，是由部分电子被剥夺后的原子及原子团被电离后产生的正负离子组成的离子化气体状物质，尺度大于德拜长度的宏观电中性电离气体，其运动主要受电磁力支配，并表现出显著的集体行为。它广泛存在于宇宙中，常被视为除固态、液态、气态外，物质存在的第四态。（汪茂泉，2012. 课余谈物质第四态[M]. 合肥：安徽科学技术出版社）。

体的温度。Planck（1900）指出黑体中带电振子（oscillator）的能量必须**量子化**，电磁能只能以量子化的形式发射。这就是说，能量（E）只能是基本能量单位的倍数 [式（1.1）]。

$$E = h\nu \tag{1.1}$$

式中，h 是普朗克常数（Planck's constant）；ν（希腊字母 nu）是振子频率。上述理论后被称为普朗克假设（Planck postulate）。基于电磁辐射（光）是量子化的假设，普朗克推导出一个适用于**整个**电磁谱的数学公式，而不像维恩定律那样只适用于短波长的紫外-可见光谱区。当时，普朗克认为，能量的量子化只适用于与正在研究的物质相关的微小振子，而没有假设光本身是量子化的。普朗克关注的是解决维恩之前强调的数学问题，而不是提出对世界认识的根本改变。尽管如此，普朗克的假设还是帮助我们改变了对世界和宇宙的理解。

光电效应是一种现象，即电子从吸收能量的金属、非金属、液体和气体等材料中发射出来。赫兹在观察光电效应方面的成就非常重要，因为这些成就为约翰·埃尔斯特（Johann Elster）和汉斯·盖斯特尔（Hans Geistel）于 20 世纪初率先生产出可靠的光电器件铺平了道路。这些光电器件能够准确地测量远超人眼感知能力的光强。在电子被发现之前的 1902 年，菲利普·爱德华·安东·冯·莱纳德（Philipp Eduard Anton von Lenard）观察到阴极射线中单个发射粒子的能量随光频率而不是光强度而增加 [见菲利普·莱纳德传记（Philipp Lenard-Biography）]。当时，这一假设与詹姆斯·克拉克·麦克斯韦的电磁波理论发生了直接冲突。麦克斯韦的电磁波理论认为，电磁波的能量与辐射强度成正比，而与频率成反比。1905 年，阿尔伯特·爱因斯坦（Albert Einstein）将光描述为由离散量子 [即我们现在所知的光子（photon）] 组成，而不是连续的能量波。根据马克斯·普朗克的黑体辐射理论，爱因斯坦提出，每一个量子光的能量等于频率乘以一个常数（后来被命名为普朗克常数）。因此，超过阈值频率的光子具有发射单个电子所需的能量。基于这项工作，爱因斯坦提出了统一论，该理论认为，电磁波和亚原子粒子都具有粒子和电磁波的特性，即所谓的波粒二象性（Einstein，1905）。

1903 年，就在爱因斯坦提出统一论之前，汤姆森假设单个原子就像"均匀带正电"的球体，电子则像"葡萄干"撒在面包里一样，遍布其中。汤姆森还意识到，因为许多原子看起来是中性的，所以原子内一定也存在其他"带正电"的亚原子粒子。在汤姆森提出模型后不久的 1910 年，欧内斯特·卢瑟福勋爵（Lord Ernest Rutherford）和他的研究人员提出了一个命题，即原子的质量必须集中在其中心，即原子核（nucleus；Rutherford，1911）。卢瑟福的大部分工作得到了丹麦物理学家尼尔斯·玻尔（Neils Bohr）的补充完善。玻尔在 1913 年提出，电子以**量子化的**状态存在。玻尔的物理模型假设这些量子化状态的能量是由电子绕原子核轨道（空间运动）的角动量（angular momentum）决定的。量子化状态不是"连续"变化，而是在允许的量子跃迁中变化，也就是说，在精确值之间变化。此外，电子可以通过发射或吸收离散频率的光子，在这些量子化状态或轨道之间自由跳跃。玻尔使用量子化轨道的概念来解释氢原子发射的谱线。尽管玻尔模型对我们理解物理学的意义重大，但它未能预测所观测到的光谱线相对强度，更重要的是，未能预测具有精细和超精细结构的更复杂原子的光谱。玻尔的理论局限于已知的最简单的氢原子，尽管存在缺陷，但到1914年，低质量轨道电子包围正电荷密集原子核的原子新概念得以确立。

玻尔的初始模型（Bohr，1922）帮助科学家们加深了对原子间化学键的理解，更好地认识了量子态。1916年，美国科学家吉尔伯特·牛顿·刘易斯（Gilbert Newton Lewis）提出了共价化学键（covalent chemical bond）的概念，即两个原子之间的键是由一对"共享"电子维持的。1919年，美国化学家欧文·朗缪尔（Irving Langmuir）进一步阐述了刘易斯的研究成果。朗缪尔认为，所有的电子都分布在连续等厚度的球形"壳层"中。朗缪尔进一步把这些壳层分成若干个单元，每个单元包含一对电子。利用这个模型，朗缪尔可以根据周期律解释周期表中所有元素的化学性质，即元素的化学性质是其原子序数的周期函数。

1923年，瓦尔特·海特勒（Walter Heitler）和菲茨·伦敦（Fitz London）从量子力学的角度全面解释了电子对（electron-pair）的形成和化学键（Heitler and London，1927）。同年，法国物理学家路易·德布罗意（Louise de Broglie）提出，波粒二象性不仅适用于光子，也适用于电子和所有其他亚原子物理系统；这项工作于1924年发表在他的博士论文中。奥地利物理学家沃尔夫冈·泡利（Wolfgang Pauli，1925）观察到，原子的壳状结构可以用4个参数来解释，这些参数定义了每一个量子能态，且每个能态包含不超过一个电子。这些参数包括：

• 主量子数（principle quantum number），n。在玻尔模型中，n在很大程度上决定了能级（energy level）和电子到原子核的平均距离。

• 磁量子数（magnetic quantum number），l，表示轨道角动量且描述了可能的角动量状态数。

• 方位角量子数（azimuthal quantum number），m。其中方位角表示球坐标系中的角度测量值。

• 自旋量子数（spin quantum number），s。该数代表内在角动量。

值得注意的复杂问题是对每个主量子数（n）有$n-1$个磁量子数（l）。此外，当对任何主量子数（n）考虑自旋量子数（s）时，可能存在总共$2n^2$个具有相同能量的状态。这种禁止多个电子占据同一量子能态的原理被称为泡利不相容原理（Pauli exclusion principle；Pauli，1925，1926；Massimi，2005）。

1.2.1.3 哥本哈根诠释（Copenhagen interpretation）

1923年，路易·德布罗意将波长、频率和动量联系起来阐述了一个理论，即任何移动的亚原子粒子或物体都有一个相关的波。这一理论见证了**波动力学（mécanique ondulatoire）**

的诞生，它是能量（波）和物质（粒子）物理学的数学统一。1925 年，荷兰物理学家乔治·乌伦贝克（George Uhlenbeck）和亚伯拉罕·古德斯米特（Abraham Goudsmit）在解释具有两个不同可能值的自旋量子数时提出，电子除了轨道角动量外，还可能具有内禀角动量。这种性质被称为自旋，并解释了以前用高分辨率摄谱仪（spectrograph）观察到的光谱线的神秘分裂现象；该现象被称为精细结构分裂（fine structure splitting）。

1925—1927 年，为了克服其理论的物理限制和局限性，玻尔在哥本哈根与德国物理学家维尔纳·海森堡（Werner Heisenberg）和马克斯·玻恩（Max Born）以及奥地利物理学家埃尔温·薛定谔（Erwin Schrödinger）合作，开发了使用抽象数学和理论公式代替物理经验实验的方法。这是科学思维的一个重要转变，其主旨是通过数学来解释日常生活中所观测的结果，即所谓的"矩阵力学"（matrix mechanics；Born et al.，1925；Born and Jordan，1925；Heisenberg，1925）。这些模型利用矩阵（数字的矩形阵列）来描述动量、能量和位置等性质，而不是用通常的数字。1927 年，海森堡发表了不确定性原理（uncertainty principle）。海森堡不确定性原理洞察了量子系统的本质，指出不可能同时准确地知道量子对象（如电子）的动量和位置。此外，海森堡继续证明，一种性质的测量越精确，另一种性质的测量就越不精确。在时间和空间的任何一点观察一个粒子的行为都会改变该粒子在量子系统中的行为。因此，不确定性原理只对量子系统本身的性质进行描述，不关心科学家或测量技术的局限性。结果是我们不可能同时知道系统所有性质的值，而必须用概率来描述未知的性质。埃尔温·薛定谔使用德布罗意的波动力学概念来描述物理量子态的时间依赖性。薛定谔试图描述量子态是如何随时间变化的，他假设因为所有物质都具有类波性质，所以所有物理量子态都可以用波函数来解释。最初，关于方程的波函数（ψ）是什么有很多争论。现在普遍认为波函数是概率分布［玻恩解释（Born interpretation）］。薛定谔方程在现代量子力学中被广泛用于发现量子力学系统（如原子、分子和晶体管）的允许能级。薛定谔（1926a，1926b）被许多人视为物质波动理论（wave theory of matter）最重要的贡献者。

玻尔、海森堡、玻恩和薛定谔通过数学公式来解释实验观察的这些尝试被称为哥本哈根诠释。

哥本哈根诠释的原理如下：

• 所有量子系统都可以用波函数（wave function）来描述。

• 量子系统的描述是概率性的。

• 物质具有波粒二象性，一个实验可以展示物质表现为粒子行为或波动行为，但不能同时展示两种行为。

• 同时知道任何系统所有性质的值是不可能的。因此，未知的性质只能用概率来描述（海森堡不确定性原理）。

1.2.2 化学键和分子轨道

原子内电子和轨道之间的相互作用最终导致化学成键和分子形成，而正是这些相互作用决定了分子的吸收和发光性质。本书主要关注溶解性有机质荧光团（fluorophore）的性质，因此，我们主要聚焦于化学键和分子轨道性质。1916 年，吉尔伯特·刘易斯提出共价键理论，该理论指出共价键涉及两个原子之间共享两个电子。然而，该理论先于量子力学理论，目前已经发展出两种基本模型来解释电子如何被原子共享，即价键（valence bond，VB）理论和分子轨道（molecular orbital，MO）理论（Hückel，1930，1931，1932；Pauling，1931，1940）。这两种理论都在量子力学理论中引入波函数。下面几节将简单讨论成键性质，事实上读者可以从大多数现代化学教科书中找到相关内容（Atkins，2001；Atkins et al.，2009；Brady，2011）。

根据玻尔理论（Bohr theory；1922），在同一轨道（壳层）的所有电子具有相同能量。但是我们现在知道，除了第一轨道上的电子，其他轨道上的电子的情况并非如此。因此，原子内的能量轨道（s、p、d 和 f）也具有子能级，即主量子数。由于电子的波粒二象性，我们不可能确定它们的确切位置；但能获得某个空间区域电子存在的概率。这种概率被称为原子轨道（atomic orbital），这个轨道是原子核周围的一部分体积，在该体积内电子被发现的概率为 90%。s 电子的轨道（s 轨道）是球形的。3 种不同 p 轨道（p_x、p_y 和 p_z）的能量相等，但空间方向不同。这些轨道通常被称为哑铃轨道（dumbbell orbital）。能量较高的电子可在 d 轨道和 f 轨道分布。这些轨道比观测到的 s 电子和 p 电子的轨道更复杂且数量更多。

电子电荷在化学键轴上的分布至关重要。在共价键中，轨道波函数（ψ）的值为零或很低的区域定义了系统中电子密度（electron density）为零的空间区域，这就是所谓的节面（nodal plane）。量子理论表明，具有相同对称性的分子轨道重叠，则 s + s 和 $p_z + p_z$ 的波函数发生混合。这种混合的程度取决于所涉及的分子轨道的相对能量，这对于确定分子成键轨道（bonding orbital）的节面数量和能量分布是极其重要的。这种波函数的混合称为共振（resonance）。一般来说，分子是许多原子以共价键结合的形式存在的，这些原子的集体排列使得整个分子结构是电中性的。在这个结构中，所有最外层的电子都与其他电子配对，要么成键，要么成孤对。这些外层电子被称为**价电子**（valence electron），在决定原子之间如何相互作用（反应性）方面具有很大的影响。

刘易斯最初的理论没有考虑分子的形状。Gillespie 和 Nyholm（1957）确立了目前公认的现代化学键形成理论（即 MO 理论和 VB 理论），该理论利用价壳层电子对排斥模型（valence-shell electron pair repulsion model，VSEPR）来解释分子结构（Gillespie，1970）。VSEPR 认为价层电子对之间的排斥作用力塑造了分子形状。

1.2.2.1   西格玛键（σ键）

西格玛键（σ键）是最强的共价化学键，主要存在于双原子分子中，如 H_2、F_2、Cl_2、Br_2 和 I_2。在双原子分子中，σ键总是关于（核对核）转动键轴对称的。因此，一般情况下，σ键可以表示为 $s + s$、$p_z + p_z$、$s + p_z$ 和 $d_z^2 + d_z^2$，其中 z 被定义为键轴。在 σ 共价键中，两"共享"电子可以来自同一原子，在这种情况下，σ键是共价键，或者两"共享"电子来自各自原子，其中 σ 键被称为配位共价键（coordinate covalent bond）。对于同核双原子分子，σ轨道在成键原子间没有节面；而在异核双原子形成的共价键中，其中一个原子的电负性比另一个原子强，电子对将花更多的时间靠近该原子，该共价键称为极性共价键（polar covalent bond）。

1.2.2.2   派键（π键）

派键（π键）发生在两个原子核之间键轴上下两个区域的轨道上。π键是一种比 σ 键弱得多的相互作用，只涉及 p 轨道或 d 轨道的电子，不涉及 s 轨道的电子。当一对原子核之间也存在 σ 键时，才可能以 π 键连接。σ键成键力比 π 键成键力大得多，这是由于 p 轨道的平行取向使得 p 轨道间重叠更少。π键的电荷分布集中在键轴外，因此 π 电子更容易在原子间移动。π电子的这种移动性意味着在某些情况下，多个原子通过一系列 σ 键以及 p 轨道和 d 轨道的正确几何形状连接，可以形成一个分散在多个原子上的离域 π 键系统。一个 p 轨道与另一个 p 轨道跨越中间 σ 键的相互作用也可以导致共轭（conjugation）发生。事实上，这表现为一个分子实体的形成，其结构可以表示为一个交替的单键和多键系统，其中离域 σ 电子不属于单键或原子，而是属于一组原子或整个分子。只要分子链中的每个相邻原子都有一个可用的 p 轨道，系统就可被认为是共轭的。π键和 σ 键的电子密度局域化图如图 1.1 所示。

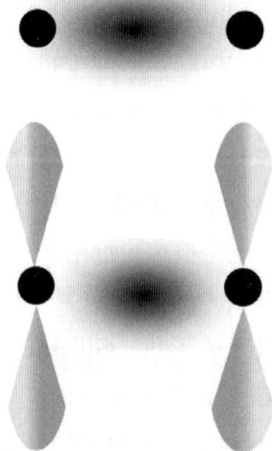

图 1.1　两原子间西格玛键和派键的电子密度局域化图。上方为两个原子间的西格玛键合图，下方为两个原子间的派键与西格玛键合图。

1.2.2.3　反键轨道（antibonding orbital）

例如一个线性同核双原子分子（如 H_2），我们可以把与每个氢原子相关的两个 1s 分子轨道（波函数）的相互作用表示为：

$$\psi = \psi_{A1s} \pm \psi_{B1s} \tag{1.2}$$

该公式告诉我们，在轨道 A 或轨道 B 中都可以以相同的概率找到 1 个电子。更明确地说，对于这种排列，有两种可能的波函数，如式（1.3）和式（1.4）所示：

$$\psi = \psi_{A1s} + \psi_{B1s} \tag{1.3}$$

或

$$\psi = \psi_{A1s} - \psi_{B1s} \tag{1.4}$$

式（1.3）表示西格玛轨道（1σ），与 1.2.2.1 节所描述的轨道相同。这两个电子轨道的行为类似于波，因此根据波动理论，它们可以在核间区域内相互作用。这种相长干涉（constructive interference）既增强了波函数的振幅，又增加了在两个原子核之间找到电子的概率。任何位于两个氢原子核之间的电子都会与这两个氢原子核产生强烈的相互作用。这使得分子的总能量比单独原子的能量要低，因为当只有一个原子核时，单个原子内电子的相互作用要强得多。

第二个 σ 轨道（2σ）如式（1.4）所示。该波函数的对称性与 1σ 轨道相同，如式（1.3）所示。薛定谔方程计算表明，这个波函数具有比 1σ 轨道更高的能量，也比单个原子轨道的能量高。这可以用两个轨道的相消干涉（destructive interference）来解释。与每个原子核等距并与核间轴相交的空间某点的波函数为零，这被称为节面（见 1.2.2 节）。由于相消干涉，这个平面上两个相反的轨道相互抵消。这个 2σ 键被称为反键轨道，表示为 2σ*。这个轨道将电子排除在核间区域之外，并将其重新定位到成键区域之外。电子重新定位的最终结果是轨道产生了排斥性，将原子核拉开（图 1.2）。这是反键分子轨道 2σ* 能量高于 1σ 分子轨道的主要原因。

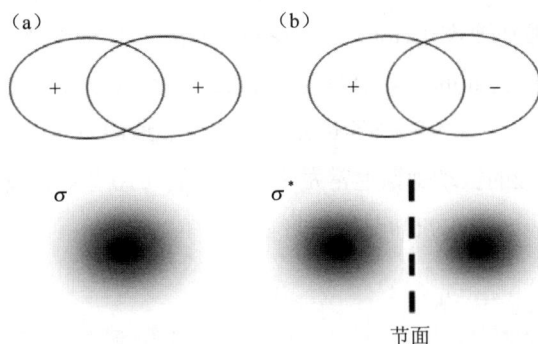

图 1.2　重叠的分子轨道会发生相长干涉（相同符号）和相消干涉（不同符号）。（a）相长干涉形成分子成键轨道（σ）；（b）相消干涉形成分子反键轨道（σ*）

当两个相关原子核之间的电子密度低于未参与成键原子核周围的电子密度时，分子轨道表现出"反键"性质。在许多系统中，分子轨道可能表现出从反键到成键或从成键到反键的变化。这完全取决于所涉及的原子/共轭系统（conjugated system），而成键的性质与所涉及的原子有关。在含有多原子的分子共轭体系中（例如苯），一个特定的分子轨道可能相对于一些相邻的原子对是成键轨道，而相对于其他原子对是反键轨道。在这种情况下，成键分子轨道和反键分子轨道的比值显得尤为重要。例如，如果**成键相互作用**的数量超过**反键相互作用**，那么所讨论的分子轨道就被认为是成键的，反之亦然。对于苯，每个碳原子只贡献 1 个电子到苯的离域 π 系统中，由于只有 6 个 π 电子，所以只有 3 个最低能量（成键）分子轨道被填满。

1.2.2.4　非键合电子

未用于成键的价电子必须成对存在，被称为"孤对电子"或"非键合电子"（n 电子）。几乎所有原子在价壳层中都有成对的电子。尽管人们对原子中的不成对电子给予了很多关注，但根据 VSEPR 理论，非键合电子与未成对电子在决定分子几何形状方面同样重要。孤对电子表现出比 σ 成对电子或 π 成对电子更高的能量，因为它们的排斥力更大。在 σ 键中，键合电子比孤对电子离中心原子远。因此，如果一个分子的整体几何形状存在两组可能的位置，且每个位置具有不同程度的排斥力，那么孤对电子将占据排斥力较小的位置。尽管成对电子没有特别参与成键相互作用，但它们会对分子的光谱特征产生贡献，因此必须加以考虑。

1.3　理解荧光过程

1852 年，英国科学家乔治·G. 斯托克斯爵士（Sir George G. Stokes）以蓝白色荧光矿物萤石的名字首次描述了"荧光"。斯托克斯发现同一电子跃迁（electronic transition）的吸收光谱和发射光谱信号最大值处的波长或频率存在差异，这一发现也被称为斯托克斯位移（Stokes Shift）。分子光发射包括 3 个基本过程（Lakowicz，2006）：分子的**激发**（excitation；即适量光子的吸收），**振动弛豫** [vibrational relaxation；非辐射衰变（nonradiative decay）]，最后是**光发射** [emission of light；辐射衰变（radiative decay）]。上述过程发生的时间尺度跨越几个数量级（见表 1.2）。入射光子对分子的激发是瞬间发生的（飞秒级，10^{-15} s），而电子在激发态到最低能级的振动弛豫通常发生在皮秒级（10^{-12} s）。发射光的波长通常更长，分子返回基态（ground state）的时间是纳秒级（10^{-9} s）。

1.3.1　电子跃迁

如图 1.3 所示，分子与光辐射的相互作用表现为辐射过程和非辐射过程。我们在日常生活中看到，花、绿色植物、合成染料等呈现多彩颜色，这都是电子从一个电子轨道过渡到另一个电子轨道的结果。σ 电子需要高能量才能被提升到更高能级的可用分子轨道，这种高能量只有真空紫外区 100～200 nm 的极短波长光子能提供。它们与大多数荧光技术无关，后者通常只关注 200～1 000 nm 波长的激发光子。π 电子与原子核的结合不如 σ 电子那么紧密。因此，电离和电子跃迁所需的能量低于 σ 电子，但激发光子波长范围为 200～300 nm，位于真空紫外或中紫外区。然而，对于共轭体系中的离域 π 电子，电子跃迁所需的能量要低得多，激发能可由波长范围为 300～400 nm 的近紫外区光子提供。对于广泛存在的离域系统（delocalized system）或超离域系统（super-delocalized system），波长范围为 200～1 500 nm 的近紫外到近红外区光子能量均能导致电子跃迁的发生。总之，电子跃迁过程的优先程度取决于"激发"场的能量，即光的波长、分子构型及其环境条件。

1.3.1.1 自旋多重度（spin multiplicity）

分子电子态（electronic state）决定了负电荷分布和整体几何形状。所有分子都表现出不同的电子态（如图 1.3 中的 S_0、S_1 和 S_2），这取决于总电子能和各电子自旋态的对称性。每个电子态都包含一些与原子核和成键轨道有关的振动和转动能级。正如 1.2.1.2 节所阐释的，特定电子态下可以用自旋量子数（s）描述电子，其值为 $m_s = +\frac{1}{2}$ 或 $-\frac{1}{2}$。在图 1.4 中，电子具有不同方向的自旋状态，即自旋向下或自旋向上箭头的表示值为 $+\frac{1}{2}$ 或 $-\frac{1}{2}$。对于特定电子态，总自旋量子数（s）等于单个自旋量子数的矢量和。因此，电子态的自旋多重度定义为 $2s + 1$。

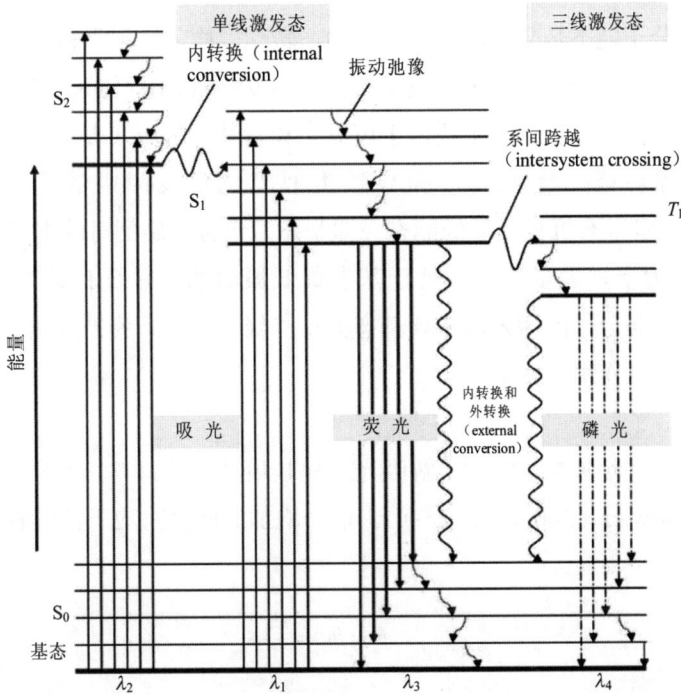

图 1.3 光致发光系统分子被激发到失活（deactivation）过程的雅布隆斯基（Jablonski）能级图。每个能级的最低振动能级水平和荧光过程用加粗线表示。

当分子存在两个电子占据基态最高轨道，且自旋方向相反，即 $+\frac{1}{2}$ 或 $-\frac{1}{2}$，则 $s=0$，该分子状态的多重度 $(2s+1)$ 为 1，被称为单线态 [singlet state；图 1.4（a）]。在激发态中 [图 1.4（b）]，当 $s=0$ 时，电子自旋方向相反，当 $s=1$ 时，电子自旋方向相同 [图 1.4（c）]，多重度为 3，被称为**三线态**（triplet state）。理解三线态的**禁阻**（forbidden）性质十分重要，因为该三线态粒子无法通过吸光激发而增加，而是由单线激发态通过系间跨越而增加（图 1.3）（Lakowicz，2006）。进一步的解释见 1.3.2.2 节。

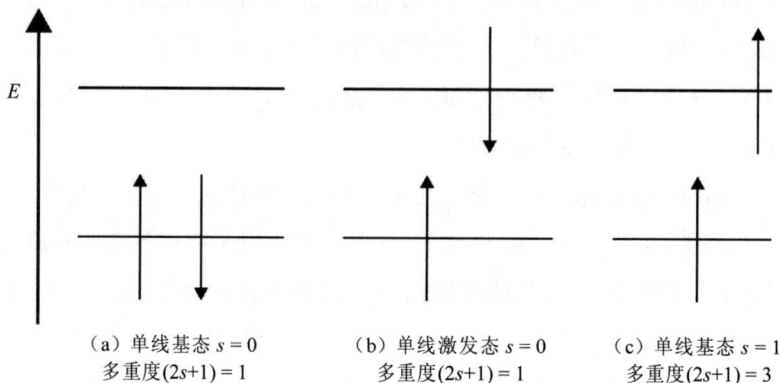

（a）单线基态 $s=0$
多重度 $(2s+1)=1$

（b）单线激发态 $s=0$
多重度 $(2s+1)=1$

（c）单线基态 $s=1$
多重度 $(2s+1)=3$

图 1.4 单线态和三线态电子自旋方向与多重度的关系。箭头的方向表示每个电子的自旋方向或自旋量子数（ms），ms 值为 $+\frac{1}{2}$ 或 $-\frac{1}{2}$。

一般而言，分子能态是分子内电子、振动、转动、原子核和平移分量的总和。分子轨道内电子分布改变所需能量约为几个电子伏特（$1\,\text{eV} \approx 1.6 \times 10^{-19}\,\text{J}$）。当分子轨道内电子分布发生变化时，发射或吸收光子主要位于可见光和紫外光区域（表 1.1）。在某些情况下，电子重定位过程可能广泛发生，会导致类似光化学反应中的键断裂和分子离解（dissociation）。大多数有机分子最低能态（即基态）包含自旋配对的电子（**电子单线态**）。在标准温度和压力下，大多数分子处于基态最低振动能级时仅有足够的内能（intrinsic energy）。因此，这些分子的激发源于该基态振动能级。在弄清荧光过程前，先要仔细查明能量和电子态的相互作用。

1.3.1.2 吸光

荧光的先决条件是吸光，因此了解吸光过程是最重要的。当一个分子吸收辐射时，它的能量增加（Lakowicz，2006，第 2 章）。这个增加的能量对应于被吸收光子的能量，可以用式（1.5）表示：

$$E = h\nu = \frac{hc}{\lambda} \tag{1.5}$$

式中，h 是普朗克常数；ν 和 λ 分别是光子频率和波长；c 是光速。分子能量可通过电子方式、振动方式或转动方式发生变化，这取决于入射光子的能量。如图 1.5 所示，由于分子能级的量子化，只有当 E 等于吸光分子基态与电子激发态的能量差时，才会发生特定物质的电子激发。

表 1.1 光的颜色、典型对应波长、频率和能量

颜色	波长（λ）/nm	频率（f）/（10^{-14} Hz）	能量（E）/eV	能量（E）/（kJ/mol）
红外线	>1 000	<300	<1.24	<120
红色	700	428	1.77	171
橙色	620	484	2.00	193
黄色	580	517	2.14	206
绿色	530	566	2.34	226
蓝色	470	638	2.64	254
紫色	420	714	2.95	285
近紫外线	300	100	4.15	400
远紫外线	<200	>1 500	>6.20	>598

注：斜体表示可见光。

分子吸收光子的能量（E）等于能态之差，可以促使电子从基态跃迁到振动和电子激发态（图 1.3）。吸收的入射辐射量与光程中分子数量（分子浓度）（photons/cm^2）成正比，并可用比尔-朗伯定律 [Beer and Lambert's Law；式（1.6）] 表示：

$$I_t = I_0 \exp^{-\epsilon cl} \tag{1.6}$$

式中，I_t 为透射光强；I_0 为入射光强；ϵ 为摩尔吸光系数（molar absorptivity；吸光物质的性质）；c 为吸光物质的浓度；l 为通过样本的光程长度（path length）。据比尔-朗伯定律，只要浓度和光程长度的乘积不变，溶液的光密度就是均匀的。然而，摩尔吸光系数因溶质浓度而异，主要原因包括高浓度溶质分子结合作用，酸、碱和盐条件下溶质的电离作用和溶质荧光。

1.3.1.3 弗兰克-康登原理（Franck-Condon Principle）

分子吸收导致电子跃迁的能量时，分子也会发生振动。在分子的电子基态中，原子核在空间中的位置受库仑力 [Coulombic force；带电粒子（例如电子）之间的静电相互作用] 影响。在电子跃迁期间，电子迁移到分子的不同部位。这种电子迁移意味着作用在原子核上的库仑力会发生变化。对作用于原子核的库仑力变化的响应就是分子**振动**（vibrate）。因此，激发分子内电子跃迁所需的一部分能量也用于激发吸光分子的振动。这种现象解释了为什么我们通常无法观测到纯电子吸收线（absorption line）。事实上，大多数吸收光谱是由许多离散的振动线（vibrational line）组成的，它们代表了电子跃迁的振动结构。我们能在气体中看到这种振动结构；然而，在液体或固体中，更常见的是无特征的宽带吸收（broad-band absorption）光谱。电子跃迁的振动结构可以用弗兰克-康登原理（Lakowicz，

2006）和**垂直跃迁**（vertical transition）的概念来解释（图 1.5）。

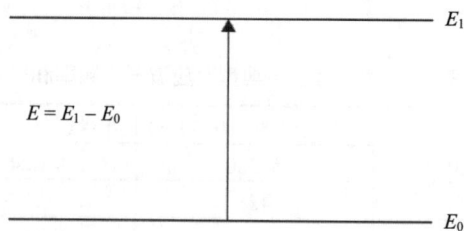

$$E = E_1 - E_0$$

图 1.5 吸收能量为 E 的辐射能。箭头表示一个电子从基态（能量 E_0）到激发态（能量 E_1）的电子跃迁过程。

为了更好地理解弗兰克-康登原理，我们首先需要明确原子核质量远大于电子，这导致电子跃迁发生的速度比原子核实际反应的速度要快。因此，电子跃迁很可能在分子实体及其环境中原子核位置不变的情况下发生。在电子跃迁时，电子密度的变化是迅速的，原子核周围电荷分布的变化也是迅速的。随着新作用力的产生，这些变化会对原子核产生影响。结果是原子核开始来回振动，从最初的电子基态到最终的电子基态。电子基态之间的这种变化代表了分子势能（molecular potential energy）的来回摆动。根据弗兰克-康登原理，这种特性被称为**垂直跃迁**。事实上，电子激发态分子可以表现为多种振动激发态，因此在多个不同频率下都可能存在光吸收。除某些气体分子外，分子的上述垂直跃迁合并会形成一个无特征峰的宽带吸收光谱（图 1.6）。

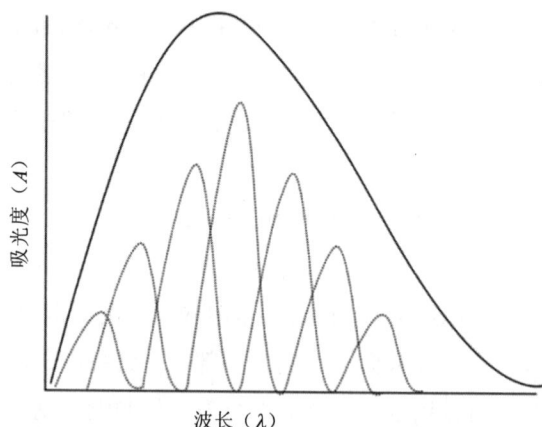

图 1.6 无法分辨特征峰的宽带电子吸收光谱通过叠加振动结构的合并形成

1.3.2 非辐射衰变

任何处于激发态的分子都会回到基态，并通过一系列过程释放吸收的能量。其发生的主要机制可分为非辐射衰变和辐射衰变（发光）过程。本节着重介绍一些导致非辐射衰变的机制。

1.3.2.1 振动弛豫

振动弛豫（VR）是一种无辐射过程，即处于激发振动能级的分子将多余能量转移到周围环境（如与附近溶剂分子碰撞），从而返回同一电子态的较低振动能级的过程（Lakowicz，2006）。这种能量转移的效率非常高，平均寿命为皮秒级（$<10^{-12}$ s）。这种能量转移过程非常快，比电子激发态的平均寿命（纳秒级）短得多。在同一激发电子态中，被激发到不同振动能级的分子会很快返回该激发态的最低振动能级，同时释放热能。这就是为什么对大多数溶质分子来说，荧光发射只发生在激发态的最低振动能级。而且，根据玻尔兹曼分布（Boltzmann distribution），荧光发射始于上述"变热"的能级（或状态）。基于上述阐述，凝聚相荧光团与溶剂或配位分子的距离很近，只有给定多重度的**最低**激发态才能产生可观的荧光产率（fluorescence yield）；因此，凝聚相荧光团的荧光发射与激发波长无关，这一概念被称为卡莎规则（Kasha's rule），该规则对在研究激发态和基态振动结构中理解激发光谱（excitation spectrum）和发射光谱（emission spectrum）有重要意义。激发光谱是荧光发射强度随激发波长变化而获得的光谱，包含了与分子激发态相关的振动结构信息。另外，发射光谱是荧光发射强度随发射波长变化而获得的光谱，提供了基态振动能级的相关信息（图 1.7）。

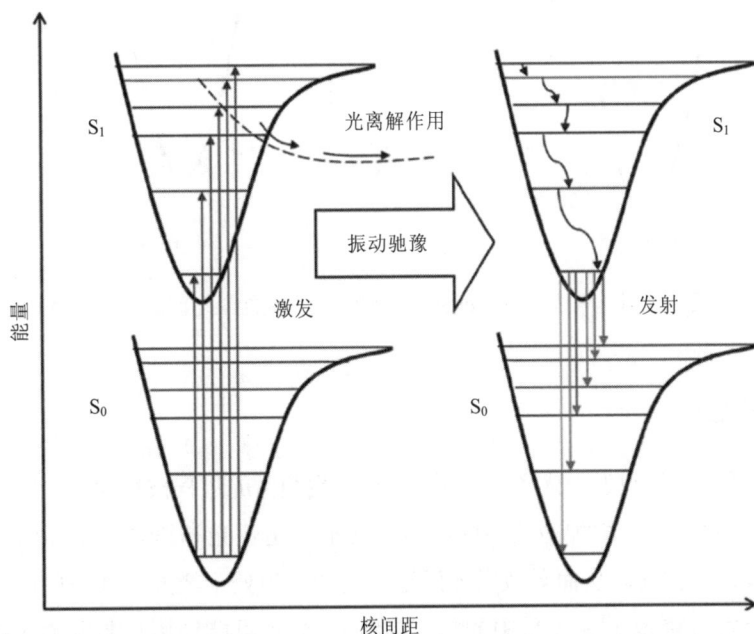

图 1.7 荧光团激发和发射过程中的电子跃迁。这幅图显示了高效率的振动弛豫过程促进荧光发射从激发态最低振动能级产生的过程。

1.3.2.2 内转换和系间跨越

内转换（IC）是一种无辐射退激（deexcitation；弛豫）形式，其中处于激发电子态的基态振动能级的分子**直接**迁移到具有相同自旋多重度的较低能量电子态的较高振动能级（Lakowicz，2006）[图 1.8（a）]。分子的电子激发态的能量通过内转换和振动弛豫过程释放到分子振动模态（vibrational mode）。系间跨越（ISC）也是一种无辐射弛豫过程，其中处于激发电子态的基态振动能级的分子直接进入较低能量电子态的高振动能级（Lakowicz，2006）。然而，与内转换不同，较低能量电子态的高振动能级具有不同的自旋多重度 [图 1.8（b）]。导致激发能量损失转化为热量而非发射光的其他过程还包括外转换。这是无辐射弛豫的一种相关形式，其中多余的能量通过分子碰撞转移到溶剂分子或样本基质中的其他组分，这个过程也被称为碰撞猝灭（collisional quenching）。上述过程总是在一定程度上存在于溶液样本中，最终激发能量转化为热量。

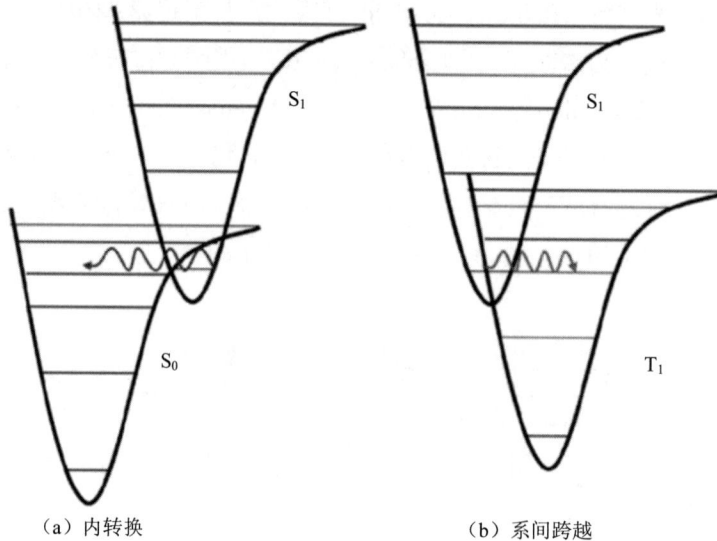

（a）内转换　　　　　　　　　　　　　（b）系间跨越

图 1.8　同一能量 [等能（isoenergetic）] 的不同振动能级之间的内转换和系间跨越

1.3.3　辐射衰变

电子激发态分子通过发射光子辐射（光）而实现弛豫的过程被称为辐射衰变（Lakowicz，2006）。在光致发光中，两种最典型的辐射衰变形式是荧光和磷光。上述两个过程都完全由电子能态多重度驱动，从而导致发光跃迁。例如，当处于激发三线态的电子弛豫到单线基态时，就会发射磷光（图 1.1[①]中的垂直虚线）。分子可能经历从激发单线态到激发三线态的系间跨越。一旦处于激发的三线态电子态的最低振动能级的分子弛豫到基态，就会发

[①] 译者注：原文恐有误，应为图 1.3。

射磷光 [图 1.1[①]和图 1.8（b）]。因此，不同多重度能态是磷光过程的必要条件。相比之下，荧光过程涉及相同自旋多重度的电子态之间的辐射跃迁。例如，当分子处于激发单线态时，可通过发射一个光子弛豫到单线基态（图 1.1[②]中的垂直实线）。如果阻断激发能量，则荧光的寿命会很短，通常从皮秒级到纳秒级不等。相比之下，磷光寿命更长，从毫秒级到秒级不等（表 1.2）。上述辐射衰变特性缘于不同自旋多重度电子能态之间的跃迁。

表 1.2　辐射过程和非辐射过程的时间尺度

跃迁	过程	速率常数（rate constant）	时间尺度/s
S(0)⇒S(1)或 S(n)	吸光（激发）	瞬间的	10^{-15}
S(n)⇒S(1)	内转换	$k(\text{IC})$	$10^{-14} \sim 10^{-10}$
S(1)⇒S(1)	振动弛豫	$k(\text{vr})$	$10^{-12} \sim 10^{-10}$
S(1)⇒S(0)	荧光	$k(\text{f})$	$10^{-9} \sim 10^{-7}$
S(1)⇒T(1)	系间跨越	$k(\text{pT})$	$10^{-10} \sim 10^{-8}$
S(1)⇒S(0)	非辐射弛豫 猝灭	$k(\text{nr})$，$k(\text{q})$	$10^{-7} \sim 10^{-5}$
T(1)⇒S(0)	磷光	$k(\text{p})$	$10^{-3} \sim 100$
T(1)⇒S(0)	非辐射弛豫 猝灭	kNR，$k(\text{qT})$	$10^{-3} \sim 100$

1.3.4　荧光

　　系间跨越会在最低激发单线态失活方面与荧光过程发生竞争。系间跨越发生于分子从最低激发单线态到最低激发三线态时，且涉及自旋角动量的变化。因为系间跨越违反了角动量守恒定律（law of conservation of angular momentum），所以它发生的概率（或速度）仅为典型的单线态-单线态振动过程（如内转换）的 100 万分之一。然而，系间跨越的速率与荧光过程的速率相当，因此两者会在最低激发单线态的失活方面发生竞争。占据最低激发三线态的分子通过振动弛豫过程到该电子能态的最低振动能级。分子通过非辐射方式的三线态-单线态系间跨越或通过光发射方式回到单线态基态。后一过程相比于荧光过程是一种典型的"禁阻"跃迁，因此会持续非常长的时间（$10^{-14} \sim 10$ s）。上述从高电子态到不同自旋的低电子态的辐射跃迁被称为**磷光**。

　　某些分子因"**禁阻**"无法通过内转换或振动弛豫从最低激发态回到基态。这些分子回到基态时，会发射紫外光或可见光，其频率取决于最低激发单线态和基态之间的量子化差。当处于激发态的最低振动能级的分子通过发射光子回到较低能量电子态时，荧光就产生了。分子通常以最快的方式回到基态，只有弛豫方式比内转换和振动弛豫更有效时，才能观测到荧光。这些非辐射过程与那些导致辐射衰变的过程相互竞争。与普朗克频率方程

---

① 译者注：原文恐有误，应为图 1.3。
② 译者注：原文恐有误，应为图 1.3。

［式（1.1）］相连，电子跃迁到基态不同的振动能级，使得荧光波长不是一个数值而是一个范围。图 1.3 中，向下的垂线箭头表示荧光和磷光过程，这些过程涉及光子能量的释放。波浪箭头表示其他失活过程，代表与荧光竞争的无辐射过程。

1.3.4.1 斯托克斯位移

荧光跃迁过程释放的能量小于吸光过程。因此，荧光发射光谱相比于吸光光谱几乎总是偏（红）移到更长波长（图 1.9）。这主要是由于在激发态中，受激电子振动弛豫到最低振动能级的效率很高。这种观测到的吸收光谱和光谱之间的位移被称为**斯托克斯位移**。斯托克斯位移被定义为第一吸收带最大吸光值波长与荧光光谱最大荧光值波长之间的差值（图 1.9）。分子回到基态电子态的任何振动能级都会产生荧光，因此荧光发射可以在一系列波长上产生。

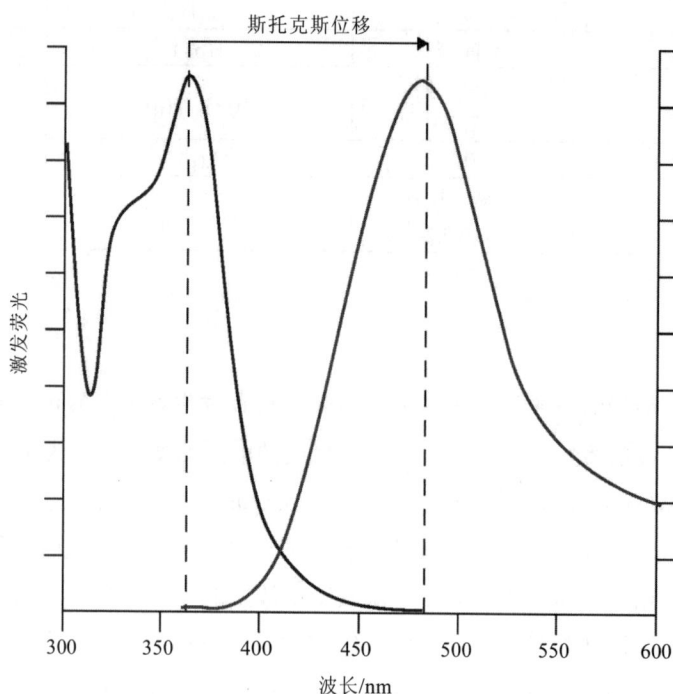

图 1.9 激发光谱（左）和发射光谱（右）之间的斯托克斯位移

1.3.4.2 荧光衰变动力学

激发态的衰变服从一级动力学；因此，荧光团$[M^*]$激发态的衰变如式（1.7）所示：

$$-\frac{d[M^*]}{dt} = k_F[M^*] \tag{1.7}$$

式中，速率常数 k_F 是所有辐射衰变过程和非辐射衰变过程的速率常数之和（$k_F = k_R + \Sigma k_{NR}$）。对式（1.7）积分后，激发态浓度的时间函数可以表示为

$$[M^*](t) = [M^*]_0 \exp(-k_F t) \tag{1.8}$$

式中，$[M^*]_0$ 为 $t = 0$ 时 M^* 的初始浓度。荧光寿命（fluorescence lifetime）实验中监测的参数为荧光强度（fluorescence intensity，I），它是光子的发射速率，与激发态浓度有关，即

$$I_F(t) = k_R [M^*](t) \tag{1.9}$$

将式（1.8）中 $[M^*]$ 代入式（1.9），则

$$I_F(t) = k_R [M^*]_0 \exp(-k_F t) \tag{1.10}$$

将 $I_F(0) = k_R [M^*]_0$ ［其中 $I_F(0)$ 为初始激发时的荧光强度］代入式（1.10）可得：

$$I_F(t) = I_F(0) \exp(-k_F t) \tag{1.11}$$

因此，在初始激发脉冲后，强度呈指数衰变。激发态分子的荧光寿命 τ_F 表示为 $\tau_F = 1/k_F$。分子荧光寿命被定义为增加的激发态粒子数下降到初始激发态粒子数的 1/e 所花费的时间。式（1.11）可以改写为

$$I_F(t) = I_F(0) e^{-t/\tau_F}$$

式（1.11）将可测量的强度参数与荧光寿命联系起来，荧光寿命可通过实验估算获得。荧光寿命的可能测量方法包括时间相关单光子计数（time correlated single-photon counting，TCSPC）光谱和荧光寿命成像显微术（fluorescence lifetime imaging microscopy，FLIM），它们可以在空间上解决样本的荧光寿命（Lakowicz，2006，第 4 章和第 17 章）。本章不讨论上述技术，读者可以在本章的参考文献中找到更多相关信息。

1.3.4.3　荧光效率［fluorescence efficiency；量子产率（quantum yield）］

很多过程会与荧光竞争最低激发单线态的失活，因此荧光强度（I_f）是通过式（1.12）将 I_0 乘以受激分子"实际"发出的荧光占比得出，该占比的计算方法如式（1.13）所示。

$$I_f = \Phi_F I_0 \tag{1.12}$$

式中，Φ_F 被称为荧光量子产率或荧光效率，取值范围为 0～1，1 表示每个处于激发态的分子都会产生荧光，0 表示没有荧光产生。荧光量子产率与荧光寿命相关，即

$$\Phi_F = \frac{k_R}{k_F} = k_R \tau_F \tag{1.13}$$

因此，荧光寿命（τ_F）是荧光量子产率（Φ_F）的度量。这表明辐射衰变过程的速率常数（k_R）对于特定荧光团是常数，因为它是分子的固有电子性质。荧光寿命受到非辐射衰变路径变化的影响。例如，非辐射衰变速率增加将缩短荧光寿命。此外，荧光寿命对荧光

团周围的分子环境非常敏感，这使得复杂水生环境样本中单个荧光团的荧光寿命测量结果难以解释。

磷光强度（phosphorescence intensity，I_P）与分析物浓度之间的关系类似于荧光［式（1.7）］，即

$$I_P = \Phi_{ST}\Phi_P I_0(1-10^{-\epsilon cl}) \qquad (1.14)$$

式中，I_0、ϵ、c 和 l 的定义见比尔-朗伯定律［式（1.6）］；Φ_{ST} 为系间跨越的量子产率；Φ_P 为磷光的量子产率。Φ_{ST} 表示从最低激发单线态系间跨越到最低三线态的受激分子占全部受激分子的比例，Φ_P 是经过系间跨越的受激分子中通过磷光失活的部分。

1.3.4.4　荧光猝灭

发光物质因与其他化学物质相互作用而使得通过非辐射途径退激的可能性增加，从而导致其荧光强度和/或荧光寿命减少或消除，这种现象被称为猝灭（quenching）。猝灭既可是静态的，也可是动态的。当处于基态的潜在荧光发色团（chromophore）与荧光猝灭物质反应形成非荧光物质时，发生的是静态猝灭（static quenching）。这种猝灭的效率取决于非荧光物质形成速度和猝灭剂浓度（Lakowicz，2006，第9章）。在动态猝灭（dynamic quenching）中，与猝灭物质的相互作用发生于潜在荧光物质激发态的寿命期间。动态猝灭又被称为碰撞猝灭（collisional quenching），其效率取决于溶液的黏度、荧光团的激发态寿命 τ_0 和猝灭剂的浓度[Q]，可概括为斯顿-伏尔莫公式（Stern-Volmer equation），即

$$\frac{\Phi}{\Phi_0} = \frac{1}{1+k_q\tau_0[Q]} \qquad (1.15)$$

式中，k_q 为猝灭剂与潜在发光物质相遇的速率常数；Φ_0 和 Φ 分别为猝灭剂浓度[Q]存在或不存在时的发光量子产率。

分子氧可能是最为熟知的碰撞猝灭剂，它可以猝灭绝大多数已知的荧光团。基于此，人们普遍认为，在自然水生环境中观测到的荧光强度在一定程度上是猝灭过的。

1.3.4.5　分子结构对荧光的影响

在高度共轭的"刚性"（rigid）分子中观测到高荧光产率。因此，共轭系统构成了许多发色团的基础，发色团被定义为一种化学基团，其内部发生的电子跃迁大致局限于某一特定区域并直接导致了特定光谱带的产生。发色团广泛存在于天然有机化合物中，除了共轭的 C═C 键外，还包括 C═O 和 N═N 共轭环系统（Lakowicz，2006，第 3 章）。共轭也可通过羧基产生，羧基在共轭系统中也发挥着重要作用。在上述体系中，羰基（—C═O）的双键与羟基（—OH）的单键相邻，是许多天然有机酸的重要官能团。这些分子的转动和振动自由度受限制，使得最低单线态和基态之间的能隙（energy gap）太大以至于无法通过内转换失活。然而，如果芳香烃具有自由转动的取代基或长侧链，那么由于转动和振动自由度的增加，随后会增加内转换的概率，使荧光效率大大降低。

分子结构可以对荧光发射波长产生深远影响。生物色素（pigment）的吸光性质能反映其共轭程度；更具体地说，当共轭系统中的电子吸收了一个合适波长的光子的能量时，它就被提升到一个更高的能级。像这样的跃迁通常是 1 个 π 电子变成 1 个 π*电子。除此之外，非键合电子也可以被提升（n 到 π*）。这类物质被认为是广泛离域的。少于 8 个共轭双键的共轭体系只在紫外线区有吸收特征。每增加一个双键，共轭系统就能吸收波长更长（能量更低）的光。由式（1.2）可知，基态与最低电子激发态之间的能隙越小，荧光波长越长。苯、萘和蒽的最大荧光发射峰分别位于 262 nm、320 nm 和 379 nm。就生物色素而言，β-胡萝卜素具有较长的共轭烃链，因此具有复杂的共轭电子系统，从而产生强烈的橙色。以这种方式共轭的色素范围从黄色到红色。光合作用涉及的蓝绿色素较少依赖上述共轭电子系统。

发生电子跃迁而产生荧光的分子或化合物被称为荧光探针（fluorescent probe）、荧光色素（fluorochrome）或染料（dye）。当这些物质与较大的分子结构（如核酸、木质素、有机酸和蛋白质）结合时，就被称为荧光团。荧光团可分为两大类，即"固有"荧光团和"非固有"荧光团。"固有"荧光团是自然发生的，包括芳香族氨基酸、卟啉、有机酸、绿色荧光蛋白。"非固有"荧光团具有已知或特定性质的荧光，包括人工合成染料（罗丹明）或人工修饰的生物化学物［荧光标记（fluorescent labeling）］。

1.3.4.6　pH 的影响

众所周知，pH 对许多分子的荧光产生影响。pH 的影响机制在于促使荧光团中芳香基团连接的酸性官能团和碱性官能团离解或质子化（protonation）。离解或质子化可以改变荧光团的化学性质，从而增加或减少与荧光竞争的非辐射过程速率。离解或质子化可导致荧光发射光谱发生位移，这是由反应分子基态相对分离的改变引起的。例如，吸电子基团（羧基）的质子化使荧光波长向更长的方向偏移，而供电子基团（氨基）的质子化使荧光波长向更短的方向偏移。

1.3.4.7　溶剂对荧光发射的影响

分子的相对荧光强度和光谱峰的位置在不同溶剂中会有所不同。溶剂和溶质分子之间主要是静电作用，通常是基态和激发态的静电稳定能之间的差异决定了溶剂中分子的荧光性质。在荧光过程中，π 电子分布的变化导致溶质偶极（dipolar）和氢键（hydrogen bonding）等性质变化（Lakowicz，2006，第 6 章）。如果溶质在激发态比在基态极性更强，那么荧光团在极性溶剂中的荧光波长更长，这与在非极性溶剂中的情况相反。这是由于极性较强的溶剂稳定了荧光团激发态。光致发光源于激发态，溶剂的相互作用越大，即氢键或极性越强，荧光发射的波长就越长。

1.3.4.8　重原子效应（heavy atom effect）

某些离子和共轭荧光配体之间的相互作用会通过几种方式影响荧光。离子通过影响与荧光过程竞争的非辐射过程，使配体荧光发生增强或猝灭。对于最重的非过渡金属离子，例如 Hg(II)和 Bi(II)，荧光和磷光的静态猝灭通常是由"重原子效应"造成的。这个术语可用来描述重原子取代对自旋禁阻跃迁的影响。通常认为，重原子的主要影响是增强自旋轨道耦合（spin-orbit coupling），并提高了无辐射过程（系间跨越）发生的概率。发光配体的荧光通常因配体与主族过渡金属离子络合（complexation）而猝灭。上述过程亦称为顺磁猝灭（paramagnetic quenching），在这个过程中，金属离子的未配对电子最初与配体的 π 电子相互作用，从而产生了从配体直接激发的单线态到与金属离子相互作用引入的更高多重度的系间跨越途径。

1.3.4.9　荧光光谱

传统上，荧光光谱要么是固定激发波长下的荧光强度随发射波长变化的曲线（发射光谱），要么是固定发射波长下的荧光强度随激发波长变化的曲线（激发光谱）。

一个复杂荧光团混合物的荧光可以表示为一个以激发波长和发射波长为变量的二维荧光强度矩阵的函数。该激发-发射矩阵（excitation-emission matrix，EEM）在固定激发波长和固定发射波长下的截面分别为标准发射光谱和标准激发光谱。一定发射波长范围内的荧光强度分布 $I(\lambda_{em})$ 可以表示为

$$I(\lambda_{em}) = K\eta(\lambda_{em})I_0(\lambda_{ex})\{1 - \exp[-\alpha(\lambda_{ex})cl]\} \tag{1.16}$$

式中，K 为常数，表示与波长相关的实验参数；$\eta(\lambda_{em})$ 为 λ_{ex} 和 λ_{em} 处的荧光量子产率；$I_0(\lambda_{ex})$ 为入射辐射强度；$\alpha(\lambda_{ex})$ 表示 λ_{ex} 处的吸收截面（absorption cross section）；c 和 l 分别代表相关荧光物质的浓度和光程长度。

物质/样本的光程长度和吸光系数都很重要：

$$\alpha(\lambda_{ex})cl \ll 1; I(\lambda_{em}) \cong K\eta(\lambda_{em})I_0(\lambda_{ex})\alpha(\lambda_{ex})cl \tag{1.17}$$

在激发和发射矩阵中，发射强度（λ_{em}）与激发强度（λ_{ex}）的比值可以表示为

$$\frac{I(\lambda_{em})}{I(\lambda_{ex})} = Kcl\eta(\lambda_{em})\alpha(\lambda_{em} - \Delta\lambda) \tag{1.18}$$

由此可见，当吸收光谱最大值和荧光量子产率重叠时，强度分布会出现明显的峰值。当一个样本有明确定义的吸收最大值和明确定义的量子产率最大值时，且 $\Delta\lambda$ 等于发射光最大强度波长和激发光最大强度波长差（斯托克斯位移），则最可能观测到光谱结构和特征。

1.3.4.10　辐射散射

分子与光辐射之间最可能的相互作用是瑞利散射（Rayleigh scattering）和米氏散射（Mie scattering）。瑞利散射和米氏散射都是弹性散射（elastic scattering）的主要代表性类型，可忽略能量转移；与荧光发射不同的是，散射过程没有波长偏移。瑞利散射涉及光被具有不均匀折射率的球形体或实体散射。这个球形体或实体可以表现为胶体、粒子、气泡、

液滴，甚至密度波动。根据瑞利勋爵的模型，散射物质的大小必须比入射光的波长小得多（$1/\lambda^4$）。对于与入射光波长相等或大体相同的实体和球形体，则发生米氏散射［以德国物理学家古斯塔夫·米（Gustav Mie）命名］。事实上，上述两种散射过程几乎发生在所有的荧光应用中，特别是对高度不均匀的样本，如天然水和废水。虽然瑞利-米氏散射是一种重要的自然现象，但散射辐射不能指示散射物质的任何**可识别特征**。因此，在荧光光谱应用中，需要考虑弱化瑞利散射或米氏散射的影响。

光与分子的相互作用还会产生另一种散射，即拉曼散射（Raman scattering）。拉曼散射发生在由分子的大小和对称性决定的离散波长上。对于由 N 个原子组成的非线性分子，可能存在 $3N - 6$ 个不同的散射波长或模态。其中一些模态可能给出倍频峰（overtone）和组合模态，从而为每种分子创造一系列模态。基本模态对应于振动能级，而特定拉曼模态的波长（λ_r）见下式。

$$\frac{1}{\lambda_i} - \frac{1}{\lambda_r} = \Delta v \tag{1.19}$$

式中，λ_i 为入射辐射的波长；Δv 为模态的频率，对应散射过程的初始振动能级和最终振动能级之间的能量差。

模态的强度取决于相应振动运动的对称性和入射辐射的波长。对于大多数振动模态，拉曼散射强度随波长倒数的 4 次方（$\alpha \lambda_r^{-4}$）而变化。对于某些模态，当激发接近分子的吸收带［共振激发（resonance excitation）］时，波长依赖性变得更强。拉曼散射是一种涉及能量转移的非弹性相互作用过程，其效率比瑞利散射低 3～4 个数量级。因此，要在浓度为百万分之一水平的物质中检测到拉曼信号，需要重点考虑的是增加一个瑞利线抑制因子为 10^{-10}～10^{-9} 的光学滤波器（optical filter）。

在水中，拉曼散射的可能性比弹性散射（瑞利-米氏散射）小，前者大约是后者的1/10。当分子受到入射光子的照射时，就会发生拉曼散射。散射分子立即散射与入射光子能量不同的光子。因为这种能量差需要能量转移，所以拉曼散射在本质上是无弹性的，而瑞利散射是有弹性的。入射光子和散射光子之间的能量差无论正负，其对应于分子两个能级之间的能量差。对于给定的一对能级，可以观察到的能量差为恒定的频率差，例如水中 O—H 的拉伸振动模态的频率差为 3 400 cm^{-1}，或者入射光子和散射光子之间存在可变波长差。由于拉曼散射遵循 λ^{-4} 关系定律，大量产生的水的拉曼光子的波长较短。

了解水分子的拉曼散射现象是非常重要的，因为水的拉曼散射信号已被广泛用于荧光信号的归一化。尽管水的拉曼信号本质上是一种弱相互作用，但由于每个荧光团中存在大量的水分子，水的拉曼信号通常在水生环境样本的荧光光谱中广泛存在。此外，由于受照射的水分子可能会散射光子，因此水生环境样本荧光光谱的水的拉曼信号可作为内标用于校正样本引起的差分吸收［differential absorption；内滤（inner filter）］效应。

1.3.4.11 荧光强度归一化

当用入射光束穿过一定体积的水样时，荧光发射与光束中存在的荧光团数量有关。因此，观测到的荧光发射会由于入射光穿透的变化而发生很大的变化。这些变化是由样本的光衰减（optical attenuation）性质产生的，而光衰减是由荧光团或其他物质（如悬浮颗粒和溶解性有机质）的浓度变化引起的。这种干扰的净效应是荧光信号不再简单地随荧光团的浓度而变化，而是强烈地依赖激发波长和发射波长下样本的光衰减系数的变化。通过对水的拉曼信号和荧光发射的测定，可以在很大程度上克服上述问题。液态水的O—H振动拉伸模态产生的较强的散射信号可以很好地反映样本体积。通过计算荧光信号强度与拉曼信号强度之比，可以得到归一化后的荧光发射数据，这些数据与激发波长和水的拉曼信号波长处的光衰减变化无关。例如，当水样在350 nm激发时，水的拉曼信号在397 nm发射。由于水中溶解性有机质（dissolved organic matter，DOM）的存在，水的拉曼信号在397 nm处将叠加在一个宽频带的荧光上。在DOM含量高的样本中，可能会有较高的宽带荧光，因此有必要将水的拉曼信号从荧光光谱中分离出来。这可以通过在拉曼波段的任意一侧进行测量，并通过线性插值（linear interpolation）计算拉曼分量来实现。利用水的拉曼信号对荧光发射强度进行校正，补偿了入射光在激发波长处和水的拉曼信号在相应波长处的衰减。其他波长上仍然存在信号衰减的问题，如果这种衰减很明显，则必须进行单独的校正，以补偿这种差分吸收。

从数学上讲，通过利用水的拉曼信号（I_R）对荧光强度进行归一化，几乎可以完全补偿激发波长的衰减。然而，这只考虑了与入射辐射有关的波长，而没有考虑其他波长的差分吸收效应引起的衰减。因此，为了补偿在特定波长（λ_r 和 λ_f）下"表观"拉曼强度（I_R'）和荧光强度（I_F'）的衰减效应，必须考虑所有相关波长的透过率（transmittance，T）和各自的光程长度。

$$I_R = \frac{I_R'}{T_{\lambda_r}} \tag{1.20}$$

$$I_F = \frac{I_F'}{T_{\lambda_r}} \tag{1.21}$$

参考文献

Anastopoulos，C.（2008）. *Particle or Wave: The Evolution of the Concept of Matter in Modern Physics*. Princeton，NJ: Princeton University Press.

Atkins，P.（2001）. *Elements of Physical Chemistry*. 3rd ed. Oxford: Oxford University Press.

Atkins，P.，de Paula，J.，and Friedman，R.（2009）. *Quanta，Matter，and Change: A Molecular Approach to Physical Chemistry*. Oxford: Oxford University Press.

Becquerel, A.E. (1839). Mémoire sur les effets électriques produits sous l'influence desrayons solaires. *C. Rendus*, **9**, 561–567.

Becquerel, H. (1896). Sur les radiations émises par phosphorescence. *C. Rendus*, **122**, 420–421.

Bohr, N. (1913). On the constitution of atoms and molecules, Part I. *Philos. Mag.*, **26**, 1–24.

Bohr, N. (1922). The structure of the atom, *Nobel Lecture, December 11*. Retrieved from http://nobelprize.org/nobel_prizes/physics/laureates/1922/bohr-lecture.pdf (Accessed July 11, 2011).

Born, M. and Jordan, P. (1925). *Zur Quantenmechanik. Z. Physik*, **34**, 858–888. (1925). The paper was received on September 27, 1925. [English translation in: B. L. van der Waerden, editor, *Sources of Quantum Mechanics* (Dover Publications, 1968) (English title: *On Quantum Mechanics*).] This is the second paper in the famous trilogy that launched the matrix mechanics formulation of quantum mechanics.

Born, M., Heisenberg, W., and Jordan, P. (1925). *Zur Quantenmechanik II. Z. Physik*, **35**, 557–615. The paper was received on November 16, 1925. [English translation in: B.L. van der Waerden, editor, *Sources of Quantum Mechanics* (Dover Publications, 1968).] This is the third paper in the famous trilogy that launched the matrix mechanics formulation of quantum mechanics.

Brady, J.E., Jespersen, N.D., and Hyslop, A. (2011). *Chemistry*, 6th ed., International Student Version. New York: John Wiley & Sons.

Crookes, W. (1879). On radiant matter 1. *Nature*, **20**, 436–440 (4 September 1879).

Dahl, P.F. (1997). *Flash of the Cathode Rays: A History of J. J. Thomson's Electron*. Bristol and Philadelphia: Institute of Physics Publishing.

de Broglie, L. (1923). Ondes et quanta (Waves and quanta). *C. Rendes*, **177**, 507.

de Broglie, L. (1924). *Recherches sur la théorie des quanta* (Researches on the quantum theory). Ph.D. thesis, University of Paris.

Einstein, A. (1905). Über einen die Erzeugung und Verwandlung des Lichtes betreffenden heuristischen Gesichtspunkt. *Ann. Physik*, **17** (6), 132–148.

Eliezer, S. and Eliezer, Y. (2001). Highlights to plasma. In *The Fourth State of Matter, An Introduction to Plasma Science*, 2nd ed. (p. 155). Bristol, UK: Institute of Physics Publishing.

Faraday, M. (1844). *Experimental Researches in Electricity*. **2**. London: Richard and John Edward Taylor Publishers.

Gillespie, R.J. (1970). The electron-pair repulsion model for molecular geometry. *J. Chem.Educ.*, **47** (1), 18–23.

Gillespie R.J. and Nyholm, R.S. (1957). Inorganic stereochemistry. *Q. Rev. Chem. Soc.*, **11**, 339–380.

Hedenus, M. (2002). Eugen Goldstein and his laboratory work at Berlin Observatory. *Astron. Nachr.*, **323**, 567–569.

Heisenberg, W. (1925). Über quantentheoretische Umdeutung kinematischer und mechanischer Beziehungen, *Z. Physik*, **33**, 879–893 The paper was received on 29 July 1925. [English translation in B.L. van der Waerden (Ed.), *Sources of Quantum Mechanics* (Dover Publications, 1968) (English title: *Quantum-Theoretical Re-interpretation of Kinematic and Mechanical Relations*).] This is the first paper in the famous trilogy that launched the matrix mechanics formulation of quantum mechanics.

Heisenberg, W. (1927). Über den anschaulichen Inhalt der quantentheoretischen Kinematik und Mechanik (The actual content of quantum theoretical kinematics and mechanics). *Z. Physik*, **43**, 172.

Heitler. W. and London, F. (1927). Wechselwirkung neutraler Atome und homöopolare Bindung nach der Quantenmechanik. *Z. Physik*, **44**, 455–472.

Hückel, E. (1930). Zur Quantentheorie der Doppelbindung (Quantum theory of double linkings). *Z. Physik*, **60**, 423–456.

Hückel, E. (1931). Quantum-theoretical contributions to the benzene problem. The electron configuration of benzene and related compounds. *Z. Physik*, **70**, 204–286.

Hückel, E. (1932). Quantum theoretical contributions to the problem of aromatic and nonsaturated compounds. *Z. Physik*, **76**, 628–648.

Hertz, H.R. (1887). Ueber einen Einfluss des ultravioletten Lichtes auf die electrische Entladung. *Ann. Physik*, **267** (8), 983–1000.

Lakowicz, J.R. (2006). *Principles of Fluorescence Spectroscopy*, 3rd ed. New York: Springer Science+Business Media.

Langmuir, I. (1919). The arrangement of electrons in atoms and molecules. *J. Am. Chem. Soc.*, **41** (6), 868–934.

Lewis, G.N. (1916). The atom and the molecule. *J. Am. Chem. Soc.*, **38**, (4). Retrieved from http://osulibrary.oregonstate.edu/specialcollections/coll/pauling/bond/papers/corr216.3-lewispub-19160400.html.

Massimi, M. (2005). The origins of the exclusion principle: an extremely natural prescriptive rule. In *Pauli's Exclusion Principle, The Origin and Validation of a Scientific Principle* (pp. 35–73). Cambridge: Cambridge University Press.

Maxwell, J.C. (1865). A dynamical theory of the electromagnetic field. *Philos. Trans. R. Soc. London*, **155**, 459–512.

Minkin, V.I. (1999). Glossary of terms used in theoretical organic chemistry. *IUPAC Pure Appl. Chem.*, **71** (10), 1919–1981.

Pauli, W. (1925). Über den Zusammenhang des Abschlussesf der Elektronengruppen im Atom mit der Komplexstruktur der Spektren (On the connection between the completion of electron groups in an atom with the complex structure of spectra). *Z. Physik*, **31**, 765. [Pauli exclusion principle].

Pauli, W. (1926). Quantum theory. In *Handbuch der Physik*, Vol. **23** [226] (pp. 22–29). Berlin: Verlag von Julius Springer.

Pauling, L. (1931). The nature of the chemical bond. Application of results obtained from the quantum mechanics and from a theory of paramagnetic susceptibility to the structure of molecules. *J. Am. Chem. Soc.*, **53**, 1367–1400.

Pauling, L. (1940). *The Nature of the Chemical Bond and the Structure of Molecules and Crystals: An Introduction to Modern Structural Chemistry*. Ithaca, NY, and London: Cornell University Press; H. Milford, Oxford University Press.

Philipp Lenard – Biography. Nobelprize.org. Retrieved from http://nobelprize.org/nobel_prizes/physics/laureates/1905/lenard-bio.html (Accessed August 14, 2011).

Planck，M.（1900）. Entropy and temperature of radiant heat. *Ann. Physik*，**1**（4），719–737.

Planck，M.（1901）. On the law of distribution of energy in the normal spectrum. *Ann. Physik*，**4**，553–563.

Rutherford，E.（1911）. The scattering of alpha and beta particles by matter and the structure of the atom. *Philos. Mag.*，**21**，668–669.

Schrödinger，E.（1926a）. Quantizierung als Eigenwertproblem（Erste Mitteilung）（Quantization as a Problem of Proper Values. Part Ⅰ）. *Ann. Physik*，**79**，361（1926）. [Schrödinger equation]

Schrödinger，E.（1926b）. Über das Verhältnis der Heisenberg Born Jordanischen Quantenmechanik zu der meinen（On the relation between the quantum mechanics of Heisenberg，Born，and Jordan，and that of Schrödinger）. *Ann. Physik*，**79**，734（1926）. [Equivalence of Heisenberg and Schrödinger formulations of quantum mechanics]

Stokes，G.G.（1852）. On the change of refrangibility of light. *Philos. Trans. R. Soc. London*，**142**，463–562.

Thomson，J.J.（1897a）. Cathode rays. *Philos. Mag.*，**44**，293.

Thomson，J.J.（1897b）. Cathode rays. *Electrician*，**39**，104.

Thomson，J.J.（1903）. *Conduction of Electricity Through Gases*，reprinted by Wexford College Press，2005.

Uhlenbeck，G.E. and Goudsmit，S.（1925）. Ersetzung der Hypothese vom unmechanischen Zwang durch eine Forderung bezüglich des inneren Verhaltens jedes einzelnen Elecktrons，*Naturwissenschaften*，**13**，953–954.

"Wolfgang Pauli – Nobel Lecture." Nobelprize.org. Retrieved from http://nobelprize.org/nobel_prizes/physics/laureates/1945/pauli-lecture.html（Accessed July 28，2011）.

Wien，W.（1911）. Nobel Lecture，11 December 1911：On the laws of thermal radiation. In *Nobel Lectures，Physics 1901–1921*. Singapore：World Scientific.

第 2 章　荧光与溶解性有机质：化学家的视角

乔治·艾肯（George Aiken）

2.1　引言

在过去 30 年中，研究者逐渐认识到水生环境溶解性有机质（DOM）的重要性。水生环境中，构成 DOM 的化合物影响生态过程的方式包括：影响水体 pH，作为微生物介导反应（mediated reaction）的底物（Tranvik，1998；Findlay，2003），影响透光带（photic zone）厚度（Wetzel，2001），影响营养物质的生物可利用性（Qualls and Richardson，2003）。DOM 深度参与地球化学反应（Hoch et al.，2000；Waples et al.，2005）和光化学反应（Moran and Covert，2003；Stubbins et al.，2008），并与微量金属（Perdue，1998；Haitzer et al.，2002）和有机污染物（Chin，2003）发生强烈的相互作用，提高了它们的表观溶解度（apparent solubility）和迁移性。此外，DOM 在饮用水供应中备受关注，因其在水处理环节会形成消毒副产物（Singer，1994；Kraus et al.，2008），其也是废水中一类重要的化合物（Baker，2001；Westerhoff et al.，2001）。

天然水体中有机质化学组成复杂，对其进行化学分析面临诸多困难，这阻碍了对其性质和环境意义的研究（Aiken and Leenheer，1993）。因此，需要不断开展分析方法研究以得到准确的组成和反应性数据。在水科学的许多学科中，DOM 光学性质［如紫外-可见光谱、光谱斜率参数、特征紫外吸光度（SUVA$_{254}$）、荧光光谱等］可以用于研究和监测水生环境中 DOM 的浓度和性质（Weishaar et al.，2003；Helms et al.，2008；Spencer et al.，2009）。光学数据收集简单直接，且该数据能提供 DOM 的浓度和组成信息，检测器系统可用于多种基于过程的研究和分离技术，以研究 DOM 组成，因此光学数据备受研究者青睐（Weishaar et al.，2003；Spencer et al.，2009）。此外，由于能原位获取光学数据，从而能实时高频采集环境数据，这些数据可用于更好地揭示水生环境中来源影响和过程对 DOM 化学和输出的作用（Downing et al.，2009；Saraceno et al.，2009）。

虽然荧光光谱技术不是研究天然有机化合物的新技术（例如 Hartley，1893），但该技术正越来越多地被用于研究淡水、海水和废水等水生环境的 DOM。它已被用于几乎所有水生环境 DOM 的浓度定量（Saraceno et al.，2009）和"指纹"（fingerprint）组成识别（Green and Blough，1994；Cory and McKnight，2005；Spencer et al.，2007a；Larsen et al.，2010）。它是与原位检测探头相关的快速发展的方法，能实现实时采集环境数据（Downing et al.，2009；见第 6 章）。此外，DOM 荧光可以用于溯源取证，例如追踪船舶压载水的来源（Hall and Kenny，2007；Murphy et al.，2006），它在遥感领域也有重要应用（Vodacek，1989；Vodacek et al.，1995；Siegel et al.，2005），也可用于测定腐殖质的物理性质，如静电性质（Green et al.，1992）和扩散系数（Lead et al.，2000）。很多优秀的综述性文章详细阐述了荧光分析在不同学科领域中量化和表征 DOM 的应用（Blough and Del Vecchio，2002；Coble，2007；Hudson et al.，2007；Henderson et al.，2009；Fellman et al.，2010）。

荧光技术在 DOM 的诸多研究方法中备受青睐，因为其数据采集简单直接，能提供 DOM 的组成信息；而且，当与 DOM 测量数据进行适当校准后，可直接用于 DOM 浓度的替代指标（如 Pellerin et al.，2011）。对于水科学领域的许多从业人员来说，荧光光谱技术应用于 DOM 表征的一个基本假设是组成 DOM 的化合物与溶液中纯物质行为相似。在这种情况下，强度、峰宽（peak width）、荧光效率和最大强度波长等参数的变化可视为 DOM 化学组分来源的变化，以及细菌和浮游生物的生物活性产生和去除组分的变化。然而，数据采集的便利性和荧光光谱技术在监测 DOM 组分变化方面潜在的强大应用掩盖了该方法固有的复杂性。

由于水生环境存在诸多复杂的影响因素，荧光信号的测量和可比性极其重要。一些影响因素是非化学相关的，如仪器的低效和不稳定性；另外一些因素是化学相关的，如内滤效应和测量数据对环境条件（如 pH、温度、氧化还原状态）的依赖性。此外，荧光团对化学相互作用非常敏感。事实上，在生物化学和化学文献中，绝大多数论文都利用这种对化学条件的敏感性来研究目标荧光团的结构和反应性（Lakowicz，2006）。然而，解释 DOM 荧光的环境和生态意义的常规方法通常无法充分解决天然样本中荧光团的非线性行为问题。本章的目标之一是研究上述化学因素对 DOM 荧光性质的潜在影响。此外，本章还结合大量文献，粗略地综述了 DOM 研究中备受关注的天然产物化合物的荧光，重点介绍了化学反应对其荧光行为的影响。

2.2 原理

荧光是分子吸收紫外-可见光后被激发到一个更高电子态，然后通过发射（荧）光回到基态的现象。分子结构是有机分子吸光和荧光的主要决定因素。在研究单个分子时，吸光和荧光两种方法均可反映一些结构信息；然而，天然有机质样本的化学复杂性限制了可获得的结构信息量。本节对上述现象进行了描述，作为理解 DOM 荧光的影响因素和与荧光数据解释相关的局限性的基础。此外，还有很多优秀文献对上述主题进行了更深入的探讨（例如，Skoog and West，1982；Schulmann，1985；Del Vecchio and Blough，2004；Lakowicz，2006）。

2.2.1   吸光

在紫外-可见光范围内的光吸收会导致与化学键相关的电子从基态（成键轨道）跃迁至激发态（反键轨道）。这个过程对化学结构很敏感，那些吸收光的结构被称为发色团。有机分子所吸收光子的波长是由成键轨道和反键轨道之间的能量差决定的。对于许多电子结构，如烷烃和碳水化合物中的电子结构，吸光仅发生在波长较短（能量较高）的情况下，这些波长通常短于大多数分光光度计（spectrophotometer）所能测量的波长范围。烯烃、芳香族分子和含杂原子的有机分子中的 π 键激发所需能量较低，使得吸光波长下降到常规分光光度计的紫外-可见范围内（如 190～780 nm）。因此，有机分子的紫外-可见光谱学主要研究共轭体系对光的吸收（Silverstein et al.，1974）。随着分子共轭程度升高，成键轨道和反键轨道之间的能量差减小，分子可以吸收能量更低、波长更长的光子，甚至能吸收光谱中可见光区的光子。因此，分子的紫外光谱表明分子内存在特定的键合排列，如芳香族分子中的共轭体系通常在近紫外和可见光区有最大的吸收率。

紫外-可见吸收光谱的结构选择性的一个优点是可以在不同复杂程度的分子中识别出特征性质或键合排列（Silverstein et al.，1974）。在近紫外光区测量时，复杂分子或复杂分子混合物中很多键对紫外辐射是不吸收的。因此，结构复杂性的增加并不一定会导致吸收光谱复杂性的增加。复杂分子混合物（如 DOM）的光谱通常被认为是组成混合物的单个化合物的光谱平均化所致（Miller，1994），尽管相关研究表明，分子内的相互作用也强烈影响 DOM 的紫外可见光谱，特别是在较长波长光谱区（Del Vecchio and Blough，2004；Boyle et al.，2009；Ma et al.，2010）。水样的紫外-可见光谱通常没有特征峰，吸收率随着波长变短而增加（图 2.1）。吸光度测量主要用于检测水中芳香族化合物的存在；在分析水生环境中的腐殖质时，254 nm 波长处的紫外吸光度与芳香族有机质含量密切相关（Weishaar et al.，2003）。

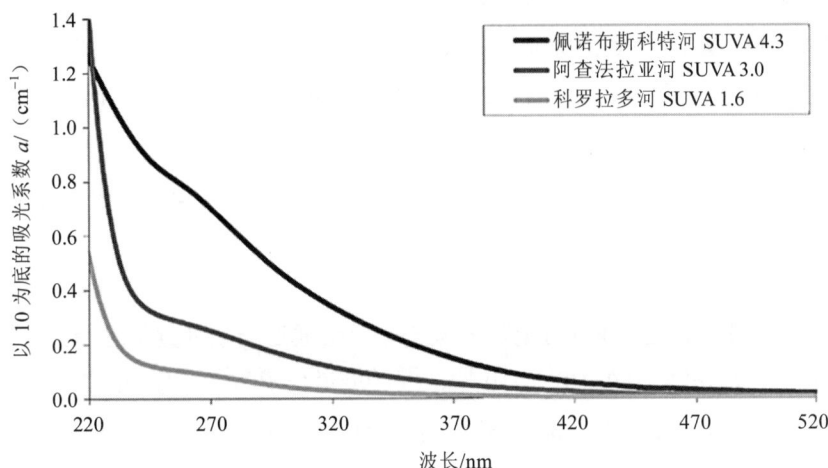

图 2.1 佩诺布斯科特河（Penobscot River）、阿查法拉亚河（Atchafalaya River）和科罗拉多河（Colorado River）的溶解性有机质紫外-可见吸收光谱和特征紫外吸光度（SUVA）。

值得注意的是，大多数水科学相关文献中吸光度数据的单位不统一。海洋化学家经常用纳氏（Naperian）单位表示吸光系数（α），而淡水和废水研究者通常采用以 10 为底的吸光系数（a）。纳氏系统基于自然对数，而以 10 为底的系统基于常用对数，这两个系数的计算差别在于是否有因子数 2.303。根据国际纯粹与应用化学联合会（International Union of Pure and Applied Chemistry，IUPAC；Braslavsky，2006）的定义，纳氏吸光系数根据如下公式计算：

$$\alpha(\lambda) = 2.303 A(\lambda) / l \qquad (2.1)$$

式中，$A(\lambda)$是以 10 为底的吸光度；l是比色皿光程宽度，m（Green and Blough，1994）。以 10 为底的吸光度 [$A(\lambda)$] 是大多数分光光度计提供的无量纲吸光度读数。以 10 为底的吸光系数简单地表示为

$$a(\lambda) = A(\lambda) / l \qquad (2.2)$$

在吸光系数的基础上，可以通过对某个波长范围内的吸收光谱进行指数函数的非线性拟合来计算光谱斜率（S），公式如下：

$$\alpha_g(\lambda) = \alpha_g(\lambda_{ref}) e^{-s(\lambda - \lambda_{ref})} \qquad (2.3)$$

式中，$\alpha_g(\lambda)$为特定波长下 CDOM 的纳氏吸收系数；λ_{ref}为参考波长；S 为式（2.3）转化为线性形式后线性拟合参数中的斜率[①]（Twardowski et al.，2004）。特征紫外吸光度（SUVA）最初被描述为 CDOM 特定波长（通常 $\lambda = 254$ nm 或 280 nm）下的以 10 为底的吸光系数（单

[①] 译者注：式（2.3）的线性形式是 $\ln \alpha_g(\lambda) = \ln \alpha_g(\lambda_{ref}) - s(\lambda - \lambda_{ref})$。

位为 cm^{-1}）与 DOC 浓度（单位为 mg C/L）的比值（Chin et al.，1994；Weishaar et al.，2003）。目前，SUVA 常用以 10 为底的吸光系数表示，单位为 L/（mg C·m）。关于光学概念使用中的模糊性讨论，读者可参考 Hu 等（2002）的研究和 IUPAC 的推荐术语表（Braslavsky，2007）。Helms 等（2008）推荐采用光谱斜率和光谱斜率比值作为 DOM 来源和反应性的指标。总之，在任何研究中，最好明确吸光系数采用纳氏吸光系数还是以 10 为底的吸光系数。

2.2.2 荧光

分子一旦被激发到更高的电子态和振动态，就会通过一系列竞争途径失去能量回到基态。最快速的弛豫途径发生在 $10^{-13} \sim 10^{-12}$ s，是由受激分子与溶剂分子碰撞产生的能量转移引起的热失活（thermal deactivation）。热失活包括振动弛豫过程（激发态振动能量的损失）和内转换过程（从高能级电子态到低能级电子态的无辐射跃迁）。很多吸收光子的有机分子通过热失活完全回到基态但不发光（Schulman，1985）。然而，某些分子通过热失活从最低激发态到基态的转变十分慢，会通过荧光或磷光过程发射光子。上述现象的差异取决于分子所在的激发态的寿命。荧光发生时间范围为 $10^{-11} \sim 10^{-7}$ s，而磷光需要更多的时间（$10^{-4} \sim$ 10 s）。可在很多文献资料中找到（例如，Schulman，1985）对上述现象的详细描述。荧光是指处于第一激发单线态（S_1）的分子通过直接发射紫外光或可见光回到基态的现象。

因此，分子发射荧光的能力是弛豫途径相互竞争的结果。分子结构是控制受激分子返回基态路径的重要因素，会影响分子荧光光谱的强度和位置（Schulman，1985）。具有更大转动和振动自由度的受激分子（如烯烃和脂环分子）通过热失活途径高效地弛豫，这些分子很少在紫外-可见光区发出荧光。较刚性的芳香族分子具有较小的转动和振动自由度，比脂肪族和脂环分子更易发出荧光。含有自由转动取代基的芳香族分子的荧光强度比没有这些取代基的芳香族分子的荧光强度低，因为分子中的激发能量会通过这些官能团损耗。与共轭度较低的分子相比，高度共轭的分子在激发态和基态之间有更小的能隙，因此其发出的荧光波长更长且能量更低。

激发、发射最大值和荧光强度对影响荧光团激发态能量的分子结构因素十分敏感。在这些因素中，取代基效应（substituent effect）在控制辐射弛豫速率方面起重要作用。与共轭芳香族分子相连的供电子基团（如—OH 或—NH$_2$）通过增加弛豫速率来增强荧光强度。与母体分子相比，这些取代基的存在将增加荧光最大值的波长。吸电子基团（如—COOH、—CHO 和—NO$_2$）倾向于降低芳香族分子的荧光量子产率。取代基效应产生的原因超出了本章内容范围，读者可参考其他详细讨论取代基效应化学的文献资料（例如，Schulman，1985）。然而，重要的是要认识到，几乎所有 DOM 都是由含有氧、氮或硫取代基的极性分子组成的，这才能保证其具有水溶性（Thurman，1985）。这些分子中占比最大的是带有—COOH 和—OH 官能团的有机酸。因此，DOM 中的大多数荧光团由含大量共轭基团的分子组成。Senesi 等（1991）全面概述了土壤腐殖质的荧光行为，描述了共轭和取代基效应对从土壤和相关物质获得的 50 个样本的荧光数据的影响。

与紫外-可见光光谱相比，荧光光谱的特异性更高，其在 DOM 研究中的应用还不那么普遍。含有显色基团的化合物一般具有紫外-可见吸光性质，而大多数化合物的荧光信号却较弱。因此，DOM 中吸光的化合物中仅有少部分具有荧光。然而，Boyle 等（2009）认为，由于荧光和吸收现象具有相关性，它们的结合使用可获得更多关于化学调控 DOM 光学性质的信息。

2.3 溶解性有机质荧光

长期以来，天然水体中的有机质被人为地分为溶解性有机质（碳）和颗粒性有机质（碳），通常是利用孔径为 0.2～1.2 μm 的微孔滤膜将两者分离。溶解性有机质本身是复杂的、非均质的连续体，由分子量不同的有机分子构成，这些分子因结构差异表现出不同的溶解性、反应性和光学性质。溶解性组分和颗粒性组分的重叠部分是胶体组分，其由悬浮固体组成，在操作中被认为是溶质（Morel and Gschwend，1987）。天然水体中的胶体有机质包括活的和衰老的生物体、细胞分泌物和部分或完全降解的碎屑物质，所有这些胶体物质都可能以与矿物结合的形式存在（Lead and Wilkinson，2007）。在测量样本光学性质时，分离溶解性有机质、胶体有机质和颗粒性有机质是十分重要的。在某些情况下，样本可不过滤就进行分析。例如，在研究湖泊与海水中的藻类分布和生态系统动力学（ecosystem dynamics）时，荧光法可用于测定藻类叶绿素（Berman，1972）。此外，荧光在胶体和纳米颗粒研究中也有广泛应用（Fatin-Rouge and Buffle，2007）。然而，一般来说，荧光和紫外-可见吸光技术等光谱方法对水样中的颗粒物是敏感的，而且为了获得可用的光谱数据，样本需经适当过滤或对光谱数据进行校正以扣除颗粒物的影响（Karanfil et al.，2005；Saraceno et al.，2009）。

有很多方法可以收集和呈现 DOM 荧光数据。最简单的方法是测量单个激发-发射波长对下的荧光强度。该方法已应用于现代原位仪器测量 DOM、叶绿素和特定荧光化合物［如罗丹明（rhodamine）］。广泛使用的 DOM 光学参数荧光指数（fluorescence index，FI；Cory and McKnight，2005）是在波长为 370 nm 的激发光下发射波长分别为 470 nm 和 520 nm 的荧光强度的比值。荧光数据可表示为某个激发波长下的发射光谱，或某个发射波长下的吸收光谱或激发光谱，也可以通过同步荧光光谱进行呈现。同步荧光光谱获取的方式是测定一系列激发波长（λ）条件下发射波长偏移一个恒定量（Δλ）（即 λ+Δλ）的荧光强度；波长偏移量由目标荧光团的荧光性质决定（Cabaniss and Shuman，1987；Liu et al.，2006；Ziegmann et al.，2010）。理论上，这种方法能测定目标荧光团，在适当约束条件下，还能提供精确（定量）数据[①]。

---

① 译者注：从三维荧光光谱的视角出发，荧光的激发光谱、发射光谱和同步光谱都是"切割"三维荧光这个"山脉"后所呈现的二维剖面图，不同的是，激发光谱和发射光谱沿"山脉"二维投影面的 x 轴或 y 轴进行"切割"，而同步光谱沿着 y=x±Δλ 线进行"切割"。

现代荧光分光光度计（spectrofluorometer）能以激发-发射矩阵（EEMs）的形式采集数据。EEMs 光谱包含大量信息，常以图的形式来展示（图 2.2）。在 EEMs 光谱上，可以找到大量与化合物相关的单个激发-发射组或（特征）峰的强度数据，这种方法被称为"拾峰法"。常见特征峰信息见表 2.1 和图 2.2（c）。基于统计的方法［如层次聚类（hierarchical clustering；Jiang et al.，2008）、偏最小二乘回归（partial least squares regression；Persson and Wedborg，2001；Hall et al.，2005）、主成分分析（principal component analysis；Persson and Wedborg，2001；Hall and Kenny，2007）以及平行因子分析（PARAFAC；Stedmon et al.，2003）等］使用 EEM 光谱中的所有数据来确定光谱特征，并确定荧光不同区域或激发/发射区域对光谱的贡献。这些方法采用曲线拟合技术，并假定光谱中不同组分具有线性行为。上述分析方法提取的组分并不是实际的荧光团，因此需要谨慎解释相关结果，相关讨论参见本书后续章节和其他最近发表的文献（例如，Fellman et al.，2010；Larsen et al.，2010）。

表 2.1　水生环境腐殖质和溶解性有机质的激发-发射矩阵（EEMs）光谱中常见组分的特征峰和区域位置

特征峰代号	激发波长/nm	发射波长/nm	荧光团的说明
B	275	305	类酪氨酸（tyrosine-like）、类蛋白质（protein-like）[a]
T	275	340	类色氨酸（tryptophan-like）、类蛋白质[a]
A	260	400～460	类腐殖酸（humic-like）[a]
M	290～310	370～410	海洋类腐殖酸[a]
C	320～360	420～460	类腐殖酸[a]
D	390	509	土壤富里酸（fulvic acid）[b]
E	455	521	土壤富里酸[b]
N	280	370	浮游生物来源有机质[b]

注：[a] Coble，2007；[b] Stedmon et al.，2003。

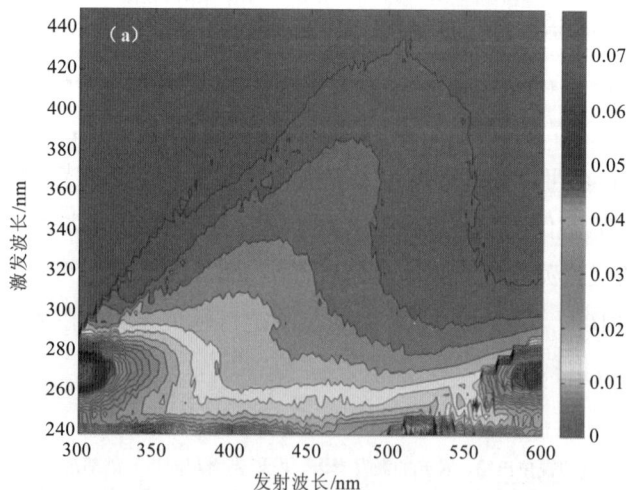

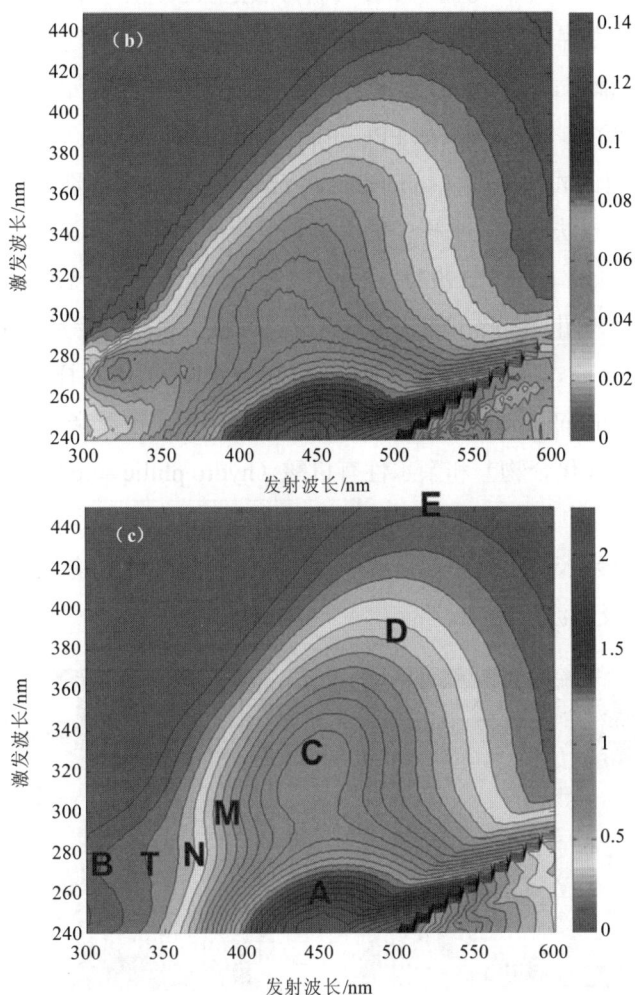

图 2.2 （a）太平洋、（b）缅因湾（Gulf of Maine）和（c）佩诺布斯科特河水样的激发-发射光谱。（c）图中标注了表 2.1 所列的常见特征峰及其位置（见彩色插图 1）。

DOM 的 EEMs 光谱因荧光团性质和影响荧光效率的因素的净效应而存在很大差别。远洋和河流这两种极端水生环境的 DOM 组成差异较大，因此它们的 EEMs 光谱差异也较大（图 2.2），其中远洋样本以微生物自生源 DOM 为主，而河流样本以高等植物来源 DOM 为主。具体而言，太平洋样本远离陆地，其荧光光谱相对简单，主要含有蛋白质荧光团（Yamashita and Tanoue，2003）。来自佩诺布斯科特河的样本受高等植物和土壤有机质的影响，富含复杂芳香族分子构成的陆源 DOM，这也使得该样本激发和发射波长比远洋样本更长（例如 Boyle et al.，2009）。来自缅因州沿海水域的样本的 EEMs 兼具海洋和河流两个端元（end-member）的特征 [图 2.2（b）]。对大多数水体来说，人们对样本中不同荧光团的化学性质知之甚少。一般来说，解释所有类型水样的光谱会因缺乏与荧光团浓度相关的信息而变得极其复杂。一种研究整个水样的新方法是从水样中分离出功能不同的 DOM 组分，而后确定各组分的基本化学性质，最终将结构和化学信息与这些物质的生物成因和环境作用联系起来。分馏（fractionation）技术通常使用以疏水吸附剂（如 C_{18}；Green and Blough，1994）、苯乙烯二乙烯基苯聚合物（如 PPL 树脂；Dittmar et al.，2008）和 XAD 树脂（Aiken et al.，1992）为填料的固相萃取（solid-phase extraction）柱来实现不同功能 DOM 组分的分离。通过上述分馏方法发现，水样中的大多数发色团和荧光团通常存在于含水生腐殖质的疏水性组分中（Aiken et al.，1992）。然而，在大多数情况下，DOM 的疏水性组分并不包含样本中所有的荧光团，因此不能认为该组分代表整个水样的荧光（Green and Blough，1994）。为了证明这一点，本文提供了育空河（Yukon River）原水样、通过 XAD 方法分离的疏水性有机酸（hydrophobic acid，HPOA；腐殖质组分）、过渡亲水性有机酸（transphilic acid，TPIA；中等极性化合物）和亲水性有机酸（hydro philic acid，HPIA）的荧光数据，如图 2.3 所示。在本例中，尽管 HPOA 的荧光强度最强，但它并不能涵盖原水样荧光中的所有信号。在每个更亲水的组分中，光谱最大值相对于 HPOA 组分发生了蓝移，即荧光信号最大值处的激发-发射波长更短。

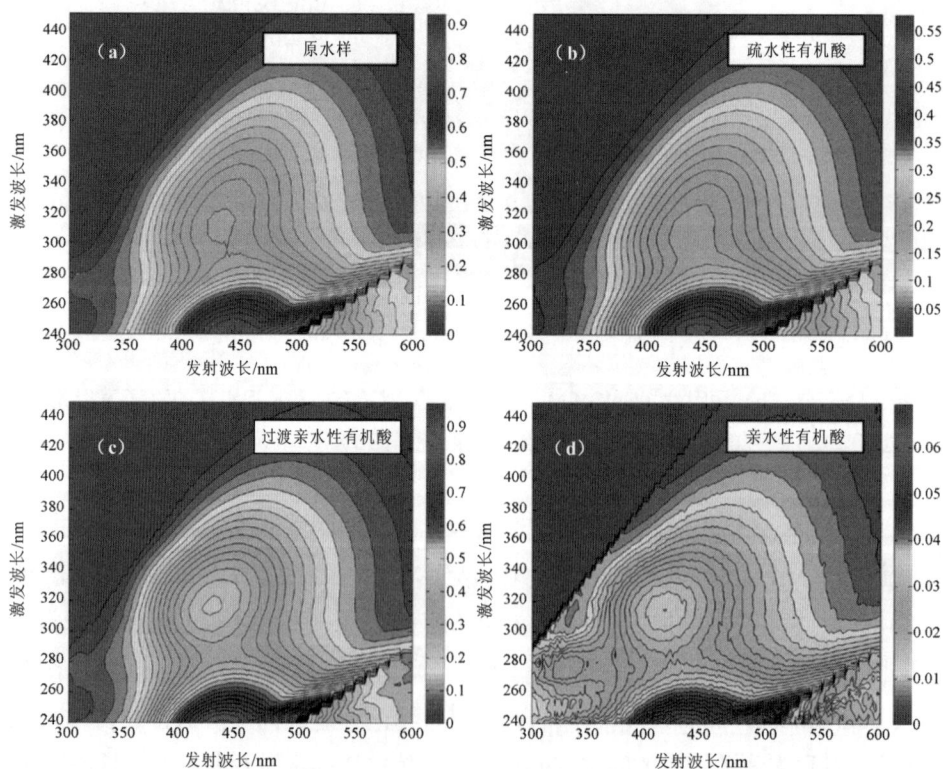

图 2.3 阿拉斯加州（Alaska）试验站育空河水样的原水样激发-发射光谱（a）以及 XAD 法分离的疏水性有机酸组分（b）、过渡亲水性有机酸（c）、亲水性有机酸（d）的质量标准化激发-发射光谱（见彩色插图 2）。

2.4 受关注荧光团

排除废水中人为产生的化合物，土壤和水系统中的有机荧光团主要由极性官能团（—COOH，—OH，—NH$_2$）取代的共轭芳香族分子构成。荧光团本身可以根据中心共轭体系（如酚类、吲哚等）进行分类。掌握 DOM 或土壤腐殖质中常见荧光团荧光最大信号处激发/发射波长的位置，有助于对 EEMs 光谱数据的解释和光谱区域的匹配。研究典型化合物对样本 DOM 光学性质的潜在影响时，需要重点考察的是典型化合物的光谱性质（包括吸收率和量子产率）与所关注样本 DOM 的光学性质是否一致。同时，还要认清潜在化合物或化合物类别对 DOM 光学性质影响的两个重要前提：第一，典型化合物或天然产物与 DOM 在荧光或吸光度行为上的相似性并不意味着 DOM 化合物库中存在上述物质；第二，尽管一个样本中所有的发色团和荧光团都对其整体光学行为有贡献，但 DOM 的吸光度和荧光不能简单地解释为所有发色团或荧光团吸光和荧光的总和（Del Vecchio and Blough，2004）。

人们对天然产生的有机分子的荧光研究已持续多年。Wolfbeis（1985）发表了一份关于有机天然产物荧光的完整数据概要，总结了 1 400 余篇参考文献的试验数据和试验条件。Wolfbeis 所述的许多化合物存在于整个微生物和植物界中，是 DOM 和土壤腐殖质等有机化合物库的贡献者。若想更多地了解 2.4.1 节~2.4.8 节所述化合物类的化学性质、分析方法和生物功能，读者可以参阅 Robinson 发表的论文（Robinson，1991）。图 2.4 和图 2.5 展示了下文所述的特定有机分子的 EEMs 光谱。

2.4.1 氨基酸和蛋白质

大量研究表明，常见氨基酸中的苯丙氨酸、酪氨酸和色氨酸具有荧光性质（Wolfbeis，1985）。苯丙氨酸的荧光较弱，对 DOM 的荧光影响不大。与酪氨酸相关的荧光团是一种简单酚，其荧光行为与酚类的类似（Lackowicz，2006），在激发波长 275 nm/发射波长 303 nm 处有强烈荧光。然而，当酪氨酸出现在蛋白质中时，它的荧光几乎完全猝灭，以蛋白质形式存在的酪氨酸荧光强度仅为游离酪氨酸的 10%~50%（Wolfbeis，1985）。含有一个吲哚基团的色氨酸也与吲哚化合物一样，在激发波长 287 nm/发射波长 348 nm 处发出强烈荧光（进一步的讨论见 2.4.3 节）。

天然水体中游离氨基酸的含量极低。Reynolds（2003）利用高效液相色谱（high-performance liquid chromatography，HPLC）结合同步荧光光谱（synchronous fluorescence spectroscopy）分析湖水样本，发现游离色氨酸浓度为 0.82×10^{-8}~3.44×10^{-8} mol/L。在大多数情况下，氨基酸以更复杂的蛋白质形式存在，需要通过水解作用产生（Cowie and Hedges，1992）。牛血清白蛋白等蛋白质的荧光主要由色氨酸贡献 [图 2.4（a）]，色氨酸的荧光信号最强区域的发射波长范围为 308～350 nm（Schulman，1985）。产生这种效应的原因是短波长光同时激发蛋白质分子中的酪氨酸和色氨酸时，激发能量会从酪氨酸转移到色氨酸（Lackowicz，2006）。Mayer 等（1999）在测定酪氨酸、色氨酸和蛋白质牛血清白蛋白的 EEMs 光谱后发现，色氨酸和牛血清白蛋白之间几乎没有差异。他们还总结发现定量估计陆源有机质对河口样本中蛋白质和氨基酸荧光的影响是极其困难的。除了蛋白质中色氨酸荧光的敏感性所带来的复杂性外，腐殖质荧光信号还与低分子量有机分子背景荧光信号和蛋白质荧光信号之间存在光谱重叠。例如，这些在天然水和废水中常见的酚类（酚、单宁、木质素酚）及吲哚的荧光峰中心就存在明显的重叠［图 2.4（b），见 2.4.3 节］。Mayer等（1999）进一步得出结论，利用荧光对酪氨酸、色氨酸和蛋白质进行定量测定是难以实现的。

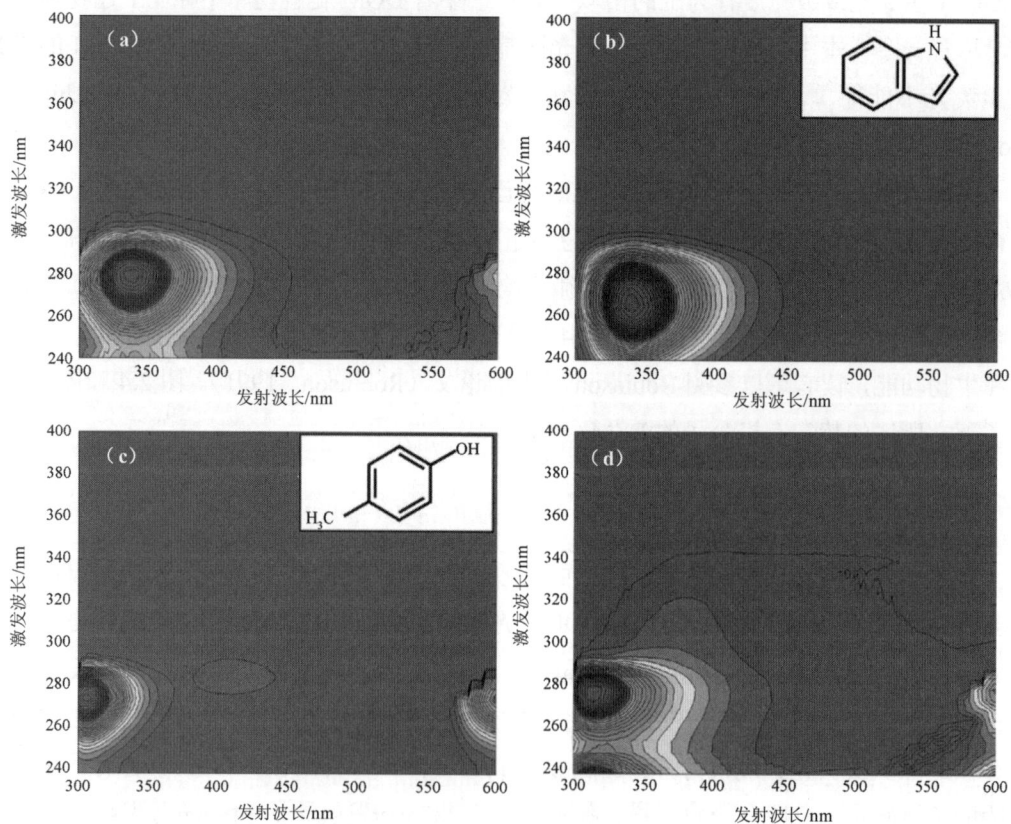

图 2.4　牛血清白蛋白（a）、吲哚（b）、甲酚（c）和杜鹃花提取单宁（d）的激发-发射光谱（见彩色插图 3）。

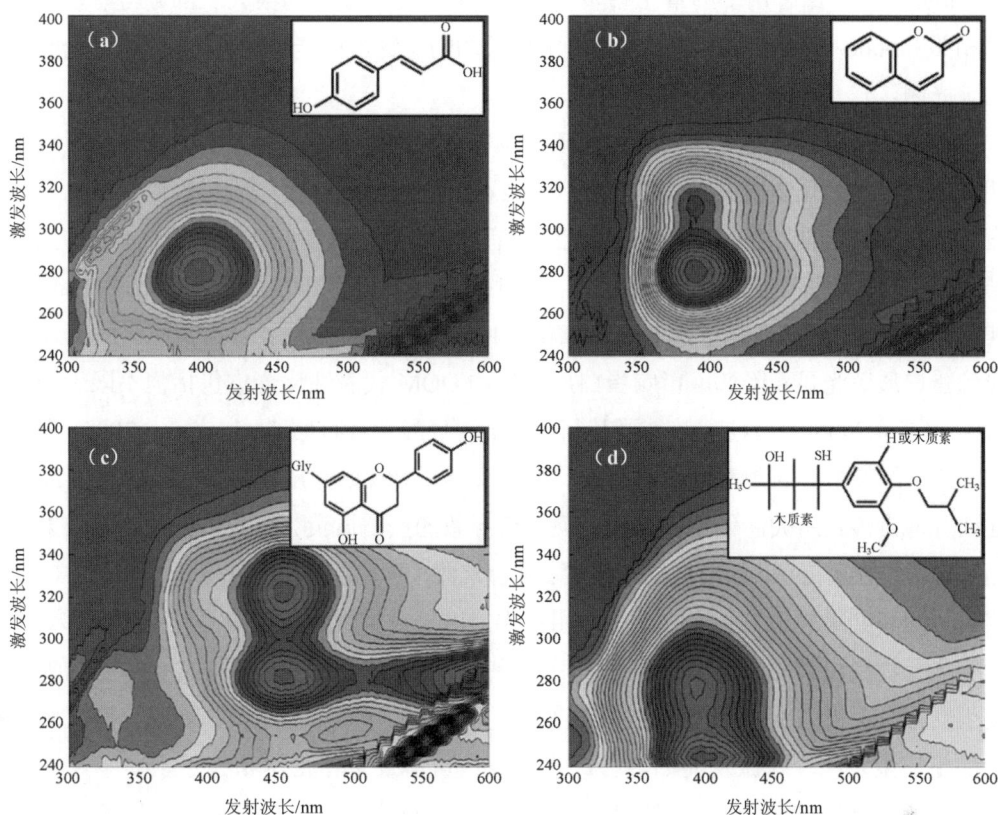

图 2.5 *p*-香豆酸（a）、香豆素（b）、柚皮苷水合物（c）和碱性木质素 2-羟丙基醚（d）的激发-发射光谱（见彩色插图 4）。

Coble 等（1990）首次在黑海（Black Sea）水样中发现的类蛋白质、类酪氨酸和类色氨酸荧光在淡水（Cory and McKnight，2005；Fellman et al.，2009）、海洋（Coble et al.，1990）、河口（Mayer et al.，1999；Maie et al.，2007）和废水系统（Baker，2001）中也很常见。对荧光信号峰定义名称意味着识别出了样本的组成，然而正如前所述，水中存在大量荧光团与蛋白质和氨基酸的荧光光谱区域峰重叠，可见上述匹配峰的方式不能体现 DOM 荧光的复杂性。很少有研究提供基于化合物特定分析的支持数据，以确定上述荧光区域是否存在氨基酸或上述荧光区域中发射荧光的具体化合物。Yamashita 和 Tanoue（2003）将海水样本的类蛋白质荧光团与可水解氨基酸中的酪氨酸和色氨酸含量联系起来。在它们的系统中，氨基酸成分可能主导它们的荧光信号；然而，因缺乏排除其他化合物影响的试验无法保证氨基酸对上述荧光区域贡献的唯一性。Maie 等（2007）在河口和佛罗里达州（Florida）沿海水域证实了酚类化合物（单宁和简单酚）对类蛋白质荧光信号具有一定的影响。该研究中，与色氨酸相关的 T 峰与超滤（ultrafilter）得到的高分子量（high molecular weight）DOM 之间存在微弱的相关性。通过使用尺寸排阻色谱法（size-exclusion chromatography），结合用于测量 T 峰荧光的荧光计，发现 T 峰的很大一部分与非蛋白质化合物相关。Maie 等（2007）提出，与单宁相关的酚类物质可能是对样本 T 峰荧光产生贡献的荧光团。

由于蛋白质分子中色氨酸的荧光性质对局部条件非常敏感，色氨酸荧光在与蛋白质性质相关的很多生物化学研究中非常重要（Lackowicz，2006）。蛋白质与其他有机化合物的反应对蛋白质荧光的影响在 DOM 的研究中具有特殊意义。例如，众所周知，单宁与蛋白质的结合对蛋白质荧光产生影响（Robinson，1991；Kraus et al.，2003）。Labieniec 和 Gabryelak（2006）发现牛血清白蛋白与单宁酸、鞣花酸和没食子酸（均为多酚类物质）的相互作用会导致蛋白质荧光显著降低。影响蛋白质荧光的 DOM 代表性化合物包括但不限于咖啡因（Kriško et al.，2005）、肉桂酸及其羟基衍生物、香豆酸和咖啡酸（Min et al.，2004；Bian et al.，2007）、绿原酸和阿魏酸（Kang et al.，2004）、黄烷醇（如槲皮素）（Mishra et al.，2005）。上述研究通常涉及所关注化合物与蛋白质结合导致的蛋白质荧光猝灭。相关测量结果提供了相互作用的性质信息，如结合位点数量、结合常数、结合距离和构象变化。Min 等（2004）证实香豆酸和咖啡酸与人血清白蛋白的相互作用可导致色氨酸荧光信号猝灭和红移。在黄烷醇类化合物槲皮素与白蛋白的相互作用对各自荧光影响的研究中，槲皮素本身的吸收光谱发生红移，荧光强度增加，而白蛋白的荧光强度发生猝灭。上述结果表明，色氨酸和被结合的槲皮素之间存在激发能的转移。上述反应可能发生在土壤和天然水体中，强烈影响类蛋白质荧光团的荧光，并对天然样本荧光光谱的其他部分做出贡献。尽管不同的荧光团对上述反应具有敏感性，然而人们在研究和解释 DOM 荧光时却很少考虑上述反应的影响。

2.4.2　简单酚

简单酚是高等植物（Robinson，1991）和藻类（Geiselman and McConnell，1981；Connan et al.，2004）产生的一类重要化合物。此外，甲酚 [甲基苯酚，图 2.4（c）] 和水杨酸（2-羟基苯甲酸）通常存在于废水中。它们是单个分子（Thurman，1985），也是单宁的基本构成结构（Kraus et al.，2003），还是包括土壤和水生腐殖质在内的较复杂分子的主要成分之一（Aiken et al.，1985）。含有该基团的分子中，酚类结构是备受关注的荧光团，很多酚类物质具有相似的激发光谱和发射光谱 [图 2.4（c），图 2.4（d）]。作为 DOM 中极为重要的组分，酚类在葡萄酒行业备受关注，而荧光是检测它们存在与否的重要分析工具之一（Bonerz et al.，2008）。

植物产生的大部分芳香族羧酸也含有酚基，与酚类物质具有相同的性质，包括荧光性质（Robinson，1991）。羟基在调控这类化合物荧光行为方面具有重要作用。未取代芳香族羧酸（如苯甲酸）在水溶液中不具有荧光性，但在酸性条件下，未解离的苯甲酸占主导时，则具有荧光性（Martin and Clarke，1978；Wolfbeis，1985）。酚羟基的加入会导致更强的荧光。例如，与腐殖质有关且常出现于废水中的水杨酸（2-羟基苯甲酸）（Flaherty et al.，2002）在天然水体 pH 范围内就能发出荧光（激发波长 296 nm/发射波长 408 nm；Wolfbeis，1985）。在 DOM 研究中具有重要意义的其他简单羟基苯甲酸包括龙胆酸（2,5-二羟基苯甲酸；激发波长 318 nm/发射波长 442 nm；Wolfbeis，1985）和没食子酸（3,4,5-二羟基苯甲酸；激发波长 260 nm/发射波长 346 nm；Maie et al.，2007）。

单宁是陆地生物中第四丰富的一类分子（Hernes and Hedges，2000），是陆源 DOM 的组成之一（Sleighter et al.，2010）。与单宁相似的多酚化合物也可由水生生物褐藻产生（Geiselman and McConnell，1981）。单宁是一种含有大量酚类基团的大分子物质，分为缩合型或可水解型（Kraus et al.，2003）。缩合型单宁是三环黄烷醇的聚合物，而可水解型单宁含有与糖类基团相连的各种酚酸，其中最常见的是没食子酸（3,4,5-二羟基苯甲酸；Robinson，1991）。有些单宁是两种类型的混合物（Kraus et al.，2003）。缩合型单宁和混合单宁的荧光光谱性质［图 2.4（d）］与没食子酸和其他低分子量酚类化合物（如甲酚；图 2.4）类似。Maie 等（2007）证实，指示溶解性有机氮（dissolved organic nitrogen，DON）的荧光 T 峰与佛罗里达州沿海水域红树（*Rhizophora mangle*）叶子中的没食子酸和单宁重叠，这就限制 T 峰作为 DON 的代用指标在该水域的应用。

酪氨酸是最重要的酚类化合物之一，贡献了 DOM 的荧光。虽然酪氨酸被归类为氨基酸，但从荧光的角度来看，它可以被认为是简单酚，因为酚基是该分子发射荧光的关键官能团。酪氨酸与其他酚类荧光性质的重叠，使得荧光数据中关于峰归属的解释变得复杂。例如，Goldberg 和 Weiner（1993）分析了特定化合物，发现废水常见成分甲酚（如 Tertuliani et al.，2008）在一定程度上是科罗拉多州丹佛（Denver）附近污水处理厂下游南普拉特河（South Platte River）样本的 T 峰荧光信号产生的原因。Hernes 等（2009）发现，EEMs 光谱中指示木质素酚的区域通常也属于酪氨酸和色氨酸的区域，尤其是酪氨酸。木质素（见2.4.6 节）不含氨基酸，但一般认为木质素样本含有少量氮（McKnight and Aiken，1998）。Hernes 等（2009）将类蛋白质与木质素酚在荧光区域上的密切关系归因于与氨基酸相关的荧光团和与木质素相关的丙基酚单体具有相似的化学性质。许多对天然水体和受废水影响的水生环境的荧光研究都将酪氨酸区域的信号称为"类酪氨酸"（例如，Hudson et al.，2007），这一术语表述的是化学成分，无法确定是否为酪氨酸或在该区域发出荧光的其他化合物。

2.4.3 吲哚

吲哚［2,3-苯并吡咯；图 2.4（b）］是生物合成色氨酸、一些生物碱和其他生物分子的前体化合物（precursor compound；Lehninger，1970；Robinson，1991）。它存在于煤焦油、油页岩和粪便中（The Merck Index，1996），是色氨酸降解的主要产物。吲哚及其简单衍生物（如 3-甲基-1H-吲哚）也是个人护理产品和药品的成分。吲哚通常存在于与农业饲料生产（Harden，2009）、城市污水处理厂（Goldberg and Weiner，1993；Tertuliani et al.，2008）和油页岩及煤矿开采（Gu and Berry，1991）相关的废水中。与酚类和黄烷醇一样，吲哚在葡萄酒生产中也很重要，可利用荧光法对其进行测定（Bonerz et al.，2008）。吲哚和3-甲基-1H-吲哚的荧光强烈，与含吲哚化合物色氨酸荧光重叠明显。

废水中的吲哚荧光团峰通常被称为"T峰"或"类色氨酸"（Baker，2001；Hudson et al.，2007）。Elliot 等（2006）认为，这个峰可以在简单的含细菌系统中由微生物产生；然而，正如作者所指出的，他们的样本未经过滤，因此所得荧光信号是细菌生物量和细菌分泌物共同产生的。尽管很多废水 DOM 荧光研究将这个峰定义为"类色氨酸"，从而推定蛋白质和色氨酸的存在，但很少有人实际检测到色氨酸或水解氨基酸是否存在。另外，在地下水和受废水影响的地表水中，吲哚和3-甲基-1H-吲哚都可直接测定。在为数不多的同类研究中，Goldberg 和 Weiner（1993）发现直接测定的吲哚含量与吲哚区荧光信号之间存在良好的相关性。

2.4.4　苯丙烷类

苯丙烷类物质是广泛存在的天然芳香族化合物之一（Robinson，1991）。它们存在于木质素前体、结构成分（Higuchi，1980；Boerjan et al.，2003）和降解产物（Larsen and Rockwell，1980）之中。与木质素相关的香豆酸［图 2.5（a）］在细菌光反应性中发挥着作用（Putschogl et al.，2008）。很多苯丙烷被描述为羟基化的肉桂酸，但它的一些立体化学（stereochemistry）性质与肉桂酸无关（Robinson，1991）。肉桂酸也是绿原酸的芳香中心，绿原酸是苯丙烷类相关的化合物（Robinson，1991）。咖啡酸（3,4-二羟基肉桂酸）、阿魏酸（4-羟基-3-甲氧基肉桂酸）和对香豆酸［也称对羟基肉桂酸；光谱如图 2.5（a）所示］是 3 种常见的苯丙烷类。

苯丙烷类具有羧基和酚类官能团，荧光性质取决于 pH（Wolfbeis，1985；Putschögl et al.，2008）。Wolfbeis（1986）确定了不同 pH 下邻羟基肉桂酸具有不同活性的荧光团的化学性质。许多苯丙烷类化合物的荧光强度很弱，但在弱酸性或弱碱性条件下荧光会变强（Wolfbeis，1985）。Wolfbeis（1985）与 Larsen 和 Rockwell（1980）提供的数据表明，简单的羟基肉桂酸和甲氧基肉桂酸（包括阿魏酸和咖啡酸）具有相似的荧光性质，即激发最大值波长在 295～350 nm，发射最大值波长在 390～445 nm（Wolfbeis，1985；Larsen and Rockwell，1980）。Larson 和 Rockwell（1980）注意到部分降解木质素与阿魏酸和咖啡酸具有相似的荧光行为，并提出部分降解木质素的荧光性质是由于木质素苯丙烷类侧链的氧化作用造成的。除了可能直接促进 DOM 荧光外，苯丙烷类还与其他荧光团（如蛋白质）发生反应，从而影响其荧光行为（Kang et al.，2004；Min et al.，2004；Bian et al.，2007）。荧光方法可用于分析啤酒中的对香豆酸（Garcia-Sanchez et al.，1988）和葡萄酒中的羟基肉桂酸（Bonerz et al.，2008）。

2.4.5 氧杂环化合物

氧杂环化合物中一些生物分子的荧光性质受分子环状结构中氧原子的影响。香豆素和黄酮类等氧杂环化合物的光学性质一直备受关注，因为它们是常见的天然产物，在植物的功能中发挥重要作用，而且经常是有颜色的（Wolfbeis，1985；Robinson，1991；Quina et al.，2009）。

香豆素（易与香豆酸混淆）是邻羟基肉桂酸的内酯［图 2.5（b）；Robinson，1991］。这些芳香族化合物在植物中很常见，其中许多含有羟基官能团（Robinson，1991），它们是木质素的潜在降解产物（Larson and Rockwell，1980），具有一定的水溶性，并具有高度荧光性质（Fink and Koehler，1970；Larsen and Rockwell，1980；Wolfbeis，1985）。由于这些化合物是内酯，高 pH 有利于环结构的开放而返回至邻羟基肉桂酸，而低 pH 则有利于内酯形成。因此，pH 对这些分子的荧光性质的影响剧烈（Fink and Koehler，1970；Wolfbeis，1985）。Larsen 和 Rockwell（1980）证明，咖啡酸（3,4-二羟基肉桂酸）通过光氧化反应可以形成荧光强烈的香豆素化合物——七叶苷原，而 Fink 和 Koehler（1970）则认为肉桂酸是 7-羟基香豆素的光解产物。Larsen 和 Rockwell（1980）基于香豆素与水溶性腐殖质荧光光谱的相似性，认为香豆素是 DOM 和腐殖质荧光的重要贡献者。

天然产物中，黄酮类是最大的一类氧杂环化合物（Wolfbeis，1985）。它们是苯并吡喃衍生物，其碳骨架是两个苯环通过三碳脂肪链和多个酚羟基相互连接而成的（Wolfbeis，1985；Robinson，1991）。黄酮类包括黄烷酮、黄酮、黄烷醇（如槲皮素、桑色素）和花青素。黄酮类化合物之间的区别取决于氧化状态和三碳链的变化（Robinson，1991）。黄酮类在植物界很常见，包括大多数常见的植物色素（Robinson，1991）。许多黄酮类化合物发出强烈荧光，尤其是在极性溶剂中，并表现出较大的斯托克斯位移（Wolfbeis，1985）。单个黄酮类化合物的荧光性质受羟基数量和位置的影响（Wigand et al.，1992；Ale et al.，2002）。一直以来，天然产物化学家对这些化合物及其荧光性质十分关注。Wolfbeis（1985）对黄酮类化合物荧光的早期研究进行了很好的总结。特别有意思的是，花青素是叶子、花朵和水果中的一大类色素，是与红酒有关的一种重要化合物，这一关联推动了荧光分析方法的发展（Figueiredo et al.，1990；Bonerz et al.，2008）。虽然黄酮类化合物作为 DOM 来源并不像木质素或单宁那样受到关注，以及目前缺乏直接证据证明黄酮类化合物是 DOM 来源，但考虑到它们在植物界中的普遍性和水溶性，它们可能有助于 DOM 荧光。

黄酮类化合物可以表现出复杂的吸收光谱和荧光光谱（例如，Figueiredo et al.，1990；Drabent et al.，2007）。例如，柚皮苷水合物（一种黄烷酮）在水中存在多个吸收谱带和发射谱带［图 2.5（c）］。在本章所报道的天然产物中，黄酮类化合物是唯一在"C"和"A"峰区具有荧光行为的化合物，通常上述性质存在于腐殖质中（表 2.1）。Figueiredo 等（1990）确定与锦葵色素 3,5-二葡萄糖苷（一种花青素）相关的荧光发射带可以被分配给 6 种形式的分子：黄嘌呤阳离子（$\lambda_{max} = 620 \text{ nm}$）、半缩醛（$\lambda_{max} = 370 \text{ nm}$）、查尔酮（$\lambda_{max} = 435\text{nm}$）、电离查尔酮（$\lambda_{max} = 495 \text{ nm}$）、醌式碱（$\lambda_{max} = 660 \text{ nm}$）和离子化醌式碱（$\lambda_{max} = 665 \text{ nm}$）。任何一种形式的锦葵色素都取决于 pH；然而，在某个 pH 下，会存在多种形式的此类化合物。鉴于它们与没食子酸、咖啡因、绿原酸（Wigand et al.，1992）和其他类黄酮化合物（Santhanam et al.，1983）通过氢键和电荷转移（charge transfer）相互作用的能力，这使得解释光谱变得更加复杂。上述相互作用可导致花青素色团对光的吸收增加，以及使花青素荧光增强或猝灭（Santhanam et al.，1983；Wigand et al.，1992）。

2.4.6　木质素

根据 Kirk 等（1998）的定义，木质素是一种用于描述植物组织主要组分——复杂芳香族生物聚合物的通用术语。木质素是仅次于纤维素的第二丰富的陆地生物聚合物（Kirk et al.，1980；Boerjan et al.，2003），并且考虑到纤维素中没有芳香基团，木质素是最丰富的一类芳香族生物聚合物。木质素的大量产生与微生物降解作用大致平衡（Kirk et al.，1998）。木质素是一类长期以来对陆源腐殖质的组成有重要贡献的化合物（Stevenson，1985）。大量研究表明，木质素是 DOM 中芳香族化合物的来源；同样，大量直接证据表明，木质素衍生物是陆源 DOM 的主要组分（例如，Kujawinski et al.，2009；Sleighter et al.，2010）。例如，Ertel 等（1986）确定亚马孙河中 3%～8%的腐殖质碳以木质素组分存在。长期以来，木质素荧光性质［图 2.5（d）］一直备受关注（例如，Hartley，1893），而其荧光结构一直难以确定（Radotić et al.，2006）。与 DOM 的情况一样，由于不同样本之间固有的结构复杂性和可变性，木质素荧光团的识别和木质素荧光动力学的理解都十分复杂。Olmstead 和 Gray（1997）全面回顾了木质素荧光的基本原理、荧光在工业木质素和木浆分析中的应用以及木制品中非荧光组分的新型荧光分析方法。苯基香豆素、二苯乙烯结构、松柏醇、对氧苯甲醛、联苯和苯醌结构是木质素中的主要荧光团（Lundquist et al.，1978；Olmstead and Gray，1997；Albinsson et al.，1999；Machado et al.，2001）。木质素中这些化合物基团的荧光性质源于单个荧光团的直接激发、能量转移相互作用和电荷转移配合物的存在。Lundquist 等（1978）最初提出木质素荧光是能量从木质素中受激的结构元素转移到其他作为"能量阱"的结构上的结果，随后这些结构以光的形式释放能量。木质素中苯基香豆素型组分和二苯乙烯型组分本身无有效荧光，是潜在的受体基团。在另一个能量转移的例子中，为了解释云杉木质素在 240～320 nm 激发波长范围内的 360 nm 发射波长处显示荧光的观察结果，Albinsson 等（1999）提出，一系列发色团（因此具有多个激发波长）吸收的能量被转移到少量苯基香豆素型结构上，然后由这些荧光团发光。醌和甲基奎宁也是受体官能团（Olmstead and Gray，1997）。此外，Barsberg 等（2003）提出，木质素的发射荧光猝灭等光学性质受到醌类受体电荷转移相互作用的影响。

荧光分析可以用于确定水中是否存在木质素及木质素磺酸盐（纸浆厂的副产品）

（Christman and Minear，1967；Thruston，1970；Santos et al.，2000）和纸浆厂废水（Bublitz and Meng，1978）。Christman 和 Minear（1967）利用荧光法检测造纸厂废水中的木质素磺酸盐。他们发现，木质素磺酸盐在 3 个波长（λ_{ex}=253 nm、293 nm、340 nm）激发光作用下均会在波长 λ_{em} = 400 nm 处发射荧光。上述结果与 Albinsson 等（1999）对木质素的观测结果相似。Christman 和 Minear（1967）还发现，尽管凝胶渗透色谱法分离的不同组分之间的荧光强度不同，但最大荧光值并不是分子量的函数。尽管不同木材源的木质素化合物表现出不同的荧光强度，但许多样本具有相似的荧光最大值，可见木质素化合物的荧光行为在很大程度上似乎与木材来源无关（Bublitz and Meng，1978）。木质素废料影响的水体中能检测到木质素磺酸盐的荧光，然而水生环境腐殖质产生的干扰是个问题（Wilander et al.，1974）。研究者已经在海洋（Almgren et al.，1975）和淡水（Josefsson and Nyquist，1976）中发现了纸浆厂木质素磺酸盐的存在。

很多文献报道了不同波长下 DOM 吸光系数与各种地表水木质素酚含量之间的强正相关关系（例如，Boyle et al.，2009；Spencer et al.，2009）。近期的研究表明，木质素部分氧化产物对 DOM 的光学性质有很大的影响，尤其是在较长的波长下。Del Vecchio 和 Blough（2004）提供的证据表明，水生环境腐殖质长波长吸光和荧光性质在很大程度上源于木质素前体部分降解形成羟基-芳香族供体和醌受体的分子内电荷转移相互作用。上述分子内相互作用涉及能量转移和电荷转移机制（Boyle et al.，2009）。

2.4.7 醌类

醌类是微生物、真菌和高等植物产生的一类重要的氧化还原活性分子，电子自旋共振（electron spin resonance，ESR）（如 Scott et al.，1998）和核磁共振（nuclear magnetic resonance，NMR）（Thorn et al.，1992）证实了其在水生环境腐殖质中的存在。该类物质由一系列分子组成，从简单醌到多核醌，其中蒽醌是自然界中分布最广的一类醌（Robinson，1991）。醌类以氧化（醌）和还原（半醌、对苯二酚）的形式存在，在 DOM 的生物地球化学电子转移反应（非生物和生物）中发挥重要作用（Nurmi and Tratnyek，2002；Fimmen et al.，2007）。如前文所述，醌类是电荷转移相互作用中的受体分子，可能会影响木质素荧光（Barsberg et al.，2003）和 DOM 吸光性质（Del Vecchio and Blough，2004）。

氧化醌是荧光相对较弱的荧光团，而还原形式对苯二酚具有高度荧光性，这一性质已被用于开发液相色谱仪的光化学反应荧光探测器（Poulson and Birks，1989）。Klapper 等（2002）根据一系列从环境中分离出来的腐殖质氧化和还原样本之间的荧光性质差异来推断类醌基团的存在。他们认为，醌类基团对腐殖质荧光有重要贡献，荧光分析可用于评价腐殖质的氧化还原状态。

Cory 和 McKnight（2005）分析了大量 DOM 样本的荧光 EEMs 数据，并使用平行因子分析得出结论，发现目标样本中约 50%的 EEMs 光谱信号由类醌荧光团贡献；然而，他们未能量化样本中类醌的存在，也没有探讨类醌对 EEMs 光谱影响的本质。随后，Miller 等（2006）提出，与醌类基团相关的平行因子组分比例［即氧化还原指数（redox index）］可作为 DOM 氧化还原状态的代替值。

近年来，多篇文献对醌类化合物直接影响 DOM 荧光性质的假设提出了质疑。Ma 等（2010）证明了 DOM 在 NaBH₄ 还原过程中的荧光行为与大量典型醌及其对应的对苯二酚的行为不一致。此外，DOM 样本还原后再氧化并没有完全使其荧光光谱恢复到原始状态，即还原步骤基本上是不可逆的，Ma 等（2010）据此认为，作为陆源水生腐殖质结构组成的芳香酮（Leenheer et al.，1987）可能比醌在 DOM 光学性质中发挥了更重要的作用。MacCalady 和 Walton（2010）以及 Mauer 等（2010）发现，在 DOM 样本的化学（NaBH₄）或电化学还原和再氧化过程中，之前认定的醌活性区域的荧光 EEMs 没有发生变化。在 MacCalady 的论文中，Miller 等（2010）指出，内滤效应可能掩盖了 EEMs 光谱中氧化还原敏感区域的变化。醌类荧光团的电荷转移相互作用对 DOM 荧光的潜在影响仍存在争议，值得进一步开展相关研究。

2.4.8 生物碱

生物碱是一类分布广泛的含氮天然产物，通常含有杂环（Robinson，1991）。几乎所有的生物碱都具有荧光（Wolfbeis，1985）。这类分子在植物界很常见，在化学上没有确切的定义，化合物的分类通常基于含氮环结构的性质（Robinson，1991）。生物碱由于具有广泛的生理反应性，长期以来一直备受药物化学家的关注。生物碱的荧光性质主要由其中心杂环结构决定。Wolfbeis（1985）对生物碱荧光进行了全面的综述。与大多数 DOM 分子不同，生物碱本身是碱性的，并且在激发态下碱性变得更强（Wolfbeis，1985）。

吲哚类和喹啉类化合物是 DOM 荧光的重要组成部分。吲哚类化合物是生物碱中最大的一类。与色氨酸的情况一样（见 2.4.3 节），简单的吲哚衍生物的荧光行为与吲哚本身类似［见图 2.4（b）］。这些化合物的激发波长范围为 270～290 nm，发射波长范围为 330～350 nm（Wolfbeis，1985）。如前文所述，很多含吲哚的化合物存在于废水中。另一种备受关注的废水中的化合物是咖啡因，这种化合物可作为地表水被污染的标志（Buerge et al.，2003）。咖啡因具有嘌呤型荧光团，其荧光区域（激发波长 270 nm/发射波长 320 nm）类似于表 2.1 中的 B 型荧光团和简单酚。

备受关注的荧光生物碱是异喹啉生物碱——奎宁，它导致汤力水呈蓝色调。很多定义荧光现象的早期研究都是在含奎宁的溶液中进行的（Lakowicz，2006）。硫酸奎宁（激发波长 331 nm/发射波长 382 nm）常被作为“量子计数器”来校正 EEMs 光谱（Lakowicz，2006）。硫酸奎宁作为一种标准品来量化 DOM 研究中的荧光响应，可恰当地校正 DOM 光谱，并提高不同仪器和分析人员所得结果的可比性（Hoge et al.，1993；Murphy et al.，2010）。

2.5 溶解性有机质荧光的影响因素

2.5.1 猝灭

荧光猝灭描述了荧光团荧光强度降低的过程。这些过程通常涉及影响荧光团的一个或多个化学方面的相互作用，如衰减速率、分子间能量转移或激发态分子数增加，从而降低分子的荧光强度（Lakowicz，2006）。荧光猝灭的途径包括猝灭物质与荧光分子基态的相互作用（静态猝灭）、猝灭物质与荧光团激发态的相互作用（碰撞猝灭）以及非分子机制引起的猝灭（Lakowicz，2006）。每种猝灭类型都能影响 DOM 的荧光，猝灭效果实验可研究 DOM 和土壤有机质（SOM）与其他荧光体（如人工合成化合物）的反应活性（Chen et al.，1994；Backhus et al.，2003）。DOM 或 SOM 中的天然分子对上述材料荧光性质的影响尚不清楚。

静态猝灭缘于荧光分子基态与另一种化学物质发生化学结合或形成电荷转移复合物等相互作用。在这种情况下，相互作用导致了非荧光"复合物"的形成。猝灭效率取决于相互作用的强度和猝灭剂的浓度。在 DOM 和 SOM 的静态猝灭研究中，与金属（如铁）的相互作用导致 DOM 形成一种复合物并降低其荧光（例如，Blaser and Sposito，1987）；有机分子之间可通过微弱的静电相互作用导致一个或两个分子的荧光降低，如与肉桂酸等化合物的相互作用导致蛋白质荧光猝灭（Min et al.，2004）。在环境化学中，非极性有机污染物在 DOM 上发生的"分配"相互作用会导致荧光探针分子（如发荧光的多环芳烃）的静态猝灭（Gauthier et al.，1986；Backhus and Gschwend，1990；Backhus et al.，2003）。在上面的研究中，对目标多环芳烃进行荧光猝灭实验可测定化合物与 DOM 结合的平衡常数。在另一个例子中，研究者利用与带正电荷硝基氧自由基结合的萨旺尼河（Suwannee River）富里酸（FA）和腐殖酸（HA）荧光强度的降低来估算腐殖酸化合物的表面电势（Green et al.，1992）。

碰撞猝灭也称为"动态猝灭"（Schulman，1985），发生在受激荧光团与猝灭物质通过碰撞接触时。作为受激荧光团和猝灭分子相互作用的一种形式，能量被转移到猝灭分子中，导致受激荧光团失活，即通过非辐射途径返回到基态。在这种情况下，荧光团在没有化学反应的情况下回到基态，猝灭剂和荧光团都没有发生化学改变。分子氧、卤素、胺和缺电子分子都是可作为猝灭剂的化合物（Lakowicz，2006）。对于 DOM 荧光，分子氧可以作为一种重要的碰撞猝灭剂；然而，分子氧对 DOM 荧光的影响尚未得到很好的阐释，即便是在不同氧化还原条件下荧光团强度变化的研究中也没有得到很好的阐释（参见 Klapper et al.，2002）。

第三种猝灭类型即内滤效应，不会因受激分子和另一种化学物质之间的直接相互作用导致能量损失或荧光团的能量变化，却是影响荧光数据采集的一个主要问题（Tucker et al.，1992；Lakowicz，2006）。内滤效应会通过分子吸收激发光而降低荧光团的激发光强（主要效应）或者通过吸收荧光团发射光强（次要效应）而导致实际荧光强度低于理论荧光强度。任何吸收光的化学物质都能导致光的内滤效应；当吸光物质是荧光团本身时，这个过程被称为溶质自吸收（solute self-absorption）。此外，未过滤样本中的颗粒或胶体通过光散射也能产生同样的效果。由于 DOM 组成的复杂性，内滤效应是天然样本荧光分析面临的一个重要问题。DOM 样本的紫外-可见吸收光谱（图 2.1）表明，大多数 DOM 样本在荧光分析关注的波长范围内（250～550 nm）存在光吸收。很多研究人员在 DOM 分析时都提及了这个问题（Mobed et al.，1996；McKnight et al.，2001）。因此，在测量 DOM 样本荧光之前，需要对样本进行光稀释，保证 $A_{254} < 0.2$ cm^{-1}（Miller et al.，2010）。而且即便是对样本进行了光稀释，荧光数据仍需进行内滤效应校正。

最后，受激分子回到基态的弛豫能量是温度敏感的（Lakowicz，2006）。荧光团在较高温度下发生热"猝灭"现象，因为高温下受激分子更有可能通过无辐射途径返回基态；较低的温度一般有助于荧光增强。不同的荧光团表现出不同的温度依赖性，这种现象有助于提供化学和生物化学中的化学结构和反应途径信息（Baker，2005；Lakowicz，2006）。在各种环境中测量 DOM 样本的热猝灭行为为 DOM 结构信息提供了一种方法（Baker，2005）。在这种方法中，DOM 不同荧光团的热依赖性提供了未处理废水和处理废水中类色氨酸基团的结构信息。该文献证明了样本中不同荧光团对温度升高的响应不同。这项工作的一个重要意义是对于含有不同 DOM 组分的样本，部署原位荧光计或获取激光遥感数据可能需要不同温度的补偿方程。

2.5.2 pH 的影响

由于与芳香族荧光团连接的酸性官能团（—COOH 和—OH）和碱性官能团（—NH$_2$）去质子化或质子化的影响，大多数 DOM 荧光团的激发发射光谱对 pH 的变化较敏感。DOM 分子库中—COOH 和—OH 是主要的酸性官能团，而—NH$_2$ 是主要的碱性官能团。这些官能团上孤对电子的存在与否会通过影响弛豫速率来改变分子激发态寿命。此外，酸和碱的性质在基态和激发态之间存在差异。—COOH 基团在激发态时的平衡离解常数（equilibrium dissociation constant；pK_a*）大于基态（pK_a），表明激发态—COOH 基团的弱酸性。激发态供电子基团（—OH 和—NH$_2$）相比基态有更强的酸性（Sharma and Schulman，1999）。对于酚类化合物，其激发态的 pK_a*值（2～3）较低，而在基态时，该类化合物一般为弱酸（pK_a约 10）。pH 产生的影响取决于酸性或碱性取代基的性质（Schulman，1985）。对于吸电子基团（如—COOH），质子化使荧光转移到更长的波长（红移），而去质子化使荧光转移到更短的波长（蓝移）；给电子基团（如—OH 和—NH$_2$）则相反。基团（如—NH$_2$）的质子化导致波长向短波方向移动，而酚羟基的去质子化或离解导致波长向长波方向移动。在不同 pH 处荧光强度和峰位的变化取决于荧光团基态和激发态的质子化或去质子化。Kelly 和 Schulman（1988）以及 Sharma 和 Schulman（1999）就 pH 对芳香酸和碱荧光的影响进行了更详细的讨论。

Wolfbeis 等（1986）提出了一个 pH 影响邻羟基肉桂酸基态和激发态复杂性的极好例子。该分子包含一个羧基和一个酚基。在碱性条件下，由于基态的酚基（$pK_a = 9.7$）和羧基（$pK_a = 4.2$）发生了去质子化，分子具有高荧光性；在 pH 为中性时，只有羧基脱质子，荧光强度较弱；在 pH 小于 4 时，由于**激发**态酚基去质子化，主峰发生位移，出现了第 2 个荧光团。在激发态下，羧基的 pK_a 增加了 2.2 个单位，而酚基的 pK_a 减少了 8.3 个单位，使酚基酸性更强（Wolfbeis et al.，1986）。类似的结果在其他类酚类分子的研究中也有报道，如花青素（Moreira et al.，2003）和香豆素（Fink and Koehler，1970）。

很多研究已经考察了 pH 对 DOM 和腐殖质荧光行为的影响。Ghosh 和 Schnitzer（1980）发现，土壤腐殖质荧光既对离子强度敏感，也对 pH 敏感。在该研究中，腐殖酸和富里酸的荧光强度随离子强度的增大而减小，随 pH 的增大而增大。随着 pH 增大，腐殖质的酚基荧光强度增加，影响了腐殖质的荧光行为。Mobed 等（1996）发现在不同 pH 条件下，EEMs 光谱的强度、蓝移和红移部分都发生了变化。光谱的红移部分位于长波长区域，归因于酚类荧光团的荧光特性。Westerhoff 等（2001）也注意到，废水和萨旺尼河中的富里酸在 pH 为 3 时的 EEMs 与在 pH 为 7 时相比出现了轻微的蓝移。在该研究中，pH 从 7 降到 3 也会导致大多数 EEMs 峰强度损失 30%～40%，其中激发波长 250 nm/发射波长 320 nm 附近的峰强度变化最大，该区域荧光强度降低是由于酚类荧光团的质子化。荧光团对 pH 的依赖性可能给不同 pH 条件下不同水样的荧光光谱的比较带来影响。Spencer 等（2007b）研究了 pH（2～10）对不同水源地区 35 个水体的影响。在更高 pH 和更低 pH 条件下，pH 的影响更大，不同的波长下表现出不同的响应。由于 DOM 和腐殖质存在大量未知结构，因此难以将观察到的荧光光谱的变化归因于物质的结构（Spencer et al.，2007b），然而不同特定化合物的观测结果与其结构是有关系的（例如，Fink and Koehler，1970；Wolfbeis et al.，1986）。

天然水体 pH 一般在 4～10，大多数水样的 pH 在 6～8。因此，对于大多数水样来说，无需调整 pH 即可测定荧光。

2.5.3　与金属的相互作用

与荧光配体结合的金属会通过类似于质子化反应的方式影响配体的电子态。金属是路易斯酸（Lewis acid），因此配体与金属离子的配位类似于配体的质子化（Sharma and Schulman，1999）。金属与具有丰富的电子官能团（—COOH，—OH，—NH$_2$）的芳香族化合物等荧光配体的配位既可以猝灭荧光，也可以增强荧光，这取决于配体以及金属对（与荧光竞争的）非辐射过程的影响。DOM 或腐殖质中荧光配体与主族过渡金属之间的大多数相互作用会导致静态猝灭，这一现象究其根本是配体 π 电子与金属相互作用导致的。

在某些情况下，有机化合物具备与金属形成配合物而使荧光增强的能力。例如，一些基于上述原理的比色指示化合物可以指示水样中的某些金属和阳离子（Skoog and West，1982）。天然产物黄酮与金属络合时荧光增强，这种反应可用于检测黄烷醇和金属的存在（Wolfbeis，1985）。一个常见的例子是化合物桑色素，桑色素在未络合状态下不发射荧光，但在 Al^{3+} 和其他金属存在时发射荧光（Brown et al.，1990）。桑色素与 Al^{3+} 的反应可用于研究天然水体中 Al^{3+} 的形态以及 Al^{3+} 对植物材料的影响（Eticha et al.，2005）。又如，水杨酸在 As^{3+} 和十二烷基硫酸钠存在时荧光增强（Karim et al.，2006），而与 Fe^{3+} 的相互作用会导致荧光猝灭（Cha and Park，1998）。

荧光猝灭可用于测量一系列金属与腐殖质（Saar and Weber，1980）以及金属与植物提取物（例如 Blaser and Sposito，1987）的金属结合常数（metal binding constant）。有研究使用平行因子分析来确定与金属相互作用而导致的有机物荧光光谱不同区域的变化（Ohno et al.，2008）。荧光猝灭虽然提供了有关天然荧光团与金属之间相互作用的信息，但却在测定环境 DOM-金属结合常数的过程中受到限制（Cabaniss and Shuman，1988）。荧光猝灭法灵敏度不足，要求较高的金属浓度，该浓度往往高于金属在环境中的实际浓度水平，并且该方法只能研究荧光团与金属的相互作用，而无法研究 DOM 中占据主导地位的非荧光配体与金属的相互作用。荧光猝灭法测定的土壤提取物或 DOM 与金属的结合常数通常比其他更敏感方法的结果小数个数量级。Town 和 Fillela（2002）以及 Gasper 等（2007）综述了环境相关条件下 DOM-金属结合常数测定所面临的困难。

金属与 DOM 的相互作用给天然样本荧光测量带来了问题，铁离子（Fe^{3+} 和 Fe^{2+}）因其环境浓度足够高、会影响 DOM 的光学性质而尤其受到关注。在水体荧光分析中，三价铁离子（Fe^{3+}）本身会吸收对水体 DOM 激发和发射均很重要的光，并且在测量吸光度时，它比二价铁离子（Fe^{2+}）引发的问题更多（Doane and Horwáth，2010）。Weishaar 等（2003）在测定 DOM 的特征紫外吸光度时，发现 Fe^{3+} 影响 $\lambda = 254\ nm$ 处吸光度的测量。Fe^{3+} 还会促进荧光的内滤效应。最近，Doane 和 Horwáth（2010）通过化学方法将 Fe^{3+} 还原为 Fe^{2+}，以降低其在吸光度测量中的影响。然而，两种铁离子似乎都会影响腐殖质荧光团的强度和峰位。Cory（2005）利用平行因子分析，证明水中富里酸样本中添加 $0.5 \sim 50\ \mu mol/L$ 的 Fe^{2+} 和 Fe^{3+} 会降低总荧光，导致峰位置偏移，并影响平行因子组分的分布。自然系统中 DOM 光学性质的相关报道经常忽视铁对 DOM 光学性质的影响。当铁离子浓度水平影响 DOM 光学性质的程度不可忽视时，需要考虑该影响以提高数据解释的准确性。

2.5.4　电荷转移相互作用

电荷转移相互作用对于理解有机分子的吸光性质和荧光性质具有重要意义。电荷转移相互作用是两个分子之间的弱静电相互作用，其中一个分子（供体）的部分电子密度转移到另一个分子（受体），从而形成一个"电荷转移复合物"，并改变两种物质的能级。这些相互作用影响复合物中所涉及分子的光学性质，导致吸收光谱和荧光光谱不能简单地用各部分的加和来表示（March，1968；Barsberg et al.，2003）。对于有机化合物，具有 π 电子的芳香族分子既可作供体，又可作受体。在经典案例——对苯二酚（供体）和醌（受体）之间的醌氢复合物形成过程中，一个分子的 π 系统与第二个分子的 π 系统重叠，并给第二个分子 1 个电子（Szent-Györgyi et al.，1961；D'Souza and Deviprasad，2001）。其他类型的电荷转移相互作用可能涉及无机物（如金属）和有机物（March，1968）。电荷转移复合物的光学性质取决于化学性质，如受体化合物和供体化合物的氧化还原电位（Barsberg et al.，2003）。

长期以来，电荷转移相互作用对于 DOM 荧光研究中关注的多种化合物（类）的重要性已得到广泛认可。例如，吲哚（包括色氨酸）以及嘌呤、嘧啶和黄素（Pullman and Pullman，1958）都是高效的供电子分子（Isenberg and Szent-Györgyi，1959；Green and Malrieu，1965）。电荷转移复合物在涉及花青素（植物中主要的红色素、蓝色素和紫色素）的颜色强化反应（共着色）中很重要（Quina et al.，2009）。da Silva 等（2005）发现，与花青素相关的黄嘌呤离子是很好的电子受体（electron acceptor），与一些天然电子供体多酚类化合物（阿魏酸、没食子酸、咖啡酸、原儿茶酸和槲皮素）形成电荷转移复合物。又如，电荷转移相互作用在木质素的吸光行为中扮演重要角色，特别是在可见光范围内的吸光行为（Furman and Lonsky，1988）。构成 DOM 的有机分子库中，电荷转移相互作用的潜在重要性是很大的。为了阐明影响萨旺尼河腐殖质荧光行为的因素，Del Vecchio 和 Blough（2004）开展了相关试验，其中腐殖质的光学性质因窄聚焦激光选择性光解破坏发色团而改变。观察到的变化与腐殖质荧光模型不一致，该模型假设 DOM 吸光和荧光是简单、保守地由各发色团和荧光团加和而得到的。该研究结果也证实了电荷转移相互作用的存在。Del Vecchio 和 Blough（2004）提出，这些相互作用涉及木质素前体部分氧化产生的羟基-芳香族供体和醌类受体。在后续研究中，Boyle 等（2009）证实木质素部分氧化产物在电荷转移相互作用中极其重要，其中芳香酮可能在 DOM 的吸光性质和发射性质中发挥重要作用（Ma et al.，2010）。其他可能的电子供体化合物包括吲哚、色氨酸、简单酚类、多酚，而电子受体化合物包括类黄酮和花青素。由于 DOM 样本的复杂性和受分析条件所限，目前很难确定上述物质的重要性。然而，考虑到 DOM 前体——芳香族化合物的反应性质，与多种化合物类型相关的电荷转移相互作用可能有助于观察 DOM 和水生腐殖质的光学行为。

2.6 结论

长期以来，荧光光谱术都是土壤和水体有机质研究的重要方法之一。然而，在过去的 20 年里，仪器和数据管理技术的进步大大提高了荧光数据采集效率。随着这些进步，已经开发了新的方法来分析每个样本可能产生的大量数据。相关方法共同支持荧光成为研究各种环境中有机质的重要工具；在整个水科学领域中，荧光数据的相关报道不断增加。然而，数据采集和操作的便利性本身并不能改善数据解释的质量。本章的目标有两个：（1）调查与天然产物荧光相关的文献，以提高对 DOM 荧光的认识，为数据解释的改善提供基础；（2）研究影响有机质分子荧光的化学因素，重点研究其对 DOM 荧光的影响。

从化学角度来看，DOM 的荧光分析比数据收集和操作要复杂得多。含有不同荧光团的多种化合物具有相似的荧光性质。因此，在没有额外的特定化合物分析的情况下，很难将给定样本中的荧光团确定为特定类别的化合物。一般来说，荧光分析能伴以特定化合物分析，如同时分析氨基酸和木质素酚，其在生物地球化学和生态学研究中的作用会更大。更复杂的是，组成 DOM 的荧光团易参与化学反应，这些化学反应会影响分子吸收光能以及随后受激分子弛豫时释放的能量。大多数报告荧光数据的水科学研究在很大程度上忽略了上述影响，甚至忽略了影响数据解释的环境条件（如温度）和化学干扰物（如铁和氧）。

最后，需要进一步阐明有机质反应对 DOM 的吸光性质和荧光性质的作用，从而改进数据的解释，开展提供更多有机质结构信息的新实验，以及开发荧光的新应用来解决水科学所面临的各类科学问题。正如本章所述，电荷转移相互作用和化学键合反应等可以非保守的方式改变荧光光谱。研究者在解释不同条件下获得的数据或样本中分布不同的活性成分时往往忽视了上述作用的影响。在多数情况下，研究者默认的假设是单个荧光团的荧光光谱是保守的，然而上述假设并没有得到大量生物分子和天然产物荧光性质研究的支持。

致谢

感谢肯纳·巴特勒（Kenna Butler）和苏珊·M. 布雷（Suzanne M. Bourret）提供荧光光谱，感谢塔玛拉·克劳斯（Tamara Kraus）提供特征明确的单宁样本。同时，也感谢劳雷尔·拉森（Laurel Larsen）、罗伯特·斯潘塞（Robert Spencer）以及两位匿名审稿人在本章撰写过程中提供的宝贵意见。本研究得到了美国地质调查局国家研究计划的支持。

参考文献

Aiken，G.R. and Leenheer，L.A.（1993）. Isolation and characterization of dissolved and colloidal organic matter. Chem. Ecol.，8，135–151.

Aiken，G.R.，McKnight，D.M.，Wershaw，R.L.，and MacCarthy，P.，Eds.（1985）. *Humic Substances in Soil，Sediment，and Water，Geochemistry，Isolation，and Characterization.* New York：John Wiley & Sons，692 pp.

Aiken，G.R.，McKnight，D.M.，Thorn，K.A.，and Thurman，E.M.（1992）. Isolation of hydrophilic acids from water using macroporous resins. *Org. Geochem.*, **18**, 567–573.

Albinsson, B., Li, S., Lundquist, K., and Stomberg, R. (1999). The origin of lignin fluorescence. *J. Mol. Struct.*, **508**, 19–27.

Ale, R., Olives, E., Martin, L., Matin, M.A., del Castillo, B., Agnese, A.M., Ortega, M.G., Nuñez-Montoya, S., and Cabrera, J.L. (2002). Study of the solvatochromic effect on natural phenolic compounds. *Ars Pharmaceutica*, **43**, 57–71.

Almgren, T., Josefsson, B., and Nyquist, G. (1975). A fluorescence method for the studies of spent sulfite liquor and humic substances in seawater. *Anal. Chim. Acta.*, **78**, 411–421.

Backhus, D.A. and Gschwend, P.M. (1990). Fluorescent polycyclic aromatic hydrocarbons as probes for studying the impact of colloids on pollutant transport in groundwater. *Environ. Sci. Technol.*, **24**, 1214–1223.

Backhus, D.A., Golini, C., and Castellanos, E. (2003). Evaluation of fluorescence quenching for assessing the importance of interactions between nonpolar organic pollutants and dissolved organic matter. *Environ. Sci. Technol.*, **37**, 4717–4723.

Baker, A. (2001). Fluorescence excitation-emission matrix characterization of some sewage-impacted rivers. *Environ. Sci. Technol.*, **35**, 948–953.

Baker, A. (2005). Thermal fluorescence quenching properties of dissolved organic matter. *Water Res.*, **39**, 4405–4412.

Barsberg, S., Elder, T., and Felby, C. (2003). Lignin-quinone interactions: Implications for optical properties of lignin. *Chem. Mater.*, **15**, 649–655.

Berman, T. (1972). Profiles of chlorophyll concentrations by *in vivo* fluorescence: Some limnological applications. *Limnol. Oceanogr.*, **17**, 616–618.

Bian, H., Zhang, H., Yu, Qing, Chen, Z., and Liang, H. (2007). Studies of the interaction of cinnamic acid with bovine serum albumin. *Chem. Pharm. Bull.*, **55**, 871–875.

Blaser, P. and Sposito, G. (1987). Spectrofluorometric investigation of trace metal complexation by an aqueous chestnut leaf litter extract. *Soil Sci. Soc. Am. J.*, **51**, 612–619.

Blough, N. and Del Vecchio, R. (2002). Chromophoric DOM in the coastal environment. In D.A. Hansell and C.A. Carlson (Eds.), *Biogeochemistry of Marine Dissolved Organic Matter* (pp. 509–546). San Diego, CA: Academic Press.

Boerjan, W., Ralph, J., and Baucher, M. (2003). Lignin biosynthesis. *Annu. Rev. Plant Biol.*, **54**, 519–546.

Bonerz, D.P.M., Nikfardjam, M.S.P., and Creasy, G.L. (2008). A new RP-HPLC method for the analysis of polyphenols, anthcyanins, and indole-3-acetic acid in wine. *Am. J. Enol. Vitic.*, **59**, 106–109.

Boulton, R. (2001). The copigmentation of anthocyanins and its role in the color of red wine: A critical review. *Am. J. Enol. Vitic.*, **52**, 67–87.

Boyle, E.R., Guerriero, N., Thiallet, A., Del Vecchio, R., and Blough, N. (2009). Optical properties of humic substances and CDOM: Relation to structure. *Environ. Sci. Technol.*, **43**, 2262–2268.

Braslavsky, S.E. (2007). Glossary of terms used in photochemistry.*IUPAC Recommendations*, 3rd ed., *Pure*

Appl. Chem.，**79**，293–465.

Brown，B.A.，McColl，J.G.，and Driscoll，C.T.（1990）. Aluminum speciation using morin：I. Morin and its complexes with aluminum. *J. Environ. Qual.*，**19**，65–72.

Bublitz，W.J. and Meng，T.Y.（1978）. The fluorometric behavior of pulping waste liquors. *Tappi*，**61**，27–30.

Buerge，I.J.，Poiger，T.，Müller，M.D.，and Buser，H.R.（2003）. Caffeine，an anthropogenic marker for wastewater contamination of surface waters. *Environ. Sci. Technol.*，**37**，691–700.

Cabaniss，S.E. and Shuman，M.S.（1987）. Synchronous spectra of natural waters：tracing sources of dissolved organic matter. *Mar. Chem.*，**21**，37–50.

Cabaniss，S.E. and Shuman，M.S.（1988）. Fluorescence quenching measurements of copper-fulvic acid binding. *Anal. Chem.*，**60**，2418–2412.

Cha，K-W. and Park，K-W.（1988）. Determination of iron(Ⅲ) with salicylic acid by the fluorescence quenching method. *Talanta*，**46**，1567–1571.

Chen，S.，Inskeep，W.P.，Williams，S.A.，and Callis，P.R.（1994）. Fluorescence lifetime measurements of fluyoranthene，1-naphthol，and napropamide in the presence of dissolved humic acid. *Environ. Sci. Technol.*，**28**，1582–1588.

Chin，Y.P.（2003）. The speciation of hydrophoboic organic compounds by dissolved organic matter. In S.E.G. Findlay and R.L. Sinsabaugh（Eds.），*Aquatic Systems：Interactivity of Dissolved Organic Matter*（pp. 343–362）. San Diego，CA：Academic Press.

Chin，Y.，Aiken，G.，and O'Loughlin，E.（1994）. On the molecular weight，polydispersity and spectroscopic properties of aquatic humic substances. *Environ. Sci. Technol.*，**28**，1853–1858.

Christman，R.F. and Minear，R.A.（1967）. Fluorometric detection of lignin sulfonates. *Trends Eng.*，**19**，3–7.

Coble，P.G.（1996）. Characterization of marine and terrestrial DOM in seawater using excitation-emission matrix spectroscopy. *Mar. Chem.*，**51**，325–346.

Coble，P.G.（2007）. Marine optical biogeochemistry：The chemistry of ocean color. *Chem Rev*，**107**，402–418.

Coble，P.G.，Green，S.，Blough，N.V.，and Gagosian，R.B.（1990）. Characterization of dissolved organic matter in the Black Sea by fluorescence spectroscopy. *Nature*，**348**，432–435.

Connan，S.，Goulard，F.，Stiger，V.，Deslandes，E.，and Gall，E.A.（2004）. Interspecific and temporal variation in phlorotannin levels in an assemblage of brown algae. *Botan. Mar.*，**47**，410–416.

Cory，R.M.（2005）. *Redox and Photochemical Reactivity of Dissolved Organic Matter in Surface Waters*. PhD thesis，University of Colorado，Boulder，CO，252.

Cory，R.M. and McKnight，D.M.（2005）. Fluorescence spectroscopy reveals ubiquitous presence of oxidized and reduced quinones in dissolved organic matter. *Environ. Sci. Technol.*，**39**，8142–8149.

Cowie，G.L. and Hedges，J.I.（1992）. Improved amino acid quantification in environmental samples：Charged matched recovery standards and reduced analysis time. *Mar. Chem.*，**37**，223–238.

da Silva，P.F.，Lima，J.C.，Freitas，A.A.，Shimizu，K.，Maçanita，A.L.，and Quina，F.H.（2005）. Charge-transfer complexation as a general phenomenon in the copigmentation of anthocyanins. *J. Phys. Chem. A*，**109**，7329–7338.

Del Vecchio，R. and Blough，N.V.（2004）. On the origin of the optical properties of humic substances，*Environ. Sci. Technol.*，**38**，3885–3891.

Dittmar，T.，Koch，B.，Hertkorn，N.，and Kattner，G.（2008）. A simple and efficient method for the solid-phase extraction of dissolved organic matter（SPE-DOM） from seawater. *Limnol. Oceanogr. Methods*，**6**，230–235.

Doane，T.A. and Horwáth，W.R.（2010）. Eliminating interference from iron(Ⅲ) for ultraviolet absorbance measurements of dissolved organic matter. *Chemosphere*，**78**，1409–1415.

Downing，B.D.，Boss，E.，Bergamaschi，B.A.，Fleck，J.A.，Lionberger，M.A.，Ganju，N.K.，Schoellhamer，D.H.，and Fujii，R.（2009）. Quantifying fluxes and characterizing compositional changes of dissolved organic matter in aquatic systems in situ using combined acoustic and optical measurements. *Limnol. Oceanogr. Methods*，**7**，119–131.

Drabent，R.，Pliszka，B.，Huszcza-Ciolkowska，G.，and Smyk，B.（2007）. Ultraviolet fluorescence of cyaniding and malvidin glycosides in aqueous environment. *Spectrosc. Lett.*，**40**，165–182.

D'Souza，F. and Deviprasad，C.R.（2001）. Studies on porphyrin-quinhydronde complexes：Molecular recognition of quinine and hydroquinone in solution. *J. Org. Chem.*，**66**，4601–4609.

Elliot，S.，Lead，J.R.，and Baker，A.（2006）. Characterization of the fluorescence from freshwater，planktonic bacteria. *Water Res.*，**40**，2075–2083.

Ertel，J.R.，Hedges，J.I.，Devol，A.H.，Richey，J.E.，and De Nazare Goes Ribeiro，M.（1986）. Dissolved humic substances in the Amazon River system. *Limnol. Oceanogr.*，**31**，739–754.

Eticha，D.，Stass，A.，and Horst，W.J.（2005）. Localization of aluminum in the maize root apex：Can morin detect cell wall-bound aluminum? *J. Exp. Bot.*，**56**，1351–1357.

Fatin-Rouge，N. and Buffle，J.（2007）. Study of environmental systems by means of fluorescence correlation spectroscopy. In K.J. Wilkinson and J.R. Lead（Eds.），*Environmental Colloids and Particles，IUPAC Series on Analytical and Physical Chemistry of Environmental Systems*，Vol. 10（pp. 507–553）. West Sussex，UK：John Wiley & Sons.

Fellman，J.B.，Hood，E.，D'Amore，D.V.，Edwards，R.T.，and White，D.（2009）. Seasonal changes in the chemical quality and biodegradability of dissolved organic matter exported from soils to streams in coastal temperate rainfall watersheds. *Biogeochemistry*，**95**，277–293.

Fellman，J.B.，Hood，E.，and Spencer，R.G.M.（2010）. Fluorescence spectroscopy opens new windows into dissolved organic matter dynamics of freshwater ecosystems：A review. *Limnol. Oceanogr.*，**55**，2452–2462.

Figueiredo，P.，Pina，F.，Vilas-Boas，L.，and Maçanita，A.L.（1990）. Fluorescence spectra and decays of malvidin 3,5-diglucoside in aqueous solutions. *Photochem. Photobiol.*，**52**，411–424.

Fimmen，R.L.，Cory，R.M.，Chin，Y-P，Trouts，T.D.，and McKnight，D.M.（2007）. Probing theoxidation-reduction properties of terrestrially and microbially derived dissolved organic matter. *Geochim. Cosmochim. Acta*，**71**，3003–3015.

Findlay，S.（2003）. Bacterial response to variation in dissolved organic matter. In S.E.G. Findlay and R.L. Sinsabaugh（Eds.），*Aquatic Systems：Interactivity of Dissolved Organic Matter*（pp. 363–379）. San Diego，

CA：Academic Press.

Fink，D.W. and Koehler，W.R.（1970）. pH effects on fluorescence of umbelliferone. *Anal. Chem.*，**42**，990–993.

Flaherty，S.，Wark，S.，Street，G.，Farley，J.W.，and Brumley，W.C.（2002）. Investigation of CE/LIF as a tool in the characterization of sewage effluent for fluorescent acidics：Determination of salicylic acid. *Electrophoresis*，**23**，2327–2332.

Furman，G.S. and Lonsky，W.F. W.（1988）. Charge-transfer complexes in Kraft lignin part 2：Contribution to color. *J. Wood Chem. Technol.*，**8**，191–208.

Garcia-Sanchez，F.，Carnero，C.，and Heredia，A.（1988）. Fluorometric determination of p-coumaric acid in beer. *J. Food Agric. Chem.*，**36**，80–82.

Gasper. J.D.，Aiken，G.R.，and Ryan，J.N.（2007）. A critical review of three methods used for the measurement of mercury（Hg^{2+}）dissolved organic matter stability constants. *Appl. Geochem.*，**22**，1583–1597.

Gauthier，T.D.，Shane，E.C.，Guerin，W.F.，Seitz，W.R.，and Grant，C.L.（1986）. Fluorescence quenching method for determining equilibrium constants for polycyclic aromatic hydrocarbons binding to dissolved humic materials. *Environ. Sci. Technol.*，**20**，1162–1166.

Geiselman，J.A. and McConnell，O.J.（1981）. Polyphenols in brown algae *Fucus vesiculosus* and *Ascophyllum nodosum*：Chemical defenses against the marine herbivorous snail，*Littorina littorea. J. Chem. Ecol.*，**7**，1115–1133.

Ghosh，K. and Schnitzer，M.（1980）. Fluorescence excitation spectra of humic substances. *Can. J. Soil Sci.*，**60**，373–379.

Goldberg，M.C. and Weiner，E.R.（1993）. Fluorescence spectroscopy in environmental and hydrological sciences. In O.S. Wolfbeis（Ed.），*Fluorescence Spectroscopy – New Methods and Applications*（pp. 211–241）. New York：Springer-Verlag.

Green，J.P. and Malrieu，J.P.（1965）. Quantum chemical studies of charge-transfer complexes of indoles. *Proc. Natl. Acad. Sci. USA*，**54**，659–664.

Green，S.A.，and Blough，N. V.（1994）. Optical absorption and fluorescence properties of chromophoric dissolved organic matter in natural waters. *Limnol. Oceanogr.*，**39**（8），1903–1916.

Green，S.A.，Morel，F.M. M.，and Blough，N.V.（1992）. Investigation of the electrostatic properties of humic substances by fluorescence quenching. *Environ. Sci. Technol.*，**26**，294–302.

Gu，J. and Berry，D.F.（1991）. Degradation of substituted indoles by an indole-degrading methanogenic consortium. *Appl. Environ. Microbiol.*，**57**，2622–2627.

Haitzer，M.，Aiken，G.R.，and Ryan，J.N.（2002）. Binding of mercury(Ⅱ) to dissolved organic matter：The role of mercury to DOM concentration ratio. *Environ. Sci. Technol.*，**36**，3564–3570.

Hall，G.J. and Kenny，J.E.（2007）. Estuarine water classification using EEM spectroscopy and PARAFAC-SIMCA. *Anal. Chim. Acta*，**581**，118–124.

Hall，G.J.，Clow，K.E.，and Kenny，J.E.（2005）. Estuarial fingerprinting through multidimensional fluorescence and multivariate analysis. *Environ. Sci. Technol.*，**39**，7560–7567.

Harden，S.L.（2009）. Reconnaissance of organic wastewater compounds at a concentrated swine feeding operation in the North Carolina Coastal Plain, 2008, U.S. Geological Survey Open-File Report 2009–1128, 14 p.

Hartley, W.N. (1893). Observations on the origin of colour and of fluorescence. *J. Chem. Soc.*, **63**, 243–256.

Helms, J.R., Stubbins, A., Ritchie, J.D., Minor, E.C., Kieber, D.J., and Mopper, K. (2008). Absorption spectral slopes and slope ratios as indicators of molecular weight, source, and photobleaching of chromophoric organic matter. *Limnol. Oceanogr.*, **53**, 955–969.

Henderson, R.K., Baker, A., Murphy, K., Hambly, A., Stuetz, R.M., and Khan, S.J. (2009). Fluorescence as a potential monitoring tool for recycled water systems: A review. *Water Res.*, **43**, 863–881.

Hernes, P.J. and Hedges, J.I. (2000). Determination of condensed tannin monomers in environmental samples by capillary gas chromatography of acid depolymerization extracts. *Anal. Chem.*, **72**, 5115–5124.

Hernes, P.J., Bergamaschi, B.A., Eckard, R.S., and Spencer, R.G. M. (2009). Fluorescence-based proxies for lignin in freshwater dissolved organic matter. *J. Geophys. Res.*, **114**, doi: 10.1029/2009JG000938.

Higuchi, T. (1980). Lignin structure and morphological distribution in plant cells walls. In Kirk, T.K., Higuchi, T., and Chang, H. (Eds.), *Lignin Biodegradation: Microbiology, Chemistry, and Potential Applications* (pp. 1–20). Boca Raton, FL: CRC Press.

Hoch, A.R., Reddy, M.M., and Aiken, G.R. (2000). Calcite crystal growth inhibition by humic substances with emphasis on hydrophobic acids from the Florida Everglades. *Geochim. Cosmochim. Acta*, **64**, 61–72.

Hoge, F.E., Vodacek, A., and Blough, N.V. (1993). Inherent optical properties of the ocean: Retrieval of the absorption coefficient of chromophoric dissolved organic matter from fluorescence measurements. *Limnol. Oceanogr.*, **38**, 1394–1402.

Hu, C., Muller-Karger, F.E., and Zepp, R.G. (2002). Absorbance, absorption coefficient, and apparent quantume yield: A comment on common ambiguity in the use of these concepts. *Limnol. Oceanogr.*, **47**, 1261–1266.

Hudson, N., Baker, A., and Reynolds, D. (2007). Fluorescence analysis of dissolve organic matter in natural, waste and polluted waters – a review. *River Res. Applic.*, **23**, 631–649.

Isenberg, I. and Szent-Györgyi, A. (1959). On charge transfer complexes between substances of biochemical interest. *Proc. Natl. Acad. Sci. USA*, **45**, 1229–1231.

Jiang, F., Lee, F.S., Wang, X., and Dai, D. (2008). The application of excitation/emission matrix spectroscopy combined with multivariate analysis for the characterization and source identification of dissolved organic matter in seawater of Bohai Sea, China. *Mar. Chem.*, **110**, 109–119.

Josefsson, B. and Nyquist, G. (1976). Fluorescence tracing of the flow and dispersion of sulfite wastes in a fjord system. *Ambio*, **5**, 183–187.

Kang, J., Liu, Y., Xie, M-X., Li, S., Jiang, M., and Wang, Y-D. (2004). Interactions of human serum albumin with chlorogenic acid and ferulic acid. *Biochim. Biophys. Acta*, **1674**, 205–214.

Karanfil, T., Erdogan, I., and Schlautman, M. (2005). The impact of filtrate turbidity on UV_{254} and $SUVA_{254}$ determinations. *J. Am. Water Works Assoc.*, **97**, 125–136.

Karim, M.M., Lee, H.S., Kim, Y.S., Bae, H.S., and Lee, S.H. (2006). Analysis of salicylic acid based on the fluorescence enhancement of the As(Ⅲ)-salicylic acid system. *Anal. Chim. Acta*, **576**, 136–139.

Kelly, R.N. and Schulman, S.G. (1988). Proton transfer kinetics of electronically excited acids and bases. In S.G.

Schulman（Ed.），*Molecular Luminescence Spectroscopy – Methods and Applications*：*Part 2*（pp. 461–510）. New York：John Wiley & Sons.

Kirk，T.K.，Higuchi，T.，and Chang，H.，Eds.（1980）. *Lignin Biodegradation*：*Microbiology，Chemistry，and Potential Applications*，Vol. 1. Boca Raton，FL：CRC Press.

Klapper，L.，McKnight，D.M.，Fulton，J.R.，Blunt-Harris，E.L.，Nevin，K.P.，Lovely，D.R.，and Hatcher，P.G.（2002）. Fulvic acid oxidation state detection using fluorescence spectroscopy. *Environ. Sci. Technol.*，**36**，3170–3175.

Kraus，T.E.C.，Yu，Z.，Preston，C.M.，Dahlgren，R.A.，and Zasoski，R.J.（2003）. Linking chemical reactivity and protein precipitation to structural characteristics of foliar tannins. *J. Chem. Ecol.*，**29**，703–729.

Kraus，T.E.C.，Bergamaschi，B.A.，Hernes，P.J.，Spencer，R.G.M.，Stepanauskas，R.，Kendall，C.，Losee，R.F.，and Fujii，R.（2008）. Assessing the contribution of wetlands and subsided islands to dissolved organic matter and disinfection byproduct precursors in the Sacramento-San Joaquin River Delta：A geochemical approach. *Org. Geochem.*，**39**，1302–1318.

Kriško，A.，Kveder，M.，Pećar，S.，and Pifat，G.（2005）. A study of caffeine binding to human serum albumin. *Croat. Chem. Acta*，**78**，71–77.

Kujawinski，E.B.，Longnecker，K.，Blough，N.V.，Del Vecchio，R.，Finlay，L.，Kitner，J.B.，and Giovannoni（2009）. Identification of possible markers in marine dissolved organic matter using ultrahigh resolution mass spectrometry. *Geochim. Cosmochim Acta*，**73**，4384–4399.

Labieniec，M. and Gabryelak，T.（2006）. Interactions of tannic acid and its derivatives（ellagic and gallic acid）with calf thymus DNA and bovine serum albumin using spectroscopic method. *J. Photochem. Photobiol B*，**82**，72–78.

Lakowicz，J.R.（2006）. *Principles of Fluorescence Spectroscopy*，3rd ed. New York：Springer Science+Business Media，954 pp.

Larsen，L.G.，Aiken，G.R.，Harvey，J.W.，Noe，G.B.，and Crimaldi，J.P.（2010）. Using fluorescence spectroscopy to trace seasonal DOM dynamics，disturbance effects，and hydrologic transport in the Florida Everglades. *J. Geophys. Res.*，**115**，doi：10.1029/2009JG001140.

Larson，R.A. and Rockwell，A.L.，（1980）. Fluorescence spectra of water-soluble humic materials and some potential precursors. *Arch. Hydrobiol.*，**89**，416–425.

Lead，J.R. and Wilkinson，K.J.（2007）. Environmental colloids and particles：Current knowledge and future developments. In K.J. Wilkinson and J.R. Lead（Eds.），*Environmental Colloids and Particles – Behaviour，Separation and Characterisation*（pp. 1–16）.

IUPAC Series on Analystical and Physical Chemistry of Environmental Systems，Vol. 10. Chichester，England：John Wiley & Sons.

Lead，J.R.，Wilkinson，K.J.，Balnois，E.，Cutak，B.J.，Larive，C.A.，Assemi，S.，and Beckett，R.，（2000）. Diffusion coefficients and polydispersities of the Suwannee River fulvic acid：Comparison of fluorescence correlation spectroscopy，pulsed field gradient nuclear magnetic resonance，and field-flow fractionation. *Environ. Sci. Technol.*，**34**，3508–3513.

Leenheer，J.A.，Wilson，M.A.，and Malcolm，R.L.（1987）. Presence and potential significance of aromatic-ketone groups in aquatic humic substances. *Org. Geochem.*，**11**，273–280.

Lehninger，A.L.（1970）. *Biogeochemistry*. New York：Worth，833 pp.

Liu，X.，Tao，S.，Deng，N.，Liu，Y.，Meng，B.，Xue，B.，and Liu，G.（2006）. Synchronousscan fluorescence as a selective detection method for sodiumdodecybenzene-sulfonate and pyrene in environmental samples. *Anal. Chem. Acta*，**572**，134–139.

Lundquist，K.，Josefsson，B.，and Nyquist，G.（1978）. Analysis of lignin products by fluorescence spectroscopy. *Holzforschung*，**32**，27–32.

Ma，J.，Del Vecchio，R.，Golanoski，K.S.，Boyle，E.S.，and Blough，N.V.（2010）. Optical properties of humic substances and CDOM：Effects of borohydride reduction. *Environ. Sci. Technol.*，**44**，5395–5402.

MacCalady，D.L. and Walton- Day，K.（2009）. New light on a dark subject：On the use of fluorescence data to deduce redox states of natural organic matter（NOM）. *Aquat. Sci.*，**71**，135–143.

MacCarthy，P. and Rice，J. A.（1985）. Spectroscopic methods（other than NMR）for determining functionality in humic substances. In G. Aiken，D. McKnight，and R. Wershaw（Eds.），*Humic Substances in Soil，Sediment，and Water：Geochemistry，Isolation and Characterization*（pp. 527–559）. New York：John Wiley & Sons.

Machado，A.E.H.，Nicodem，D.E.，Ruggiero，R.，Perez，D.S.，and Castellan，A.（2001）. The use of fluorescent probes in the characterization of lignin：The distribution，by energy，of fluorophores in *Eucalyptus grandis* lignin. *J. Photochem. Photobiol. A：Chem.*，**138**，253–259.

Maie，N.，Scully，N.M.，Pisani，O.，and Jaffe，R.（2007）. Composition of protein-like fluorophore of dissolved organic matter in coastal wetland and estuarine systems. *Water Res.*，**41**，563–570.

March，J.（1968）. *Advanced Organic Chemistry：Reactions，Mechanisms and Structure*，New York：McGraw Hill，1098 pp.

Martin，R. and Clarke，G.A.（1978）. Fluorescence of benzoic acid in aqueous acidic media. *J. Phys. Chem.*，**82**，81–86.

Mauer，F.，Christl，I.，and Kretzscmar，R.（2010）. Reduction and reoxidation of humic acid：Influence on spectroscopic properties and proton binding. *Environ. Sci. Technol.*，**44**，5787–5792.

Mayer，L.M，Schick，L.L.，and Loder，T.C.（1999）. Dissolved fluorescence in two Maine estuaries. *Mar. Chem.*，**64**，171–179.

McKnight，D. M. and Aiken，G. R.（1998）. Sources and age of aquatic humic substances. In D. Hessen（Ed.），*Aquatic Humic Substances：Ecology and Biogeochemistry*（pp. 9–40）. Ecological Studies，Vol. 133. New York：Springer-Verlag.

McKnight，D.M.，Boyer，E.W.，Westerhoff，P.K.，Doran，P.T.，Kulbe，T.，and Anderson，D.T.（2001）. Spectrofluorometric characterization of dissolved organic matter for indication of precursor material and aromaticity. *Limnol. Oceanogr.*，**46**，38–48.

Miller，W. L.（1994）. Recent advances in the photochemistry of natural dissolved organic matter. In G. R. Helz，R. G. Zep，and D. G. Crosby（Eds.），*Aquatic and Surface Photochemistry*（pp. 111–127）. Ann Arbor，MI：Lewis Publishers.

Miller，M.P.，McKnight，D.M.，Cory，R.M.，Williams，M.W.，and Runkel，R.L.（2006）. Hyporheic exchange and fulvic acid redox reactions in an alpine stream/ecosystem, Colorado Front Range. *Environ. Sci. Technol.*, **40**, 5943–5949.

Miller, M.P., Simone, B.E., McKnight, D.M., Cory, R.M., Williams, M.W., and Boyer, E.W. (2010). New light on a dark subject: Comment. *Aquat. Sci.*, **72**, 269–275.

Min, J., Meng-Xia, X., Dong, Z., Yuan, L., Xiao-Yu, L., and Xing, C. (2004). Spectroscopic studies on the interaction of cinamic acid and its derivatives with human serum albumin. *J. Mol. Struct.*, **692**, 71–80.

Mishra, B., Barik, A., Priyadarsini, I., and Mohan, H. (2005). Fluorescent spectroscopic studies on binding of a flavonoid antioxidant quercitin to serum albumins. *J. Chem. Soc.*, **117**, 641–647.

Mobed, J.J., Hemmingsen, S.L., Autry, J.L., and McGown, L.B. (1996). Fluorescence characterization of IHSS humic substances: Total luminescence spectra with absorbance correction. *Environ. Sci. Technol.*, **30**, 3061–3065.

Moran, M.A. and Covert, J.S. (2003). Photochemically mediated linkages between dissolved organic matter and bacterioplankton. In S.E.G. Findlay and R.L. Sinsabaugh (Eds.), *Aquatic Systems: Interactivity of Dissolved Organic Matter* (pp. 244–262). San Diego, CA: Academic Press.

Moreira, P.F., Giestas, L., Yihwa, C., Vautier-Giongo, C., Quina, F.H., Maçanita, A.L., and Lima, J.C. (2003). Ground- and excited state proton transfer in anthocyanins: From weak acids to superphotoacids. *J. Phys. Chem.*, **107**, 4203–4210.

Morel, F.M.M. and Gschwend, P.M. (1987). The role of colloids in the partitioning of solutes in natural waters. In W. Stumm (Ed.), *Aquatic Surface Chemistry* (pp. 405–422). New York: John Wiley & Sons.

Murphy, K.R., Ruiz, G.M., Dunsmuir, W.T.M., and Waite, T.D. (2006). Optimized parameters for rapid fluorescence-based verification of ballast water exchange by ships. *Environ. Sci. Technol.*, **40**, 2357–2362.

Murphy, K.R., Butler, K.D., Spencer, R.G.M., Stedmon, C.A., Boehme, J.R., and Aiken, G.R. (2010). Measurement of dissolved organic matter fluorescence in aquatic environments: An interlaboratory comparison. *Environ. Sci. Technol.*, **44**, 9405–9412.

Nurmi, J.T. and Tratnyek, P.G. (2002). Electrochemical properties of natural organic matter (NOM), fractions of NOM, and model biogeochemical electron shuttles. *Environ. Sci. Technol.*, **36**, 617–624.

Ohno, T., Amirbahman, A., and Bro, R. (2008). Parallel factor analysis of excitation emission matrix fluorescence spectra of water soluble organic matter as basis for the determination of conditional metal binding parameters. *Environ. Sci. Technol.*, **42**, 186–192.

Olmstead, J.A. and Gray, D.G. (1997). Fluorescence spectroscopy of cellulose, lignin and mechanical pulps: A review. *J. Pulp Paper Sci.*, **23**, J571–J581.

Pellerin, B.A., Saracen, J.F., Shanley, J.B., Sebestyn, S.D., Aiken, G.R., Wollheim, W.M., and Bergamaschi, B.A. (2011). Taking the pulse of snowmelt: In-situ sensors reveal seasonal, event and diurnal patterns of nitrate and dissolved organic matter variability in an upland forest stream. *Biogeochemistry*, doi: 10.1007/s10533-011-9589-8.

Perdue, E.M. (1998). Chemical composition, structure and metal binding properties. In D. Hessen (Ed.), *Aquatic Humic Substances: Ecology and Biogeochemistry* (pp. 41–62). Ecological Studies, Vol. 133. New York: Springer-Verlag.

Persson，T. and Wedborg，M.（2001）. Multivariate evaluation of the fluorescence of aquatic organic matter. *Anal. Chim. Acta*，**434**，179–192.

Poulson，J.R. and Birks，J.W.（1989）. Photoreduction fluorescence detection of quinones in high-performance liquid chromatography. *Anal. Chem.*，**61**，2267–2276.

Pullman，B. and Pullman，A.（1958）. Electron-donor and -acceptor properties of biologically important purines，pyrimidines，pteridines，flavins，and aromatic amino acids. *Proc. Natl. Acad. Sci.USA*，**44**，1197–1202.

Putschögl，M.，Zirak，P.，and Penzkofer，A.（2008）. Absorption and emission behavior of *trans*-p-coumaric acid in aqueous solutions and some organic solvents. *Chem. Phys.*，**343**，107–120.

Qualls，R.G. and Richardson，C.J.（2003）. Factors controlling concentration，export and decomposition of dissolved organic nutrients in the Everglades，Florida. *Biogeochemistry*，**62**，197–229.

Quina，F.H.，Moreira，P.，Vautier-Giongo，C.，Rettori，D.，Rodigues，R.F.，Freitas，A.A.，Silva，P.F.，and Maçanita，A.L.（2009）. Photochemistry of anthocyanins and their biological role in plant tissues. *Pure Appl. Chem.*，**81**，1687–1694.

Radotić，K.，Kalauzi，A.，Djikanović，D.，Jeremić，M.，Leblanc，R.M.，and Cerović，Z.G.（2006）. Component analysis of the fluorescence spectra of a lignin model compound. *J. Photochem. Photobiol. B. Biol.*，**83**，1–10.

Reynolds，D.M.（2003）. Rapid and direct determination of tryptophan in water using synchronous fluorescence spectroscopy. *Water Res.*，**37**，3055–3060.

Robinson，T.（1991）. *The Organic Constituents of Higher Plants*，6th ed. North Amherst，MA：Cordus Press，346 p.

Saar，R.A. and Weber，J.H.（1980）. Comparison of spectrofluorometry and ion-selective electrode potentiometry for determination of complexes between fulvic acid and heavy metal ions. *Anal. Chem.* **52**，2095–2100.

Santhanam，M.，Hautala，R.R.，Sweeny，J.G.，and Iacobucci，G.A.（1983）. The influence of flavanoid sulfonates on the fluorescence and photochemistry of flavylium cations. *Photochem. Photobiol.*，**38**，477–480.

Santos，E.B.H.，Filipe，O.M.S.，Duarte，R.M.B.O.，Pinto，H.，and Duarte，A.C.（2000）. Fluorescence as a tool for tracing the organic contamination from pulp mill effluents in surface waters. *Acta Hydrochim. Hydrobiol.*，**28**，364–371.

Saraceno，J.F.，Pellerin，B.A.，Downing，B.D.，Boss，E.，Bachand，P.A.M.，and Bergamaschi，B.A.（2009）. High-frequency in situ optical measurements during a storm event：Assessing relationships between dissolved organic matter，sediment concentrations，and hydrologic processes. *J. Geophys. Res. Biogeosci.* **114**，doi：10.1029/2009JG000989.

Schulman，S.G.（1985）. Luminescence spectroscopy：An overview. In S.G. Schulman（Ed.），*Molecular Luminescence Spectroscopy – Methods and Applications*；*Part 1*（pp. 1–28）. New York：John Wiley & Sons.

Scott，D.T.，McKnight，D.M.，Blunt-Harris，E.L.，Kolesar，S.E.，and Lovley，D.R.（1998）. Quinnone moieties act as electron acceptors in the reduction of humic substances by humic-reducing microorganisms. *Environ. Sci. Technol.*，**32**，2984–2989.

Senesi，N.，Miano，T.M.，Provenzano，M.R.，and Brunetti，G.（1991）. Characterization，differentiation， and classification of humic substances by fluorescence spectroscopy. *Soil Sci.*, **152**, 259–271.

Sharma, A. and Schulman, S.G. (1999). *Introduction to Fluorescence Spectroscopy*. New York: John Wiley & Sons, 173 pp.

Siegel, D.A., Maritorena, S., Nelson, N.B., Behrenfield, M.J., and McClain, C.R. (2005). Colored dissolved organic matter and its influence on the satellite-based characterization of the ocean biosphere. *Geophys. Res. Lett.*, **32**, L20605.

Silverstein, R.M., Bassler, G. C., and Morrill, T.C. (1974). *Spectrometric Identification of Organic Compounds*, 3rd ed. New York: John Wiley & Sons.

Singer, P.C. (1994). Control of disinfection by-products in drinking water. *J. Environ. Engng. ASCE*, **120**, 727–744.

Skoog, D.A. and West, D.M. (1982). *Fundamentals of Analytical Chemistry*. New York: Saunders College, 859 pp.

Sleighter, R.L., Liu, Z., Xue, J., and Hatcher, P.G. (2010). Multivariate statistical approaches for the characterization of dissolved organic matter analyzed by ultrahigh resolution mass spectrometry. *Environ. Sci. Technol.*, **44**, 7576–7582.

Spencer R.G.M., Baker A., Ahad J.M.E., Cowie G.L., Ganeshram R., Upstill-Goddard R.C., and Uher G. (2007a). Discriminatory classification of natural and anthropogenic waters in two U.K. estuaries. *Sci. Tot. Environ.*, **373**, 305–323.

Spencer, R.G.M., Bolton, L., and Baker, A. (2007b). Freeze/thaw and pH effects of freshwater dissolved organic matter fluorescence and absorbance properties from a number of UK locations. *Water Res.*, **41**, 2941–2950.

Spencer, R.G.M., Aiken, G.R., Butler, K.D., Dornblaser, M.M., Striegl, R.G., and Hernes, P.J. (2009). Utilizing chromophoric dissolved organic matter measurements to derive export and reactivity of dissolved organic carbon exported to the Arctic Ocean: A case study of the Yukon River, Alaska. *Geophys. Res. Lett.* **36**, L06401.

Stedmon, C.A., Markager, S., and Bro, R. (2003). Tracing dissolved organic matter in aquatic environments using a new approach to fluorescence spectroscopy. *Mar. Chem.*, **82**, 239–254.

Stevenson, F.J. (1985). Geochemistry of soil humic substances. In G. Aiken, D. McKnight, and R. Wershaw (Eds.), *Humic Substances in Soil, Sediment, and Water*: *Geochemistry, Isolation and Characterization* (pp. 13–52). New York: John Wiley & Sons.

Stubbins, A., Hubbard, V., Uher, G., Law, C.S., Upstill-Goddard, R.C., Aiken, G.R., and Mopper, K. (2008). Relating carbon monoxide photoproduction to dissolved organic matter functionality. *Environ. Sci. Technol.*, **42**, 3271–3276.

Szent-Györgyi, A., Isenberg, I., and McLaughlin, J. (1961). Local and π-π interactions in charge transfer. *Proc. Natl. Acad. Sci. USA*, **47**, 1089–1093.

Tertuliani, J.S., Alvarez, D.A., Furlong, E.T., Meyer, M.T., Zaugg, S.D., and Koltun, G.F. (2008). Occurrence of organic wastewater compounds in the Tinkers Creek watershed and two other tributaries in the Cayahoga River, Northeast Ohio, U.S. Geological Survey Scientific Investigations Report 2008–5173,

60 pp.

The Merck Index: An Encyclopedia of Chemicals, Drugs, and Biologicals, 12th ed. (1996).

Budavari, S., O'Neal, M.J., Smith, A., Heckelman, P.E., and Kinneary, J.F. (Eds.). Whitehouse Station, NJ: Merck & Co., 1983, entry 4993.

Thorn, K.A., Arterburn, J.B., and Mikita, M.A. (1992). ^{15}N and ^{13}C NMR investigation of hydroxylamine-derivatized humic substances. *Environ. Sci. Technol.*, **26**, 107–116.

Thruston, A.D. (1970). A fluorometric method for the determination of lignin sulfonates in natural waters. *J. Water Pollut. Control Fed.*, **42**, 1551–1555.

Thurman, E.M. (1985). *Organic Geochemistry of Natural Waters*. Dordrecht, The Netherlands: Martinus Nijhoff/Dr W. Junk Publishers, 497 pp.

Town, R.M., and Fillela, M. (2002). Implications of natural organic matter binding heterogeneity on understanding lead(II) complexation in aquatic systems. *Sci. Tot. Environ.*, **300**, 143–154.

Tranvik, L.J. (1998). Degradation of dissolved organic matter in humic waters by bacteria. In D. Hessen (Ed.), *Aquatic Humic Substances: Ecology and Biogeochemistry* (pp. 259–283). Ecological Studies, Vol. 133. New York: Springer-Verlag.

Tucker, S.A., Amszi, V.L., and Acree, W.E. (1992). Primary and secondary inner filtering. *J. Chem. Educ.*, **69**, A8–A12.

Twardowski, M.S., Boss, E., Sullivan, J.M., and Donaghay, P.L. (2004). Modeling the spectral shape of absorption by chromophoric dissolved organic matter. *Mar. Chem.*, **89**, 69–88.

Vodacek, A. (1989). Synchronous fluorescence spectroscopy of dissolved organic matter in surface waters: Application to airborne remote sensing. *Remote Sens. Environ.*, **30**, 239–247.

Vodacek, A., Hoge, F., Swift, R.N., Yungel, J.K., Peltzer, E.T., and Blough, N.V. (1995). The use of in-situ and airborne fluorescence measurements to determine UV absorption coefficients and DOC concentrations in surface waters, *Limnol. Oceanogr.*, **40**, 411–415.

Waples, J.S., Nagy, K.L., Aiken, G.R., and Ryan, J.N. (2005). Dissolution of cinnabar (HgS) in the presence of natural organic matter. *Geochim. Cosmochim. Acta*, **69**, 1575–1588.

Weishaar, J.L., Aiken, G.R., Bergamaschi, B.A., Fram, M.S., and Fujii, R. (2003). Evaluation of specific ultra-violet absorbance as an indicator of the chemical composition and reactivity of dissolved organic carbon. *Environ. Sci. Technol.*, **37**, 4702–4708.

Westerhoff, P., Chem, W., and Esparza, M. (2001). Fluorescence analysis of a standard fulvic acid and tertiary treated wastewater. *J. Environ. Qual.*, **30**, 2037–2046.

Wetzel, R.G (2001). *Limnology: Land and River Systems*, 3rd ed. San Diego: Academic Press, 1006 pp.

Wigand, M.C., Dangles, O., and Brouillard, R. (1992). Complexation of a fluorescent anthocyanin with purines and polyphenols. *Phytochemistry*, **31**, 4317–4324.

Wilander, A., Kvarnäs, and Lindell, T. (1974). A modified fluorometric method for measurement of lignin sulfonates and its *in situ* application in natural waters. *Water Res.*, **8**, 1037–1045.

Wolfbeis, O.S. (1985). The fluorescence of organic natural products. In S.G. Schulman (Ed.), *Molecular Luminescence Spectroscopy – Methods and Applications; Part 1* (pp. 167–370). New York: John Wiley &

Sons.

Wolfbeis，O.S.，Begum，M.，and Hochmuth，P.（1986）. An unusual excited state species of *ortho*-hydroxy cinnamic acid. *Photochem. Photobiol.*，**44**，551–554.

Yamashita，Y. and Tanoue，E.（2003）. Chemical characterization of protein-like fluorophores in DOM in relation to aromatic amino acids. *Mar. Chem.*，**82**，255–271.

Ziegmann，M.，Abert，M.，Müller，M.，and Frimmel，F.H.（2010）. Use of fluorescence fingerprints for the estimation of bloom formation and toxin production of *Microcystis aeruginosa. Water Res.*，**44**，195–204.

第 3 章　水生环境有机质荧光

葆拉·G. 科布尔（Paula G. Coble）
罗伯特·G. M. 斯潘塞（Robert G. M. Spencer）
安迪·贝克（Andy Baker）
达伦·M. 雷诺兹（Darren M. Reynolds）

3.1　引言

根据 Smart 等（1976）的研究，Dienert（1910）最早报道了天然水体荧光。大约 30 年后，库尔特·卡勒（Kurt Kalle）（Kalle，1937，1938）在显微镜下直接观察到了海水荧光（Duursma，1974）。卡勒识别了该物质的来源，将其称为"gelbstoff"（"黄色物质"），主要来自沿海地区的陆地输入。卡勒将其描述为"类腐殖酸"，其呈现黄色和散发蓝色荧光。早期发现具有 gelbstoff 性质的物质包括雨水、天然水源、波尔多葡萄酒、淡意大利苦艾酒、淡啤酒、黑色麦芽啤酒、黑色素、蜂蜜、室内灰尘、空气、岩石、滤纸和棕色菩提树叶子（Duursma，1974）。自那以后，荧光有机质（fluorescent organic matter）被发现普遍存在于天然水体中，包括瓶装饮用水和深蓝的远洋海水中。

早期研究技术灵敏度较低且波长特异性较差，无法充分表征水生环境有机质（aquatic organic matter，AOM）荧光。宽带激发和发射提高了低浓度下 AOM 荧光强度测量的灵敏度，但因波长分辨率较低而无法确定峰位置。Smart 等（1976）引用了几篇文献中的激发和发射最大值，然而要慎重使用早期的研究结果，这些结果可能因峰值位置和峰数量误差等仪器偏差而不够准确。20 世纪 70 年代和 80 年代的研究者并没有认识到上述误差，但是本书第 5 章详细讨论了该主题（也可参见 Holbrook et al.，2006）。

20 世纪 80 年代末，配备高波长分辨率光栅单色仪（grating monochromator）、高能量紫外线激发光（UVC，100～289 nm）氙弧灯（xenon arc lamp）以及高灵敏度光电倍增管的现代荧光分光光度计已被用于 AOM 荧光的高分辨率表征。Cabaniss 和 Shuman（1987）

利用同步扫描技术，首次研究了海洋和陆地有色溶解性有机质（CDOM）之间的荧光光谱差异。Donard 等（1989）利用每个样本的高分辨率荧光光谱，取得了相同的区分效果。Coble 等（1990）介绍了使用激发-发射矩阵（EEM）光谱研究 CDOM 组分的新技术。在这项技术中，收集了多次在不同的激发波长下的发射扫描数据，并将这些数据组合成一个三维数据矩阵。荧光分光光度计在 λ_{ex} 为 220～455 nm 和 λ_{em} 为 230～700 nm 采集数据的能力也揭示了很多样本中存在额外的天然荧光物质或人工合成荧光物质。已知的 AOM 荧光组分包括蛋白质、酪氨酸（Tyr）、色氨酸（Trp）、色素、木质素酚、腐殖质和碳氢化合物。本章就当前对 AOM 荧光组分的认识进行了全面的回顾，首先对所有环境样本中确定的荧光峰进行了概述，然后简要总结了包括淡水、海水、地下水、废水和饮用水在内的不同水生环境荧光的分布和特征。

3.1.1 荧光峰命名

传统的光谱技术利用激发和发射最大波长位置以及量子效率（quantum efficiency）等参数来表征化合物的荧光性质。AOM 荧光是复杂的，因为其是多种化合物组成的混合物产生的，其中一些化合物具有重叠的激发光谱和发射光谱。在实际环境中，最大荧光的位置不是恒定的，而是沿着激发和发射波长轴移动的，这不仅是对荧光团相对数量和 CDOM 化学变化的响应，还缘于基质效应（matrix effect）、基质含水量以及样本采集和处理过程中荧光团三级物理化学结构的改变（Zsolnay，2003）。荧光最大值位置也随着溶剂性质（如离子强度、pH）的变化而变化（见第 7 章）。下面关于荧光峰命名的讨论始于淡水和海洋样本，后来也适用于所有水生环境和土壤的相关水体。

最早也是目前使用最广泛的荧光峰命名法由 Coble 等（1990）提出，该方法介绍了两个类腐殖酸荧光峰（即 A 峰和 C 峰）以及一个类酪氨酸荧光峰（即 B 峰）。在随后的研究中，Coble 等（1996）引入了 T 峰和 M 峰，分别表示类色氨酸和海洋类腐殖酸。Pranti 等（2000）提出了类似的命名方法。自多组分分析技术——平行因子分析（PARAFAC；Bro，1997；Stedmon et al.，2003）被引入和广泛使用以来，荧光峰命名已经演变成一种基于模型输出的编号方案。平行因子模型现已被用于淡水和海洋等多种水生环境，使得具有指示意义的荧光峰数量不断增加。

在下一节中，我们将根据 Coble（1996）提出的荧光峰命名法，从光谱校正过的 EEM 数据中可观察荧光峰的角度讨论 AOM 的荧光性质，同时试图整合过去 20 年中发布的大量荧光峰数据表，并对结果的共性进行一些推测。在本章中，我们使用光谱学实践中的常用术语"荧光峰"，即任何超过光谱背景信噪比（signal to noise）的荧光信号。术语"组分"一词是指可能具有一个或多个峰的荧光团或荧光团群组。这样一来，类腐殖酸组分有两个峰值，即 C 峰和 A_C 峰。

整合不同峰鉴别结果的难点之一是早期的 EEM 研究没有采集 250 nm 以下激发波长的

数据，这是由于该范围内数据存在大分子散射峰，大多数平行因子模型剔除了该范围内的数据。另一个难点是，以前根据峰名或峰编号组织的 CDOM 荧光组分表未能充分体现具有双峰特征的类腐殖酸和类氨基酸组分。因此，在表 3.1 中，我们提出了一种解决方案，认为 C 峰、M 峰、T 峰和 B 峰存在 UVC 峰，并将其分别命名为 A_C、A_M、A_T 和 A_B。这样，平行因子组分和整体 EEM 组分就更易匹配。

表 3.1　天然水体荧光团的化学组分、荧光峰位置（荧光最大值处激发/发射波长，nm）、文献中的峰名、双峰组分名以及环境来源

组分（激发/发射波长）	峰名	双峰组分名	环境来源
类酪氨酸，类蛋白质 230/305	A_B		自生源，类似于酪氨酸，可能是游离氨基酸或结合氨基酸
275/305	B^1、8^3、6^4、Y^5、P2[6]、P5[6]		
类色氨酸，类蛋白质 230/340	A_T	A^4	自生源
275/340	T^1、7^3、S^5、P6[6]、P7[6]		
未知组分 280/370	N^1		自生源？
类腐殖酸 M 240/350～400	A_M	5^2、6^3、3^3、2^4	自生源，微生物源
290～310/370～420	M^1、3^4、P1[6]、β^5		
类腐殖酸 C 260/400～460	A_C、A^1、1^2、1^3、α^5	类腐殖酸 C、4^2、4^3、P8[6]	腐殖的，陆源，外来源
320～365/420～470	C^1、5^3、5^4、α^5		
类腐殖酸 C+ 250/470～504		3^2、2^3、1^4、7^4、P3[6]	腐殖的，陆源，外来源
385～420/470～504			
类色素（pigment-like） 398/660	P^1		浮游植物
光漂白（photobleached） 230/275～350	H、P4[6]		自生源

注：双峰组分名源于平行因子模型，相关组分存在多峰。参考文献：[1] Coble 等（1998）；[2] Stedmon 等（2003）；[3] Stedmon 和 Markager（2005）；[4] Stedmon 和 Markager（2005a）；[5] Parlanti 等（2000）；[6] Murphy 等（2008）。

3.1.2　类腐殖酸 EEM 组分

在大多数 AOM 中，类腐殖酸荧光是主要信号，这是由于存在腐殖质，这些物质来自陆地土壤以及淡水和海洋水环境中水体、沉积物的有机质再矿化（remineralization）。腐殖质的化学性质因环境而异，其组分变化也反映在 EEM 中，因此很难概述 AOM 中的类腐殖酸荧光。一般来说，两种类腐殖酸荧光——C 型和 M 型已得到充分描述。下文将首先阐

释淡水和海水中最为常见的 C 型类腐殖酸荧光。

典型 AOM 样本的 EEM 特征并不像纯荧光化合物（荧光团）那样是对称峰，在 EEM 轮廓视图中呈圆形特征，从 EEM 三维视角观测，更像是"毯子下的大象"，复杂的精细结构被简单的粗轮廓外观掩盖了。图 3.1 显示了二水合硫酸奎宁和俄勒冈州（Oregon）哥伦比亚河（Columbia River）河水的 EEMs。左图为二水合硫酸奎宁荧光轮廓图，激发波长 $\lambda_{ex} = 250$ nm 的 UVC 区域有一个峰，激发波长 $\lambda_{ex} = 350$ nm 的 UVA（315～400 nm）区域有 1 个峰，在 300 nm 处有 1 个肩峰。荧光最大值的发射波长位于 450 nm 处，与所有纯物质荧光团一样，该激发波长与激发能量无关。因此，发射波长的可变性完全取决于峰宽。对于纯化合物，任何给定的激发波长和发射波长处的荧光强度与荧光发射强度最大值的比值恒定。相反，哥伦比亚河样本中天然有机质的 UVA 峰的等高线图不是圆形的，而是椭圆形的，椭圆形的长轴与激发轴和发射轴都有一定的角度。这说明发射波长与激发波长有关，因此样本的荧光不是由纯化合物引起的。峰宽不是恒定的，而取决于组成样本中混合荧光团的相对占比。因此，天然有机质样本的荧光强度数据需要包含测量时所记录的激发波长和发射波长，而且构成 EEM 的不同数据点之间没有先验关系（priori relationship）。

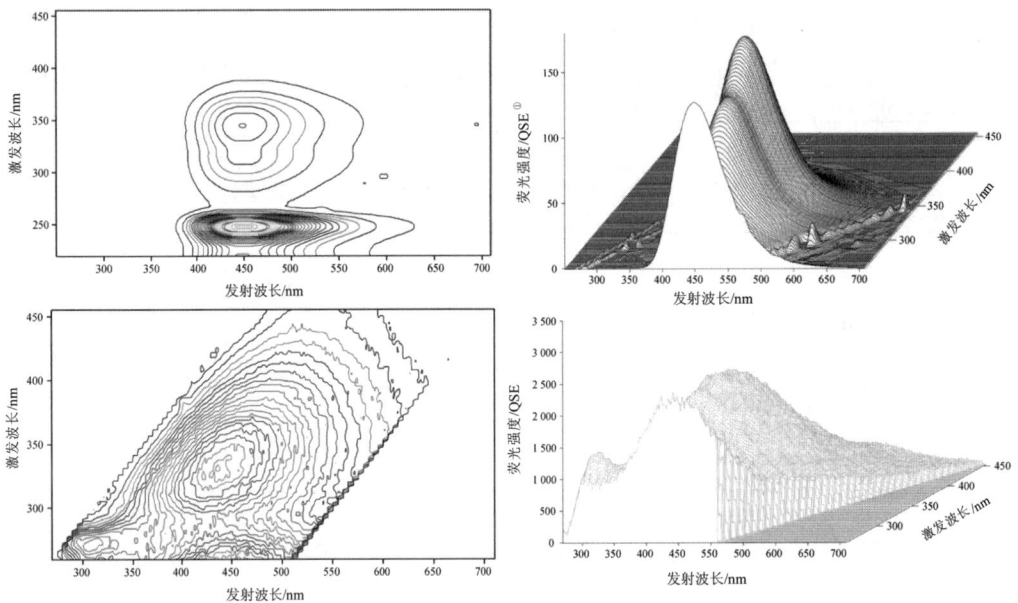

图 3.1   硫酸奎宁（上）和哥伦比亚河水（下）EEMs 的等高线（左）和三维图（右）

在仅含腐殖质的样本中，可以观察到两个峰，一个荧光峰的激发波长在 260 nm 附近（A_C 峰，通常又称为 A 峰），另一个荧光峰的激发波长在 340 nm 附近（C 峰）。随着激发波长的增加，发射波长向更长波长方向移动，导致 C 峰呈现出拉长的轮廓线。这种荧光响

① 译者注：指硫酸奎宁当量，quinine sulfate equivalents。

应是水生环境腐殖质的典型特征，归因于几个因素，其中最重要的可能是 CDOM 是由多个荧光团组成的混合物。其中一些荧光团很可能属于同一化合物家族，它们有共同的荧光团主链（backbone）和不同的环取代基团，这使得它们的最大荧光值处的激发波长和发射波长略有不同。此外，化合物之间的电荷转移反应可能是导致整体水样中激发和发射连续性的原因（Del Vecchio and Blough，2004）。在环境中，C 峰和 A_C 峰总是同时出现，两个峰的峰值比表现出一些可变性。因此，类腐殖酸组分包含上述两个峰值是有意义的。

类腐殖酸 C 组分是土壤、大多数淡水样本、河流和深海样本荧光的主要类型。上述环境样本组分的差异性体现在其 C 峰最大荧光值处宽跨度的激发波长和发射波长（表 3.1）。那些主要由从土壤中渗出的腐殖质所主导的环境往往是我们所观察到的最复杂的有机质库。在众多环境中，类腐殖酸 C 组分的整体荧光最大值会变化，其中年代更久或者陆源性更强的有机质的激发和发射最大值表现出明显的红移（图 3.2）。泥炭质水域的研究人员为了解释其数据，将 C 峰的子区域指定为 C_1 峰和 C_2 峰（Henderson et al.，2009），然而，根据本书中的定义，缺乏证据证实这些是特征"荧光峰"。相反，这种解释更类似于荧光指数的应用（见第 9 章）。

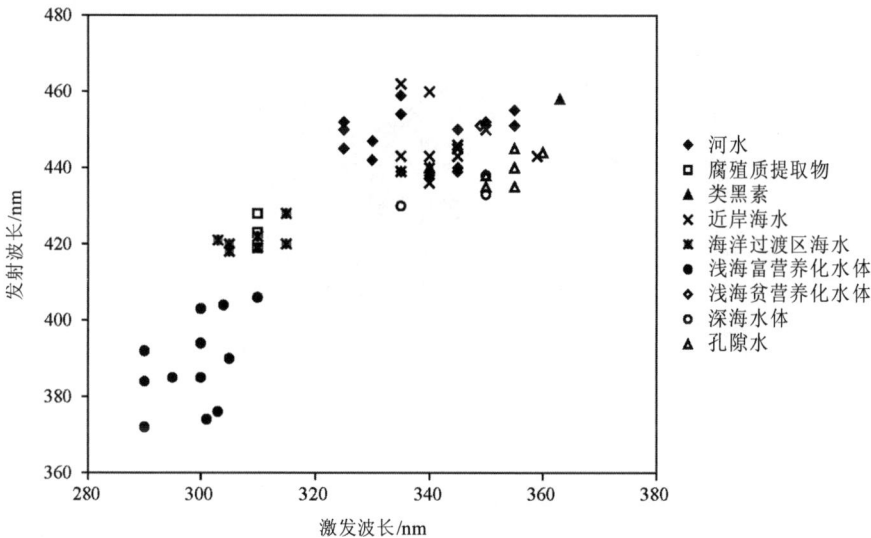

图 3.2 与样本来源有关的整体荧光最大值的激发波长和发射波长位置

存在活跃微生物种群的海洋表层水和淡水样本荧光最大值通常表现出明显的蓝移。沿海海水有机质荧光介于较老土壤源 AOM 和较新海洋源 AOM 两个极端之间。对于废水排放的 AOM，还能在 C 峰区域观察到光学增白剂（optical brightener）而非"类腐殖酸"导致的荧光强度增加。作为一个极端的例子，Baker（2002）证实，纸浆厂再生纸中的光学增白剂导致了工厂下游河流 AOM 荧光 C 峰区域的增加（见 3.5 节）。

C 峰位置变化还可能缘于分子转化过程引起的有机质降解。腐殖质一旦从土壤基质中被释放出来，就更容易被转化和降解。在大多数情况下，陆源腐殖质持久性足够强以至于可被输送至海洋并继续转化和降解，这使得腐殖质荧光性质被进一步改变。光化学降解会导致 C 峰位置逐渐向较短波长移动（蓝移），同时荧光强度降低。河流运输或近岸洋（coastal ocean）中的生物活动可能会产生新的荧光物质，包括新的类腐殖酸物质，与此相关的荧光峰被称为 M 峰。

Coble 在分析缅因湾水华条件下有机质荧光 EEMs 时首次确定和描述了 M 峰（Coble，1996），该峰也出现于阿拉伯海（Arabian Sea）上升流区有机质 EEMs 中（Coble et al.，1998）。这一类腐殖组分代表了海洋环境中新形成的腐殖质库。根据这两项观测结果，其与 C 峰的区别体现在两个方面：一是其在一些样本中以近乎纯荧光团的形式出现，在等高线视图中呈圆形轮廓；二是在一些样本中 M 峰和 C 峰的差别比较明显（图 3.3）。尽管最初研究该组分时并未包含低于 260 nm 激发波长的数据，但现在已明确，M 峰总是与 UVC 区域中被称为 A_M 峰的第 2 个激发峰相关联。综合来看，上述两个峰都包含了类腐殖酸组分 M（图 3.4）。A_M 峰在平行于 M 峰的峰位上表现出可变性，M 型和 C 型类腐殖酸荧光最大值的激发波长和发射波长相对于 C 型类腐殖酸发生了蓝移。

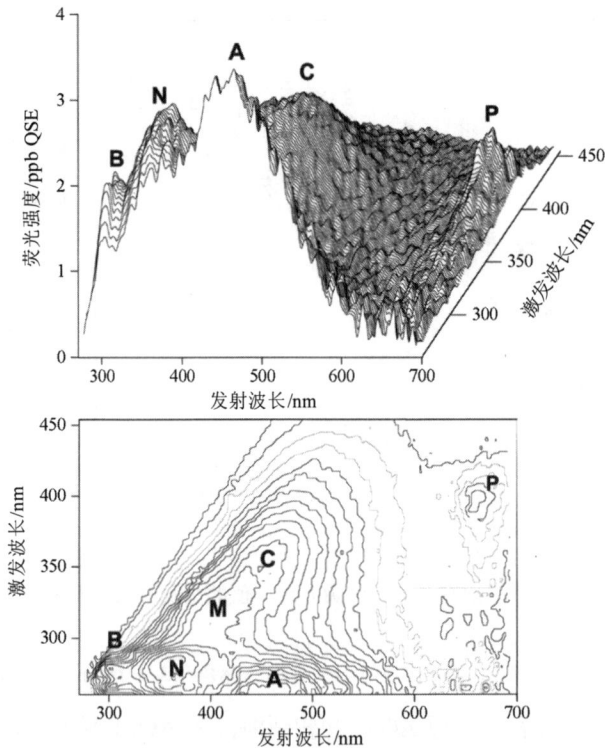

图 3.3　阿拉伯海上升流水样的荧光指纹图。虽然大多数上升流冷水样本都具有代表性，但并不是所有的样本都在 ex/em = 400 nm/685 nm 处有类似叶绿素的荧光峰。（摘自 Coble et al.，1998，经 Elsevier 授权）。值得注意的是，最短激发波长为 260 nm；因此表 3.1 中提到的一些峰并没有在此图中显示。根据本书提出的改进命名法，原图中标记为 A 的峰相当于 A_C 峰。

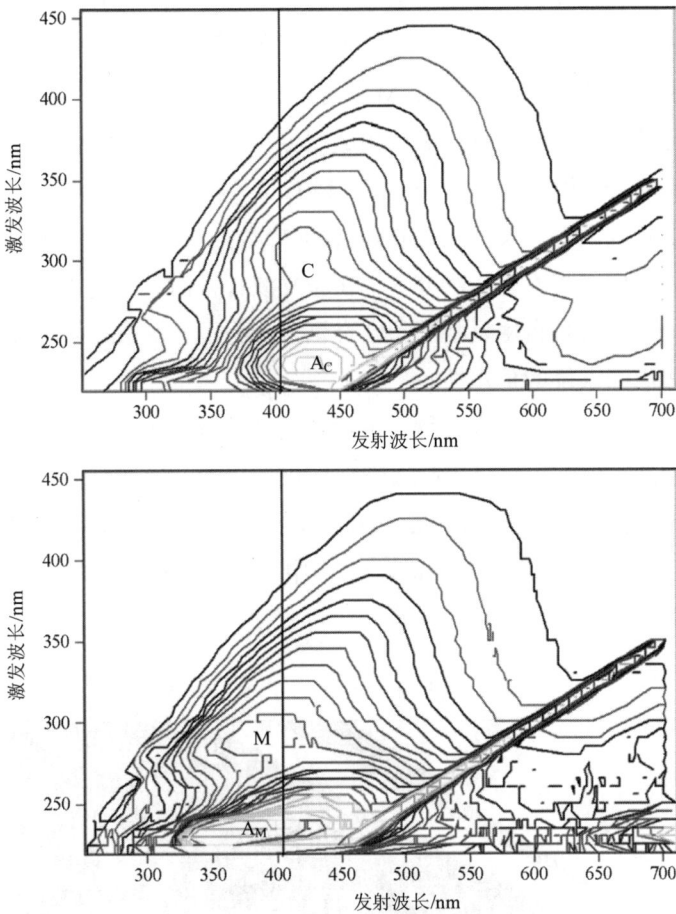

图 3.4 分别含有类腐殖酸 C 组分（C 峰和 A_C 峰，上图）和 M 组分的（M 峰和 A_M 峰，下图）EEMs。注意，下图 EEMs 中的两个峰值相对于上图 EEMs 中的两个峰均发生了蓝移。

M 组分也出现于非海洋环境水体 EEMs 中（Stedmon and Markager，2005），因此其更可能是近期微生物活动导致的，而非完全来自海洋源。在新老腐殖质混合的样本中，EEM 最常见的 UVA 荧光最大值出现在 M 峰和 C 峰之间，而不是在两个单独的峰。同样，UVC 荧光最大值是 A_C 峰和 A_M 峰的混合，在激发轴和发射轴上的范围比没有 M 组分时要大得多。Coble（1996）报道了与波长无关的最大荧光（ex_{max}/em_{max}）——整体最大荧光（F_{max}）出现的位置，发现其与环境有关，即沿海样本的 F_{max} 介于河流样本和海洋样本两者之间。总之，在任何样本中，类腐殖酸组分的峰位置提供了关于来源、CDOM 组成和环境条件的信息。

3.1.3 其他 EEM 组分

在生物生产力活跃的区域，往往观察到了更多的荧光峰，这些峰类似于纯化合物的荧光峰（图 3.3）。这些荧光峰包括类似酪氨酸和色氨酸的类氨基酸峰、类叶绿素色素峰、类醌峰（Cory and McKnight，2005）和一些未知化合物（如荧光团 N）的峰（Coble，1996）。上述与生物相关的荧光团有时会主导 EEM 信号，但其环境持久性较差。

类氨基酸组分的峰位置的变化比类腐殖酸组分小得多。酪氨酸和色氨酸的位置分别为 $\lambda_{ex/em} = 230$，275/305 nm 和 $\lambda_{ex/em} = 230$，275/340 nm（表 3.1）。上述两个组分存在双激发最大值，然而很多研究没有提及其在 230 nm 处的峰数据（A_B 峰和 A_T 峰）。通过平行因子分析模型提取的环境样本类氨基酸组分区域在激发波长方向具有更大的范围，这可能反映出天然水体样本荧光信号是自由氨基酸和结合氨基酸的组合。蛋白质的荧光发射最大值也取决于氨基酸基团周围点位的疏水性。

早期命名方案中并没有明确提及另一种荧光类型，但现在它被广泛观察到，也是一些平行因子分析模型的组成部分（Murphy et al.，2009；组分 9）。在透明度极高的海洋表层水样中能观察到这种类型的荧光（Coble，2006），很可能缘于广泛存在的荧光漂白作用。图 3.5 展示了墨西哥湾（Gulf of Mexico）水样中与荧光漂白相关的平行因子模型组分的 EEM。

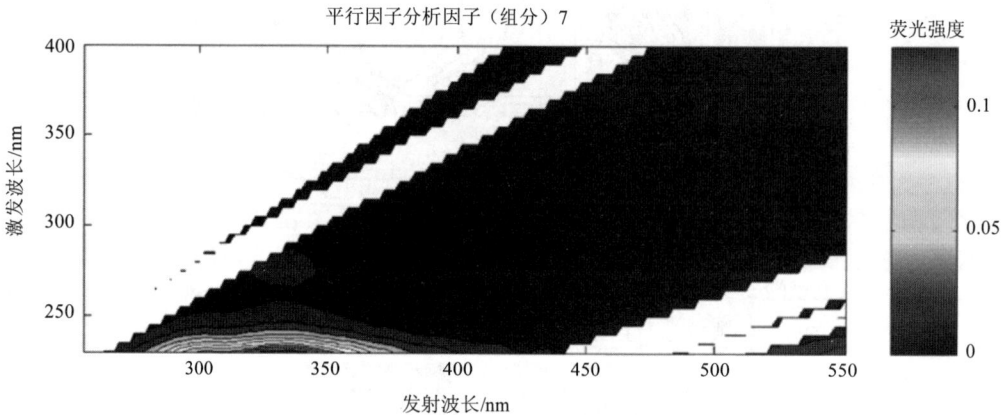

图 3.5　墨西哥湾东部样本平行因子分析模型因子 7 的 EEM。该因子表示高度荧光漂白样本中剩余的荧光信号。

3.1.4　平行因子分析模型 EEM 组分

对于类酪氨酸和类色氨酸组分，样本整体 EEMs 和平行因子分析提取的组分 EEM 之间的峰位置相对比较简单，但由于一些原因，对于类腐殖酸组分来说更具挑战性。在平行因子分析建模中，EEMs 被分解成多个组分，以最大限度地反映原始数据和最小化残差信号（Stedmon et al.，2003）。平行因子分析模型可以在 UVC 或 UVA 区域添加具有一个荧光峰（激发光谱仅存在一个峰值）的类腐殖酸组分，也可以在比 C 组分或 M 组分波长更短或更长处添加双荧光峰组分（激发光谱存在两个峰值），以获得与数据的最佳拟合结果。模型的上述调整说明了 AOM 荧光的复杂性。在第一种情况下，单激发峰的加入解释了类腐殖酸 C 荧光中 A_C 峰和 C 峰强度之间的比值并不恒定的原因（Coble，1996）。这可能是各组分 A/C 比值的变化、对光漂白的敏感性差异或两个峰的完全分离导致的，因此 C 荧光团和 A_C 荧光团存在独立来源；在这种情况下，平行因子分析模型将反映一些样本的潜在化学性质。Prahl 和 Coble（1994）发现，在哥伦比亚河河口的潮汐周期中，A/C 比值存在变化，其可能的原因是潮泥滩新形成有机质在退潮时进入主要河流。

在第二种情况下，添加的双峰 EEM 的荧光峰值处激发波长比整体 EEM 中观察到的更长或更短，这说明整体样本很可能含有多个荧光团，而不仅仅是 M 组分或 C 组分。各种模型中最常见的双峰类腐殖酸组分荧光最大值处发射波长比 C 峰更长，该双峰组分被命名为类腐殖酸 C+（表 3.1）。这类组分通常出现在靠近陆源 CDOM 的土壤和淡水中。研究者通常容易得出结论，平行因子分析组分代表环境中的实际荧光团，但缺乏相关证据证实天然水样中存在平行因子分析提取的任何荧光团。平行因子分析可代替其他化学分析，提供组分相对贡献值以及这些贡献值如何随环境参数变化的有价值信息。

本节仅讨论了荧光数据的一种多元分析（multivariate analysis）方法，即平行因子分析。第 10 章将讨论其他方法。随着分析技术的增多，在描述模型和光谱结果时应十分谨慎。利用光谱数据确定一个新峰需要证实，在先前确定的峰存在的情况下，新峰依然是 EEM 中可观察到的一个独特峰。由于缺乏验证，我们建议使用"区域"一词来指代新确定的峰。很多研究人员最终的目标是发现天然水样中所有荧光团所对应的化合物（类型）。只有实现这一目标，才能澄清荧光峰、组分和区域之间的根本区别。

3.2 海水有机质荧光

3.2.1 概述

多篇综述性文献以海水 CDOM 性质和分布为研究对象。Blough 和 Green（1995）最初的综述及 Blough 和 Del Vecchio（2002）更新后的综述涵盖了 1981 年以来全球沿海地区 CDOM 光学性质的观测数据。Nelson 和 Siegel（2002）回顾了远洋水域的 CDOM，包括遥感应用、光化学和光生物学。Del Castillo（2005）的综述重点介绍了 CDOM 在近岸洋的遥感应用，包括光学性质的化学基础、CDOM 在海洋水色（ocean color）和海洋光学（ocean optics）中的作用以及海洋水色光谱离散组分分离经验算法的发展。Coble（2007）的综述涵盖了 2004—2007 年近岸洋和远洋地区的 CDOM 相关研究，包括应用平行因子分析和其他多组分分析技术将 EEMs 分解为不同组分。

以下部分总结了海水 CDOM 的主要特征和分布，并重点介绍了几个近期研究案例。

3.2.2 近岸洋和河口 CDOM

海水 CDOM 高浓度区主要分布在海洋边缘，河流流入的淡水是高浓度 CDOM 的主要来源。这种 CDOM 具有陆源特征，由来自土壤的类腐殖酸荧光物质组成。远洋水域的 CDOM 浓度约为 1 ppb QSE，比河流低两个或两个以上数量级；因此，海水稀释淡水是控制近岸 CDOM 分布的主要过程。沿海地区 CDOM 分布的大多数研究表明，CDOM 浓度与盐度呈显著的负相关，因此 CDOM 在很大程度上是一种保守的示踪剂（tracer），可以在数周时间尺度上对表层海水混合进行追踪。沿海地区 CDOM 分布足够稳定，因此在以往的很多研究中，CDOM 已被用作海岸水体混合的示踪剂，最近还开发了基于此预测盐度和淡水排放的海洋水色算法（Del Castillo and Miller，2008）。

在一些沿海水域，淡水径流控制 CDOM 组成，DOM 吸光、荧光和溶解性有机碳（DOC）浓度之间的关系是保守的。Kowalczuk 等（2010）在开普菲尔河口（Cape Fear Estuary）CDOM 研究中通过 6 组分平行因子分析模型来确定 DOC 和各组分光学性质之间的独立关系。他们发现 DOC 浓度与吸光度、总荧光强度以及除类色氨酸组分外的所有平行因子分析组分的荧光强度之间存在很强的关联。各平行因子组分与 DOC 的回归系数存在差异，各组分回归曲线的斜率和截距均小于吸光度和总荧光强度的斜率和截距，各组分间陆源类腐殖酸组分的斜率较高、截距较大。碳比吸光度（carbon-specific absorbance）和碳比荧光强度（carbon-specific fluorescence）[①]均随盐度增加而迅速下降。该研究成果显著提高了船载和星载光学传感器对碳输出估计的准确性。

洪水和飓风等极端事件可以极大地改变沿海原本的 CDOM 分布。Conmy 等（2009）发现，飓风会增加或减少 CDOM 在西佛罗里达大陆架（West Florida shelf）的分布，这取决于风暴的轨迹和风向。大陆架上 CDOM 的组成也发生了变化。在强劲向岸风作用下，光谱蓝移的海洋 CDOM 取代了陆源 CDOM。上述极端事件还会产生一些次生后果，如浑浊度增加、上升流或河流排放的营养物质增加以及水透明度降低会干扰卫星对 CDOM 的估计。本研究强调了 CDOM 分布和组成的季节动态对生态的影响，因为 CDOM 是营养物质的来源，提供紫外线防护，并吸收关键的光合有效辐射（photosynthetically available radiation，PAR；Zimmerman，2003，2006）。最近一项关于近岸珊瑚健康状况的研究表明，与开发后的海岸线相比，未开发的海岸线水体 CDOM 吸收更高、变化更小，这为未开发海岸线 5 km 内的珊瑚提供了更强的紫外线保护（Ayoub et al.，2008）。

大多数研究未能详细考察沿海地区的生产和破坏过程在时间和空间尺度上对 CDOM 保守行为的整体影响。在河口混合和潮汐循环期间，CDOM 的产生和释放似乎与潮汐泥滩在落潮期间的排水有关（Prahl and Coble，1994；Gardner et al.，2005）。在佛罗里达州一

---

① 译者注：碳比吸光度是吸光度与有机碳浓度的比值，如前文所提指标 $SUVA_{254}$；碳比荧光强度是荧光强度与有机碳浓度的比值。

个浅水海湾进行的一项研究表明，在春潮期间的旱季，会出现高盐度、高 CDOM 浓度的水团（Milbrandt et al.，2010）。EEM 分析证实，该物质具有新产生的 CDOM 的蓝移荧光特征，浓度是以前报道的海水值的 8 倍。这种新产生的 CDOM 在退潮时被冲出海湾，在涨潮时被低盐度和低浓度 CDOM 取代。

我们对底栖生物群落（如红树林、海草、潮汐沼泽和珊瑚）产生的 CDOM 所知甚少。Stabenau 等（2004）发现 CDOM 来源于海草碎屑，而非置于裸砂上的容器内的 DOM。CDOM 产生的温度依赖性与微生物分解的温度依赖性相似，这说明 CDOM 的产生是由微生物介导的。这种新产生的 CDOM 很容易发生光降解。基于分子方法和光学方法，热带河口发现的部分难降解 CDOM 可归因于红树林孔隙水微生物对有机质的塑造（Trembly et al.，2007）。Shank 等（2010b）发现，雨季红树中等衰老的橙色凋落叶产生的 CDOM 最多。他们还发现，在贫营养的海洋水域中，浮游马尾藻的 CDOM 产量可能显著增加。切萨皮克湾（Chesapeake Bay）潮汐沼泽输出的 CDOM 也有类似的惰性特征，其最大发射峰发生红移，单位吸光度的荧光较低（Tzortziou et al.，2008）。巴哈马（Bahamas）浅层珊瑚礁环境中 CDOM 的释放（Boss and Zaneveld，2003；Otis et al.，2004）可能来源于珊瑚礁上的高生产力或沉积物中微生物的再矿化作用（Burdige et al.，2004）。Maie 等（2006）发现，佛罗里达湾（Florida Bay）的 CDOM 很可能是细菌来源，因为其荧光最大值发生了蓝移，而研究区域附近地区的 CDOM 更具有陆源特性，主要源于潮汐沼泽和红树林。

海洋中 CDOM 的破坏主要缘于光降解作用。最近的几项研究表明，CDOM 库的光降解过程存在差异。对西班牙维哥湾（Ria Vigo）CDOM 光降解的研究表明，T 峰荧光强度与 DOC 浓度同比例降低，同时导致 M 峰荧光的形成。类腐殖酸 C 峰和 A 峰是难降解 DOC 的示踪剂（Lonborg et al.，2010）。另一项比较光漂白速率的研究表明，红树林叶子和马尾藻中新产生的 CDOM 比陆地水体或周围海洋的 CDOM 的漂白速率更快（Shank et al.，2010a）。CDOM 的光化学应用已扩展到用于估算 CDOM 降解速率（Belanger et al.，2006）、CO 生成量（Fichot et al.，2010）和表层海水二氧化碳分压（pCO_2）浓度（Lohrenz and Cai，2006）。

3.2.3　远洋 CDOM

由于长期阳光照射和低强度生物活性，海洋流涡表面的 CDOM 浓度处于最低水平。因此，在远离河流影响的远洋中，更容易观察到新荧光物质的生成和光漂白现象。在赤道太平洋，表层水体 CDOM 组成和浓度的日变化（Coble，未发表）表明，早晨样本中既有类腐殖酸荧光峰（C 峰和 A_C 峰），也有类蛋白质荧光峰（B 峰），中午样本中的荧光明显减弱或消失（图 3.6）。上述表层水体荧光物质平均浓度为 0.3 ppb QSE，但在夏威夷海洋时间序列（Hawaii Ocean Time Series，HOTS）站观测到的 CDOM 浓度较低，小于 0.1 ppb QSE（Coble，1996）。

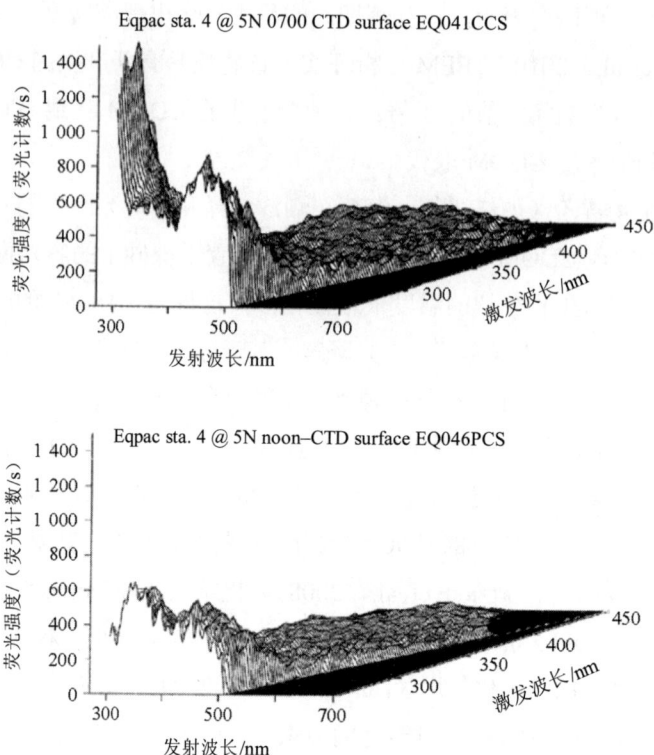

图 3.6　EQPAC 在赤道太平洋同一站采集了 0700（上）和 1200（下）的地表水 EEMs。注意所有峰（B 峰、A_C 峰和 C 峰）的荧光降低。

在海洋混合层以下，远洋 CDOM 浓度随深度增加而增加。这种分布特征使得一些研究人员利用 CDOM 作为示踪剂来追踪远洋流涡中的上升流（Hoge and Lyon，2005）以及沿海上升流区的上升流（Coble et al.，1998）。

一些证据表明，CDOM 在光漂白区以下非常稳定。在远离阿曼（Oman）海岸的阿拉伯海上升流中，由于光漂白，一年中的大部分时间里，CDOM 与地表水盐度之间存在显著负相关，但 CDOM 与次表层水体最大盐度之间存在显著正相关（Coble et al.，1998）。经过极端混合时期后，由于次表层水的输入，地表水 CDOM 与盐度的关系发生了逆转。最近一项研究中，北太平洋 CDOM 和表观氧利用率（apparent oxygen utilization，AOU）这两种性质之间存在线性关系（Yamashita and Tanoue，2008），这一发现表明荧光物质是由水柱中的有机质产生的，但由于该物质的积累与氧气利用率成正比，其具有高度的抗降解性（100～1 000 年）。据估计，海洋内部产生荧光物质的速率要大于全球河流的输入速率。在随后的一项研究中，Yamashita 等（2010）对来自太平洋其他两个地点的样本进行了 EEM 分析，并使用平行因子分析提取了荧光组分。他们发现了两种类腐殖酸组分（M 和 C）、一种类蛋白质组分（B）和一种未知成分。类腐殖酸组分荧光强度在中层带达到最大值，并在该层带深度以下逐渐减少。这两种组分同样与深海层中的 AOU 相关，在深水中这两种组分比值的数值范围较窄。这些发现意味着类腐殖酸 C 和类腐殖酸 M 是由深海中的细菌呼吸以相对恒定的比例产生的，并且在形成后的生物地球化学过程中，两者都没有显著改变，直到返回表层海洋。

北冰洋对气候快速变化响应敏感，人们对该地区兴趣的日益增加激发了对其 CDOM 的观测。北极河流 DOC 含量很高，其浓度范围为 1～10 mg/L（Retamel et al.，2007；Hessen et al.，2010）。变暖已使永久冻土融化，预计将增加淡水排放量（ACIA，2004）。几项早期研究表明，CDOM 荧光是北极地区 DOC 的示踪剂（Guay et al.，1999；Amon et al.，2003）。陆源 CDOM 在地表水中占主导地位，在离岸 50～400 km 处的羽流中也能观测到（Retamel et al.，2007），但也有证据表明羽流中存在自生源 CDOM。CDOM 荧光和木质素酚浓度之间存在很强的相关性（Amone et al.，2003；Walker，2009）。Walker 等（2009）确定了北极地区海水荧光的 6 种平行因子分析组分，其中 4 种与木质素酚有关，表明其为陆源的，而另外两种似乎是自生源。利用平行因子分析组分识别出 3 种不同的水体，说明有机质荧光在研究北冰洋环流中的潜在应用价值。

3.3 淡水有机质荧光

在淡水科学中，溶解性有机质（DOM）荧光研究正如火如荼地开展。荧光技术用于研究淡水生态系统 DOM 的光学性质、组成、来源、氧化还原状态、生物反应性和光化学反应性等。淡水生态系统中存在两个高度离散的 DOM 荧光团，其一具有类腐殖酸的性质，其二具有类蛋白质的性质。目前，人们还不清楚导致 DOM 荧光的确切化合物，但通过追踪其动态变化，可以获得大量关于其在淡水生态系统中环境作用的知识。

将荧光测量纳入淡水中 DOM 的研究，可以为 DOM 生物地球化学提供新的见解（Jaffe et al.，2008；Fellman et al.，2010）。本节重点介绍了一些利用荧光光谱术研究淡水生态系统中 DOM 生物地球化学作用的案例。

3.3.1 DOM 来源和动态的时间变化

目前，相关研究已从天到季的一系列时间尺度上揭示了淡水生态系统中 DOM 荧光与时间变化之间的关系。类腐殖酸和类蛋白质荧光的季节变化研究显示自生源（即类蛋白质荧光峰值）输入的增加、外来源（即类腐殖酸荧光峰值）输入的增加，表明了生物或水文控制对生态系统的影响（Jaffe et al.，2008；Miller and McKnight，2010）。简单的 DOM 测量指标 [如荧光指数（λ_{ex} 为 370 nm 时，λ_{em} 为 470 nm 和 520 nm 的荧光强度之比；McKnight et al.，2001；Cory et al.，2010）] 与芳香性有关，表明低分子量（low molecular weight，LMW）非芳香 DOM 相对于高分子量（high molecular weight，HMW）芳香 DOM 的相对贡献（见第 9 章）。因此，荧光指数（FI）可用于追踪淡水生态系统中 DOM 季节性自生源输入相对外来源的变化（Hood et al.，2005；Miller and McKnight，2010）。此外，研究还表明，由于径流路径延长和停留时间增加，微生物对 DOM 的矿化程度也会增加，而且 FI 也会随热带生态系统雨季降水对富含有机质的土壤层（即源物质）的大量冲刷发生变化（图 3.7；Spencer et al.，2010）。图 3.7（a）所示的冲刷期相对较低的 FI 值表明，由于富含新鲜有机质的土壤层的淋滤作用，与一年中的其他时间相比，冲刷期 DOM 富含高分子量芳香族化合物（Spencer et al.，2010）。木质素碳标准化产率（Λ_8；表明维管植物衍生物质对 DOM 库的贡献）与 FI 之间的线性相关性进一步证明了上述结论 [图 3.7（b）；Spencer et al.，2010]。

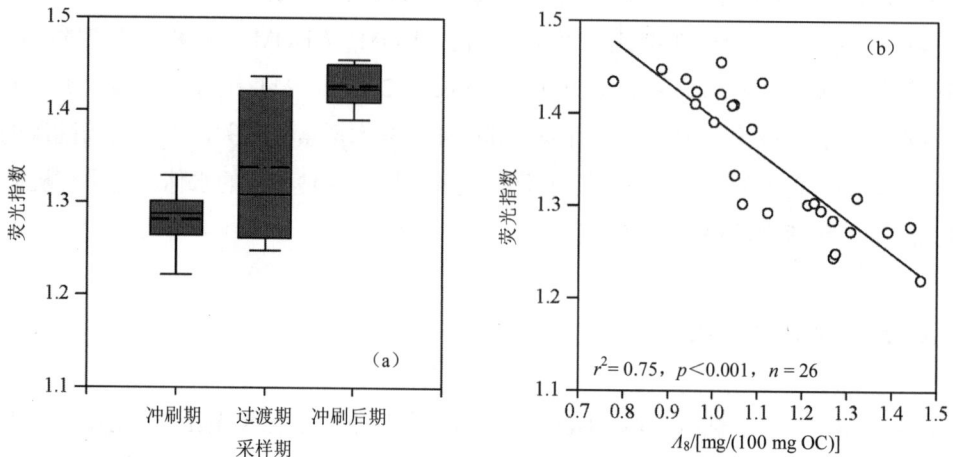

图 3.7   （a）冲刷期、过渡期和冲刷后期的 DOM 荧光指数箱线图。箱线图中的虚线和实线分别代表平均值和中值。方框的水平边缘表示第 25 百分位数和第 75 百分位数，误差线表示第 10 百分位数和第 90 百分位数。（b）木质素碳标准化产率（Λ_8）与荧光指数的关系（转载自 Spencer et al.，2010，经美国地球物理联合会许可，经版权许可中心以图书和"其他"图书形式再版）

风暴和鲑鱼洄游等短期事件的影响也可通过 DOM 荧光特性进行研究。Hood 等（2007）提供了美国阿拉斯加鲑鱼产卵期溪流的荧光数据，显示鲑鱼产卵期间从鲑鱼体内提取的 DOM 会导致类蛋白质荧光升高。因此，鲑鱼产卵期溪流中的 DOM 与一年中其余时间湿地类腐殖酸荧光占主导的情况有所不同（Hood et al.，2007）。由于 DOM 浓度通常随着流量的增加而增加，暴雨径流期 DOM 的输出占季节和年际集水区 DOM 输出的绝大部分。因此，掌握暴雨过程中 DOM 的输出特征对揭示流域 DOM 的生物地球化学过程至关重要。Fellman 等（2009a）利用 DOM 荧光技术追踪了暴雨期间类蛋白质荧光和类腐殖酸荧光的相对贡献，并强调当水文流动路径改变至近地表土壤层时，输送到溪流的 DOM 与土壤溶液中的 DOM 类似。原位荧光技术（in situ fluorescence techniques）的发展使得以追踪 DOM 含量和性质的高度动态变化所需的时间分辨率来监测风暴事件成为可能（Saraceno et al.，2009）。达到每天追踪 DOM 变化水平的高时间分辨率 DOM 荧光原位监测技术能实时监测 DOM 转化过程（Spencer et al.，2007）。

3.3.2 人类排放和土地利用对 DOM 的影响

DOM 的荧光特性可用于识别淡水生态系统中的人为污染源。例如，Baker 等（2002）通过类蛋白质荧光强度增加以及与荧光增白剂有关的荧光团，识别了一家大型纸厂废水对水环境的影响。同样，Baker 和 Inverarity（2004）研究了污水输入量较高的一个城市集水区，并发现类蛋白质荧光与生物需氧量（biological oxygen demand，BOD）、无机氮浓度、无机磷浓度相关。DOM 荧光还可用于泥肥撒布的农业污染调查（Naden et al.，2010）。荧光强度与泥肥浓度之间存在很强的线性关系，且利用荧光比值可区分泥肥影响水体和未污染水体（Naden et al.，2010）。开发和利用可实时监测 DOM 荧光组分的原位荧光传感器和便携式监测设备，将大大有助于研究淡水系统中的人为污染（Baker et al.，2004；Spencer et al.，2007）。

除了追踪人为 DOM 来源点位和扩散外，荧光特性还可用于研究土地利用和土地管理实践对淡水生物地球化学现状和未来的影响（Wilson and Xenopoulos，2009；Williams et al.，2010）。在一项关于农田覆盖率增加和湿地覆盖率减少的土地利用梯度研究中，FI 和腐殖化指数（humification index）表明，DOM 的结构复杂性随着连续耕作农田与湿地比例的增加而降低 [Zsolnay et al.，1999；见第 9 章；图 3.8（a），图 3.8（b）]。因此，简单的荧光比值可用于研究土地利用变化对淡水生态系统中 DOM 的生物地球化学作用的影响。

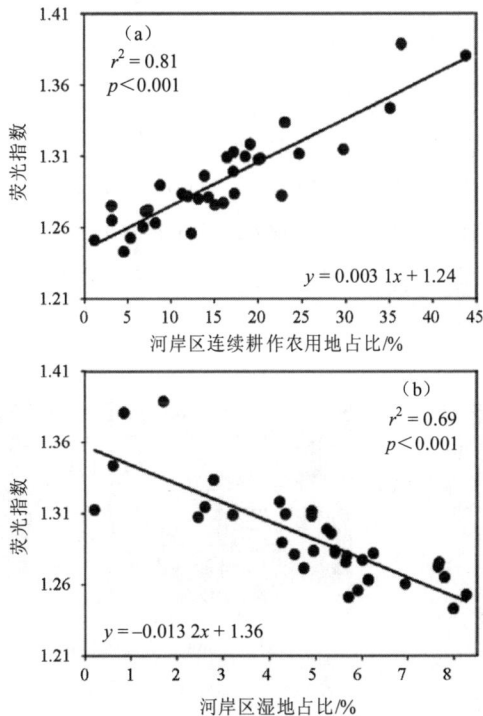

图 3.8 DOM 特征指数与土地覆被指数的关系。荧光指数的最佳预测因子（a，b）。[转自 Wilson and Xenopoulos，2009，经麦克米伦出版社有限公司（Macmillan Publishers Ltd：*Nature Geoscience*）许可]

3.3.3　转化和反应性

DOM 的氧化还原状态和速率可通过氧化还原指数 [RI；由 $Q_{red}/(Q_{red} + Q_{ox})$ 推导而来，其中 Q_{red} 和 Q_{ox} 分别为淡水生态系统中还原态类醌组分载荷之和以及氧化态类醌组分载荷之和，由 Cory 和 McKnight（2005）定义] 检验。例如，Miller 等（2006）利用 RI 研究了湿地-河流生态系统中的养分循环，结果表明与河流相邻的湿地中，DOM 是还原性的，溶解铁浓度较高，铵态氮是主要无机氮类型。随着湿地水体进入河流，DOM 被迅速氧化，RI 发生相应位移，铵态氮被转化为硝酸盐，溶解铁浓度降低（Miller et al.，2006）。因此，荧光技术可提供有关环境条件和正在发生的生物地球化学转变的信息，这对于研究潜流和河岸生态系统中的营养循环具有重要意义（Fellman et al.，2010）。

在很多淡水生态系统中，类蛋白质荧光与生物活性 DOM 有关。例如，Cammack 等（2004）在**魁北克南部湖泊**（Lakes of Southern Quebec）进行的一项研究将类蛋白质荧光与细菌生产、细菌呼吸和群落呼吸联系起来。不同淡水来源 DOM 培养实验表明，类蛋白质荧光和可生物降解 DOM 之间的关系密切（Fellman et al.，2009b；Hood et al.，2009）。Fellman 等（2009c）证实，类蛋白质荧光也可用于检测 DOM 在溪流中的生物吸收情况。他们在美国阿拉斯加的森林源头溪流中开展了土壤淋滤液添加试验，发现类蛋白质荧光在下游减少；类腐殖酸荧光没有变化，类蛋白质荧光去除速率比 DOC 和 DON 整体浓度下降速率更快，这说明某些 DOM 组分被优先去除，这与不同的 DOM 库以不同的速率转换的观点一致（Brookshire et al.，2005；Fellman et al.，2009c）。因此，在未来的研究中，通过将河道示踪剂释放与 DOM 的荧光表征相结合，研究淡水生态系统中 DOM 的生物吸收情况，可以深入了解具有不同反应性的 DOM 库的作用（Fellman et al.，2010）。生物降解实验中可以通过荧光光谱评价 DOM 组分的变化。例如，Wickland 等（2007）发现，在实验室培养苔藓渗滤液时，DOM 的微生物降解导致了腐殖化和荧光指数的增加以及类蛋白质荧光的丧失（图 3.9；表 3.2）。

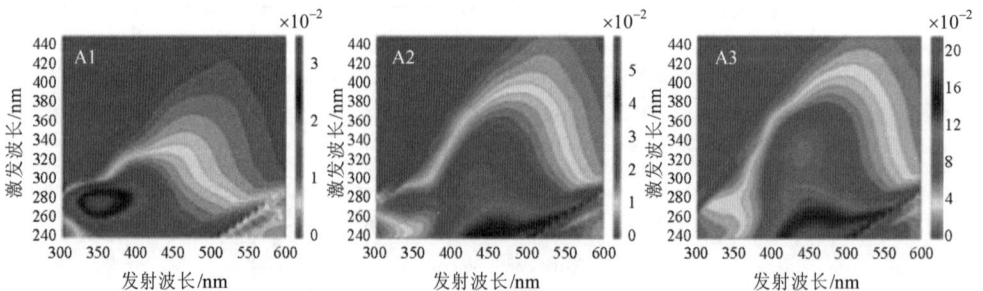

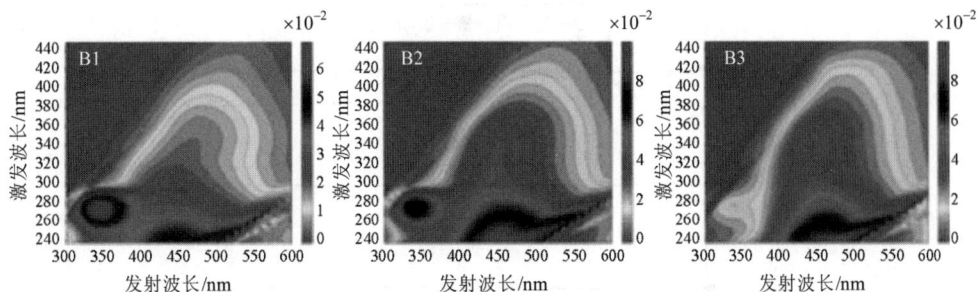

图 3.9　苔藓淋滤液 DOM 荧光随时间变化：24 h（A1）、194 h（A2）和 3 个月（A3）时小叶泥炭藓（*Sphagnum angustifolium*）淋滤液 DOM 荧光变化；24 h（B1）、194 h（B2）和 3 个月（B3）时羽藓类苔藓（Feathermoss mix）淋滤液 DOM 荧光变化。右边的颜色条为 DOC 标准化荧光强度（来自 Wickland et al.，2007，获得 Springer Science+Business Media 授权）（见彩色插图 5）。

表 3.2　苔藓淋滤液 DOC 随时间变化的荧光性质和平行因子分析

时间	小叶泥炭藓（*Sphagnum angustifolium*）			羽藓类苔藓（Feathermoss mix）		
	24 h	194 h	3 个月	24 h	194 h	3 个月
FI	1.14	1.26	1.38	1.17	1.30	1.38
HIX	0.61	0.83	0.89	0.68	0.79	0.90
类色氨酸荧光/%	29	4	1	18	9	3
类酪氨酸荧光/%	15	9	5	12	11	3

　　淡水系统中 DOM 的光化学降解效应也可以通过荧光测量来研究。Cory 等（2007）对美国阿拉斯加溪流和湖水的全水样进行了一项研究，观察到淡水 DOM 的典型响应，结果显示在 12 h 的短期辐照结束后，总荧光强度下降（图 3.10）。辐照后不同荧光团的荧光百分比发生变化，类腐殖酸荧光团（SQ1 和 SQ2；图 3.9）的荧光强度损失最大。总的来说，类蛋白质荧光团（Tyr 和 Trp；图 3.10）的变化不大，对于某些样本甚至出现了小幅增加，这导致辐照后的水体与初始水体相比，类蛋白质组分相对于类腐殖酸组分的贡献值有所增加（Cory et al.，2007）。淡水系统中辐照后的全水样也表现出 FI 下降的状况。FI 的变化与样本中 SQ1 和 SQ2 的相对数量有关，因此 FI 随照射时间的延长而减少是因为 SQ2 的损失比 SQ1 更大（图 3.10；Cory et al.，2007）。DOM 的荧光表征有助于理解光化学过程如何影响 DOM 的含量和性质，将分光光度技术与其他 DOM 表征技术相结合，有助于理解光化学过程如何去除和改变水中的 DOM（Spencer et al.，2009a；Stubbins et al.，2010）。

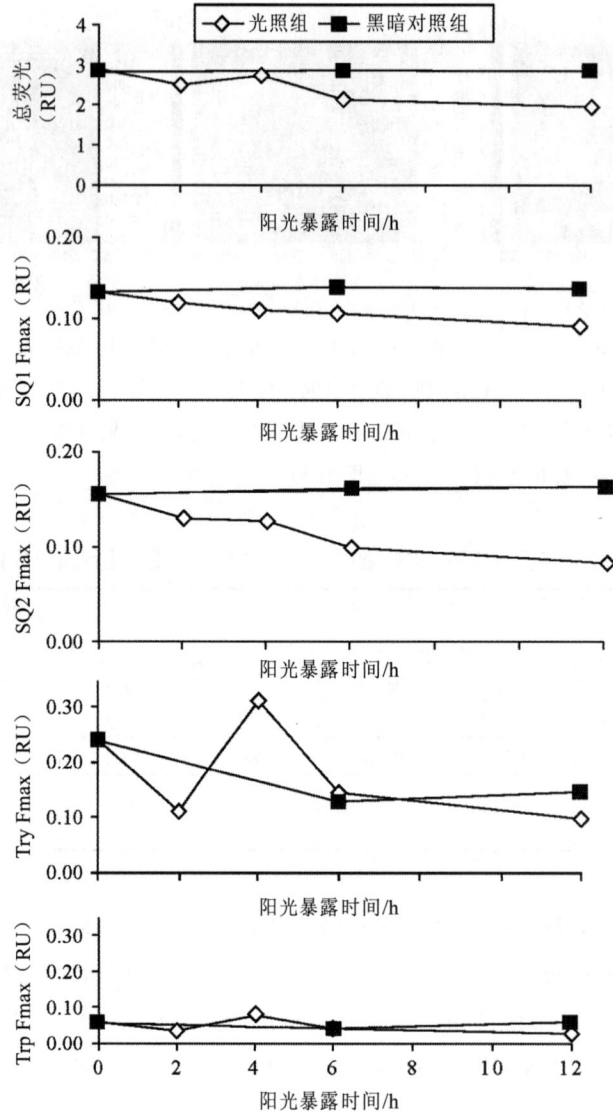

图 3.10 在短期光化学降解过程中，图利克湖（Toolik Lake）长期生态研究站的岛屿湖泊淡水 DOM 的典型响应表现为总荧光减少，类腐殖酸荧光团（SQ1 和 SQ2）减少，类蛋白质荧光团（Tyr 和 Trp）变化不大或略有增加（根据 Cory et al.，2007 重制；经美国地球物理联合会许可，通过版权许可中心可在图书和"其他"图书等载体进行转载）

3.3.4 雨水 DOM 荧光

雨水样本荧光特征表明，雨水 DOM 中同时存在类腐殖酸和类蛋白质（Kieber et al.，2006；Muller et al.，2008；Santos et al.，2009）。Muller 等（2008）发现，在对流天气期间，雨水类腐殖酸荧光强度最高，这反映了陆地和人为来源的影响。在良好的大气混合条件下，类腐殖酸荧光强度下降，而在低风速下，大气停滞导致了更高的荧光强度，主要缘于局部人为源的增加。他们没有观察到类蛋白质荧光和气象变量之间的显著趋势，这类荧光团很可能具有多种来源和过程。雨水 DOM 对光降解非常敏感，类腐殖酸组分和类蛋白质组分之间光不稳定性的变化可能导致与气象变量关系的缺失（Kieber et al.，2007）。最后，美国北卡罗来纳州东南部雨水整体荧光 EEMs 的积分信号与雨水 DOC 存在相关性，DOC 浓度越高，雨水的荧光信号越强（$r = 0.699$，$p < 0.001$），表明荧光 DOM 是该研究区雨水 DOC 库的常规组分（Kieber et al.，2006）。

3.3.5 溶解性有机碳与荧光的关系

许多研究考察了类蛋白质或类腐殖酸荧光团的荧光强度与淡水生态系统中 DOC 浓度之间的关系（Baker，2002；Cumberland and Baker，2007；Hudson et al.，2007；Baker et al.，2008）。荧光强度与 DOC 的关系在荧光梯度（即单位碳的荧光强度）和相关系数的强度上存在差异，这取决于 DOC 的来源以及与 DOC 浓度相关的荧光团类型（Cumberland and Baker，2007；Baker et al.，2008）。通常，在天然 DOM 占主导地位的地方（即几乎没有人为影响的区域）观察到荧光强度和 DOC 之间的相关性最强，在高分子量芳香类 DOM 占主导地位的（例如泥炭集水区、湿地）样本中，单位碳的荧光强度更大（Cumberland and Baker，2007；Baker et al.，2008）。在未来的研究中，可以考虑利用 DOC 与荧光强度的关系，就像利用 CDOM 吸光系数与 DOC 的关系一样，经过适当数据处理得到淡水系统 DOC 通量（Spencer et al.，2009b）。部署原位荧光计以获得高空间分辨率和时间分辨率的实时 DOC 通量的应用前景令人振奋，尤其是将其部署在发生重大短期排放事件（如洪水、风暴）的流域（Saraceno et al.，2009；Spencer et al.，2009b）。

3.4 地下水有机质荧光

3.4.1 概述

自 Smart 等（1976）的工作以来，地下水有机质荧光已得到了系统的研究。他们在开展石灰石含水层染料示踪试验中观察到地下水"背景"荧光变化，在与雨水和地表水样本的比较中描述了地下水的这种自然荧光信号（Smart et al.，1976）。他们在 340～350 nm 激发波长处观察到 1 个峰，发射光谱在 400～460 nm 处显示出宽峰，相当于现在所熟知的 C 峰。在试验中，样本在光照和黑暗条件下存储长达 9 d，并分别进行过滤处理和未过滤处理，以评估样本稳定性。该实验还考虑了温度依赖性、pH 效应和潜在的金属猝灭效应。Smart 等（1976）证明了荧光强度与溶解性有机碳浓度之间存在很强的相关性。尽管这种关系是基于特定来源样本的，而且他们的工作被很多水生有机质荧光研究团队大量引用

（例如，Stewart and Wetzel，1980，1981；Zepp and Schlotzhauer，1982；Laane，1982），但是利用荧光来描述和量化地下水中的有机质在很大程度上被该团队忽视。

在观察到洞穴石笋含有荧光年纹层（annual fluorescent laminae）之后，人们重新燃起对地下水荧光有机质的兴趣（Baker et al.，1993；图 3.11）。洞穴石笋是一种洞穴碳酸钙沉积产物，包括石笋和钟乳石，地下水为其形成提供了重要的物质来源，因此其能保存地下水的部分或全部物质，包括主要来自土壤的荧光有机质。洞穴石斑具有荧光性，这一现象最早由洞穴探险者在进行地下闪光摄影实验时发现，他们发现了"余辉"效应（"after-glow" effect；O'Brien，1956）。直到 White 和 Brennan（1989）的实验工作，才从理论上解释了之前的现象，他们在 365 nm 和 253.7 nm 紫外光下对洞穴堆积体进行了研究，发现所有发射的荧光都在蓝绿色滤光片窗口区域内，这是现在所熟知的 C 峰荧光的"痕迹"。Baker 等（1993）使用带有 320~420 nm 激发滤光片和 420~500 nm 发射滤光片的汞光源，首次展示了洞穴石笋中 C 峰荧光的年度变化，为石笋有机质荧光变化用作年代学工具开辟了道路。这项工作还促使了对岩溶石灰岩含水层中地下水有机质荧光特征的研究，尤其是有机质可以作为地表水（例如土壤）-地下水连通性的示踪剂（例如 Baker et al.，1997，1999）。有关石笋形成地下水和洞穴中保存的记录的综述，请参见 Blyth 等（2008）以及 McGarry 和 Baker（2000）。近年来，天然有机质（NOM）荧光技术在水文地质环境研究中的应用越来越广泛（Baker et al.，2001；Lapworth et al.，2008，2009；Conmy，2008）。

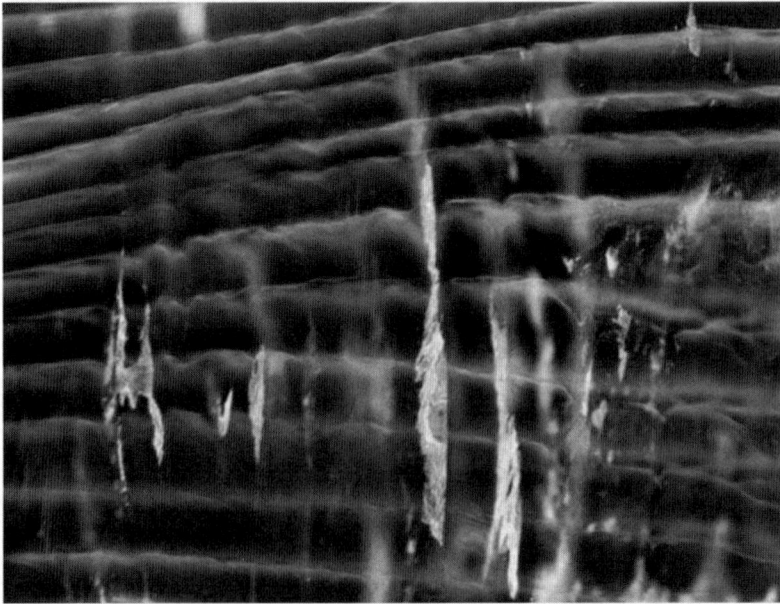

图 3.11　荧光 NOM 保存于石笋中形成年纹层（annual laminae）。这张图片显示了 NOM 荧光的年循环与季节性地下水补给有关。石笋是来自意大利埃内斯托洞穴（Ernesto Cave）的 ER-77［图片由伯明翰的伊恩·费尔柴尔德（Ian Fairchild）提供］（见彩色插图 6）。

3.4.2 地下水 NOM 荧光特征

地下水天然有机质荧光 EEM 分析表明，地下水具有与淡水和海洋样本非常相似的天然有机质荧光特征（图 3.3）。就具体的峰而言，我们大致可以观察到以下几种特征峰：

1. C 峰和 A_C 峰荧光是主要的荧光信号，是典型的类腐殖质。虽然尚未对地下水有机质进行系统调查，但据推测，这些物质主要来自上覆土壤，还有一些物质可能来自含水层有机质的产生和降解。

2. 虽然系统性研究数据缺乏，但 C 峰和 A_C 峰荧光与上覆土壤水荧光相比很可能发生蓝移（Baker and Genty，1999），与同一区域的地表水样本相比则确实发生蓝移（例如，见 Conmy，2008）。NOM 中相对疏水的溶解性组分易被基岩吸附，相对亲水的组分则易发生迁移，这可以解释部分或全部荧光发生蓝移，以及地下水微生物群落对有机质的处理。Conmy（2008）比较了地表水、地下水和海水，发现地下水 C 峰荧光发射波长介于海洋和地表水样本之间。

3. C 峰荧光强度与溶解性有机碳浓度相关，并随含水层深度的增加而降低。后者反映了含水层中的有机质的物理损失（例如吸附）以及潜在生物降解。Lapworth 等（2009）观察到 C 峰和 T 峰的荧光强度都随深度的增加而降低。Smart 等（1976）首次发现，C 峰荧光强度与 DOC 的关系使得荧光有可能成为 DOC 替代测量指标。然而，这种关系的梯度和强度因场地而异，具体取决于荧光物质的总含量。

4. 除非存在污染源，地下水有机质荧光 EEM 中很少出现 T 峰和 B 峰（见 3.4.3 节）。目前，尚未在地下水样本中明确观察到 M 峰荧光的存在，但如果存在微生物源，也可能在受到微生物污染的地下水中观察到该峰。

因此，无论是地表水通过土壤直接到地下水（例如，Baker et al.，1999），还是通过潜流带的河流-地下水交换（Lapworth et al.，2009），NOM 的荧光性质使其能成为上述地表水-地下水连通性的天然示踪剂。在未来，同海洋和淡水有机质领域正在进行的相关研究一样，NOM 荧光很可能用于更好地理解有机质的化学和生物过程，或地下水有机质的特征和功能。例如，Lapworth 等（2009）使用荧光 EEMs 研究了潜流带溶解性有机质、胶体有机质和颗粒有机质的相互转化过程。

3.4.3 地下水人为源有机质特征

即便是污染源水体在含水层中经过稀释、化学和微生物作用，受污染地下水也可能具有与之相同的荧光 EEM 特征。几乎可以肯定的是，存在的污染物荧光特征比报道的范围更广。已知的两种污染源有机质荧光特征为：

1. 有机废水具有异常强的 T 峰和/或 B 峰荧光。例如，Lapworth 等（2008）发现历史上曾使用表面泥浆场地的地下水 T 峰荧光强度较高。

2. 在激发波长 220～230 nm 和发射波长 340～370 nm 处有一个特定的荧光峰，这种峰的荧光强度特别高且主要来源于垃圾渗滤液。Baker 和 Curry（2004）首次在受污染的密苏里州（Missouri）泉水中，证明了该峰强度与地球化学参数（如 BOD 和氨浓度）之间存在很强的相关性，并推测其主要来自垃圾填埋场渗滤液中的一种或多种多环芳烃。

经过国际同行评审并公开发表的相关文献利用荧光技术检测地下水有机质污染的应用并不广泛。根据作者经验，一些咨询机构承担了大量相关工作。鉴于全球科研人员对水循环（包括含水层补给计划）的兴趣与日俱增，未来的研究可能会聚焦于地下水含水层循环水的运移和转化。

3.5　废水和饮用水有机质荧光

3.5.1　废水有机质荧光

尽管大量文献关注海洋、陆地和河流环境中溶解性有机质的荧光和光谱性质，但很少有人关注上述性质与废水的关系。我们常说的"废水"包括任何受人为影响而导致整体水质受到不利影响的水体。废水由住宅、商业和工业（农业）排放的液体废物组成，从定义上讲，废水包含了各种不同浓度的潜在化学污染物。最常见的"废水"是指城市废水，是不同来源废水污染物混合形成的。污水是废水的一个子集，指的是被收集起来并通过下水道排放的废弃物，包括来自人类排放和地表水径流的液体和固体废物。

要了解处理废水和未处理废水的荧光光谱性质，首先要考虑污水和废水的组成。由于其来源的复杂性，废水组成差异很大，特定废水样本的确切组成取决于若干关键因素，例如地理位置和进入系统的输入物的性质。输入物表现出物理性质和聚集性质（例如，悬浮颗粒物）。所有废水都含有一些金属离子［如不同浓度（μg/L 到 mg/L）的铝、铜和铁］以及无机非金属成分（如氯离子、磷酸盐离子和硝酸盐离子）。废水中还存在腐殖酸、富里酸、单宁、木质素相关物质和各种表面活性剂（surfactants）等聚合有机化合物。此外，消毒副产物（disinfection by-products）和农药在一定程度上始终存在。很多废水中有复杂的微生物群落，包括细菌和病毒，以及浮游生物和藻类。

原水（crude sewage）由多种化合物组成，包括富里酸、蛋白质、碳水化合物和脂类（有机表面活性剂的贡献各不相同）、核酸和挥发性脂肪酸（Ahmad and Reynolds，1995）。原水混合了生活垃圾、工业排放和工业场所的生活废弃物（如厨房和厕所垃圾）以及地表径流和暴雨径流。生活污水的组分取决于集水区污水系统的年代和类型（单独或复合）、每天的不同时间段（Reynolds and Ahmad，1997）、当前和先前的天气条件以及连接的下水道类型（重力或泵抽）。Eaton 等（2005）在《水和废水检验标准方法》（*Standard Methods for the Examination of Water and Wastewaters*）（第 21 版）中对废水中含有的复杂的基质进行了很好的总结。

　　废水的复杂组成意味着观察到的荧光性质是包括腐殖酸、富里酸以及木质素衍生物在内的大量荧光团复合的表观特征。除上述荧光团之外，还有不同浓度水平的类固醇、酚类、非挥发性酸、油和微量的表面活性剂（Waggot and Butcher，1976）。因此，污水和废水样本的荧光光谱形状是各种荧光团重叠的复合体现，并且没有任何明显特征。由于 pH、金属离子含量、温度和悬浮固体等影响荧光的化学物理参数变化，解释废水样本的荧光光谱变得更加复杂（Reynolds and Ahmad，1995a）。后一点十分重要，因为人们普遍认为，在任何时间和特定地点观察到的荧光光谱性质是"已猝灭过的"。由于废水组成的性质存在差异，直接比较不同地点样本的荧光强度是有问题的。

　　直到 20 世纪 90 年代中期，人们对废水和污水的荧光性质知之甚少。Bari 和 Farooq（1984）首次使用荧光研究不同的高铁酸钾和臭氧组合对不同废水中有机质的处理效率。在这项研究中，因为荧光具有特异性，其被用于测量腐殖质、芳香族化合物和杂环系统。该研究未使用荧光发射光谱，而是使用 365 nm 固定激发波长处获得 490 nm 处的特定荧光发射强度。除了测量荧光之外，还测量了 280 nm 处的紫外吸光度，其与化学需氧量（chemical oxygen demand，COD）具有相关性。COD 通过强酸氧化样本来估计可氧化物质的量（Eaton et al.，2005），并由此估计废水有机质的去除量。该研究的重点是有机质的去除效率，而不是理解和解释荧光光谱的性质。

　　现在人们普遍认为所有废水都具有典型的荧光特性，而这一现象最早于 20 世纪 90 年代中期被报道。那时，研究人员已经在多个激发波长下获得了废水的荧光发射光谱（Ahmad et al.，1994；Ahmad and Reynolds，1995）。废水在 280 nm 激发波长下的典型荧光发射光谱如图 3.12 所示。在这些早期研究中，研究者将荧光技术作为水处理过程优化、水质评估和污染监测的工具（Henderson et al.，2009）。该项早期工作进一步促进了同时扫描激发波长和发射波长并记录发射（或激发）波长上荧光强度分布的同步荧光光谱（SFS）技术的发展。

　　对于同步荧光光谱，荧光强度可以表示为 $I_f = \eta I_a$，其中 η 为激发波长 λ_{ex} 处的荧光量子产率，I_a 为吸光强度（Reynolds and Ahmad，1995b）。根据比尔定律（Beer's law），$I_a = I_0[1 - \exp(-\alpha cl)]$，其中 I_0 为入射强度，α 为吸收截面，l 为有效采样长度（effective sampling length）。对于 $\alpha cl \ll 1$，$I_f \approx I_0 \eta \alpha cl$。在同步荧光光谱中，激发波长（$\lambda_{ex}$）和发射波长（$\lambda_{em}$）以固定偏移量 $\Delta\lambda = (\lambda_{em} - \lambda_{ex})$ 同步扫描。标准化荧光强度可以表示为 $I_f/I_0 = \eta(\lambda')\alpha(\lambda')cl$，其中量子产率和吸收截面是 $\lambda' = (\lambda_{em} - \Delta\lambda)$ 的函数。因此，当吸收最大值和量子产率最大值重叠时，强度分布将显示一个明显的峰值。对于明确给定的吸收最大值和量子产率最大值，$\Delta\lambda$ 的最佳值由发射最大值和激发最大值的波长差确定，即斯托克斯位移。该技术具有分辨不同物质产生的光谱组分的潜力，特别适用于典型偏移量 $\Delta\lambda$ 在 20～60 nm 时（Ahmad and Reynolds，1995；Wu et al.，2006）。同步荧光光谱已用于追踪检测受污水影响的河流

（Galapate，1998；Hur and Kong，2008；Hur et al.，2008）和对废水进行追踪识别（Wu et al.，2006）。典型同步荧光光谱如图 3.13 所示。

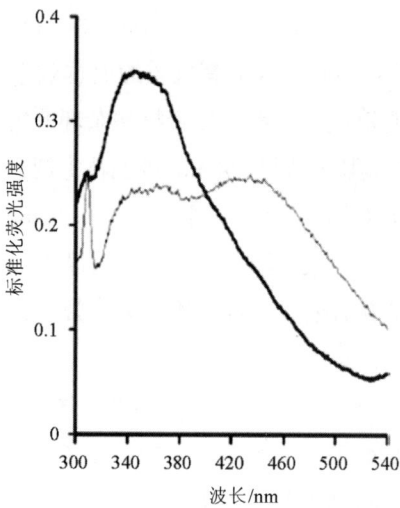

图 3.12   280 nm 激发下未处理废水（黑线）和已处理废水（灰线）的典型荧光光谱

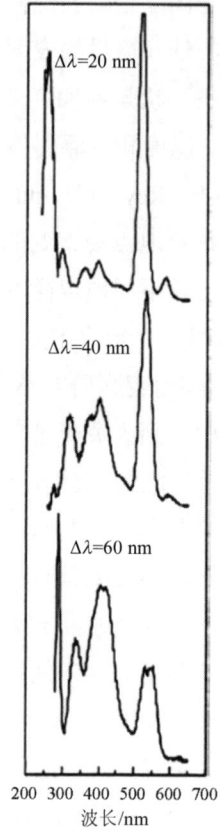

图 3.13   已处理废水在 20 nm、40 nm 和 60 nm（$\Delta\lambda$）波长偏移量下的同步荧光光谱

除 T 峰、A_C 峰、B 峰和 C 峰外，废水源 DOM 的 EEMs 通常在 $\lambda_{ex} = 375$ nm、350 nm 和 330 nm 处以及相应的 $\lambda_{em} = 410\sim450$ nm 处有额外的峰（见图 3.14）。这些峰现被认为是光学增白剂（如洗涤剂）的特征（Westerhoff et al.，2001；Hayashi et al.，2002；Takahashi and Kawamura，2007；Hartel et al.，2008）。在废水处理过程中，高达 80% 的上述光学增白剂会被去除，但在河水中仍可以检测到浓度约为 0.5 mg/L 的低浓度增白剂（Poiger et al.，1998）。对未处理废水的 EEMs 的研究表明，未处理废水的 EEMs 通常包括一个宽的腐殖质型 C 峰和强度很高的 T 峰及 B 峰，T 峰及 B 峰分别与色氨酸及酪氨酸的标准溶液在光空间①出现的位置相同（Baker et al.，2004）。T 峰通常是废水中强度最高的峰（Reynolds and Ahmad，1997），且此前的研究者已证实，由于 T 峰强度高，其为天然水体中人类活动的示踪剂（Galapate et al.，1998；Baker et al.，2003，2004；Reynolds，2003）。因为河流 EEMs

① 译者注：指 EEM 图。

在光学增白剂出现区域的背景荧光强度很高，所以通常难以在受废水影响的河流的 EEMs 中发现光学增白剂的特异性信号（Baker，2001）。上述高背景产生的原因是污水 DOM 主要由微生物活动产生的有机质组成，富含具有强荧光信号类色氨酸（T 峰和 A_T 峰）的蛋白类物质（Hudson et al.，2008）。相比之下，自然系统相关的河流 DOM 主要来自植物，微生物活动缓慢且微弱，但持续存在。废水 DOM 的独特性也凸显于 EEMs 中，其与海洋和淡水系统 DOM 的 EEMs 显著不同，后者以 C 峰为主（Hudson et al.，2007）。废水 DOM 独特的光谱特性有助于追踪废水对水生环境带来的污染（Galapate et al.，1998；Baker，2001；Baker et al.，2003，2005；Chen et al.，2003；Holbrook et al.，2005；Hudson et al.，2008；Carstea，2010）。

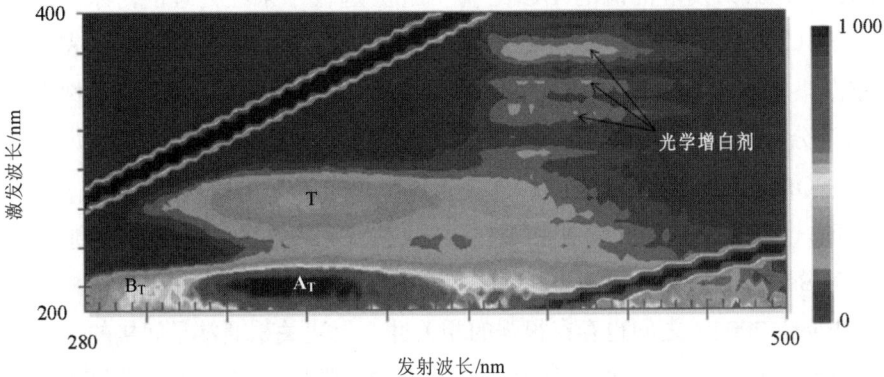

图 3.14 原水的荧光激发-发射矩阵（EEM）；其中，B_T=类酪氨酸，T 和 A_T=类色氨酸（改编自 Henderson，2009，获得 Elsevier 授权）（见彩色插图 7）。

污水 DOM 的强荧光信号促使了用荧光标记现有生化参数和化学参数的研究，上述参数通常用于确定废水水质和监测废水处理过程（Reynolds and Ahmad，1997；Ahmad and Reynolds，1999；Reynolds，2002；Vasel and Praet，2002；Lee and Ahn，2004；Cumberland and Baker，2007；Hudson et al.，2008；Hur et al.，2008）。相关研究发现，不同荧光峰（A 峰、B 峰、T 峰和 C 峰）的荧光强度与水质参数之间存在很强的关系。最常见的废水水质参数包括五日生化需氧量（BOD_5），过滤样本和未过滤样本的 COD，总有机碳（total organic carbon，TOC），溶解性有机碳（DOC），硝酸盐离子（NO_3^-）和磷酸盐离子（PO_4^{3-}），254 nm、340 nm 和 450 nm 处的紫外吸收，溶解氧（DO），以及氨（NH_3）。

BOD_5 与 T 峰和 A_T 峰的皮尔逊相关系数（Pearson's coefficient）在 0.77～0.98（Reynolds and Ahmad，1997；Ahmad and Reynolds，1999；Baker，2001；Ahmad et al.，2002；Hudson et al.，2008；Hur et al.，2008）。A_C 峰和 C 峰（代表类腐殖酸和类富里酸荧光）与 BOD_5 的相关性较低（r^2 为 0.72～0.77）（Baker，2001；Hudson et al.，2008）。BOD_5 和 340～350 nm 的类色氨酸荧光之间存在很强的相关性，而 BOD_5 是微生物生长的一种间接测量

方法。此外，类色氨酸荧光与废水微生物活性相关（Reynolds，2002；Elliott et al.，2006；Hudson et al.，2008），类富里酸和类腐殖酸荧光表示废水中不易生物降解的有机组分（Reynolds，2002）。

T 峰与废水的 COD 和 DOC 值的皮尔逊相关系数通常介于 0.42～0.97（Reynolds，2002；Vasel and Praet，2002；Lee and Ahn，2004；Wu et al.，2006）。考虑到 TOC 和 DOC 之间的良好化学关系，上述关系不足为奇。尤其是 T 峰与 DOC、COD 和 TOC 之间存在广泛的相关性，这可以由难降解 DOM 与易降解 DOM 之比、荧光特性和非荧光特性来解释。相关性可能表现出更大的变化，这取决于类腐殖酸（富里酸）/类色氨酸比值和荧光/非荧光 DOM 比值。因此，一些研究人员发现，T/C 比值对于识别废水和污水相关样本具有一定作用。Baker（2001）发现河流的 T/C 比值（1.0）远低于未经处理的污水（2.7～3.1）。Henderson 等（2009）在综述中总结了废水、河流、饮用水和去离子水等代表性水（体）T/C 比值数据集。尽管 Bari 和 Farooq 在 1985 年报道了 C 峰与 COD 的相关性为 0.87，相关数据依然十分有限。总的来说，对于 BOD 和 COD 的测量，污水源 DOM 占主导的水生环境荧光与 BOD 和 COD 有更强的相关性。例如，Wu 等（2006）指出，当污水源 DOM 占主导地位时，河水 COD 与 T 峰的相关性强度增加，相关系数从 0.5 上升到 0.9。T 峰与 PO_4^{3-}、NO_3^-（Baker and Inverarity，2004）、总凯氏氮（total Kjeldahl nitrogen，N_k）和 NH_3-N（Vasel and Praet，2002）之间也存在很强的相关性。上述关系通常是间接的，因为当污水处理厂不进行高级营养物去除时，污水中的污染物通常以高磷酸盐离子和硝酸盐离子为主。由于污水处理过程中氨氮的去除率较高，氨氮与 T 峰之间的关系并不总是存在的。然而，正如 Baker 等（2003）所观察到的，在污染事件期间，氨氮可以大量存在。

DOM 监测有助于污水处理厂工艺优化，而且据估计，通过提高效率，尤其是在曝气方面，可以节省多达 40%的能源成本（Ahmad and Reynolds，1998）。Ahmad 和 Reynolds 的多项研究发现，在整个处理过程中，T 峰的标准化荧光强度从进水到出水逐渐降低（Ahmad and Reynolds，1995，1999；Reynolds and Ahmad，1997；Reynolds，2002）。$\lambda_{ex} = 280$ nm 和 $\lambda_{em} = 340$ nm 处的 T 峰很可能与可生物降解物质有关。上述现象已被用于调查污水处理过程，如污泥脱水（Yu et al.，2010）、垃圾填埋场渗滤液（Lu et al.，2009）、膜污染（Moon et al.，2010）、膜生物反应器（Wang et al.，2009）、混凝-絮凝去除有机质过程（Gone et al.，2009）和城市垃圾堆肥（He et al.，2011）。污水样本的荧光光谱分析面临样本的高吸收性和浑浊性两个关键问题，因此需要对样本进行内滤效应校正。第 1 章和第 7 章讨论了荧光数据的校正和标准化，更具体的关于污水样本内滤效应的讨论见相关文献（Reynolds and Ahmad，1997；Ahmad and Reynolds，1999；Reynolds，2002）。

表 3.3 总结了 1997 年以来荧光与废水水质参数间相关性的重要研究。从以往的工作中可以明显看出，尽管在地理位置之间和站点之间直接比较荧光数据存在问题，但是传统的水质参数与荧光之间确实存在很强的相关性。最近的研究表明，未来的研究应将重点放在

利用和分析荧光测量指标,将其作为水/废水水质的直接独立参数,而不是作为特定水质参数的替代指标(Hudson et al.,2007,2008)。人们普遍认为,如果将荧光技术应用于废水处理工艺和废水分配系统中的DOM追踪,需要开展进一步研究以全面调查高级处理工艺对T峰和C峰的影响。

表3.3　污水和废水的荧光峰强度与常见生化参数和化学参数之间的相关性总结

样本	相关性(峰/参数/皮尔逊 r,除非另有说明)			参考文献
3个不同处理厂的未经沉淀/处理污水($n=129$)	T_1	BOD_5	0.960	Reynolds 和 Ahmad(1997)
			0.970	
			0.960	
未经沉淀/处理污水($n=25$)	T_1-T_2	BOD_5	0.980	Ahmad 和 Reynolds(1999)
通过旋转生物圆盘接触器处理的合成污水($n=45$)	F_{Total}	BOD_5	0.890	Reynolds(2002)
	T_1	COD	0.920	
	F_{Total}-T_1	TOC	0.910	
F_{Total}=总荧光强度	F_{Total}	BOD_5	0.980	
	T_1	COD	0.980	
3个月内沉淀和处理的污水样本($n=56$)	F_{Total}-T_1	TOC	0.980	
		COD-BOD	0.840	
		BOD_5	0.790	
		COD	0.820	
		TOC	0.800	
F_{Total}=总荧光强度		BOD_5	0.930	
		COD	0.940	
		TOC	0.930	
		COD-BOD	0.710	
过滤的原污水	T_1	COD	0.420	Vasel 和 Praet(2002)
		TOC	0.410	
		N_k	0.690	
		NH_4-N	0.650	
		COD	0.560[a]	
		TOC	0.530[a]	
		N_k	0.760[a]	
		NH_4-N	0.840[a]	
处理后的废水样本(3个月内)	T_1	COD	0.900	Lee 和 Ahn(2004)
使用$COD_{溶解性}$值的废水样本($n=96$)	T_1	$COD_{溶解性}$	0.370	Wu 等(2006)
		COD	0.510	
污水排放($n=16$)	C_1	DOC	0.140	Cumberland 和 Baker(2007)
废水(污水、贸易和污染事件)($n=223$)	T_1	BOD_5	0.906[b]	Hudson 等(2008)
	T_2	TOC	0.876[b]	
	C_2	BOD_5	0.848[b]	

样本	相关性（峰/参数/皮尔逊 r，除非另有说明）			参考文献
废水（污水、贸易和污染事件） （$n = 223$）	A	TOC	0.802^b	Hudson 等（2008）
		BOD$_5$	0.771^b	
		TOC	0.870^b	
		BOD$_5$	0.720^b	
		TOC	0.808^b	

注：^{a}偏最小二乘法（$n = 20$）；^{b} Spearman 相关系数。

3.5.2 饮用水有机质荧光

与废水相比，应用荧光光谱术检测和监测饮用水水源、输配水过程和供水系统中的有机质是一门新兴学科。DOM 和 NOM 普遍存在于为饮用水系统供水的所有水体中（Matilainen et al.，2011）。即便如此，荧光技术的最新进展已足够成熟，可作为饮用水系统中 DOM 和 NOM 的传统表征方法的替代方法。Matilainen 等（2011）的一篇综述全面总结了当时与饮用水处理相关的 NOM 表征方法，如荧光技术。早期研究将 EEMs 作为表征饮用水水源 DOM 或 NOM 的工具（Rosario-Ortiz et al.，2007）。饮用水水源中 DOM 的表征非常重要，因为 DOM 有助于消毒副产物（DBP）的形成，从而影响水处理设施优化。Marhaba 等（2009）研究了饮用水水源中 DOM 产生 DBPs 的潜力。他们利用主成分回归模型（principal component regression model）预测了三卤甲烷生成势（formation potential）。Beggs 等（2009）研究了氯化过程中荧光强度（总荧光强度和荧光指数）、氧化还原指数、氯需求量和 DBP 生成之间的关系。该研究使用平行因子分析模型从荧光 EEMs 中提取了 13 种组分（荧光团或荧光团群）。类醌组分与 DBP 的形成有很强的相关性。Johnstone 和 Miller（2009）使用多因子线性回归（multifactor linear regression）研究了爱荷华河（Iowa River）水的水质特征与氯化后 DBP（特别是三卤甲烷和卤乙酸）的形成的相关性。在这项工作中，使用荧光区域积分技术确定了对 DBP 形成有响应的荧光 EEMs 区域（Chen et al.，2003），并报道了上述区域荧光强度变化以及氯消耗与特定 DBPs 形成的关系。这项工作在另一项研究中得到了进一步的拓展，该研究使用三组分平行因子分析模型来评估饮用水 DBP 的形成（Johnstone et al.，2009）。该平行因子分析模型与 DOC、氯消耗和单个 DBP 形成潜力有关。有趣的是，所选组分得分的多因子线性回归显示与单个 DBP 的线性关系。研究人员称，该方法的特异性使得预测 DBP 形成（DBP 生成势）成为可能。

Henderson 等（2009）的一篇综述认为，通过监测 T 峰和/或 C 峰，可以对循环水系统中的污染事件进行敏感检测。Hambly 等（2010）还研究了荧光光谱作为一种监测工具在再生水处理厂和再生水与饮用水双分配系统中的应用。这项工作表明，与饮用水相比，循环水的平均荧光强度相差 10 倍，荧光可用于检测交叉连接。Bieroza 等（2009a，2009b，2010）使用 EEM 技术来评估 TOC 去除效率。研究人员对英国 16 个地表水处理厂的水样有机质进行了表征，发现 C 峰的荧光强度是表征 OM 含量的灵敏可靠方法，该方法能提供 OM 时空变化特征（Bieroza et al.，2009a）。不同地点样本的 EEM 存在差异，这突出了 DOM 性质的重要性。图 3.15 显示了从同一场地获得的地表原水和地表澄清水的 EEM。该研究团队也将荧光光谱作为工具来评估改变混凝 pH 对 OM 去除、性质和组成的影响（Bieroza et al.，2011a）。

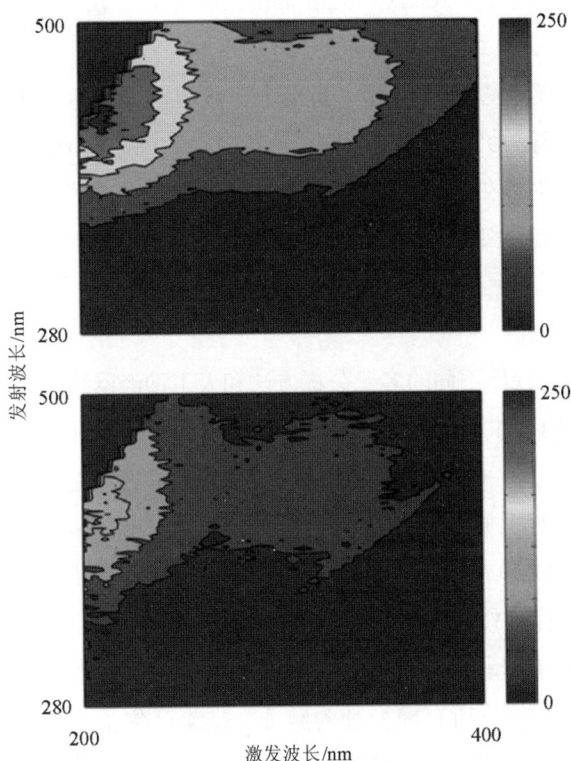

图 3.15　不同水处理阶段水的激发-发射矩阵。（a）原水（raw water）和（b）澄清水（改编自 Bieroza et al.，2009b，获得 Elsevier 授权）（见彩色插图 8）。

应用荧光技术对饮用水和饮用水处理系统中 DOM 的监测具有重要意义。早期研究探讨了 NOM 氯化和氧化的影响以及 DBP 生成的预测。Korshin 等（1999）结合已知处理参数（氯剂量、氯反应时间、温度、NOM 性质），使用基于比值的荧光指数（即在 320 nm 激发下 500 nm 和 450 nm 处标准化荧光强度的比值）来确定 DBP 的形成和形态。Korshin 等（1999）指出，氯化处理后所观察到的 NOM 荧光性质变化与芳香族荧光团以及 NOM 分子构象和分子量变化引起的 NOM 破坏是一致的。综上所述，Korshin 等（1999）假设芳香族氯攻击位点的降解、NOM 的分解和 DBPs 的释放同时发生。Świetlik 和 Silorska（2004）利用全发光研究、同步荧光技术和 EEMs 监测二氧化氯和臭氧对 NOM 的影响。他们的研究表明，用二氧化氯氧化 NOM 会降低芳香性，并使 NOM 组分断裂。NOM 臭氧化会产生大量的臭氧副产物。在这两种情况下，NOM 组分显示出高反应性。Yang 等（2008）使用 EEMs 从 16 种有机质组分中获取荧光强度数据，这些有机质组分来自各种来源，包括河流水、废水、污水处理厂、湖水和地下水。作为其工作的一部分，研究人员采用了 Chen 等（2003）首次提出的荧光区域积分法来分析 EEMs 产生的荧光强度数据。利用上述方法，他们能够显示荧光强度数据、有机质性质和氯胺化过程中所形成的 DBP 之间的关系。254 nm 处的特征紫外吸光度（SUVA）也与氯胺化过程中形成的 DBPs 相关，这些相关性显著高于荧光区域积分法得到的 EEM 数据与 DBPs 的相关性。

在过去的两年里，这一领域的研究主要集中在数据挖掘（data mining）、数据分析（data analysis）以及荧光光谱多元分析方法的使用等方面。最近，Peiris 等（2010）使用 EEMs 的主成分分析（PCA）对预处理阶段（如生物过滤）进行性能监测，并识别饮用水膜处理过程中的膜污染问题。这项工作表明，主成分得分图可能与颗粒物或胶体物质水平升高导致的高污染事件有关。这项工作的价值在于识别膜系统关键的"污垢"，并提供早期预警系统，以便采取适当对策。

Bieroza 等（2009b）使用不同的多元分析方法和人工神经网络（artificial neural networks, ANNs）分解和校准饮用水中 DOM 的 EEMs。该研究首次评估和比较了不同的数据挖掘方法及其应用，包括多路分析（multiway analysis）和人工神经网络，用于 EEMs 分析。该研究表征了饮用水处理中有机质的荧光性质及其去除。利用平行因子分析方法和自组织映射（self-organizing map, SOM）对 EEM 数据进行分析，可获得有机质的相关信息；由此可以降低数据的维数，从而提高校准的效率。使用偏最小二乘（PLS）、多元线性回归（multiple linear regression, MLR）和反向传播（back-propagation）神经网络对荧光数据进行 TOC 校正。除 PARAFAC-MLR 外，所有模型都为验证数据集产生了一致的相关系数。该研究首次对荧光数据建模进行了对比分析，解决了不同分解和标定方法对荧光强度数据分析的适用性等关键问题。他们的后续工作开发了稳健数据挖掘技术，并将其应用于水处理性能评估（Bieroza et al., 2011b）。除了自组织映射，他们再次使用了主成分分析和平行因子分析（Bieroza et al., 2011b）。Bagoth 等（2011）利用从两个饮用水处理厂获得的 147 个 EEMs，开发并验证了一个七组分 PARAFAC 模型。在这项工作中，NOM 组分（腐殖质、构建块、中性物质、生物聚合物和低分子量酸）与从 EEM 数据中提取的 7 种平行因子分析组分的最大荧光强度相关。这项工作的结论是，使用平行因子分析从 EEMs 中提取的荧光组分与特定的 NOM 组分相关，因此成为评估水处理过程中特定的 NOM 组分去除的一个工具。

研究人员对这一领域的兴趣与日俱增，并会继续在该研究领域开展相关研究，进而对水处理厂的业务管理产生重大影响。

参考文献

Arctic Council and the International Arctic Science Committee（IASC）.（2005）. *ACIA（Arctic Climate Impact Assessment）*. New York：Cambridge University Press，1042 pp.

Ahmad，S.R. and Reynolds，D.M.（1995）. Synchronous fluorescence spectroscopy of wastewater and some potential constituents. *Water Res.*，**29**，1599–1602.

Ahmad，S.R. and Reynolds，D.M.（1999）. Monitoring of water quality using fluorescence techniques，prospect of on-line process control. *Water Res.*，**33**，2069–2074.

Ahmad，S.R.，Foster，V.G. and Reynolds D.M.（1993）. Laser scattering technique for the non-invasive analysis of wastewater. SPIE Vol. 2092，*Substance Detection Systems*（pp. 353–359）. Washington，DC：SPIE – International Society for Optical Engineering.

Ahmad，U.K.，Ujang，Z.，Yusop，Z.，and Fong，T.L.（2002）. Fluorescence technique for the characterization of natural organic matter in river water. *Water Sci. Technol.*，**46**（9），117–125.

Amon，R.M.W. and Budeus，G.（2003）. Dissolved organic carbon distribution and origin in the Nordic Seas：Exchanges with the Arctic Ocean and the North Atlantic. *J.Geophys. Res.*，**108**：（C7）3221，doi：10.1029/2002JC001594.

Ayoub，L.，Hallock，P.，and Coble，P.（2009）. Colored dissolved organic material increases resiliency of coral reefs by controlling exposure to UVR. In *Proceedings of the 11th International Coral Reef Symposium*，Ft. Lauderdale，Florida，July 7–11，2008，pp. 572–576.

Baghoth，S.A.，Sharma，S.K.，and Amy，G.L.（2009）. Tracking natural organic matter（NOM）in a drinking water treatment plant using fluorescence excitation-emission matrices and PARAFAC. *Water Res.*，**45**，797–809.

Baker，A.（2001）. Fluorescence excitation-emission matrix characterization of some sewage-impacted rivers. *Environ. Sci. Technol.*，**35**（5），948–953.

Baker，A.（2002）. Fluorescence excitation-emission matrix characterization of river waters impacted by a tissue mill effluent. *Environ. Sci. Technol.*，**36**（7），1377–1382.

Baker，A. and Genty，D.（1999）. Fluorescence wavelength and intensity variations of cave waters. *J. Hydrol.*，**217**，19–34.

Baker，A. and Lamont-Black，J.（2001）. Fluorescence of dissolved organic matter as a natural tracer of groundwater. *Groundwater*，**39**，745–750.

Baker，A. and Curry，M.（2004）. Fluorescence of leachates from three contrasting landfills. *Water Res.*，**38**，2605–2613.

Baker，A.，and Inverarity，R.（2004）. Protein-like fluorescence intensity as a possible tool for determining river water quality. *Hydrol. Process.*，**18**（15），2927–2945.

Baker，A.，Smart，P.L.，Edwards，R.L.，and Richards，D.A.（1993）. Annual banding in a cave stalagmite. *Nature*，**364**，518–520.

Baker，A.，Barnes，W.L.，and Smart，P.L.（1997）. Stalagmite drip discharge and organic matter fluxes in Lower

Cave，Bristol. *Hydrol. Process.*，**11**，1541–1555.

Baker，A.，Mockler，N.J.，and Barnes，W.L.（1999）. Fluorescence intensity variations of speleothem forming groundwaters：implications for palaeoclimate reconstruction. *Water Resourc. Res.*，**35**，407–413.

Baker，A.，Inverarity，R.，Charlton，M.，and Richmond，S.（2003）. Detecting river pollution using fluorescence spectrophotometry：Case studies from the Ouseburn，NE England. *Environ. Pollut.*，**124**（1），57–70.

Baker，A.，Inverarity，R.，and Ward，D.（2005）. Catchment-scale fluorescence water quality determination. *Water Sci. Technol.*，**52**（9），199–207.

Baker，A.，Bolton，L.，Newson，M.，and Spencer，R.G.M.（2008）. Spectrophotometric properties of surface water dissolved organic matter in an afforested upland peat catchment. *Hydrol. Process.*，**22**，2325–2336.

Bari，A. and Farooq，S.（1985）. Measurement of wastewater treatment efficiency by fluorescence and UV absorbance. *Environ. Monit. Assess.*，**5**（4），423–434.

Beggs，K.M.H.，Summers，R.S.，and McKnight，D.M.（2009）. Characterizing chlorine oxidation of dissolved organic matter and disinfection by-product formation with fluorescence spectroscopy and parallel factor analysis. *J. Geophys. Res.*，**114**，G04001.

Bieroza，M.，Baker，A.，and Bridgeman，J.（2009a）. Relating freshwater organic matter fluorescence to organic carbon removal efficiency in drinking water treatment. *Sci.Tot. Environ.*，**407**（5），1765–1774.

Bieroza，M.，Baker，A.，and Bridgeman，J.（2009b）. Exploratory analysis of excitation. emission matrix fluorescence spectra with self-organizing maps as a basis for determination of organic matter removal efficiency at water treatment works. *J. Geophys. Res. Biogeosci.*，**114**，G00F07.

Bieroza，M.Z.，Bridgeman，J.，and Baker，A.（2010）. Fluorescence pectroscopy as a tool for determination of organic matter removal efficiency at water treatment works. *DWES*，**3**，63–70.

Bieroza，M.Z.，Baker，A.，and Bridgeman，J.（2011a）. Assessment of low pH coagulation performance using fluorescence spectroscopy. *J. Environ. Engng.*，**137**（7），596.

Bieroza，M.Z.，Baker，A.，and Bridgeman，J.（2011b）. New data mining and calibration approaches to the assessment of water treatment efficiency. *Adv. Eng. Software*，**44**，126–135.

Black，A.P.，and Christman，R.F.（1963）. Characteristics of coloured surface waters. *J. Am. Water Works Assoc.*，**55**（6），753–770.

Blough，N.V. and Green，S.A.（1995）. Spectroscopic characterization and remote sensing of nonliving organic matter. In R.G. Zepp and C. Sonntag（Eds.），*The Role of Nonliving Organic Matter in the Earth's Carbon Cycle*（pp. 23–45）. Dahlem Conference Report. Chichester：John Wiley & Sons.

Blough，N.V. and Del Vecchio，R.（2002）. Chromophoric DOM in the coastal environment. In Hansell，D.S. and Carlson，C.A.（Eds.），*Biogeochemistry of Marine Dissolved Organic Matter*（pp. 509–546）. Amsterdam：Academic Press.

Blyth，A.J.，Baker，A.，Collins，M.J.，Penkman，K.E.H.，Gilmour，M.A.，Moss，J.S.，Genty，D.，and Drysdale，R.N.（2008）. Molecular organic matter in speleothems and its potential as an environmental proxy. *Quat. Sci. Rev.*，**27**，905–921.

Boss，E. and Zaneveld，J.R.V.（2003）. The effect of bottom substrate on inherent optical properties：Evidence of biogeochemical processes. *Limnol. Oceanogr.*，**48**，346–354.

Bro，R.（1997）. PARAFAC. Tutorial and applications. *Chemom. Intell. Lab. Syst.*，**38**，149–171.

Brookshire，E.N.，Valett，J.H.M.，Thomas，S.A.，and Webster.，J.R.（2005）. Coupled cycling of dissolved organic nitrogen and carbon in a forest stream. *Ecology*，**86**，2487–2496.

Burdige，D.J.，Kline，S.W.，and Chen，W.（2004）. Fluorescent dissolved organic matter in marine sediment pore waters. *Mar. Chem.*，**89**，289–311.

Cabaniss，S.E. and Shuman，M.S.（1987）. Synchronous fluorescence spectra of natural waters: Tracing sources of dissolved organic matter. *Mar. Chemi.*，**21**，37–50.

Cammack，W.K.L.，Kalff，J.，Prairie，Y.T.，and Smith，E.M.（2004）. Fluorescent DOM in lakes: Relationships with heterotrophic metabolism. *Limnol. Oceanogr.*，**49**，2034–2045.

Carstea，E.，Baker，A.，Johnson，R.，and Reynolds，D.M.（2010）. Real-time monitoring of river water quality using in-line continuous acquisition of fluorescence excitation and emission matrices. *Water Res.*，**44**（18），5356–5366.

Chen，W.，Westerhoff，P.，Leenheer，J.A.，and Booksh，K.（2003）. Fluorescence excitation-emission matrix regional integration to quantify spectra for dissolved organic matter. *Environ. Sci. Technol.*，**37**（24），5701–5710.

Coble，P.G.（1996）. Characterization of marine and terrestrial DOM in seawater using excitation-emission matrix spectroscopy. *Mar. Chemi.*，**51**，325–346.

Coble，P.G.（2007）. Marine optical biogeochemistry: the chemistry of ocean color. *Chem. Rev.*，**107**，402–418.

Coble，P.C.，Green，S.，Blough，N.V.，and Gagosian，R.B.（1990）. Characterization of dissolved organic matter in the Black Sea by fluorescence spectroscopy. *Nature*，**348**，432–435.

Coble，P.G.，Del Castillo，C.E.，and Avril，B.（1998）. Distribution and optical properties of CDOM in the Arabian Sea during the 1995 Southwest Monsoon. *Deep-Sea Res. Pt. II*，**45**，2195–2223.

Conmy，R.N.（2008）. *Temporal and Spatial Patterns in Optical Properties of Colored Dissolved Organic Matter on Florida's Gulf Coast: Shelf to Stream to Aquifer.* Ph.D. dissertation，College of Marine Science，University of South Florida，St. Petersburg，134 pp.

Conmy，R.N.，Coble，P.G.，Cannizzaro，J.P.，and Heil，C.A.（2009）. Influence of extreme storm events on West Florida Shelf CDOM distributions. *J. Geophys. Res.*，**114**，G00F04，doi: 10.1029/2009JG000981.

Cory，R.M. and McKnight，D.M.（2005）. Fluorescence spectroscopy reveals ubiquitous presence of oxidized and reduced quinones in dissolved organic matter. *Environ. Sci. Technol.*，**39**，8142–8149.

Cory，R.M.，McKnight，D.M.，Chin，Y.P.，Miller，P.，and Jaros，C.L.（2007）. Chemical characteristics of fulvic acids from Arctic surface waters: Microbial contributions and photochemical transformations. *J. Geophys. Res. Biogeosci.*，**112**，G04S51，doi: 10.1029/2006JG000343.

Cory，R.M.，Miller，M.P.，McKnight，D.M.，Guerard，J.J.，and Miller，P.L.（2010）. Effect of instrument-specific response on the analysis of fulvic acid fluorescence spectra. *Limnol. Oceanogr. Methods*，**8**，67–78.

Cumberland，S.A. and Baker，A.（2007）. The freshwater dissolved organic matter fluorescence – total organic carbon relationship. *Hydrol. Process.*，**21**，2093–2099.

Del Castillo，C.（2005）. Remote sensing of organic matter in coastal waters. In R.L. Miller，C.E. Del Castillo， and B.A. McKee (Eds.), *Remote Sensing of Coastal Aquatic Environments: Technologies, Techniques, and Applications* (pp. 157–180). Dordrecht, The Netherlands: Springer Science+Business Media.

Del Castillo, C.E. and Miller, R.L. (2008). On the use of ocean color remote sensing to measure the transport of dissolved organic carbon by the Mississippi River Plume. *Remote Sens. Environ.*, **112** (3), 836–844.

Del Vecchio, R. and Blough, N.V. (2004). On the origin of the optical properties of humic substances. *Environ. Sci. Technol.*, **38**, 3885–3891.

Dienert, F. (1910). De la recherche des substances fluorescentes dans le controle de la sterilisation des eaux. *C. R. Hehd. Seanc. Acad. Sci. Paris*, **150** (8), 487–488.

Donard, O.F.X., Lamotte, M., Belin, C., and Ewald, M. (1989). High sensitivity fluorescence spectroscopy of Mediterranean waters using a conventional or a pulsed laser excitation source. *Mar. Chem.*, **27**, 117–136.

Duursma, E.K. (1974). The fluorescence of dissolved organic matter in the sea. In N.G. Jerlov and E. Steemann Nielsen (Eds.), *Optical Aspects of Oceanography* (pp. 237–256). New York: Academic Press.

Eaton, A.D., Clesceri, L.S., Rice, E.W., and Greenberg, A.E. (2005). *Standard Methods for the Examination of Water and Wastewaters* (21st ed.). Washington, DC: American Public Health Association, Water Environment Federation, and American Water Works Association.

Elliott, S., Lead, J.R., and Baker, A. (2006). Characterisation of the fluorescence from freshwater planktonic bacteria. *Water Res.*, **40** (10), 2075–2083.

Fellman, J.B., Hood, E., Edwards, R.T., and D'Amore, D.V. (2009a). Changes in the concentration, biodegradability, and fluorescent properties of dissolved organic matter during stormflows in coastal temperate watersheds. *J. Geophys. Res.Biogeosci.*, **114**, G01021, doi: 10.1029/2008JG000790.

Fellman, J.B., Hood, E., D'Amore, D.V., Edwards, R.T., and White, D. (2009b). Seasonal changes in the chemical quality and biodegradability of dissolved organic matter exported from soils to streams in coastal temperature watersheds. *Biogeochemistry*, **95**, 277–293.

Fellman, J.B., Hood, E., Edwards, R.T., and Jones, J.B. (2009c). Uptake of allochthonous DOM from soil and salmon in coastal temperate rainforest streams. *Ecosystems*, **12**, 747–759.

Fellman, J.B., Hood, E., and Spencer, R.G.M. (2010). Fluorescence spectroscopy opens new windows into dissolved organic matter dynamics in freshwater ecosystems: A review. *Limnol. Oceanogr.*, **55**, 2452–2462.

Fichot, C.G., and Miller, W.L. (2010). An approach to quantify depth-resolved marine photochemical fluxes using remote sensing: Application to carbon monoxide (CO) photoproduction. *Remote Sens. Environ.*, **114**, 1363–1377.

Galapate, R.P., Baes, A.U., Ito, K., Mukai T., Shoto, E., and Okada, M. (1998). Detection of domestic wastes in Kurose River using synchronous spectroscopy. *Water Res.*, **32**, 2232–2239.

Gardner, G.B., Chen, R.F., and Berry, A. (2005). High-resolution measurements of chromophoric dissolved organic matter (CDOM) in the Neponset River Estuary, Boston Harbor, MA. *Mar. Chem.*, **96**, 137–154.

Ghassemi, M. and Christman, R.F. (1968). Properties of the yellow organic acids of natural waters. *Limnol. Oceanogr.*, **13**, 583–597.

Gone, D.L., Seidel, J.L., Batiot, C., Bamory, K., Ligban, R., and Biemi, J. (2009). Using fluorescence spectroscopy EEM to evaluate the efficiency of organic matter removal during coagulation–flocculation of a tropical surface water（Agbo reservoir）. *J. Hazard. Mater.*, **172**（2–3）, 693–699.

Guay, C.K., Klinkhammer, G.P., Falkner, K.K., Benner, R., Coble, P.G., Whitledge, T.E., Black, B., Bussell, F.J., and Wagner, T.A.（1999）. High-resolution measurements of dissolved organic carbon in the Arctic Ocean by in situ fiber-optic spectrometry. *Geophys. Res. Lett.*, **26**（8）, 1007.

Hambly, A., Henderson, R.K., Storey, M.V., Baker, A., Stuetz, R.M., and Khan, S.J.（2010）. Fluorescence monitoring at a recycled water treatment plant and associated dual distribution system – Implications for cross-connection detection. *Water Res.*, **44**, 5323–5333.

Hartel, P.G., Rodgers, K., Moody, G.L., Hemmings, S.N.J., Fisher, J.A., and McDonald, J.L.（2008）. Combining targeted sampling and fluorometry to identify human fecal contamination in a freshwater creek. *J. Water Health*, **6**（1）, 105–116.

Hayashi, Y., Managaki, S., and Takada, H.（2002）. Fluorescent whitening agents in Tokyo Bay and adjacent rivers：Their application as anthropogenic molecular markers in coastal environments. *Environ. Sci. Technol.*, **36**（16）, 3556–3563.

He, X., Xi, B., Wei, Z., Guo, X., Li, M., An, D., and Liu, H.（2011）. Spectroscopic characterization of water extractable organic matter during composting of municipal solid waste. *Chemosphere*, **82**（4）, 541–548.

Henderson, R.K., Baker, A., Murphy, K.R., Hambly, A.C., Stuetz R.M., and Khan S.J.,（2009）. Fluorescence as a potential monitoring tool for recycled water systems： A review. *Water Res.*, **43**, 863–881.

Hessen, D.O., Carroll, J., Kjeldstad, B., Korosov, A.A., Pettersson, L.H., Pozdnyakov, D., and Sørensen, K.（2010）. Input of organic carbon as determinant of nutrient fluxes，light climate and productivity in the Ob and Yenisey estuaries. *Estuar. Coast. Shelf Sci.*, **88**, 53–62.

Hoge, F.E., and Lyon, P.E.（2005）. New tools for the study of oceanic eddies：Satellite derived inherent optical properties. *Remote Sens. Environ.*, **95**, 444–452.

Holbrook, R.D., Breidenich, J., and DeRose, P.C.（2005）. Impact of reclaimed water on select organic matter properties of a receiving stream-fluorescence and perylene sorption behavior. *Environ. Sci. Technol.*, **39**（17）, 6453–6460.

Holbrook, R.D., DeRose, P.C., Leigh, S.D., Rukhin, A.L., and Heckert, N.A.（2006）. Excitation-emission matrix fluorescence spectroscopy for natural organic matter characterization：A quantitative evaluation of calibration and spectral correction procedures. *Appl. Spectrosc.*, **60**（7）, 791–799.

Hood, E., Williams, M.W., and McKnight, D.M.（2005）. Sources of dissolved organic matter（DOM） in a Rocky Mountain stream using chemical fractionation and stable isotopes. *Biogeochemistry*, **74**, 231–255.

Hood, E., Fellman, J.B., and Edwards, R.T.（2007）. Salmon influences on dissolved organic matter in a coastal temperate brown-water stream. *Limnol. Oceanogr.*, **52**, 1580–1587.

Hood, E., Fellman, J.B., Spencer, R.G.M., Hernes, P.J., Edwards, R., David D'Amore, D., and Scott, D.（2009）. Glaciers as a source of ancient and labile organic matter to the marine environment. *Nature*, **462**, 1044–1048.

Hudson, N., Baker, A., and Reynolds, D.（2007）. Fluorescence analysis of dissolved organic matter in natural，waste and polluted waters – a review. *River Res. Appl.*, **23**, 631–649.

Hudson，N.，Baker，A.，Ward，D.，Reynolds，D.M.，Brunsdon，C.，Carliell-Marquet，C.，and Browning，S.（2008）. Fluorescence spectrometry as a surrogate for the BOD₅ test in water quality assessment：An example from South West England. *Sci. Tot. Environ.*，**391**（1），149–158.

Hur，J. and Kong，D.S.（2008）. Use of synchronous fluorescence spectra to estimate biochemical oxygen demand （BOD） of urban rivers affected by sewage treatment. *Environ. Technol.*，**29**（4），435–444.

Hur，J.，Hwang，S.J.，and Shin，J.K.（2008）. Using synchronous fluorescence technique as a water quality monitoring tool for an urban river. *Water*，*Air*，*Soil Pollut.*，**191**（1–4），231–243.

Jaffe，R.，McKnight，D.，Maie，N.，Cory，R.，McDowell，W.H.，and Campbell，J.L.（2008）. Spatial and temporal variations in DOM composition in ecosystems：The importance of long-term monitoring of optical properties. *J. Geophys. Res. Biogeosci.*，**113**，G04032，doi：10.1029/2008JG000683.

Johnstone，D.W. and Miller，C.M.（2009）. Fluorescence excitation-emission matrix regional transformation and chlorine consumption to predict trihalomethane and haloacetic acid formation. *Environ. Engng. Sci.*，**26**（7），1163–1170.

Johnstone，D.W.，Sanchez，N.P.，and Miller，C.M.（2009）. Parallel factor analysis of excitation-emission matrices to assess drinking water disinfection byproduct formation during a peak formation period. *Environ. Eng. Sci.*，**26**（10），1551–1559.

Kalle，K.（1937）. Nahrstoff untersuchengen als hydrographisches Hilfsmittel zur unterscheidung von Wasserkorpern. *Ann. Hydrogr.*，**65**，276–282.

Kalle，K.（1938）. Zum Problem der Merreswasserfarbe. *Ann. Hydrogr.*，**66**，1–13.

Kieber，R.J.，Whitehead，R.F.，Reid，S.N.，Willey，J.D.，and Seaton，P.J.（2006）. Chromophoric dissolved organic matter（CDOM） in rainwater，southeastern North Carolina，USA. *J. Atmos. Chem.*，**54**，21–41.

Kieber，R.J.，Willey，J.D.，Whitehead，R.F.，and Reid，S.N.（2007）. Photobleaching of chromophoric dissolved organic matter（CDOM） in rainwater. *J. Atmos.Chem.*，**58**，219–235.

Korshin，G.V. Kumke，M.U.，Li，C-W.，and Frimmel，F.H.（1999）. Influence of chlorination on chromophores and fluorophores in humic substances. *Environ. Sci. Technol.*，**33**（8），1207–1212.

Kowalczuk，P.，Cooper，W.J.，Durako，M.J.，Kahn，A.E.，Gonsior，M.，and Young，H.（2010）. Characterization of dissolved organic matter fluorescence in the South Atlantic Bight with use of PARAFAC model：Relationships between fluorescence and its components，absorption coefficients and organic carbon concentrations. *Mar. Chem.*，**118**，22–36.

Laane，R.W.P.M.（1982）. Influence of pH on the fluorescence of dissolved organic-matter. *Mar. Chem.*，**11**，395–401.

Lapworth，D.J.，Gooddy，D.C.，Butcher，A.S.，and Morris，B.L.（2008）. Tracing groundwater flow and sources of organic carbon in sandstone aquifers using fluorescence properties of dissolved organic matter （DOM）. *Appl. Geochem.*，**23**，3384–3390.

Lapworth，D.J.，Gooddy，D.C.，Allen，D.，and Old，G.H.（2009）. Understanding groundwater，surface water，and hyporheic zone biogeochemical processes in a Chalk catchment using fluorescence properties of dissolved and colloidal organic matter. *J. Geophys. Res.*，**114**，G00F02.

Lee，S. and Ahn，K.H.（2004）. Monitoring of COD as an organic indicator in wastewater and treated effluent by fluorescence excitation-emission（FEEM） matrix characterization. *Water Sci. Technol.*, **50**（8）, 57–63.

Lohrenz, S.E., Cai, W-J., Chen, F., Chen, X., and Tuel, M.（2009）. Seasonal variability in air-sea fluxes of CO_2 in a river-influenced coastal margin. *J. Geophys. Res.*, 115, IC10, doi: 10.1029/2009JC005608.

Lonborg, C., Alvarez-Salgado, X.A., Davidson, K., Martinex-Garcia, S., and Teira, E.（2010）. Assessing the microbial bioavailability and degradation rate constants of dissolved organic matter by fluorescence spectroscopy in the coastal upwelling system of the Ria de Vigo. *Mar. Chem.*, **119**, 121–129.

Lu, F., Chang, C-H., Lee, D-J., He, P.J., Shao, L.M., and Su, A.（2009）. Dissolved organic matter with multi-peak fluorophores in landfill leachate. *Chemosphere*, **74**（4）, 575–582.

Maie, N., Boyer, J.N., Yang, C., and Jaffé, R.（2006）. Spatial, geomorphological, and seasonal variability of CDOM in estuaries of the Florida Coastal Everglades. *Hydrobiologia*, **569**, 135–150.

Marhaba, T.F., Borgaonkar, A.D., and Punburananon, K.（2009）. Principal component regression model applied to dimensionally reduced spectral fluorescent signature for the determination of organic character and THM formation potential of source water. *J. Hazard. Mater.*, **169**, 998–1004.

Matilainen, A., Gjessing, E. T., Lahtinen, T., Hed, L., Bhatnagar, A., and Sillanpää, M.（2011）. An overview of the methods used in the characterisation of natural organic matter（NOM） in relation to drinking water treatment. *Chemosphere*, **83**, 1431–1442.

McGarry, S.F. and Baker, A.,（2000）. Organic acid fluorescence: Applications to speleothem palaeoclimate reconstruction. *Quat. Sci. Rev.*, **19**, 1087–1101.

McKnight, D.M., Boyer, E.W., Westerhoff, P.K., Doran, P.T., Kulbe, T., and Andersen, D.T.（2001）. Spectrofluorometric characterization of aquatic fulvic acids for determination of precursor organic material and general structural properties. *Limnol. Oceanogr.*, **46**, 38–48.

Milbrandt, E.C., Coble, P.G., Conmy, R.N., Martignette, A.J., and Siwicke, J.J.（2010）. Evidence for the production of marine fluorescent dissolved organic matter in coastal environments and a possible mechanism for formation and dispersion. *Limnol. Oceanogr.*, **55**, 2037–2051.

Miller, M.P. and McKnight, D.M.（2010）. Comparison of seasonal changes in fluorescent dissolved organic matter among aquatic lake and stream sites in the Green Lakes Valley. *J. Geophys. Res.*, **115**, G00F12.

Miller, M.P., McKnight, D.M., Cory, R.M., Williams, M.W., and Runkel, R.L.（2006）. Hyporheic exchange and fulvic acid redox reactions in an alpine stream/wetland ecosystem, Colorado Front Range. *Environ. Sci. Technol.*, **40**, 5943–5949.

Moon, J., Lee, S., Song, J.H., and Cho, J.（2010）. Membrane fouling indicator of effluent organic matter with nanofiltration for wastewater reclamation, as obtained from flow field-flow fractionation. *Sep. Purif. Technol.*, **73**（2）, 164–172.

Muller, C.L., Baker, A., Hutchinson, R., Fairchild, I.J., and Kidd, C.（2008）. Analysis of rainwater dissolved organic carbon compounds using fluorescence spectrophotometry. *Atmos. Environ.*, **42**, 8036–8045.

Naden, P.S., Old, G.H., Eliot-Laize, C., Granger, S.J., Hawkins, J.M.B., Bol, R., and Haygarth, P.（2010）. Assessment of natural fluorescence as a tracer of diffuse agricultural pollution from slurry spreading on intensely-farmed grasslands. *Water Res.*, **44**, 1701–1712.

Nelson, N.B. and Siegel, D.A.（2002）. Chromophoric DOM in the open ocean. In D.A. Hansell and C.A. Carlson

(Eds.), *Biogeochemistry of Marine Dissolved Organic Matter* (pp. 547–578). Amsterdam: Academic Press.

O'Brien, B.J. (1956). "After-glow" of cave calcite. *Bull. Natl. Speleol. Soc.*, **18**, 50–51.

Otis, D.B., Carder, K.L., English, D.C., and Ivy, J.E. (2004). CDOM transport from the Bahamas Banks. *Coral Reefs*, **23**, 152–160.

Parlanti, E., Worz, K., Geoffroy, L., and Lamotte, M. (2000). Dissolved organic matter fluorescence spectroscopy as a tool to estimate biological activity in a coastal zone submitted to anthropogenic inputs. *Org. Geochem.*, **31**, 1765–1781.

Peiris, R.H., Halle´, C., Budman, H., Moresoli, C., Peldszus, S., Huck, P.M., and Legge, R.L. (2010). Identifying fouling events in a membrane-based drinking water treatment process using principal component analysis of fluorescence excitation-emission matrices. *Water Res.*, **44**, 185–194.

Poiger, T., Field, J.A., Field, T.M., Siegrist, H., and Giger, W. (1998). Behavior of fluorescent whitening agents during sewage treatment. *Water Res.*, **32** (6), 1939–1947.

Prahl, F.G. and Coble, P.G. (1994). Input and behavior of dissolved organic carbon in the Columbia River Estuary. In K.R. Dyer and R.J. Orth (Eds.), *Changes in Fluxes in Estuaries: Implications from Science and Management* (pp. 451–457). ECSA22/ERF Symposium, Plymouth, England. September 1992, Denmark: Olsen and Olsen. Fredensborg.

Retamal, L., Vincent, W.F., Martineau, C., and Osburn, C.L. (2007). Comparison of the optical properties of dissolved organic matter in two river-influenced coastal regions of the Canadian Arctic. *Estuar. Coast. Shelf Sci.*, **72**, 261–272.

Reynolds, D.M. (2002). The differentiation of biodegradable and non-biodegradable dissolved organic matter in wastewaters using fluorescence spectroscopy. *J. Chem. Technol. Biotechnol.*, **77** (8), 965–972.

Reynolds, D.M. (2003). Rapid and direct determination of tryptophan in water using synchronous fluorescence spectroscopy. *Water Res.*, **37**, 3055–3060.

Reynolds, D.M. and Ahmad, S.R. (1995a). The effect of metal ions on the fluorescence of sewage wastewater. *Water Res.*, **29**, 2214–2216.

Reynolds, D.M., and Ahmad, S.R. (1995b). Synchronous fluorescence spectroscopy of wastewater and some potential constituents. *Water Res.*, **29**, 1599–1602.

Reynolds, D.M. and Ahmad, S.R. (1997). Rapid and direct determination of wastewater BOD values using a fluorescence technique. *Water Res.*, **31** (8), 2012–2018.

Rosario-Ortiz, F.L., Snyder, S.A., and Suffet, I. H. (2007). Characterization of dissolved organic matter in drinking water sources impacted by multiple tributaries. *Water Res.*, **41**, 4115–4128.

Santos, P.S.M., Duarte, R.M.B.O., and Duarte, A.C. (2009). Absorption and fluorescence properties of rainwater during the cold season at a town in Western Portugal. *J. Atmos. Chem.*, **62**, 45–57.

Saraceno, J.F., Pellerin, B.A., Downing, B.D., et al. (2009). High frequency in situ optical measurements during a storm event: Assessing relationships between dissolved organic matter, sediment concentrations, and hydrologic processes. *J. Geophys. Res. Biogeosci.*, **114**, G00F09, doi: 10.1029/2009JG000989.

Shank, G.C., Zepp, R.G., Vähätalo, A., Lee, R., and Bartels, E. (2010a). Photobleaching kinetics of chromophoric dissolved organic matter derived from mangrove leaf litter and floating *Sargassum* colonies. *Mar. Chem.*, **119**, 162–171.

Shank, G.C., Lee, R., Vähätalo, A., Zepp, R.G., and Bartels, E. (2010b). Production of chromophoric dissolved organic matter from mangrove leaf litter and floating *Sargassum* colonies. *Mar. Chem.*, **119**, 172–181.

Smart, P.L., Finlayson, B.L., Rylands, W.D., and Ball, C.M. (1976). The relation of fluorescence to dissolved organic carbon in surface waters. *Water Res.*, **10**, 805–811.

Spencer, R.G.M., Pellerin, B.A., Bergamaschi, B.A., Downing, B.D., Kraus, T.E.C., Smart, D.R., Dahlgren, R.A., and Hernes, P.J. (2007). Diurnal variability in riverine dissolved organic matter composition determined by in situ optical measurement in the San Joaquin River (California, USA). *Hydrol. Process.*, **21**, 3181–3189.

Spencer, R.G.M., Stubbins, A., Hernes, P.J., Baker, A., Mopper, K., Aufdenkampe, A.K., Dyda, R.Y., Mwamba, V.L., Mangangu, A.M., Wabakanghanzi, J.N., and Six, J. (2009a). Photochemical degradation of dissolved organic matter and dissolved lignin phenols from the Congo River. *J. Geophys. Res. Biogeosci.*, **114**, G03010, doi: 10.1029/2009JG000968.

Spencer, R.G.M., Aiken, G.R., Butler, K.D., Dornblaser, M.M., Striegl, R.G., and Hrnes, P.J. (2009b). Utilizing chromophoric dissolved organic matter measurements to derive export and reactivity of dissolved organic carbon to the Arctic Ocean: A case study of the Yukon River, Alaska. *Geophys. Res. Lett.*, **36**, L06401, doi: 10.1029/2008GL036831.

Spencer, R.G.M., Hernes, P.J., Ruf, R., et al. (2010). Temporal controls on dissolved organic matter and lignin biogeochemistry in a pristine tropical river, Democratic Republic of Congo. *J. Geophys. Res. Biogeosci.*, **115**, G03013, doi: 10.1029/2009JG001180.

Stabenau, E.R., Zepp, R.G., Bartels, E., and Zika, R.G. (2004). Role of the seagrass *Thalassia testudinum* as a source of chromophoric dissolved organic matter in coastal south Florida. *Mar. Ecol. Prog. Ser.*, **282**, 59–72.

Stedmon, C.A., Markager, S., and Bro, R. (2003). Tracing dissolved organic matter in aquatic environments using a new approach to fluorescence spectroscopy. *Mar. Chem.*, **82**, 239–254.

Stewart, A.J. and Wetzel, R.G. (1980). Fluorescence: Absorbance ratios – a molecular-weight tracer of dissolved organic matter. *Limnol. Oceanogr.*, **25**, 559–564.

Stewart, A.J. and Wetzel, R.G. (1981). Asymmetrical relationships between absorbance, fluorescence, and dissolved organic-carbon. *Limnol. Oceanogr.*, **26**, 590–590.

Stubbins, A., Spencer, R.G.M., Chen, H., Hatcher, P.G., Mopper, K., Hernes, P.J., Mwamba, V.L., Mangangu, A.M., Wabakanghanzi, J.N., and Six, J. (2010). Illuminated darkness: Molecular signatures of Congo River dissolved organic matter and its photochemical alteration as revealed by ultrahigh precision mass spectrometry. *Limnol. Oceanogr.*, **55** (4), 1467–1477.

Świetlik, J. and Silorska, E. (2004). Application of fluorescence spectroscopy in the studies of natural organic matter fractions reactivity with chlorine dioxide and ozone. *Water Res.*, **38**, 3791–3799.

Takahashi, M., and Kawamura, K. (2007). Simple measurement of 4,4-bis (2-sulfostyryl) -biphenyl in river water by fluorescence analysis and its application as an indicator of domestic wastewater contamination. *Water*，*Air*，*Soil Pollut.*，**180**（1–4），39–49.

Tremblay, L.B., Dittmar, T., Marshall, A.G., Cooper, W.J., and Cooper, W.T. (2006). Molecular characterization of dissolved organic matter in a North Brazilian mangrove porewater and mangrove-fringed estuaries by ultrahigh resolution Fourier Transform-Ion Cyclotron Resonance mass spectrometry and excitation/emission spectroscopy. *Mar. Chem.*，**105**，15–29.

Tzortziou，M.，Neale，P.J.，Osburn，C.L.，Megonigal，J.P.，Maie，N.，and Jaffé，R.（2008）. Tidal marshes as a source of optically and chemically distinctive coloured dissolved organic matter in the Chesapeake Bay. *Limnol. Oceanogr.*，**53**，148–159.

Vasel，J.L. and Praet，E.（2002）. On the use of fluorescence measurements to characterize wastewater. *Water Sci. Technol.*，**45**（4–5），109–116.

Waggot A. and Butcher H.V.（1976）. Analysis of the organic carbon content of sewage effluent：general and specific group analysis. Technical Report TR29. Swindon，UK：Water Research Centre.

Walker，S.A.，Amon，R.M.W.，Stedmon，C.，Duan，S.，and Louchouarn，P.（2009）. The use of PARAFAC modeling to trace terrestrial dissolved organic matter and fingerprint water masses in coastal Canadian Arctic surface waters. *J. Geophys. Res.*，**114**，G00F06.

Wang，Z.，Wu，Z.，and Tang，S.（2009）. Characterization of dissolved organic matter in a submerged membrane bioreactor by using three-dimensional excitation and emission matrix fluorescence spectroscopy，*Water Res.*，**43**（6），1533–1540.

Westerhoff，P.，Chen，W.，and Esparza，M.（2001）. Fluorescence analysis of a standard fulvic acid and tertiary treated wastewater. *J. Environ. Qual.*，**30**（6），2037–2046.

White，W.B. and Brennan，E.S.（1989）. Luminescence of speleothems due to fulvic acid and other activators. In *Proceedings of the 10th International Conference of Speleology*，August 13–20，1989，Budapest，pp. 212–214.

Wickland，K.，Neff，J.C.，and Aiken，G.R.（2007）. DOC in Alaskan boreal forests：sources，chemical characteristics，and biodegradability. *Ecosystems*，**10**，1323–1340.

Williams，C.J.，Yamashita，Y.，Wilson，H.F.，Jaffé，R.，and Xenopoulos，M.A.（2010）. Unraveling the role of land use and microbial activity in shaping dissolved organic matter characteristics in stream ecosystems. *Limnol. Oceanogr.*，**55**，1159–1171.

Wilson，H.F. and Xenopoulos，M.A.（2009）. Effects of agricultural land use on the composition of fluvial dissolved organic matter. *Nature Geosci*，**2**，37–41.

Wu，J.，Pons，M.N.，and Potier，O.（2006）. Wastewater fingerprinting by UV-visible and synchronous fluorescence spectroscopy. *Water Sci. Technol.*，**53**（4–5），449–456.

Yamashita，Y. and Tanoue，E.（2008）. Production of bio-refractory fluorescent dissolved organic matter in the ocean interior. *Nature Geosci.*，**1**，579–582.

Yamashita，Y.，Cory，R.M.，Nishioka，J.，Kuma，K.，Tanoue，E.，and Jaffé，R.（2010）. Fluorescence characteristics of dissolved organic matter in the deep waters of the Okhotsk Sea and the northwestern North Pacific Ocean. *Deep-Sea Res. PtII*，doi：10.1016/j.dsr2.2010.02.016.

Yanga，X.，Shanga，C.，Lee，W.，Westerhoff，P.，and Fan，C.（2008）. Correlations between organic matter properties and DBP formation during chloramination. *Water Res.*，**42**，2329–2339.

Yu，G-H.，He，P-J.，and Shao，L-M.（2010）. Novel insights into sludge dewaterability by fluorescence excitation-emission matrix combined with parallel factor analysis. *Water Res.*，**44**，797–806.

Zepp，R.G. and Schlotzhauer，P.F.（1981）. Comparison of photochemical behavior of various humic substances in water. 3. Spectroscopic properties of humic substances. *Chemosphere*，**10**，479–486.

Zimmerman，R.C.（2003）. A biooptical model of irradiance distribution and photosynthesis in seagrass canopies. *Limnol. Oceanogr.*，**48**，568–585.

Zimmerman，R.C.（2006）. Light and photosynthesis in seagrass meadows. In A.W.D Larkhum，R.J. Orth，and C.M. Duarte（Eds.），*Seagrasses*：*Biology，Ecology，and Conservation.*（pp. 303–321）. Dordrecht，The Netherlands：Springer Science+Business Media.

Zsolnay，A.（2003）. Dissolved organic matter：Artefacts，definitions，and functions. *Geoderma*，**113**，187–209.

Zsolnay，A.，Baigar，E.，Jimenez，M.，Steinweg，B.，and Saccomandi，F.（1999）. Differentiating with fluorescence spectroscopy the sources of dissolved organic matter in soils subjected to drying. *Chemosphere*，**38**，45–50.

第二部分

仪器与采样

第 4 章　有机质荧光分析的采样设计

葆拉·G. 科布尔（Paula G. Coble）

罗伯特·G. M. 斯潘塞（Robert G. M. Spencer）

4.1　引言

稳固和恰当的采样设计是野外研究取得成功的基础，其中很多要求也适用于实验室研究。需要强调的是，精细采集和处理样本是十分重要的，是水生环境研究的第一步。数据采集的早期阶段出现任何问题都会影响数据质量，从而导致后续研究白费功夫。

绝大多数利用吸光和荧光分析来检测溶解性有机质（DOM）的水生生态系统研究的目标是将测量结果与自然环境中的实际值联系起来。因此，这些研究专注于产生的数据的准确性，本章旨在概述那些支持这一目标的策略。对于旨在将实验室中的测量结果与水生生态系统联系起来的研究人员来说，DOM 采样需要满足两个基本要求：第一，样本具有代表性；第二，避免受到污染（U.S. Geological Survey，2006）。样本的代表性由研究目标和预期或研究区域已知的 DOM 时空变化决定。本章将详细讨论样本采集、处理和储存过程中面临的污染问题以及避免污染的方法。根据分析化学对所有分析测量的要求，应在测量过程中实施质量保证和控制程序，以确保获得高质量数据；本章将总结有价值的信息，以助于样本采集和处理工作。

4.2　样本采集

4.2.1　污染源

样本采集时需要注意的主要污染类型有 3 种。第一种是来自空气和水中的污染物，如烟草烟雾、灰尘、废气、清洁和润滑溶液，以及（采样）调查船或其他船只产生的碳氢化合物。上述污染类型通常可以通过认真确定采样地点、在大气污染上风处（或者在调查船的外侧）采样和采集研究水体非表层样本等方式进行规避（见4.2.4节）。在现场采样时，需始终记录任何潜在的污染源。

粗心操作是造成污染的第二种主要类型，包括在不干净的环境中工作、随意的采样程序以及不戴一次性手套。任何进入样本瓶的水样不应与戴手套的手或裸手接触，同时应避免使用乳胶手套，因为乳胶手套会渗出吸光化合物。建议使用无粉聚丙烯手套或者丁腈手套。很多研究人员容易做到始终佩戴手套小心翼翼地处理样本；但是却难以保证在干净环境中工作。一个简单的解决方案是采用美国地质调查局（U.S. Geological Survey，2006）总结的净手/脏手法，该方法需要两名人员来实施。简单来说，一人是净手（clean hands，CH），另一人是脏手（dirty hands，DH），两人都佩戴手套。CH负责涉及与样本接触的设备的所有操作（例如，更换过滤器），而DH负责涉及与潜在污染源接触的所有操作［例如，准备采样设备（如泵）、处理设备（如用于辅助现场测量的多参数仪器）］。针对不干净的工作环境，另一种选择是建立一个干净的工作空间（例如，在调查船或者运载工具内建立干净实验室），在那里进行样本处理能避免进一步过度暴露于潜在污染中。

第三，采样设备本身可能是污染源。新塑料制品本身含有的或者吸附的有机化合物会浸出，这意味着一些氟碳聚合物、聚丙烯、聚乙烯（线性）、聚氯乙烯、硅酮和尼龙采样设备无法用于DOM采样。值得注意的是，尼龙塑料管会浸出吸光化合物（图4.1），因此应避免使用该材料制品进行采样。玻璃、聚四氟乙烯和一些"老化"塑料容器经适当的清洗后可用于样本采集（见4.2.3节）。未发生腐蚀且经过适当清洗的不锈钢等金属材料也可与样本发生接触（如压力过滤装置）。强烈建议，在每个可能受污染的步骤中，均使用实验室级纯水（最好是Ⅰ级超纯水，电阻率为18.2 MΩ/cm，25℃，DOC＜10 ppb）对所有采样设备进行空白检验。

4.2.2 空白样和重复样

最简单的发现潜在污染问题的方法是利用实验室级纯水进行适当的空白（样）检查，空白检查可以解决美国地质调查局（U.S. Geological Survey，2006）强调的一系列污染问题。例如，野外空白样本的采集和处理方式应与研究样本完全相同，这里用实验室级纯水代替样本水。通过空白样可以发现所有采集和处理过程的总体污染影响，是对整个采样设计的基本质控检验。如果需要，可将空白检验分解到采样设计的各子部分，以查明野外空白检验所发现的污染问题的具体来源。对设备、过滤器和取样器的空白检验可以检测设备、过滤器和取样器（如泵、Niskin瓶）的污染，并评估设备、过滤器和取样器的清洗过程是否达到实验质控要求。暴露在大气排污口或其他相关条件下（如通风柜内）的环境空白样本可用于检查样本的暴露环境是否为污染源。总之，通过空白检查发现任何潜在污染十分重要，发现污染源并采取措施消除污染是成功进行采样设计的基础。

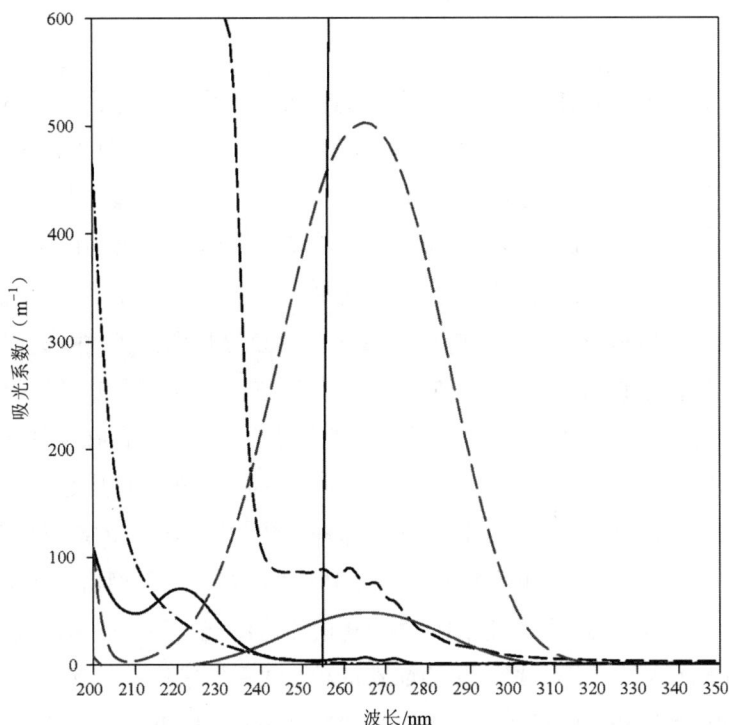

图 4.1　尼龙管浸出液（用 3.2 L 实验室级纯水以每分钟 200 mL 的速度冲洗尼龙管，然后取样，黑色实线）、皂液（10% 稀释的抗菌皂，黑色虚线）、丙酮 [在 200 mL 实验室级纯水中加入 12 滴丙酮（实灰线）；用丙酮冲洗比色皿，然后注入实验室级纯水（虚灰线）]、甲醇（黑色点划线）的 CDOM 吸光性质。请注意 254 nm 处的实心黑线，其凸显了 $SUVA_{254}$ 测量的潜在干扰因素。

　　重复样本是指通过相同设备和程序在同一时间或在尽可能接近的时间内采集的样本。重复样本对质量控制也很重要，因为通过重复样本可以识别和量化整个采样过程中的任何变异性，或某个采样步骤（如过滤）的变异性。建议至少采集 3 份重复样；如果只采集两份样本且数据不同，那么这种重复样数据几乎没有帮助。根据质量保证需要和研究类型，可以使用不同类型的重复样（U.S. Geological Survey，2006）。例如，平行重复（concurrent replication）采样是指在同一时间或尽可能接近的时间内采集一些水样，是最常用的重复实验方法。这些重复提供了质量控制数据，并可用于检查样本采集、运输和处理过程导致的变异性，以及样本在实验室处理和分析中的变异性。顺序重复（sequential replication）采样是指连续采集一些样本，其不同于平行重复采样，主要是检查按时间顺序采集的重复水样之间存在的变异性。因此，顺序重复采样探究的是水随时间的变化，该变化可能来自采集、运输和处理过程，以及实验室处理和分析过程。最后，拆分重复（split replication）采样是指将用于特定分析的同一批量样本分成若干子样本，然后将这些子样本提交给不同实验室进行相同分析。

4.2.3　设备清洗

　　设备清洗的目的是去除任何存在于设备上的有机质和其他可能干扰 DOM 荧光或吸光度分析的物质。清洗后，应将采样设备包裹并保存于干燥环境下（例如，用铝箔包裹，用冷冻袋保存），以限制微生物生长和避免污染。典型的设备清洗方案包括用洗涤剂（例如，肥皂水）进行初步清洗，随后用实验室级纯水进行充分的润洗，而后用溶剂（典型溶剂包括甲醇和丙酮）进行清洗，接着再用实验室级纯水进行充分的润洗。上述清洗步骤存在的主要问题是肥皂、丙酮和甲醇都会干扰有色 DOM（CDOM）的光学性质（图 4.1），因此如果在清洗过程中使用它们，必须消除它们的所有痕迹。可以先用 10%盐酸（HCl）溶液浸泡采样设备以进行有效的清洗，然后用实验室级纯水充分地冲洗。在条件允许的情况下，建议使用玻璃采样设备（如玻璃瓶），并将其在 450℃的马弗炉中灼烧超过 4 h，可以保证消除有机质污染。在灼烧前，建议用铝箔包裹那些可能与样本接触的玻璃器皿（例如，瓶口），从而采样之前玻璃瓶内部不会暴露于空气中。不能灼烧的玻璃器皿（例如，容量瓶、移液管）和塑料（包括瓶盖）可以按照前面所述的方式清洗，用实验室级纯水进行润洗，最后在干燥箱（60℃）中干燥。聚四氟乙烯胶带对清洗后的采样设备密封非常有用，可以避免任何污染物进入清洗后的设备中。在进行清洗程序时，检查采样设备是否存在可能产生污染的磨损迹象，并根据需要进行更换。所有的清洗程序应在一个指定区域内进行，该区域不能存在任何空气污染源或其他污染源。清洗程序最好在干净的实验室环境中进行，参与人员应佩戴适当的安全手套，如无粉聚丙烯一次性手套或丁腈一次性手套。最后，所有的设备清洗程序应通过以下方式进行验证，即在清洗后，将实验室级纯水注入或通过设备，并对纯水荧光和吸光度进行分析。

4.2.4　水体采样器

　　对众多在售水体采样器是否适合于 CDOM 采样的介绍超出了本章内容范围；然而，一些适用于大多数采样设备的通用性要求和特例值得一提。在利用采样器进行初次取样时，洗净后的采样器应使用研究地水体充分冲洗/冲刷。这可能意味着需要利用潜水泵头和水管抽水几分钟以清洗设备或去除温盐深（conductivity-temperature-depth，CTD）剖面的上覆水。无论用何种采样器，都不应由 4.2.1 节所强调的那些材料制成，因为那些材料可能会导致污染问题（例如应使用 Nalgene 水管而非尼龙水管）。理想的水体采样器包括专门为微量元素设计的采样器，如 Niskin 瓶［图 4.2（b）］或此类带有硅胶密封和特氟隆涂层弹簧的采样器。进行彻底清洗后的 GO-FLO 水体采样器（General Oceanics）是野外采样的不二之选［图 4.2（a）］，因为这类采样器的工作原理是关闭—打开—关闭，在通过富含有机质的微表层（surface microlayer）时关闭。这就避免了富含有机质的微表层水体的污染，也避免了调查船释放的碳氢化合物带来的潜在污染。在利用 Niskin 瓶或类似瓶子收集靠近表层的水体时，应该小心避开微表层水体。分散式水体采样器应用较为广泛，因为其能在无人情况下，自动在多个时间点采集水样。使用分散式水体采样器采集水样进行 DOM 吸光和荧光分析的一个缺点是水从采集到分析的间隔时间较长，其间 DOM 的光学特性很可能会发生改变（见 4.4 节）。

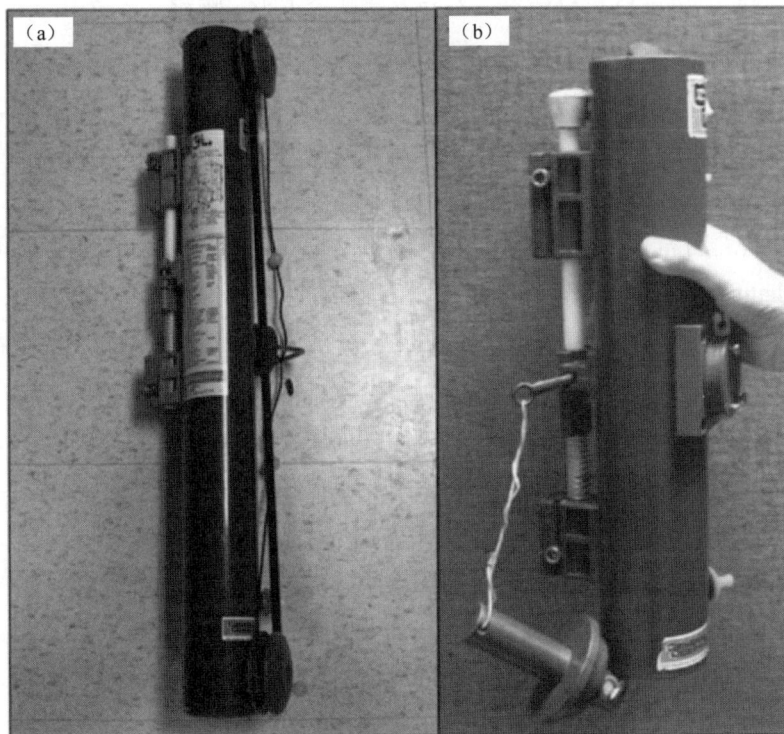

图 4.2 GO-FLO 水体采样器（a）和 Niskin 瓶（b）

4.3 样本保存

4.3.1 过滤技术

建议水样采集后就立即过滤，因为持续的生物过程可能通过生物体的释放（如细胞裂解、浮游动物进食）导致 CDOM 增加，或因浮游细菌代谢导致 CDOM 减少。需要对水样进行过滤的另一个原因是颗粒会干扰 CDOM 的测量，例如光的散射作用（Blough et al.，1993；Chen and Gardner，2004）。在水生环境科学领域，通常在操作上定义 DOM，即通过一定孔径过滤器的有机质为溶解性的，孔径的截留尺寸（cutoff size）从 0.1～1.2 μm 不等，研究人员并没有在截留尺寸的选择上达成共识，而主要根据自己的研究领域和研究目标选择过滤器孔径的截留尺寸。然而，绝大多数研究使用的过滤器孔径的截留尺寸在 0.2～

0.7 μm。根据 Kremling 和 Brugmann（1999）对理想的过滤器的描述，对于 DOM 分析来说，理想的过滤器应具有均匀和可重复的孔径，过滤率高且不易堵塞，不吸附任何待测定 DOM 或含有任何待测定成分，具有合理的机械强度、纤维不易脱落，此外应易于清洗。过滤器分为两大类——深层过滤器（depth filter）和筛网过滤器（sieve filter）（Kremling and Brugmann，1999）。对于深层过滤器，不易界定孔径大小，颗粒从溶液中的分离取决于物理捕集和表面接触量。这种过滤器有一个名义孔径，其实际孔径通常是一个范围且非常接近名义截止孔径值。例如，Whatman GF/F 0.7 μm（名义孔径）过滤器的实际孔径为 0.6～0.8 μm。该类型过滤器通常由纤维素、金属氧化物或玻璃纤维制成。筛网过滤器具有更一致的孔径，通常由塑料薄膜制成，例如聚碳酸酯或聚砜囊式过滤器。

过滤器可能是有机质污染的一个重要来源，必须对过滤器进行适当清洗。玻璃纤维过滤器［如 Whatman GF/F 过滤器（在 450℃下灼烧超 4 h）］由于其具有流量快、高负载能力和易于清洗的特点，是最受欢迎的过滤器之一。应该按制造商的建议对聚碳酸酯或聚砜囊式过滤器进行清洗，并用大量实验室级纯水冲洗。银质过滤器也成功应用于 DOM 的吸光和荧光分析（Lapworth et al.，2009）。对于所有类型的过滤器，建议在过滤任何水样之前，先用适当体积（取决于过滤器的负载能力）的水样进行润洗，并且应该用滤液对所有与样本接触的设备（例如样本瓶）表面润洗 3 次。必须按照 4.2.3 节的要求预先清洗过滤嘴，必须彻底检查过滤系统是否存在可能的污染（见 4.2.2 节）。研究人员常用真空过滤、压力过滤和重力过滤装置对水样进行过滤。对于任何潜在的微生物作用，过滤压力应保持在恰当时间内水样通过过滤器所需的最低限度，并且不应在直射光下进行过滤。事实证明，高压会导致过滤过程中的细胞裂解和随后的滤液"污染"。过滤器堵塞会导致流速降低，也可能使过滤器的实际孔径低于名义孔径，随着时间推移会导致细胞裂解到滤液中，因此应避免上述情况发生。在很多淡水系统中，如果想要过滤去除较小尺寸颗粒物，建议先用大孔径筛网过滤器（如 10 μm、1.2 μm），再用小孔径过滤器（0.2 μm），这样能避免堵塞和其他相关问题（例如，Ahad et al.，2006；Saraceno et al.，2009）。

4.3.2　过滤对荧光的影响

相关实验室和野外原位研究考察了过滤对 DOM 荧光的影响。在 Baker 等（2007）的研究中，对未经过滤、1.2 μm 孔径过滤器过滤和 0.2 μm 孔径过滤器过滤的 6 种英国淡水进行了有机质的荧光分析，以揭示过滤作用及过滤器孔径大小对有机质荧光的影响。6 个选定的地点水质梯度从很好到很差，水体包括自由流动的河流、缓慢移动的和受调控的运河水域以及湖水。Baker 等（2007）研究发现了两种荧光团：类色氨酸荧光信号出现在激发波长为 225～230 nm、发射波长为 335～350 nm 的区域内，类腐殖酸的荧光信号出现在激发波长为 230～245 nm、发射波长为 395～430 nm 的区域内。所有研究样本显示，过滤水类色氨酸荧光相比未过滤水显著减少，具体而言，1.2 μm 孔径过滤器过滤水（以下简称

"1.2 μm 过滤水")的类色氨酸荧光相比未过滤水减少 5%～71%，平均值为 35%（表 4.1），0.2 μm 孔径过滤器过滤水（以下简称"0.2 μm 过滤水"）的类色氨酸荧光相比未过滤水减少 32%～86%，平均值为 58%（表 4.1）。结果还显示，相比于 1.2 μm 过滤水，0.2 μm 过滤水存在进一步的类色氨酸荧光消除。但是在大多数样本中，在未过滤水和 1.2 μm 过滤水之间的类色氨酸荧光消除量要大于在 1.2 μm 过滤水和 0.2 μm 过滤水之间的类色氨酸荧光消除量。研究者认为，这意味着很大一部分类色氨酸荧光来自颗粒物和较大的胶体物质，而且尺寸小于 0.2 μm 的有机质组分中也存在一部分类色氨酸荧光。对于大多数样本，1.2 μm 过滤水的类腐殖酸荧光相比未过滤水减少 2%～22%，平均值为 10%（表 4.1）；0.2 μm 过滤水类腐殖酸荧光相比未过滤水减少 4%～30%，平均值为 13%（表 4.1）。上述结果表明，尽管一些类腐殖酸存在于颗粒和胶体中，但大多数依然存在于尺寸小于 0.2 μm 的那部分有机质中（Lead et al.，2006；Baker et al.，2007；Seredynska-Sobecka et al.，2007）。这项研究的一个明确结果是过滤器孔径对荧光的影响是非均匀的，因此需要强调的是，在特定研究中，统一过滤器尺寸是十分必要的，即在研究中不要随意改变过滤器孔径，因为不同过滤器处理样本的结果数据不具有可比性。上述研究也引起了人们对不同研究的数据可比性的重大关注，特别是所比较的多项研究使用了不同尺寸的过滤器（如 0.2 μm 与 1.2 μm）采集样本，以及所关注的有机质组分是类色氨酸荧光或涉及这种荧光团的比值。

表 4.1 6 个淡水样本过滤前后类色氨酸（激发波长 225～230 nm，发射波长 335～350 nm）和
类腐殖酸（激发波长 230～245 nm，发射波长 395～430 nm）的荧光强度变化

与原水相比类色氨酸荧光降低的百分比			
水样	处理方式		
	原水	1.2 μm 过滤水	1.2 μm 和 0.2 μm 过滤水
1	0	−5	−32
2	0	−32	−68
3	0	−71	−79
4	0	−7	−32
5	0	−52	−86
6	0	−43	−50
与原水相比类腐殖酸荧光降低的百分比			
水样	处理方式		
	原水	1.2 μm 过滤水	1.2 μm 和 0.2 μm 过滤水
1	0	−2	−8
2	0	2	−4
3	0	−11	−14
4	0	−22	−30
5	0	−9	−13
6	0	−12	−9

数据来源：改自 Baker 等（2007）。

悬浮颗粒物对原位荧光计的影响引起了极大关注，这类仪器的优点之一是能够提供高频数据，几乎不需要任何样本前处理，从而避免过滤或样本储存造成的任何潜在污染（Del Castillo et al.，2001；Spencer et al.，2007a；Conmy et al.，2009）。Belzile 等（2006）利用 WETStar 荧光计（WET Labs）对一系列水生环境（悬浮沉积物浓度高达 35 mg/L）的未过滤样本进行测量，发现其与使用荧光分光光度计对过滤样本的测量之间有很强的关联性。然而，Saraceno 等（2009）最近的一项研究表明，WETStar 荧光计测量浑浊河流或冲刷事件（例如洪水）发生期间的高浓度悬浮沉积物时，会出现 DOM 荧光减少的现象。Saraceno 等（2009）指出，由于悬浮颗粒物浓度较高，散射和吸光的综合效应导致未过滤水中 DOM 荧光被低估。然而，对颗粒物干扰的校正与大多数光学测量一样，需要"实事求是"和"因地制宜"地根据水/沉积物类型确定校正关系。

4.4　储存

4.4.1　总体要求

样本不稳定的主要原因是微生物降解和光化学降解，上述过程对水生环境样本 DOM 吸光和荧光的影响已有详细报道（Moran et al.，2000；Osburn et al.，2001，2009；Del Vecchio and Blough，2002；Stedmon and Markager，2005；Cory et al.，2007；Tzortziou et al.，2007；Wickland et al.，2007）。因此，样本应过滤（见 4.3.1 节），并在低温和黑暗环境（例如，在大约 4℃的暗处冷藏）中进行短期储存；应该在样本采集后尽快完成分析。然而，由于偏远的野外场地和短时间内采集大量样本等一系列原因，想在采集样本后立即进行分析并不现实，因此研究人员通常需要储存样本以进行 DOM 分析。除了尽快分析样本外，对于样本的储存时间长短几乎没有共识。不同的储存方法和适当的储存时间应该由研究人员在他们所分析的 DOM 样本范围内进行选择，因为结果可能会因样本来源（例如，以高色度外来源 DOM 为主的样本和以光学透明自生源 DOM 为主的样本）和历史信息而异，还会受过滤方法和截留尺寸的影响。因此，强烈建议研究人员在报告和学术论文中的方法部分介绍储存程序和对储存效果进行的所有检测。由于对首选的储存方法没有普遍的共识，4.4.2 节强调了一些目前常见的做法，并描述了各研究的储存方法对特定类型 DOM 的影响。

4.4.2　冷藏和冷冻

用于存储 DOM 样本的冰箱和冰柜不可存储其他生物类样本，因为生物可能释放一些挥发性有机化合物，从而对样本带来污染风险。应拧紧瓶盖以防泄漏、蒸发和污染，建议直立存放瓶子。在灌装后，用特氟隆胶带包裹瓶盖，以提供更安全的密封。为了避免因冷冻导致瓶子破碎，不要在玻璃容器中过度填装水样，即在冷冻时留出水样膨胀的空间；如果可能的话，首先通过冷藏冷却样本，以避免因突然热胀冷缩导致的玻璃瓶破碎。应同时进行空白样本的储存，以检查人工制品的任何潜在污染。尽管玻璃因其易于清洁而成为首选储存容器（见 4.2.3 节），但适当清洁后的特氟隆和一些"老化"的塑料容器（见 4.2.3 节）更适合冷冻储存水样，因为与玻璃相比，容器破裂的可能性大大降低。

过滤后的 DOM 样本通常应置于 4℃左右的黑暗中冷藏（Coble et al.，1998；Baker，2002；Stedmon et al.，2003；Wickland et al.，2007；Fellman et al.，2009；Hood et al.，2009；Lapworth et al.，2009），美国国家航空航天局（NASA）的一项研究表明，冷藏时间不超过 24 h 样本的 CDOM 吸收光谱没有变化（Mitchell et al.，2000）。图 4.3 显示，对于一系列淡水样本，在其储存的前 7 天内，类蛋白质荧光团（类色氨酸荧光团；典型荧光团最大信号值区域的激发波长范围为 270～280 nm，发射波长范围为 335～360 nm）和类富里酸荧光团（典型荧光团最大信号值区域的激发波长范围为 310～370 nm，发射波长范围为 410～460 nm）的分析重现性没有发生改变（Coble et al.，1998；McKnight et al.，2001；Baker，2002；Stedmon et al.，2003；Spencer et al.，2007b）。储存 7 天后，所有淡水样本的两种荧光团信号均变低，但分析重现性变化不大；在储存 2 个月后，各荧光团信号强度较初始值下降了 10%～35%，具体数值取决于样本和荧光团类型（图 4.3），其中与类富里酸相比，类色氨酸荧光团通常减少更多。这与 Hudson 等（2009）的研究结果类似，他们还观察到，随着时间的推移，冷藏样本的荧光强度有所下降，并发现与类腐殖酸和类富里酸相比，类蛋白质荧光强度下降幅度更大。因此，建议应在 1 周内对冷藏样本进行相关分析。然而，该建议将非常依赖于水体类型，应确定每项研究相应的储存时间，具体取决于 DOM 类型。例如，来自赤道太平洋的经 0.2 μm 过滤的远洋海水样本已在 4℃下储存超过 1 年，吸光性质没有可测量的变化（加利福尼亚大学圣巴巴拉分校的 C. Swan，数据未发表）。同样，对于长期（长达 1 年）冷冻储存的远洋样本 CDOM，除分析误差外，其荧光、吸光和 DOC 未发生可测量的变化（P. Coble，数据未发表）。

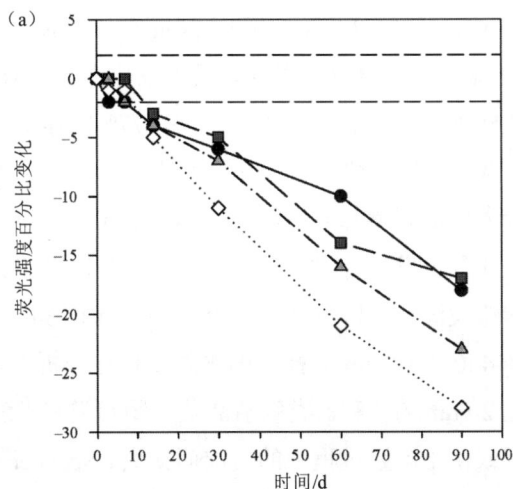

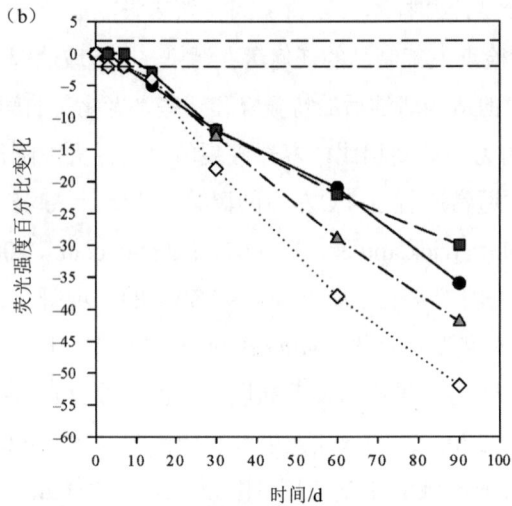

图 4.3　黑暗 4℃冷藏 90 d 过程中 4 个淡水样本荧光强度的百分比变化。水平黑色虚线代表分析重现性。（a）类富里酸荧光团（信号最大值区域激发波长范围为 310～370 nm，发射波长范围为 410～460 nm）。（b）类蛋白质荧光团（类色氨酸荧光团，信号最大值区域激发波长范围为 270～280 nm，发射波长范围为 335～360 nm）。黑色圆圈+黑色实线代表泥炭地河流（DOC = 14.6 mg/L）；深灰色方块+黑色虚线代表富含有机质河流（DOC = 9.8 mg/L）；浅灰色三角形+黑色点划线代表农用地河流（DOC = 4.8 mg/L）；白色菱形+黑色点线代表城市河流（DOC = 3.2 mg/L）。

　　将过滤后的水样冷冻储存于-20℃的环境是 DOM 分析中常用的储存方法之一（例如，Coble et al.，1998；Murphy et al.，2008；Conmy et al.，2009；Walker et al.，2009；Gao et al.，2010；Spencer et al.，2010；Yamashita et al.，2010a）。显然，样本中 DOM 的含量和性质将影响其对冷冻的响应。一般情况下，高色度外来源 DOM 为主的样本比光学透明自生源 DOM 为主的样本（例如海水）对冷冻/解冻过程的响应更为明显。很多海洋 DOM 研究表明，冷冻/解冻对 DOM 光学性质的影响极小（Conmy et al.，2009；Yamashita et al.，2010b；P. Coble，数据未发表）。Spencer 等（2007c）和 Hudson 等（2009）发现，很多淡水样本的 CDOM 在冻融后总体上是减少的，但荧光强度和吸光系数均有所增减。例如，Spencer 等（2007c）的研究中大多数样本的 a_{340} 表现出下降趋势，77%的样本表现出分析重现性以外的变化。正如图 4.4 所强调的，通常情况下，在一次冻融循环后，类蛋白质荧光团、类腐殖酸荧光团和类富里酸荧光团的强度都会下降（Hudson et al.，2009）。Spencer 等（2007c）还研究了冻融对诸多荧光团的激发/发射性质的影响，对于类富里酸荧光团和类腐殖酸荧光团（荧光信号最大区域的激发波长范围分别为 320～350 nm 和 340～390 nm，发射波长范围分别为 400～450 nm 和 440～500 nm），样本的平均变化在分析误差范围内，但单个样本的荧光团位置表现出高达 20 nm 的位移。类腐殖酸荧光团和类富里酸荧光团发生蓝移变化可能表明芳香族基团分解或由于冻融过程中的沉淀而损失。Spencer 等（2007c）和 Hudson

等（2009）得出结论，由于原始样本特征与冻融后样本特征的变化量不存在明显的关系，因此不能通过校正因子（correction factor）和冻融样本特征来推测原始样本的特征数据。尽管相关指南中提出了冷冻样本的最佳时机，但富含有机质的淡水样本在冷冻时 DOC 的损失高达 30%，并且与初始 DOC 浓度有关；初始 DOC 浓度越高，在冻融过程中的损失越大（Fellman et al.，2008）。Fellman 等（2008）认为，在低 DOC 浓度（<5 mg/L）和/或低 SUVA$_{254}$ [3.5～4 L/（mg C·m）] 的淡水样本中，冷冻保存样本是可行的。但是如果可能的话，不建议冷冻较高 DOC 浓度和/或 SUVA$_{254}$ 的样本，因为冷冻不仅会导致样本因沉淀而出现 DOC 浓度损失，还会改变其化学成分，进而改变样本的分光光度特性。海洋样本在冻融后观察到的 DOC 浓度无变化进一步证明了上述结论（Tupas et al.，1994）。

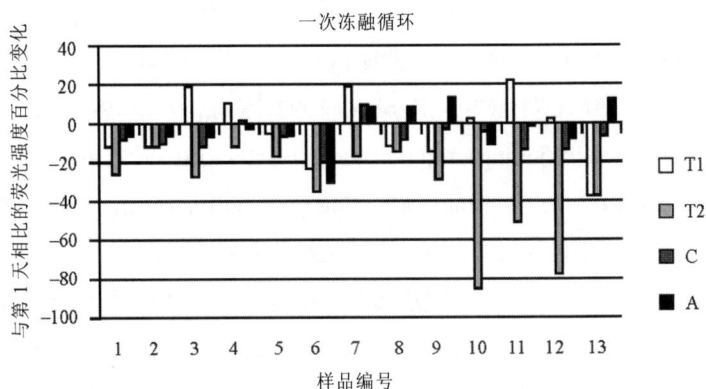

图 4.4　13 个淡水样本一次冻融循环后荧光强度的百分比变化。T1 和 T2 分别为 $\lambda_{ex/em}$ 280/350 nm 和 215～220/340 nm 区域的类色氨酸荧光团；C 和 A 分别为 $\lambda_{ex/em}$ 380/420～480 nm 和 260/380～460 nm 区域的类腐殖酸荧光团（转载自 Hudson et al.，2009）

尽管冻融对富含有机质水样的影响更大，Otero 等（2007）研究了冻融对富含有机质的沉积物孔隙水荧光和 DOC 性质的影响，并没有观察到孔隙水荧光特性在冻融循环过程中发生变化。因此，该研究进一步支持了 Spencer 等（2007c）和 Hudson 等（2009）关于 DOM 对冻融的响应存在差异性的结论。因此，当研究人员准备采用冷冻的方式储存样本时，需要充分评估冻融对样本分析的影响。Yamashita 等（2010a）考察了热带河流 DOM 的光学性质，发现冷冻前后 350 nm 处 CDOM 吸光系数（a_{350}）、光谱斜率比值（S_R）（Helms et al.，2008）和荧光指数（FI；McKnight et al.，2001；Jaffe et al.，2008；Cory et al.，2010）等参数发生微小变化，分别为 2.5% ± 6.9%、–0.4% ± 1.5% 和 2.8% ± 2.5%；相反，不同平行因子分析组分的荧光强度显著增加和减少，因此，他们在使用平行因子分析数据集时选择非冷冻样本，而冷冻样本的 CDOM 吸收、S_R 和 FI 数据依然是有效的。同样，Gao 等（2010）考察了冻融对中国东南部浙江沿海水域样本 DOM 光学性质的影响，发现目标指标百分比变化小于 15%。因此，他们认为，冻融过程引入的测量偏差不是主要研究结论的影响因素。最后，Spencer 等（2010）在对富含有机质的刚果热带原始河流 DOM 动态的研究中，调查了样本冷冻储存时冻融影响，发现在冷冻和融化后，DOC、a_{350}、$S_{275-295}$、$S_{350-400}$、S_R、SUVA$_{254}$ 和 FI 的变化通常在分析误差范围内，且始终在±2%内。因此，虽然冷冻储存富含有机质的样本需要格外小心，但该方法似乎仍是一种合适的储存方法，不过应对样本进行适当的测试来检查该储存方法的影响。

4.4.3 抑制剂[①]和酸化

添加化学物质抑制生物影响已被应用于很多研究中，但这种方法可能会改变目标分析物（例如，溶解性有机质的光学性质）。在无法冷藏或冷冻储存样本的情况下（例如，在无法通电的偏远野外地点），在样本中加入抑制剂可以有效保持样本完整性。4 种常用于保存天然水样的抑制剂包括：酸化剂（HCl 或 H$_3$PO$_4$，调节样本 pH 至 2～3）、氯仿（CHCl$_3$）、叠氮化钠（NaN$_3$）和氯化亚汞（HgCl$_2$）（Kaplan，1992；Kirkwood，1992；Benner and Hedges，1993；Ferrari et al.，1996；Wiebinga and de Baar，1998；Kattner，1999；Gardolinski et al.，2001；Aufdenkampe et al.，2007；Hur et al.，2007；Bouillon et al.，2009；Stubbins et al.，2010）。当添加任何化学抑制剂时，需要使用高纯度化学品（例如试剂级或美国化学学会级）并进行必要的空白实验。在 4 类常见化学抑制剂中，只有酸化剂对 DOM 光学性质的影响得到了广泛研究。氯仿的主要缺点是易从密封不良容器中挥发或直接通过某些类型的塑料瓶发生损失（Kremling and Brugmann，1999）。最近，由于在限制区域（例如调查船上）禁止使用任何形式的汞，因为汞会引发污染问题，氯化亚汞已经不再常用（Kremling and Brugmann，1999）。此外，氯化亚汞和叠氮化钠均对水生生物有极高毒性，可能对水生系统造成长期不良影响，因此含有上述物质的水样应作为有害废弃物得到处理。

很多研究表明，氯化亚汞可以抑制样本中微生物的生长，而对 CDOM 吸收光谱没有任何影响（Kratzer et al.，2000；Helms et al.，2008；Spencer et al.，2009），然而，汞（Ⅱ）对 DOM 荧光特别是类蛋白质荧光有猝灭作用。叠氮化钠已被用于防止 CDOM 在储存过程中发生降解，在一些研究中叠氮化钠对 CDOM 吸光特征没有影响，但也会导致 a_{442} 增加高达 10%。Patel-Sorrentino 等（2002）考察了叠氮化钠对亚马孙盆地（Amazon Basin）河流（黑色和白色水域）水样的荧光激发-发射矩阵（EEMs）的影响，发现叠氮化钠对两种类腐殖酸荧光团（荧光信号最大值激发波长范围分别为 220～260 nm 和 320～350 nm，发射波长范围分别为 420～450 nm 和 420～500 nm）的荧光强度没有影响。为了避免储存过程中微生物对 CDOM 的降解，通常会对 CDOM 样本进行酸化，而且低 pH 还能减弱 DOM 与金属之间潜在的络合作用。Patel-Sorrentino 等（2002）观察到淡水 DOM 荧光对 pH 的经典响应，即荧光强度在 pH 为 1～10（11）范围内随 pH 增加而增加，在 pH = 12

[①] 译者注：原文为 poisoning，根据我国关于水样保存方法的文献，这里翻译为"抑制剂"更为恰当。

时降低（图 4.5）。荧光团的谱移（spectral shift）也随着 pH 的变化而变化。Mobed 等（1996）观察到土壤腐殖质在长波（激发波长约 390 nm）和短波（激发波长约 320 nm）的荧光强度峰值随 pH 升高而发生红移。相反，水生环境 DOM 的较短波长荧光峰会随着 pH 的升高而发生蓝移。另有一些研究发现，荧光峰波长不随 pH 的变化而变化（Tam and Sposito，1993；Patel-Sorrentino et al.，2002）。以往研究已发现 CDOM 的吸光能力随 pH 升高而增加（Andersen et al.，2000）。

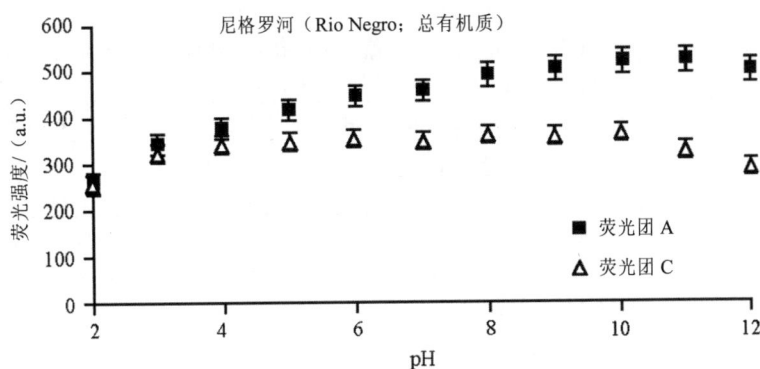

图 4.5 特征峰 C 峰和 A 峰的荧光强度随 pH 的变化。用点和绝对误差条表示。C 峰和 A 峰的发射波长均在 430～460 nm，而激发波长分别为 325～340 nm 和 245～260 nm（转自 Patel-Sorrentino et al.，2002）。

Spencer 等（2007c）研究了 pH 对英国淡水 DOM 吸收和荧光性质的影响。研究观察了 3 个荧光团：A 峰（激发波长范围为 320～350 nm，发射波长范围为 400～450 nm）、B 峰（激发波长范围为 340～390 nm，发射波长范围为 440～500 nm）、C 峰（激发波长范围为 270～275 nm，发射波长范围为 340～360 nm）。A 峰和 B 峰与类富里酸和类腐殖酸有关，而 C 峰被归为类蛋白质（类色氨酸荧光团）（Baker，2001，2002；Newson et al.，2001；Baker and Inverarity，2004）。表 4.2 总结了 Spencer 等（2007c）关于 pH（范围 2～10）影响分光光度性质的研究结果。上述结果与 Baker 等（2007）的结论一致；两者都强调了与类蛋白质荧光相比，pH 对类腐殖酸荧光团和类富里酸荧光团的影响更大。pH 降至 2～3 时，CDOM 的吸光行为和 A 峰、B 峰的荧光强度一般都会降低，且上述参数数值越高时，变化越明显。Baker 等（2007）调查了 35 个淡水 DOM 对 pH 的不同响应特征，如 B 峰荧光强度随 pH（范围为 2～10）升高的增加幅度在 32.1%～74.8%。因此，改变溶液 pH 可能会导致不同 DOM 样本之间的响应存在差异，而且 DOM 的分光光度性质对极端 pH 特别敏感。大多数水生生态系统的 pH 范围为 4.5～8.5，DOM 分光光度参数几乎没有变化，这表明水生环境中 DOM 分光光度参数的变化通常是其他过程导致的，而不仅仅缘于 pH 变化。因此，对于旨在揭示 DOM 在生态系统中的生物地球化学作用的研究，建议在自然条件 pH 下进行分光光度分析。进一步建议，如果可能，应报告样本的 pH 范围，以表明样本 pH 并不处于可能会引起 DOM 光学性质发生显著变化的极端 pH 区间。

表 4.2 溶液 pH（范围为 2～10）变化对分光光度性质影响的研究总结

分光光度性质	对 pH（2～10）升高的响应
C 峰变量	无响应
$A_{ex}\lambda$ 峰和 $B_{ex}\lambda$ 峰	无响应
$A_{em}\lambda$ 峰	方法重现性之外没有一致的响应或变化
$B_{em}\lambda$ 峰	在所有样本中观察到显著的（95%置信水平）红移，每个样本在不同的 pH 范围和大小上都有红移
A_{Fint} 峰	随 pH 升高而增加到最大值，在较高 pH 时减小，最小值与最大值之间的平均相对偏差为 15.75%（标准偏差为 5.38）
B_{Fint} 峰	增加，最小值与最大值之间的平均相对偏差为 41.82%（标准偏差为 7.43）
A_{Fint} 峰/B_{Fint} 峰	增加，一些样本在 pH 约 8 以下不发生变化
a_{340}/（cm^{-1}）	增加，最小值与最大值之间的平均相对偏差为 17.79%（标准偏差为 3.45）

荧光团定义：A 峰——最大信号区域激发波长和发射波长范围分别为 320～350 nm 和 400～450 nm，B 峰——最大信号区域激发波长和发射波长范围分别为 340～390 nm 和 450～500 nm，C 峰——最大信号区域激发波长和发射波长范围分别为 270～275 nm 和 340～360 nm（转自 Spencer et al.，2007c）。

4.5 总结与未来需求

标准有机地球化学分析方案要求对采样设备进行严格清洗以及开展空白样和重复样分析，这是确保获得 CDOM 高质量吸光和荧光数据的基础。建议在样本采集后立即进行过滤以消除生物过程的影响并去除可能干扰 CDOM 吸光和荧光测量的颗粒物。如有可能，应立即或在 24 h 内分析样本，并在此期间将水样冷藏（5℃）储存于暗处。DOM 样本的光学性质特别是荧光强度随时间变化；冷藏 7 天后，有限的光学性质数据将无法反映样本自然原位条件下的真实信号。然而，保存时间取决于 DOM 的类型，具体的保存时间应根据研究所关注的 DOM 来确定。如果样本必须保存更长的时间，可以考虑冷冻样本和向样本中添加抑制剂，但与冷藏一样，应测试冷冻和添加抑制剂是否适合所研究范围内的 DOM。建议不要将酸化作为一种保存方法。在大多数自然水生环境中，CDOM 吸光和荧光对天然水 pH 的响应是有限的。关于氯化亚汞和叠氮化钠是否适合作为抑制剂用于某些 DOM 光学研究的报道仍然缺乏。同样，需要进一步开展相关研究以探讨利用具有抑菌性质的银制过滤器的可能性，以及查明因过滤器孔径差异而导致的 DOM 光学结果差异。最后，需要针对不同类型的 DOM 的储存方法开展系统性的研究，该研究能提供非常有价值的数据，特别是当样本经历了储存过程，其表征结果也能很好地反映原始 DOM 的特征；如果能将储存前后 DOM 特征变化与原始样本的组成和特征相关联，将有助于针对特定 DOM 样本制定切实可行的储存方案。

致谢

我们感谢加雷思·奥尔德（Gareth Old）、丹·拉普沃思（Dan Lapworth）、肯纳·巴特勒（Kenna Butler）和乔治·艾肯（George Aiken）的数据分享以及所有参加 2008 年在英国伯明翰举行的美国地球物理联合会查普曼会议有机质荧光专题的与会人员。我们也感谢 4 位匿名评审者，他们的评阅和建议提升了本章的质量。罗伯特·G. M. 斯潘塞感谢美国国家科学基金（DEB-1145932、OPP-1107774 和 ANT-1203885）的支持，最后感谢允许我们使用相关文献图表的出版商。

参考文献

Ahad，J.M.E.，Ganeshram，R.S.，Spencer，R.G.M.，Uher，G.，Gulliver，P.，and Bryant，C.L.（2006）. Evidence for anthropogenic ^{14}C-enrichment in estuarine waters adjacent to the North Sea. *Geophys. Res. Lett.*，**33**，L08608，doi：10.1029/2006GL025991.

Andersen，D.O.，Alberts，J.J.，and Takacs，M.（2000）. Nature of natural organic matter（NOM）in acidified and limed surface waters. *Water Res.*，**34**（1），266–278.

Astoreca，R.，Rousseau，V.，and Lancelot，C.（2009）. Coloured dissolved organic matter（CDOM）in Southern North Sea waters：Optical characterization and possible origin. *Estuar. Coast. Shelf Sci.*，**85**，633–640.

Aufdenkampe，A.K.，Mayorga，E.，Hedges，J.I.，Llerena，C.，Quay，P.D.，Gudeman，J.，Krusche，A.V.，and Richey，J.E.（2007）. Organic matter in the Peruvian headwaters of the Amazon：Compositional evolution from the Andes to the lowland Amazon mainstem. *Org. Geochem.*，**38**，337–364.

Baker，A.（2001）. Fluorescence excitation-emission matrix characterization of some sewage impacted rivers. *Environ. Sci. Technol.*，**35**（5），948–953.

Baker，A.（2002）. Fluorescence excitation-emission matrix characterization of river waters impacted by a tissue mill effluent. *Environ. Sci. Technol.*，**36**（7），1377–1382.

Baker，A. and Inverarity，R.（2004）. Protein-like fluorescence intensity as a possible tool for determining river water quality. *Hydrol. Process.*，**18**（15），2927–2945.

Baker，A.，Elliott，S.，and Lead，J.R.（2007）. Effects of filtration and pH perturbation on freshwater organic matter fluorescence. *Chemosphere*，**67**，2035–2043.

Belzile，C.，Roesler，C.S.，Christensen，J.P.，Shakhova，N.，and Semiletov，I.（2006）. Fluorescence measured using the WETStar DOM fluorometer as a proxy for dissolved matter absorption. *Estuar. Coast. Shelf Sci.*，**67**，441–449.

Benner，R. and Hedges，J.I.（1993）. A test of the accuracy of freshwater DOC measurements by high-temperature catalytic oxidation and UV-promoted persulfate oxidation. *Mar. Chem.*，**41**，161–165.

Blough，N.V.，Zafiriou，O.C.，and Bonilla，J.（1993）. Optical absorption spectra of waters from the Orinoco

River outflow: Terrestrial input of colored organic matter to the Caribbean. *J. Geophys. Res.*, **98** (C2), 2271–2278.

Bouillon, S., Abril, G., Borges, A.V., Dehairs, F., Govers, G., Hughes, H.J., Merckx, R., Meysman, F.J.R., Nyunja, J., Osburn, C., and Middelburg, J.J. (2009). Distribution, origin and cycling of carbon in the Tana River (Kenya): A dry season basin-scale survey from headwaters to the delta. *Biogeosciences*, **6** (11), 2475–2493.

Chen, R.F. and Gardner, G.B. (2004). High-resolution measurements of chromophoric dissolved organic matter in the Mississippi and Atchafalaya River plume regions. *Mar. Chem.*, **89** (1–4), 103–125.

Chen, W., Westerhoff, P., Leenheer, J.A., and Booksh, K. (2003). Fluorescence excitation-emission matrix regional integration to quantify spectra for dissolved organic matter. *Environ. Sci. Technol.*, **37**, 5701–5710.

Coble, P.G., Del Castillo, C.E., and Avril, B. (1998). Distribution and optical properties of CDOM in the Arabian Sea during the 1995 Southwest Monsoon. *Deep-Sea Res. Pt. II*, **45** (10–11), 2195–2223.

Conmy, R.N., Coble, P.G., Cannizzaro, J.P., and Heil, C.A. (2009). Influence of extreme storm events on West Florida Shelf CDOM distributions. *J. Geophys. Res-Biogeosci.*, 114, G00F04, doi: 10.1029/2009JG000981.

Cory, R.M., McKnight, D.M., Chin, Y.P., Miller, P., and Jaros, C.L. (2007). Chemical characteristics of fulvic acids from Arctic surface waters: Microbial contributions and photochemical transformations. *J. Geophys. Res.-Biogeosci.*, **112**, doi: 10.1029/2006JG000343.

Cory, R.M., Miller, M.P., McKnight, D.M., Guerard, J.J., and Miller, P.L. (2010). Effect of instrument-specific response on the analysis of fulvic acid fluorescence spectra. *Limnol. Oceanogr. Methods*, **8**, 67–78.

Del Castillo, C.E., Coble, P.G., Conmy, R.N., Muller-Karger, F.E., Vanderbloemen, L., and Vargo, G.A. (2001). Multispectral in situ measurements of organic matter and chlorophyll fluorescence in seawater: Documenting the intrusion of the Mississippi River in the West Florida Shelf. *Limnol. Oceanogr.*, **46** (7), 1836–1843.

Del Vecchio, R. and Blough, N.V. (2002). Photobleaching of chromophoric dissolved organic matter in natural waters: Kinetics and modeling. *Mar. Chem.*, **78** (4): 231–253.

Fellman, J.B., D'Amore, D.V., and Hood, E. (2008). An evaluation of freezing as a preservation technique for analyzing dissolved organic C, N, and P in surface water samples. *Sci. Tot. Environ.*, **392**, 305–312.

Fellman, J.B., Hood, E., Edwards, R.T., and D'Amore, D.V. (2009). Changes in the concentration, biodegradability, and fluorescent properties of dissolved organic matter during stormflows in coastal temperate watersheds. *J. Geophys. Res.Biogeosci.*, **114**, G01021, doi: 10.1029/2008JG000790.

Ferrari, G.M., Dowell, M.D., Grossi, S., and Targa, C. (1996). Relationship between the optical properties of chromophoric dissolved organic matter and total concentration of dissolved organic carbon in the southern Baltic Sea region. *Mar. Chem.*, **55**, 299–316.

Fu, P., Wu, F., Liu, C., Wang, F., Li, W., Yue, L., and Guo, Q. (2007). Fluorescence characterization of dissolved organic matter in an urban river and its complexation with Hg(II). *Appl. Geochemis.*, **22**, 1668–1679.

Gao, L., Fan, D., Li, D., and Cai, J. (2010). Fluorescence characteristics of chromophoric dissolved organic matter in shallow water along the Zhejiang coasts, southeast China. *Mar. Environ. Res.*, **69**, 187–197.

Gardolinski, P.C.F.C., Hanrahan, G., Achterberg, E.P., Gledhill, M., Tappin, A.D., House, W.A., and Worsfold, P.J. (2001). Comparison of sample storage protocols for the determination of nutrients in natural waters. *Water Res.*, **35** (15), 3670–3678.

Helms, J.R., Stubbins, A., Ritchie, J.D., Minor, E.C., Kieber, D.J., and Mopper, K. (2008). Absorption spectral slopes and slope ratios as indicators of molecular weight, source, and photobleaching of chromophoric dissolved organic matter. *Limnol. Oceanogr.*, **53** (3), 955–969.

Hiriart-Baer, V.P., Diep, N., and Smith, R.E.H. (2008). Dissolved organic matter in the Great Lakes: Role and nature of allochthonous material. *J. Great Lakes Res.*, **34**, 383–394.

Hood, E., Fellman, J.B., Spencer, R.G.M., Hernes, P.J., Edwards, R., D'Amore, D.V., and Scott, D. (2009). Glaciers as a source of ancient and labile organic matter to the marine environment. *Nature*, **462**, 1044–1048.

Hudson, N., Baker, A., Reynolds, D.M., Carliell-Marquet, C., and Ward, D. (2009). Changes in freshwater organic matter fluorescence intensity with freezing/thawing and dehydration/rehydration. *J. Geophys. Res. Biogeosci.*, **114**, G00F08, doi: 10.1029/2008JG000915.

Hur, J., Jung, N.C., and Shin, J.K. (2007). Spectroscopic distribution of dissolved organic matter in a dam reservoir impacted by turbid storm runoff. *Environ. Monit. Assess.*, **133**, 53–67.

Jaffe, R., McKnight, D., Maie, N., Cory, R., McDowell, W.H., and Campbell, J.R. (2008). Spatial and temporal variations in DOM composition in ecosystems: The importance of long-term monitoring of optical properties. *J. Geophys. Res. Biogeosci.*, **113**, G04032, doi: 10.1029/2008JG000683.

Kaplan, L.A. (1992). Comparison of high-temperature and persulfate oxidation methods for determination of dissolved organic carbon in freshwaters. *Limnol. Oceanogr.*, **37** (5), 1119–1125.

Kattner, G. (1999). Storage of dissolved inorganic nutrients in seawater: Poisoning with mercuric chloride. *Mar. Chem.*, **67**, 61–66.

Kirkwood, D.S. (1992). Stability of solutions of nutrient salts during storage. *Mar. Chem.*, **38**, 151–164.

Kratzer, S., Bowers, D., and Tett, P.B. (2000). Seasonal changes in colour ratios and optically active constituents in the optical Case-2 waters of the Menai Strait, North Wales. *Int. J. Remote Sens.*, **21** (11), 2225–2246.

Kremling, K. and Brugmann, L. (1999). 2. Filtration and storage. In K. Grashoff, K. Kremling, and M. Ehrhardt, (Eds.), *Methods of Seawater Analysis*, 3rd ed. Berlin, Germany: Wiley-TCH.

Lane, S.L., Flanagan, S., and Wilde, F.D. (2003). Selection of equipment for water sampling (ver. 2.0): U.S. Geological Survey Techniques of Water-Resources Investigations, book 9, chapter A2, March. Retrieved from http://pubs.water.usgs.gov/twri9A2/ (Accessed December 1, 2009).

Lapworth, D.J., Gooddy, D.C., Allen, D., and Old, G.H. (2009). Understanding groundwater, surface water, and hyporheic zone biogeochemical processes in a Chalk catchment using fluorescence properties of dissolved and colloidal organic matter. *J. Geophys. Res. Biogeosci.*, **114**, G00F02, doi: 10.1029/2009JG000921.

Lead, J.R. and Wilkinson, K.J. (2006). Natural aquatic colloids: current knowledge and future trends. *Environ. Chem.*, **3**, 159–171.

McKnight，D.M.，Boyer，E. W.，Westerhoff，P. K.，Doran，P. T.，Kulbe，T.，and Andersen，D. T.
（2001）. Spectrofluorometric characterization of aquatic fulvic acids for determination of precursor organic
material and general structural properties. *Limnol. Oceanogr.*，**46**，38–48.

Mitchell，B.G.，Bricaud，A.，Carder，K.，Cleveland，J.，Feraari，G.M.，Gould，R.，Kahru，M.，Kishino，
M.，Maske，H.，Moisan，T.，Moore，L.，Nelson，N.，Phinney，D.，Reynolds，R.A.，Sosik，H.，
Stramski，D.，Tassan，S.，Trees，C.，Weidemann，A.，Wieland，J.D.，and Vodacek，A.（2000）. Determination
of spectral absorption coefficients of particles，dissolved material and phytoplankton for discrete water
samples. In G.S. Fargion and J.L. Mueller（Eds.），*Ocean Optics Protocols for Satellite Ocean Color Sensor
Validation*，Revision 2（pp. 125–153）. NASA/TM-2000–209966. Greenbelt，MD: NASA Goddard Space
Flight Center.

Mobed，J.J.，Hemmingsen，S.L.，Autry，J.L.，and McGown，L.B.（1996）. Fluorescence characterisation
of IHSS humic substances: Total luminescence spectra with absorbance correction. *Environ. Sci. Technol.*，
30（10），3061–3066.

Moran，M.A.，Sheldon，W.M.，and Zepp，R.G.（2000）. Carbon loss and optical property changes during
long-term photochemical and biological degradation of estuarine dissolved organic matter. *Limnol.
Oceanogr.*，**45**，1254–1264.

Murphy，K.R.，Stedmon，C.A.，Waite，T.D.，and Ruiz，G.M.（2008）. Distinguishing between terrestrial and
autochthonous organic matter sources in marine environments using fluorescence spectroscopy. *Mar.
Chem.*，**108**，40–58.

Murphy，K.R.，Butler，K.D.，Spencer，R.G.M.，Stedmon，C.A.，Boheme，J.R.，and Aiken，G.R.
（2010）. Measurement of dissolved organic matter fluorescence in aquatic environments: An
intercalibration study. *Environ. Sci. Technol.*，**44**，9405–9412.

Newson，M.，Baker，A.，and Mounsey，S.（2001）. The potential role of freshwater luminescence measurements
in exploring runoff pathways in upland catchments. *Hydrol. Process.*，**15**（6），989–1002.

Osburn，C.L.，Morris，D.P.，Thorn，K.A.，and Moeller，R.E.（2001）. Chemical and optical changes in freshwater
dissolved organic matter exposed to solar radiation. *Biogeochemistry*，**54**（3），251–278.

Osburn，C.L.，Retamal，L.，and Vincent，W.F.（2009）. Photoreactivity of chromophoric dissolved organic matter
transported by the Mackenzie River to the Beaufort Sea. *Mar. Chem.*，**115**（1–2），10–20.

Otero，M.，Mendonca，A.，Valega，M.，Santos，E.B.H.，Pereira，E.，Esteves，V.I.，and Duarte，A.
（2007）. Fluorescence and DOC contents of estuarine pore waters from colonized and non-colonized
sediments: Effects of sampling preservation. *Chemosphere*，**67**，211–220.

Patel-Sorrentino，N.，Mounier，S.，and Benaim，J.Y.（2002）. Excitation-emission fluorescence matrix to study
pH influence on organic matter fluorescence in the Amazon basin rivers. *Water Res.*，**36**，2571–2581.

Peiris，R.H.，Halle，C.，Budman，H.，Moresoli，C.，Peldszus，S.，Huck，P.M.，and Legge，R.L.（2010）. Identifying
fouling events in a membrane-based drinking water treatment process using principal component analysis
of fluorescence excitation-emission matrices. *Water Res.*，**44**，185–194.

Reynolds，D.M. and Ahmad，S.R.（1995）. The effect of metal ions on the fluorescence of sewage water. *Water
Res.*，**29**（9），2214–2216.

Rosenstock, B. and Simon, M. (1993). Use of dissolved combined and free amino acids by planktonic bacteria in Lake Constance. *Limnol. Oceanogr.*, **38** (7), 1521–1531.

Saraceno, J.F., Pellerin, B.A., Downing, B.D., Boss, E., Bachand, P.A.M., and Bergamaschi, B.A. (2009). High frequency in situ optical measurements during a storm event: Assessing relationships between dissolved organic matter, sediment concentrations, and hydrologic processes. *J. Geophys. Res. Biogeosci.*, **114**, G00F09, doi: 10.1029/2009JG000989.

Seredynska-Sobecka, B., Baker, A., and Lead, J.R. (2007). Characterisation of colloidal and particulate organic carbon in freshwaters by thermal fluorescence quenching. *Water Res.*, **41** (14), 3069–3076.

Sharp, J.H., Benner, R., Bennett, L., Carlson, C.A., Fitzwater, S.E., Peltzer, E.T., and Tupas, L.M. (1995). Analyses of dissolved organic carbon in seawater – The JGOFS EQPAC methods comparison. *Mar. Chem.*, **48** (2), 91–108.

Sharp, J.H., Beuregard, A.Y., Burdige, D., Cauwet, G., Curless, S.E., Lauck, R., Nagel, K., Ogawa, H., Parker, A.E., Primm, O., Pujo-Pay, A., Savidge, W.B., Seitzinger, S., Spyres, G., and Styles, R. (2004). A direct instrument comparison for measurement of total dissolved nitrogen in seawater. *Mar. Chem.*, **84** (3–4), 181–193.

Spencer, R.G.M., Pellerin, B.A., Bergamaschi, B.A., Downing, B.D., Kraus, T.E.C., Smart, D.R., Dahlgren, R.A., and Hernes, P.J. (2007a). Diurnal variability in riverine dissolved organic matter composition determined by in situ optical measurement in the San Joaquin River (California, USA). *Hydrol. Process.*, **21**, 3181–3189.

Spencer, R.G.M., Baker, A., Ahad, J.M.E., Cowie, G.L., Ganeshram, R., Upstill-Goddard, R.C., and Uher, G. (2007b). Discriminatory classification of natural and anthropogenic waters in two U.K. estuaries. *Sci. Tot. Environ.*, **373**, 305–323.

Spencer, R.G.M., Bolton, L., and Baker, A. (2007c). Freeze/thaw and pH effects on freshwater dissolved organic matter fluorescence and absorbance properties from a number of UK locations. *Water Res.*, **41**, 2941–2950.

Spencer, R.G.M., Stubbins, A., Hernes, P.J., Baker, A., Mopper, K., Aufdenkampe, A.K., Dyda, R.Y., Mwamba, V.L., Mangangu, A.M., Wabakanghanzi, J.N., and Six, J. (2009). Photochemical degradation of dissolved organic matter and dissolved lignin phenols from the Congo River. *J. Geophys. Res. Biogeosci.*, **114**, G03010, doi: 10.1029/2009JG000968.

Spencer, R.G.M., Hernes, P.J., Ruf, R., Baker, A., Dyda, R.Y., Stubbins, A., and Six, J. (2010). Temporal controls on dissolved organic matter and lignin biogeochemistry in a pristine tropical river, Democratic Republic of Congo. *J. Geophys. Res. Biogeosciences*, doi: 10.1029/2009JG001180.

Stedmon, C.A., Markager, S., and Bro, R. (2003). Tracing dissolved organic matter in aquatic environments using a new approach to fluorescence spectroscopy. *Mar. Chem.*, **82**, 239–254.

Stedmon, C.A. and Markager, S. (2005). Tracing the production and degradation of autochthonous fractions of dissolved organic matter by fluorescence analysis. *Limnol. Oceanogr.*, **50** (5), 1415–1426.

Stubbins, A., Spencer, R.G.M., Chen, H., Hatcher, P.G., Mopper, K., Hernes, P.J., Mwamba, V.L., Mangangu, A.M., Wabakanghanzi, J.N., and Six, J. (2010). Illuminated darkness: Molecular signatures of Congo River dissolved organic matter and its photochemical alteration as revealed by ultrahigh precision mass spectrometry. *Limnol. Oceanogr.*, **55**（4），1467–1477.

Tam，S.-C. and Sposito，G.（1993）. Fluorescence spectroscopy of aqueous pine litter extracts：effects of humification and aluminium complexation. *Eur. J. Soil Sci.*，**44**（3），513–524.

Tiltstone，G.H.，Moore，G.F.，Sorensen，K.，Rottgers，R.，Jorgensen，P.V.，Vicente，V.M.，and Ruddick，K.G.（2002）. Regional validation of MERIS chlorophyll products in North Sea coastal waters. REVAMP Inter-calibration report. Retrieved from https://earth.esa.int/workshops/mavt_2003/MAVT-2003_802_REVAMPprotocols3.pdf.

Tupas，L.M.，Popp，B.N.，and Karl，D.M.（1994）. Dissolved organic carbon in oligotrophic waters：experiments on sample preservation，storage and analysis. *Mar. Chem.*，**45**，207–216.

Tzortziou，M.，Osburn，C.L.，and Neale，P.J.（2007）. Photobleaching of dissolved organic material from a tidal marsh-estuarine system of the Chesapeake Bay. *Photochem. Photobiol.*，**83**（4），782–792.

U.S. Geological Survey（2006）. Collection of water samples（ver. 2.0）：U.S. Geological Survey Techniques of Water-Resources Investigations，book 9，chapter A4. September. Retrieved from http://pubs.water.usgs.gov/twri9A4/（Accessed December 1，2009）.

Walker，S.A.，Amon，R.M.W.，Stedmon，C.，Duan，S.W.，and Louchouarn，P.（2009）. The use of PARAFAC modeling to trace terrestrial dissolved organic matter and fingerprint water masses in coastal Canadian Arctic surface waters. *J. Geophys. Res.-Biogeosci.*，**114**，G00F06，doi：10.1029/2009JG000990.

Westerhoff，P.，Chen，W.，and Esparza，M.（2001）. Fluorescence analysis of a standard fulvic acid and tertiary treated wastewater. *J. Environ. Qual.*，**30**，2037–2046.

Wickland K.P.，Neff J.C.，and Aiken G.R.（2007）. DOC in Alaskan boreal forests：sources，chemical characteristics，and biodegradability. *Ecosystems*，**10**，1323–1340.

Wiebinga，C.J. and de Baar，H.J.W.（1998）. Determination of the distribution of dissolved organic carbon in the Indian sector of the Southern Ocean. *Mar. Chem.*，**61**，185–201.

Yamashita，Y. and Jaffe，R.（2008）. Characterizing the interactions between trace metals and dissolved organic matter using excitation-emission matrix and parallel factor analysis. *Environ. Sci. Technol.*，**42**，7374–7379.

Yamashita，Y.，Maie，N.，Briceno，H.，and Jaffe，R.（2010a）. Optical characterization of dissolved organic matter in tropical rivers of the Guayana Shield，Venezuela. *Journal of Geophysical Research-Biogeosciences*，**115**，G00F10，doi：10.1029/2009JG000987.

Yamashita，Y.，Cory，R.M.，Nishioka，J.，Kuma，K.，Tanoue，E.，and Jaffe，R.（2010b）. Fluorescence characteristics of dissolved organic matter in the deep waters of the Okhotsk Sea and the northwestern North Pacific Ocea. *Deep-Sea Res. Pt. II*，**57**，1478–1485.

第5章　光谱学仪器的设计、质量保证和质量控制：台式荧光计

约翰·R. 吉尔（John R. Gilchrist）

黛安·M. 麦克奈特（Diane M. McKnight）

5.1　引言

光谱学研究方法的应用领域非常广泛，包括生命科学和材料科学。利用光谱学可以分析物质的光谱化学特征，以监测人类健康、饮食质量、环境质量、增白剂材料、光照系统和发光二极管等。相关仪器包括光学、机械、电子、信号处理和数据分析等组件，除记录样本及其性质等数据之外，还记录了各组件信号的卷积（convolution）数据。

荧光光谱术虽然不是一项新技术，但与其他分析方法相比，其在测量标准化方面仍不够成熟。如第1章所述，乔治·加布里埃尔·斯托克斯爵士（George Gabriel Stokes）的工作标志着荧光光谱术的诞生；他在1852年对硫酸奎宁进行研究时使用了今天被认为是滤光荧光计（filter fluorimeter）的装置，如图5.1所示。

100多年来，随着光源、扫描单色仪（scanning monochromator）、检测器技术和模拟信号记录机制的进步，出现了商用荧光计系统。在过去的50年中，荧光计系统中使用的各光电元件都有了相当大的改进，同时计算机控制技术［通常称为"黑箱"（black-box）］也取得了快速发展。近几十年来，对仪器性能的评价特别是严密校准和检验的关注较少。硫酸奎宁是使用最为普遍的参考标准，因而通常不清楚仪器所显示的测量结果是样本（就其性质而言）的真实荧光光谱还是测量仪器（例如光源、荧光强度、光谱特征等）响应的荧光光谱。更具体地说，观测到的荧光光谱实际上是试验系统和真实荧光光谱的卷积结果。一些不熟悉荧光光谱测量的实验人员可能会将荧光光谱测量仪器的重要部分视为"黑箱"而不做重点关注。即便如此，如果要从与样本分析相关的荧光测量仪器中获得定量数据，

而不是仅从测量系统中获得定量数据，就必须理解这个复杂的系统。

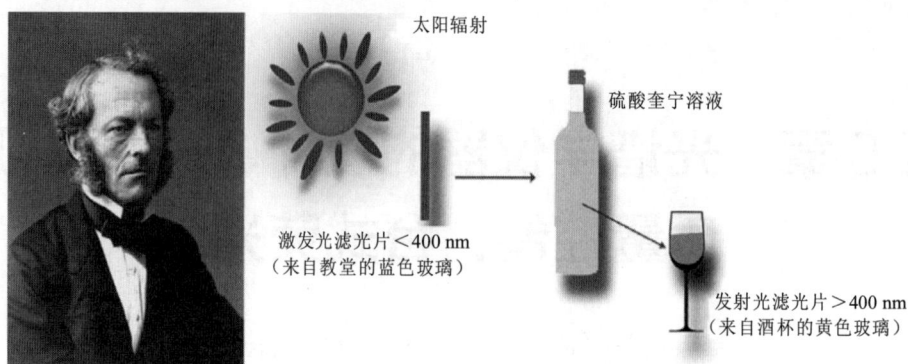

图 5.1 乔治·加布里埃尔·斯托克斯爵士（1852 年）和他的滤光荧光计

例如，仪器随时间如何变化，如何与其他仪器进行比较，如何比较不同实验室之间的测量结果？此外，荧光单位（fluorescence unit）的含义是什么？本章将研究上述问题和其他相关问题，旨在帮助读者对"黑箱"内部构造有一个简单清晰的认识，并理解其与样本真实荧光测量值的相关性。

5.2 光谱学方法

光谱学是光辐射与物质相互作用的科学。在很多情况下，涉及样本能级（状态）之间的特定跃迁，并依据电磁辐射的吸收或发射实验进行监测。在多种类型的光辐射与物质相互作用中，辐射由被称为光子的能量包组成，光子具有二象性，即粒子和波的性质。如第 1 章所述，光子能量与其波长和频率的关系如下：

$$E = h\nu = \frac{hc}{\lambda} \tag{5.1}$$

式中，E 是光子能量；h 是普朗克常数；ν 是频率；c 是光速；λ 是波长。

很多类型的辐射-物质相互作用不涉及能级跃迁，如衍射、折射、反射和散射。然而，上述相互作用可能会因方向或偏振变化而引起光辐射的变化，而且往往由材料总体性质决定，而非特定化学物质。

在紫外和红外光谱区域，仪器在聚焦、转向和散射光所需光学材料方面的需求较为相似。"光谱术"（spectrometry）可定义为利用光电探测器对一个或多个波长的光信号强度进行定量测量。

通常通过一些能量源（如电能、辐射、粒子或热量等）激发样本，可以获得物质及其微环境的光谱信息。激发前，样本通常处于其最低能级或基态。激发后，样本瞬间被诱导到更高的能级或激发态。通过测量受激物质返回基态时的辐射发射量或辐射吸收量，可以获得物质光谱。以波长为变量的光信号幅度变化能描述样本的电子能级、转动能级和振动能级以及已发生的任何相关跃迁。同时，也提供了已分析样本中分子的结构信息，例如特定化学键的特征吸收频率。信号强度可以用光谱学中的辐射度来描述，或者用基于人眼响应的光度来描述。在辐射测量系统中，基本测量参数是由辐射源发射或入射到探测器上的实际辐射能量（单位为 J）。就荧光而言，荧光样本发射出的辐射能量是以激发辐射为变量的函数。光谱学的 4 种主要研究方法是吸光、光发射、光致发光和散射（见表 5.1）。激发发射过程的方式包括使用光（光致发光）或与等离子体［plasma；电感耦合等离子体（inductively coupled plasma）］中的高能电子碰撞。物质（分子和原子）对电磁辐射的散射可以是弹性的，也可以是非弹性的。弹性散射发生时，光的能量（以及波长和频率）基本不变，例如米氏散射和瑞利散射。当入射粒子（例如光子）的动能不守恒时，更具体地说，当入射粒子丢失或获得一些能量时，就会发生非弹性散射。

表 5.1 光谱学方法和测量参数

方法	测量参数	例子
吸光	吸光度或透射辐射功率与入射辐射功率之比，$A = -\log(\phi/\phi_o)$	原子吸收（atomic absorption）、紫外-可见分子吸收（UV-visible molecular absorption）、红外吸收（IR absorption）
光发射	发射辐射功率（ϕ_E）	ICP 和 DCP 发射、火花发射（spark emission）、激光诱导击穿发射（laser-induced breakdown emission）、火焰发射（flame emission）、DC 电弧发射（DC arc emission）
光致发光	发光辐射功率（ϕ_P）	分子荧光和磷光，化学和生物发光，原子荧光
散射	散射辐射功率（ϕ_S）	拉曼散射、米氏散射、浊度

尽管本章特别关注光致发光，特别是荧光光谱术，但为了相关知识的完整性，尤其是在仪器和测量要求的背景下，本章也探讨了光谱学中的其他 3 种主要方法：吸光、光发射和散射（另见第 1 章）。

5.2.1 吸收光谱学

吸光法是测量入射光和透射光两种辐射功率的比值，计算吸光度，并将吸光度与浓度联系起来的方法。物质吸光需要入射光的频率恰好对应于该物质两种能级之间的能量差，以允许物质从基态被激发到某个更高的能态。吸收的能量会以发光（辐射能）、光化学反应（化学能）或热能的形式散失。对于很多实验来说，光吸收遵循比尔-朗伯定律［式（5.2）］，该定律已在第 1 章中有所概述。

$$A = -\log(T) = -\log\frac{\phi}{\phi_o} = \varepsilon cl \qquad (5.2)$$

式中，A 为吸光度；T 为样本光透射率；ϕ_0 和 ϕ 分别为入射光和透射光的强度（或辐射功率）；ε 为样本的消光系数（extinction coefficient）；c 为吸光物质的浓度；l 为通过样本的光程长度（见图 5.2）。

吸光法基于以下假设：

- 吸光物质的吸光行为相互独立。
- 入射光强度不会高到引起光饱和或光漂白效应。
- 入射光束垂直于吸光表面。
- 路径长度均匀，样本均匀，不会散射光。

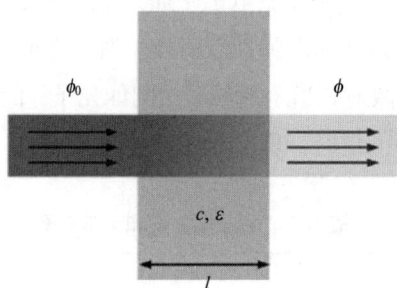

图 5.2　一束光通过装有样本的比色皿被吸收的过程

为测量样本吸光，单通道吸收光谱分光光度计相对于样本的典型排列如图 5.3 所示。

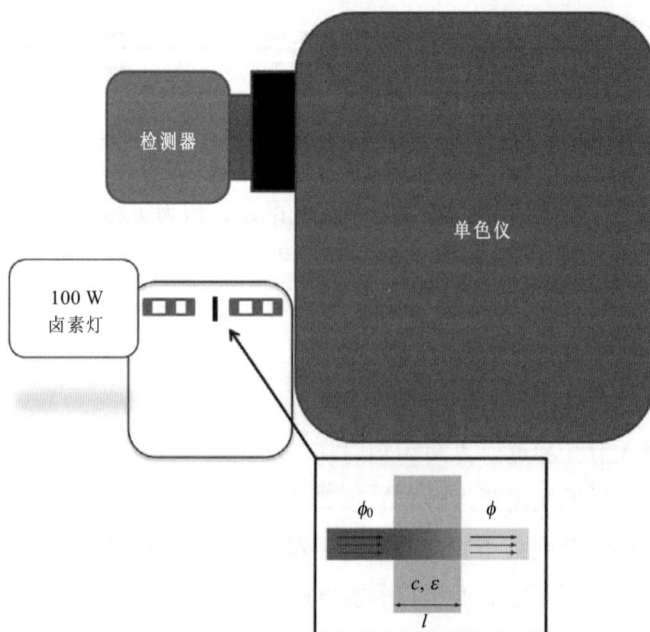

图 5.3　单通道吸收光谱分光光度计

5.2.2　光发射光谱学

分子中的原子可以通过与光致发光等辐射源（电磁辐射）或与火焰、DC 电流、高压火花或脉冲激光加热等非辐射源的相互作用进入激发态。光致发光依赖于受激原子或受激分子激发后样本发射的辐射。图 5.4 展示了测量光发射光谱的典型仪器的元器件配置。

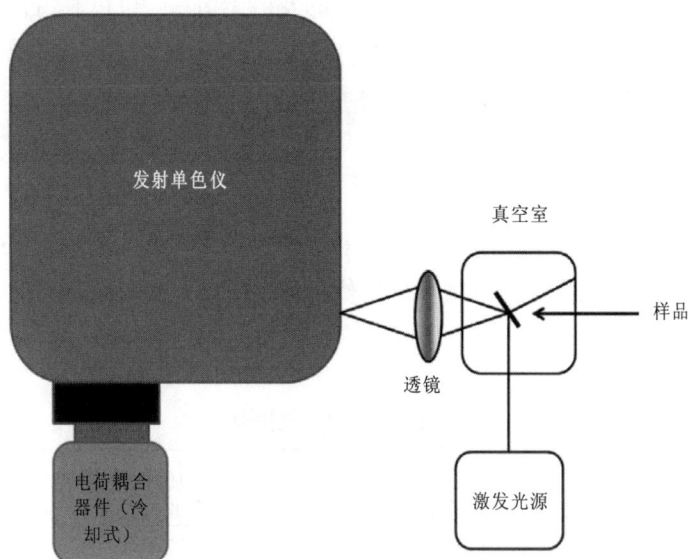

图 5.4　典型光发射光谱仪的元器件配置

在理想情况下，钠原子在火焰中受碰撞过程激发时，会发射一种特有的辐射频率。当处于热平衡（理想情况）时，钠原子的激发态呈现统计分布，即在特定能级（i）上的原子数（n）由玻尔兹曼分布得到：

$$n_i = \frac{n_t g_i e^{-E_i/kT}}{\sum_{i=0}^{\infty} g_i e^{-E_i/kT}} \tag{5.3}$$

式中，n_t 是总原子密度；k 是玻尔兹曼常数；T 是绝对温度；g_i 是状态 i 的统计权重，辐射发射的频率对应于受激分析物的能级差异。

碱金属（如钠和钾）的激发态接近其基态，因此用火焰激发相对容易。上述原子通常在光谱的可见光和近红外区域具有共振线（resonance line）。由于跃迁可能涉及的能级不仅仅是基态和一个激发能级，激发截面（excitation cross section）作为激发能量和激发源能量分布函数的乘积很重要。很多元素的能级明显远离其基态，并且需要等离子体等更强的激发源才能产生合适的发射信号。由于高能态和低能态之间的高能量差，这些元素通常在紫外（UV）区域具有发射光谱。

从状态 j 到 i 的辐射发射功率（ϕ_E）可由下式得到：

$$\phi_E = A_{ji}h\nu_{ji}n_{ji} \qquad\qquad (5.4)$$

式中，A_{ji} 是跃迁概率；$h\nu_{ji}$ 是发射光子的能量；n_{ji} 是高能态 j 的数量密度。

对于处于热平衡的系统，发射的辐射功率与激发态的总体密度直接相关，可通过玻尔兹曼分布与分析物浓度直接关联。在测量样本的发射光谱后，可以利用光谱数据库的已知光谱来鉴定和量化样本中的物质浓度。需要注意的是，许多系统并不表现出热平衡，因此测量的辐射功率并不总是与激发态的总体密度和/或分析物浓度直接相关。

5.2.3 散射

入射到分析物上的辐射可能被样本散射和吸收。散射光（scattered light）的强度、角分布（angular distribution）和辐射频率可用作分析手段。几类可能存在的散射现象的简述见表 5.2。

表 5.2　散射现象类别

类别	散射方法
瑞利散射	原子或分子等小粒子的弹性散射，导致散射辐射均匀地出现在所有方向上
米氏散射	尺寸与入射辐射波长［德拜（Debye）］相当或远大于入射波长的大颗粒的弹性散射，散射不均匀
布里渊（Brilliouin）散射	非弹性散射，其中反射辐射的频率因热声波而改变
拉曼散射	非弹性散射，其中反射辐射的频率因分析物分子振动/转动能量的增加或损失而改变

拉曼散射是光谱学中应用最广泛的散射现象。分析物中非弹性散射的入射光子可能获得或失去能量（Raman and Krishnan，1929；Long，2002）。通常观察到的能量差对应于该物质的一个振动能量量子，并且散射光波长相应地发生位移。简而言之，最常见的拉曼散射被称为斯托克斯散射（Stokes scattering），该散射因能量损失使得散射光红移，而能量获得或增加的散射被称为反斯托克斯散射（anti-Stokes scattering）。在某些情况下［非简谐性（anharmonicity）］倍频峰和组合波带出现于拉曼光谱。例如，物质气相状态存在振转结构（rovibrational structure），而在液相中这些信号非常微弱；相反，半峰全宽（full width at half maximum，FWHM）与分子的（自旋）再取向时间有关。

拉曼光谱与红外吸收光谱非常相似，可被作为一种确定物质独特"指纹"的方法。与红外吸收光谱法不同，拉曼光谱无需检测入射光能量。在大多数情况下，光线会向四面八方散射，这使得拉曼光谱在分析不透明固体时特别有用；例如，可以在拉曼显微镜中观察反向散射拉曼信号。在拉曼光谱中，设计试验系统时需要考虑几个重要因素。因为分析物发出的散射光频率相对于输入光频率有所偏移，所以激发源几乎总是单色激光。此外，拉曼散射是一种相对较弱的散射现象，必须避免同时检测散射光和入射激光，因为入射激光的强度会极大地掩盖散射信号。图 5.5 展示了液体样本拉曼光谱仪的典型配置。重要的是要了解输入光和输出光的偏振状态，例如输入光和输出光均呈现垂直偏振（vertical and vertical polarization，VV）或输入光和输出光分别呈现垂直偏振和水平偏振（vertical and horizontal polarization，VH）。

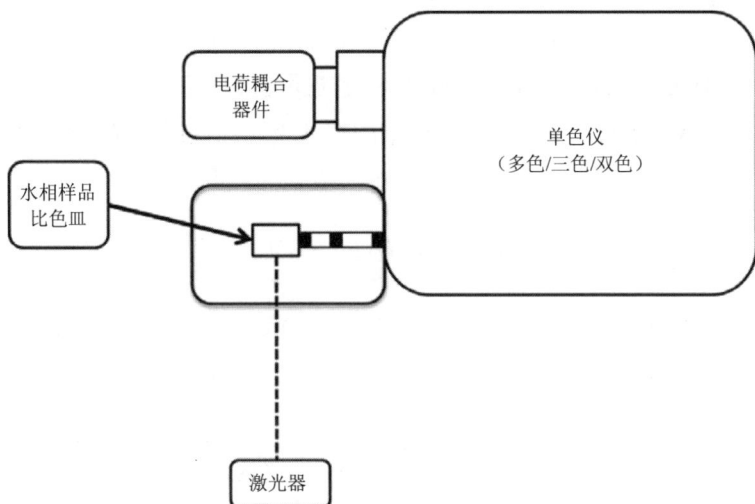

图 5.5　拉曼光谱仪的基本配置

与拉曼散射冲突的还有更强的瑞利散射。由于拉曼散射和瑞利散射具有不同的波长，因此可以使用陷波滤光片（notch filter）或双单色仪或三单色仪以较小的代价消除瑞利散射光对拉曼信号的影响。对于某些材料，其高荧光性质可能会主导拉曼散射。在这种情况下，使用更长波长的激光器、时间分辨技术和快速傅里叶变换拉曼（fast Fourier transform Raman）可在一定程度上解决上述问题。表面增强拉曼散射（surface-enhanced Raman scattering）、共振拉曼散射（resonance Raman scattering）和相干反斯托克斯拉曼散射（coherent anti-Stokes Raman scattering）等技术极大地增强了自发拉曼散射的信号。拉曼光谱在测定水中物质时表现突出。在水溶液中，水是主要物质，目标分子以较低浓度存在。在这种情况下，红外吸收可能无效，因为水的红外吸收会主导光谱并掩盖目标物质的光谱特征。尽管水分子本身具有微弱的拉曼信号，拉曼光谱技术还是为溶质测定提供了有用的工具。

5.2.4　光致发光（荧光和磷光）

分子荧光和原子荧光是广泛接受的光致发光现象，这些现象用于表征分析物，具有极其广泛和多样的应用范围。荧光和磷光光谱法是光致发光应用的实例，其中目标测量参数是在吸收单色入射光之后样本发光的辐射功率。荧光来自分子从单线态到单线态的辐射跃迁；也就是说，具有相同的多重度。然而，磷光来自分子从三线态到单线态的辐射跃迁；即具有不同的多重度。荧光团发射光子的概率（即量子产率）是系统吸收每个光子发生一个确定事件（即发射光子）的次数。因此，量子产率是在光程横截面上的吸收光子概率和激发态因辐射发射而衰变的概率联合的结果。这一过程又与入射辐射的波长或能量以及样本中固有的特定能级有关，因此量子（光子）产率是多个参数的函数。

特定波长下的吸收概率用摩尔消光系数［$\varepsilon(\lambda)$单位为 m^2/mol］表示。由此可以推断，光谱中将存在一个或多个波长的最大吸收峰。荧光团的微环境（例如溶剂、其他离子和分子、荧光团浓度和周围温度）都可以影响样本的整体吸光性质或荧光性质。在很多情况下，发射的辐射功率（ϕ_1）与吸收的辐射功率（ϕ_0）成正比。即

$$\phi_1 = 2.303k\phi_0\varepsilon cl = k'\phi_0 c \tag{5.5}$$

式中，k 取决于样本种类、其环境以及受激分子或受激原子通过发射光子返回其基态（可能通过中间能级）的效率。对于低吸光度（$\varepsilon cl < 0.01$），发射辐射功率与吸收功率及样本浓度成正比。

在荧光计的基本配置中（图5.6），灯为激发单色仪提供宽带光，激发单色仪选择激发波长。随后的荧光通过发射光单色仪和光电倍增管检测器进行解析和检测。发光材料的发射强度在很大程度上取决于该材料的参数范围，这些参数的一些示例如表5.3所示。

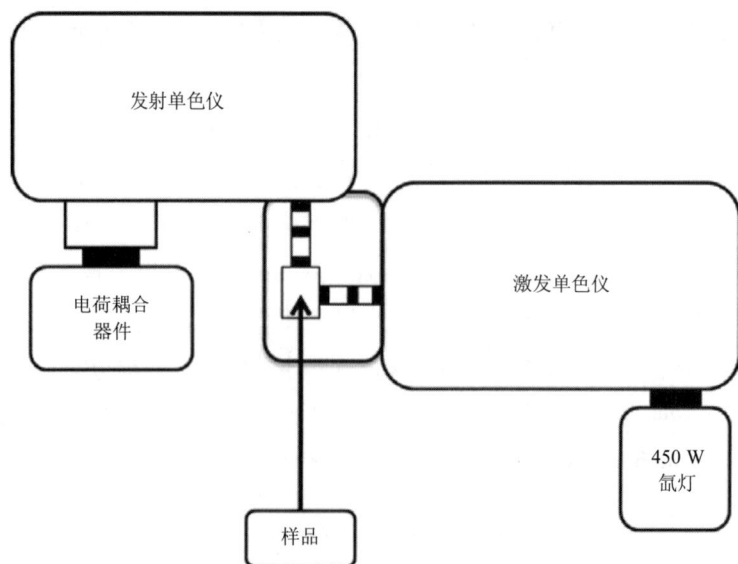

图5.6 荧光计基本配置

表 5.3　发光的影响参数

主要参数	Φ，量子产率 I，荧光强度 P，荧光偏振 r，荧光各向异性（anisotropy）
单参数影响因素	$I(\lambda)$，光谱：激发、发射、同步 $I(c)$，浓度或滴定量 $I(T)$，温度 $r(\lambda)$，光谱分辨各向异性 $I(t)$，时间分辨
双参数影响因素	$I(\lambda, t)$，时间分辨发射光谱 $I(\lambda_{ex}, \lambda_{em})$，激发-发射光谱图（EEM） $I(\lambda, T)$，温度分辨光谱 $R(\lambda, t)$，时间和光谱分辨各向异性

5.3　荧光光谱仪

　　发射荧光的测量是所有荧光研究的基础。这个测量值不仅受与样本有关的参数的影响，而且受仪器条件的影响，上述影响不仅每天在发生，而且存在于仪器与仪器之间，以及实验室与实验室之间。由于荧光检测方法在强度、波长、偏振和时间分辨等性能方面存在一些缺陷，以及需要对上述缺陷进行恰当的消除，这使得准确测量绝对荧光强度变得十分困难。与此同时，当前仍然有较少的荧光标准品，通过严格的仪器鉴定可以用于验证仪器性能。掌握激发光谱和发射光谱的基本测量方法是开展其他测量的基础（如表 5.4 所示）。

表 5.4　最常见的荧光扫描技术

激发扫描	选择发射波长（λ_{em}）和发射带通（bandpass；$\Delta\lambda_{em}$），并保持固定； 选择激发带通（$\Delta\lambda_{ex}$）； 利用激发单色仪扫描目标激发光谱区
发射扫描	选择激发波长（λ_{ex}）和激发带通（$\Delta\lambda_{ex}$），并保持固定； 选择发射带通（$\Delta\lambda_{em}$）； 利用发射单色仪扫描目标发射光谱区
同步扫描	选择激发带通（$\Delta\lambda_{ex}$）和发射带通（$\Delta\lambda_{em}$）； 选择激发波长和发射波长之间的波长偏移 $\Delta\lambda$； 在偏移量 $\Delta\lambda$ 条件下利用激发单色仪和发射单色仪进行同步扫描
激发-发射矩阵	选择激发带通（$\Delta\lambda_{ex}$）和发射带通（$\Delta\lambda_{em}$）； 扫描发射光谱（在光谱范围内）作为激发波长的函数

5.3.1　理想荧光光谱仪系统

　　只有了解仪器、设计、操作和校准要求，才能从给定样本中获取有意义的定量荧光光谱强度数据。理想荧光光谱仪是一种能够测量样本真实光谱的光谱仪；其应具备以下性能：

- 具有高灵敏度，理想情况下没有噪声信号；
- 能测量激发光谱和发射光谱，即在每个波长下发射的光子通量（photon flux）；
- 对拉曼散射和瑞利散射、杂散光（stray light）、溶剂荧光等干扰信号不敏感；
- 能针对光源光谱的不均匀输出以及单色仪和检测器的波长相关效率进行完全校正，从而获得"样本真实光谱"。

因此，从仪器设计的角度来看，理想荧光光谱仪应具备以下属性：

- 具有在所有波长下均产生恒定光子输出的光源；
- 具有以相同效率通过所有波长的光子的单色仪；
- 具有对偏振效应（polarization effect）不敏感的单色仪；
- 具有以相同效率检测所有波长的光子的检测器。

不幸的是，在任何荧光计或其他分光计系统的光路中，存在非常多的变量，以至于上述理想系统**根本不存在**；正是这个原因，仪器系统设计、校准和校正方法的仔细考虑至关重要。

5.3.2　荧光分光光度计基本设计

很多荧光分光光度计系统具有类似于图 5.7 中所示的典型配置。光源通常是稳态氙弧放电灯，与扫描单色仪耦合以形成可调谐光源。样本受到特定波长（λ_{ex}）光的照射，并使用第二个单色仪筛选样本发射的特定波长（λ_{em}）荧光，最后通常采用光电倍增管进行检测。

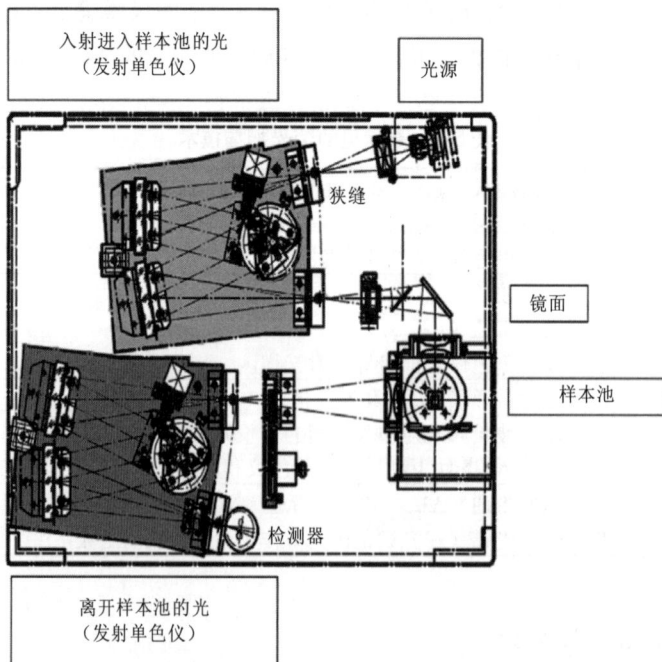

图 5.7　典型荧光分光光度计的配置

5.4 荧光的测量

5.4.1 定义感应体积和内滤效应

所有荧光测量都要求仪器提供光子源。这些光子由光源产生，通过激发单色仪进行特定激发波长（λ_{ex}）的筛选，激发单色仪也可选择特定波长通带（$\Delta\lambda_{ex}$）。对于水样，激发光源会照射到比色皿中通常以几何方式确定体积的样本上。在照射过程中，来自确定体积的发射光通过光学元件被采集，然后被检测和分析。激发体积和检测体积的重叠**定义了系统的感应体积**（sensing volume；图 5.8）。该体积内样本的化学性质、物理性质和分子性质将决定荧光信号的强弱。同时，荧光强度还取决于荧光团浓度、吸收系数及其量子产率。

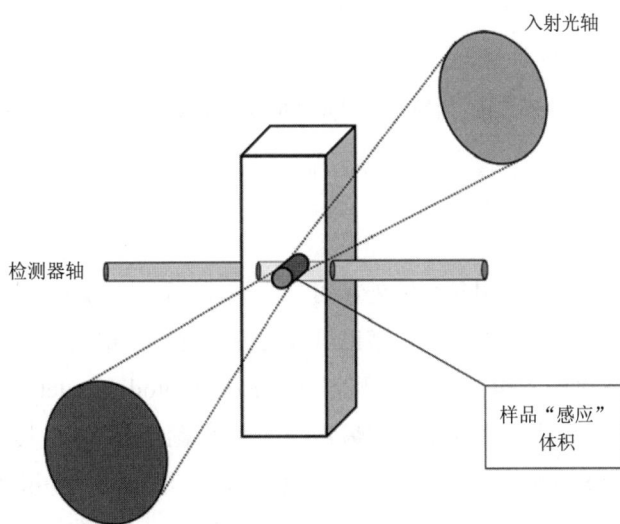

入射光轴

检测器轴

样品"感应"体积

图 5.8 样本感应体积

一般来说，样本需要稀释到一定程度才能进行荧光测量，例如 $\varepsilon cl < 0.01$。荧光团浓度的增加通常会提高测量的荧光信号电平（signal level）；然而，有时浓度增加会导致荧光信号的减弱，这被称为**内滤效应**，表现为荧光信号被样本或其基质重新吸收（例如，一个荧光团的发射被另一个荧光团分子重新吸收），或者同时感应体积发生变化，因为在整个感应体积内，激发光的强度并不恒定。这可能导致很少或没有激发光到达检测体积。这种现象是比尔-朗伯定律的直接结果。如图 5.9 所示，激发光在高浓度荧光团溶液中会发生强衰减，因此通过样本比色皿感应体积或光程长度到达比色皿中心的光更少。内滤效应不仅会改变发射光的强度，还会改变发射光谱，并可能是一个重要的误差来源。如果要进行高浓

度荧光团的测量，必须认真考虑通过适当的样本几何形状或其他校正手段来消除上述影响（Parker，1968）。

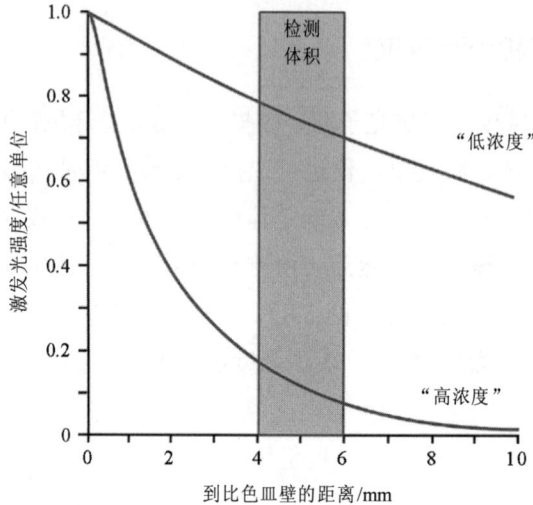

图 5.9 内滤效应如何影响感应体积的发光

5.4.2　连续光源

　　大多数光致发光仪器都使用具有紫外和可见光波段的高光强连续光源。连续光源具有与波长有关的光强曲线，而且光强和光谱也可能随时间变化。据此，现在很多荧光光谱仪系统都配备了 1 个参比硅光电二极管检测器（silicon photodiode detector），检测入射到样本上的部分激发光。台式荧光计系统中最常用的光源是氙短弧灯，其具有光强高、紫外（220 nm）到近红外（800 nm）几乎连续的光谱特性，并叠加了一些精细结构。该光源在 800～1 000 nm 存在显著的线光谱，并且在红外波段（2.6 μm）也有很好的光输出。氙灯弧长短（75～450 W 灯的弧长为 0.5～2.7 mm）且通量密度高。它有多种封装材料可供选择以允许 185 nm 波长的光的输出，并且具有较长的工作寿命，最长可达 2 000 h。

　　通常，氙灯使用直流电源，但脉冲版本可提供脉冲电流宽度 1～10 μs 的光源进行时间分辨测量，用于磷光研究。氙灯可提供比激光器更高的光谱通量密度，其可输出接近太阳 6 000℃的光谱，其是很多实验的理想太阳模拟光源。使用弧光灯时需特别关注外壳材料（允许输出特定光谱范围光源的材料）、臭氧消散以及交流电对噪声、冷却、弧隙（arc gap）和灯寿命的影响。虽然氙灯是大多数荧光仪器的首选灯，但其电源系统较为复杂，包含 1 个点火电路来触发电弧以及 1 个设计良好的灯壳来提供适当的灯管冷却。此外，考虑到强紫外光可能对眼睛和皮肤产生危害，需要额外关注灯具的强紫外光特征。

　　灯管的光谱分布取决于灯管的工作条件和年龄（使用小时数）。同时，电源的设计应能确保光输出的稳定性。在通常情况下，氙灯输出的短期漂移和长期漂移在 0.2%～5%之间，具体取决于制造商和灯的具体用途。对于荧光仪的测量来说，5%的光稳定性是无用的，因为在常规测量中，荧光信号会随着灯的波动而同步移动至少 5%，这使得定量的光谱分析变得困难。高质量的荧光计应显示至少小于 0.5%的灯波动，即使在这个水平上，参比光电二极管仍然是非常有用和必要的性能监测器。氙灯的典型光谱输出如图 5.10 所示。因此，如果灯的强度发生变化，那么荧光信号水平也会发生变化，需要考虑灯漂移、噪声波动和灯光谱输出随时间的变化。

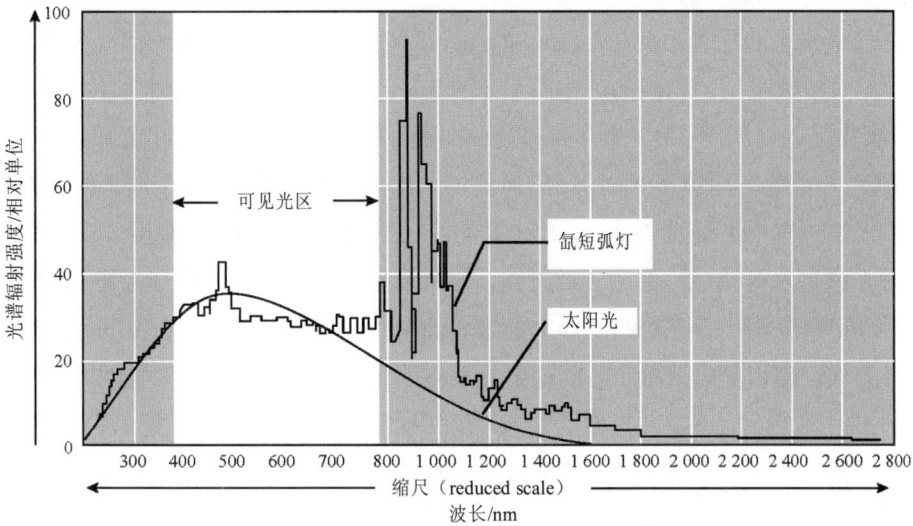

图 5.10　典型 Osram XBO 氙灯和太阳光辐射强度的光谱分布

5.4.3　单色仪和滤光片

所有的光谱技术都需要能将特定波长的光传送到样本的方法，以及能在照射期间分析从样本发出的光的方法。更重要的是，还要从所有潜在干扰信号中分离出"真实"的分析物信号。在大多数情况下，上述过程都是基于区分不同波长而实现的。很多方法可提高测量的选择性，包括时间分辨技术、偏振和位置灵敏度。然而，最常见的波长区分方法是基于色散方式或非色散方式的。

单色仪和摄谱仪是使用最广泛的色散仪器。它们包括色散元件，例如棱镜（prism）或衍射光栅（www.newport.com），以及能将较小范围内波长的光从多色光源（例如氙灯）分离出来的图像传输光学器件。与单色仪一起使用的检测器通常是单通道大面积器件。摄谱仪利用固定光栅几何结构和多检测器元件组成的线性阵列来监测光谱范围。基于光栅的单色仪和摄谱仪有适用于光谱范围为 10 nm～20 μm 的多种配置可供选择。基于棱镜的商业化单色仪产量日趋减少，因此此类系统变得稀缺，仅在一些专用摄谱仪中常见。

　　衍射光栅是具有紧密间隔凹槽的平面元件或凹面元件。当被准直辐射（collimated radiation）照射时，光栅充当多缝光源（www.newport.com）。不同波长的光在不同角度被衍射和相长干涉。大多数现代光谱仪使用凹槽密度为每毫米 75～3 600 个凹槽的反射光栅，具体取决于所需的光谱范围和波长分辨率。光栅类型按照其生产方法可分为刻划（ruled）光栅和全息（holographic）光栅。利用高精度刻划机复制母光栅（master grating）以制作刻划光栅。将干涉图案投射到光刻胶板上并对其进行显影以产生图案，从而制成全息光栅。全息光栅具有本质上完美的凹槽图案，几乎完美地消除了虚假线条或重影，并显著改善了杂散光抑制（www.horiba.com）。

　　单色仪最常见的配置之一是 Czerny-Turner 配置（图 5.11）。尽管还有很多其他配置可供选择，但大多数采用了相同的工作原理（图 5.11）。Czerny-Turner 单色仪的工作原理是：光（A）聚焦在入射狭缝（B）上，并通过曲面镜（C）进行准直。准直光束被可旋转光栅（D）衍射，并由第二面镜子（E）在出射狭缝（F）处重新聚焦。每个波长的光在狭缝上聚焦到不同的位置，而通过狭缝（G）透射的波长取决于光栅的旋转角度。

　　入射光穿过入射狭缝，并达到准直镜，该准直镜将入射光转换成一束平行的多色光，然后投射到衍射光栅上。光栅围绕一个经过其面中心平面旋转，从而在空间上将入射光的光谱进行分离。使用聚焦镜将产生的衍射光聚焦到出射狭缝上。每个波长的光以特定的角度入射到出射面上，通过旋转光栅位置，可以扫描出射狭缝上的这些波长，并区分每个波长的光。光栅方程规定了每个波长的光通过出射狭缝所需的角度（图 5.12）：

$$\sin\alpha + \sin\beta = 10^{-6}kn\lambda \tag{5.6}$$

式中，k 是衍射级（diffraction order）；n 是光栅凹槽密度（每毫米凹槽数）；λ 是真空波长，nm。

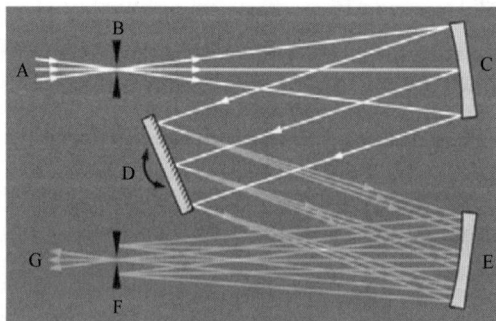

图 5.11　Czerny-Turner 单色仪。光（A）聚焦在入射狭缝（B）上并由曲面镜（C）准直。准直光束被可旋转光栅（D）衍射，并由第二面镜子（E）在出射狭缝（F）处重新聚焦。每个波长的光在狭缝上聚焦到不同的位置，而透过狭缝（G）透射的波长取决于光栅的旋转角度（http://upload.wikimedia.org/wikipedia/commons/e/e8/Czerny-turner.png）。

式（5.6）说明在具有更高衍射级的光栅角度下存在重叠的光谱级。例如，如果在 750 nm 处测量一级信号，则还可分别在 375 nm 和 250 nm 处测量到二级光和三级光。该现象很重要，可以通过使用色散元件或滤波器从采集的信号中分离或去除上述额外的二级光或三级光。此外，衍射级在方向上可以是正的或负的（www.newport.com）。在负衍射级情况下，单色仪会表现出逆衍射效应（retro-diffraction effect），在出射狭缝处叠加错误的光谱输出信号（www.newport.com）。为便于说明，光栅方程可以用图 5.12 表示（Fortin，2008）。

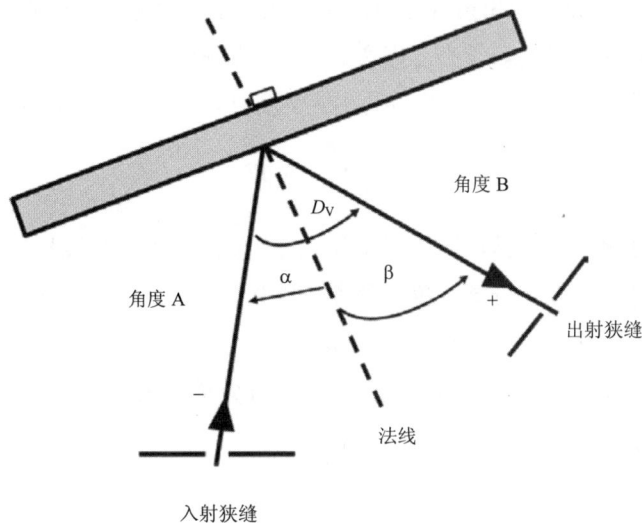

图 5.12 光栅方程的图形显示（Fortin，2008）

狭缝本身在决定单色仪的光谱分辨率和通量方面起着重要作用。在大多数情况下，入射狭缝和出射狭缝的位置是固定的，但宽度是可调的。典型的狭缝宽度可以从几微米到几毫米不等，但是出射狭缝和入射狭缝通常采用相同的宽度。单色仪有几个重要特性，如线色散（linear dispersion）、立体角 f 数（f-number of solid angle）、分辨率、杂散光抑制和通量因子。下面将详细介绍上述因素。

- 线色散（D_L）是两个波长在焦平面（focal plane）上（即图 5.11 中出射狭缝处）的空间距离，$D_L = \mathrm{d}x/\mathrm{d}\lambda$。更常用的形式是倒数线色散（$R_L$），因为它能表示焦平面内单位距离内的波长变化，即

$$R_L = \frac{1}{D_L} = \frac{\mathrm{d}\lambda}{\mathrm{d}x} \tag{5.7}$$

- 实际仪器中的极限孔径（limiting aperture）决定了立体角 f 数（Arecchi et al.，2007）。光学系统的 f 数可以简单地定义为焦距（focal length）除以有效孔径。通常立体角 f 数由衍射光栅本身决定，因为这是仪器中最昂贵的元件。较低的 f 数通常与较高

的光采集功率或通量相关，因为采集的光（或通量）与 f 数的平方成反比。光采集效率是光学元件与物体形成的立体角。f 数表示了这个角度，即 $f/\# = l/d$，其中 l 为距离，d 为镜头直径。

- 当极限孔径为 L、投影面积（projected area）为 A，准直镜焦距 f 与 f 数（$f/\#$）关系表示为 $f/\# = f/L$ 时，则立体角（Ω）为

$$\Omega = \frac{A}{f^2} = \frac{\pi}{4(f/\#)^2} \tag{5.8}$$

- 光谱带通（S_λ）是指从出射狭缝射出单色光的半高全宽。带通是由单色仪色散（R_D）控制的，若狭缝宽度非常小，需考虑衍射效应和像差（aberration）。光谱带通最终定义了仪器的分辨率，对于给定的狭缝宽度 W，光谱带通可以由以下公式给出，即

$$S_\lambda = R_D W \tag{5.9}$$

- 单色仪的分辨率与光谱色散密切相关。色散度决定了两个波长之间的距离，而分辨率规定了是否可以区分这种色散分离。瑞利判据（Rayleigh criterion）指出，如果一条单色光谱线（λ_1）的中心最大值落在另一条单色光谱线（λ_2）的衍射最小值上，那么两个波长（λ_1 和 λ_2）的单色光就可以被分辨出来（见图 5.13）。因此，光谱分辨率可以被定义为

$$\Delta\lambda = \frac{\bar{\lambda}}{D_a W} \tag{5.10}$$

式中，$\bar{\lambda}$ 是两条单色光谱线之间的平均波长；D_a 是系统的角色散（angular dispersion）；W 是狭缝宽度。

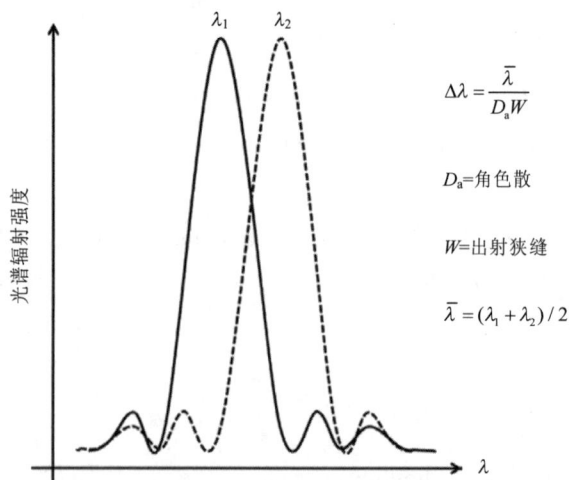

图 5.13　分辨双峰的瑞利判据

- 杂散光可以定义为通过单色仪除所选光谱位置和带通以外的任何辐射。在许多情况下，杂散光指标是通过以下方式确定的：以测试光源（通常为激光谱线）为基准，在距离该光源光谱位置整数倍带宽值的位置处，测量该位置透过的辐射量相对于光源原始位置辐射量的比值。例如，典型杂散光的测量方法包括：首先利用激光器照射单色仪光栅；然后，在激光波长和距离激光波长 8 个波段的另一个波长分别进行强度测量，后者与前者的比值被认为是该判据下系统的杂散光。

　　然而，这种方法对于正常使用单色仪作为宽带可调谐光源或宽带检测系统而言是不现实的。通常，杂散光很难测量，因为其在很大程度上取决于波长、所用带通和光源类型。5.4.8 节关于仪器性能验证的部分进一步讨论了上述问题。

- 单色仪的光通量取决于光源、狭缝高度、收集立体角、光学器件透射因子以及入射狭缝和出射狭缝宽度的卷积（色散）。聚光能力（light gathering capacity，LGC）被定义为

$$LGC = \frac{\text{height}_{\text{slit}}(\text{mm})}{(f/\#)^2 * \text{dispersion}\left(\dfrac{\text{mm}}{\text{mm}}\right)} \tag{5.11}$$

5.4.4　偏振效应

　　单色仪和其他光学元件中的偏振效应会给荧光计系统的整体操作和校准带来很大困难。同时，偏振元件（polarizing element；如偏振滤光片或 Glan-Thompson 偏光光学器件或 Glan-Taylor 偏光光学器件）的引入对于荧光偏振或各向异性的测量至关重要。

　　反射衍射光栅（reflection diffraction grating）的介绍较为完善（www.horiba.com，www.newport.com），并且其表现出强烈和复杂的偏振效应。在某些波长下，光栅可能会在 S 偏振面（polarization plane）或 P 偏振面中表现出衍射效率。一般来说，这对通常以非偏振光为输入光的单色仪传输总功率几乎没有影响，但离开单色仪的单色光束在某种程度上将被部分偏振，其程度可能强烈依赖波长。上述影响会导致谱移、信号丢失以及光谱信号中的一系列其他**误导性**伪影（misleading artefact）。图 5.14 显示了两组典型的衍射光栅效率曲线，来自两个母光栅，两个母光栅均用于 1 200 g/mm 和 500 nm 的闪耀光栅（blazed grating），偏振角为 45°（图 5.14 上部分）以及 S（垂直）偏振面和 P（平行）偏振面（图 5.14 下部分）。

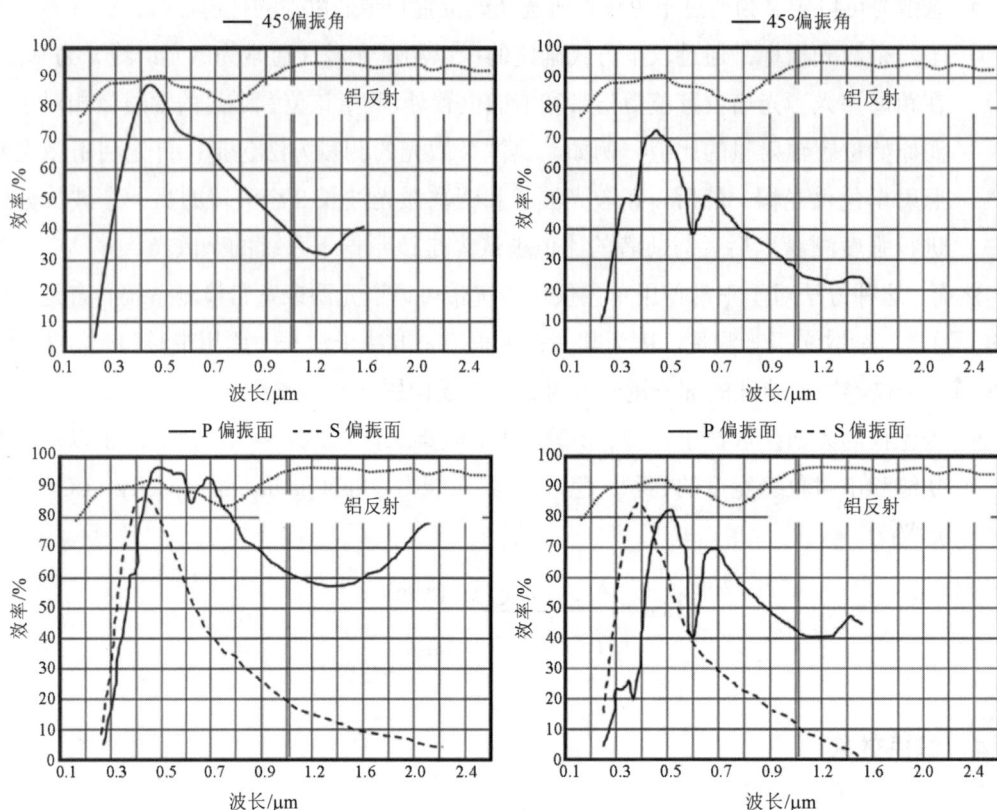

图 5.14　1 200 g/mm、500 nm 闪耀光栅衍射光栅效率曲线实例

非色散元件（如滤光片）广泛用于所有光谱方法，尤其是荧光测量，并且基于吸收或干涉。市面上有波长超过 200 nm 的滤光片出售，并有多种类型，如带通、截止、吸热、热反射等。最常见的类型包括：

- 干涉型带通滤光片由带通波长和带通宽度来定义。通常使用这种滤光片来选择波长，即对荧光的激发波长和发射波长采用了不同的带通滤光片。带通的典型值为 10～50 nm。滤光片可以提供很好的带通抑制，但限制了光谱仪的灵活（可便携）性。
- 截止滤光片（cutoff filter）能吸收所有短于或长于某波长的辐射。截止波长是滤光片最大透光率的 50% 的光谱位置。
- 中性密度（neutral density，ND）滤光片在 180 nm～2.5 μm 光谱范围内具有较小的波长选择性。中性密度透光片透过入射光特定百分比的光强；透光率可以非常精确，以抑制饱和光，从而允许测量强光信号。使用中性密度滤光片可以在测量系统中实现更大的动态范围。

需要校准在荧光计的光通道中所有滤光片的透射性质，因为其在不同波长下的光谱响应（spectral response）并不是恒定的，即便中性密度滤光片也是如此。

5.4.5　检测器

辐射检测器能将测量中的辐射功率转换为可处理、记录和显示的电信号。在光谱系统的所有子组件中，检测器的性能和成本差异最为显著。

检测器主要有三类：光子检测器、热检测器和多通道检测器。光子检测器响应光子的到达率，并具有随波长变化而变化的光谱响应，而不是像热检测器那样响应光子能量，热检测器表现出近乎均匀的波长响应。所有检测器的性能标准包括光谱范围、单元件或阵列的排列、所需检测器面积、可接受的信噪比（signal-to-noise ratio，SNR）和动态范围。

对信噪比的要求直接决定了仪器的成本。很多公司都能提供多种检测器。实际上，有数千种光电倍增管类型、阵列检测器（array detector；线和二维阵列）、半导体光传感器（semiconductor light sensor）和热红外检测器（thermal infrared detector），光谱范围从 150 nm 到超过 40 μm。检测器类型的选择通常取决于波长范围。

检测器的响应度是输出信号电平与入射辐射功率之比（A/W）的函数，而检测器的灵敏度可以根据信号输出相对于入射辐射功率变化的变化率来表征。当响应表现出非线性时，灵敏度的细微差别很重要。对于所有光子检测器和很多热检测器，检测器的响应度和灵敏度都与波长有关，由此定义了检测器的光谱响应。检测器的灵敏度也随其他变量的变化而改变，这些变量包括温度、施加的偏置电压（bias voltage）和信号处理电路中的其他组件。一些检测器（例如光电倍增管）具有不同的输出模式，如模拟模式（电荷或电流）或光子计数模式（脉冲率）。因此，不仅要注意检测器的选择，还要注意如何在数据采集方案中使用检测器。

光检测器的响应速度和记录快速变化信号的能力的差异很大。检测器的上升时间对于许多应用很重要，根据检测器类型的不同，上升时间从小于 1 ns 到几秒不等。在没有任何光输入信号的情况下，检测器仍然会产生输出，这与检测器或系统固有的暗信号（dark signal）和暗噪声（dark noise）有关。即使没有光子进入器件，流过所有光敏器件的相对较小的电流也会引起暗信号。暗噪声与对检测器固有电流产生贡献的光子数量的波动有关。特别是这些光子都是相互独立的（随机的）；因此，上述信号的特性因检测器类型和操作模式的不同而有很大差异。在从目标光信号中减去上述固有的"系统噪声"之前，了解与暗信号相关的噪声和可能的漂移非常重要。

商业荧光计系统采用的主要光子检测器包括光电倍增管和光电二极管。光电倍增管是带有光电阴极（photocathode）的真空装置，将吸收的光子转换为发射的电子。该电子被吸引至电子倍增级（electron multiplier stage）。倍增增益取决于光电倍增管中释放二次电子的次数，即倍增级级数。信号在阳极被收集，并以持续几纳秒的电流脉冲形式输出。典型的光电倍增管增益在 $10^4 \sim 10^7$，其灵敏度甚至有可能达到检测单光子。对于光子计数来说，动态二极管链的设计是为每个光子提供独立的短脉冲。

光电倍增管的吸收表面由光电阴极材料构成，该材料决定了检测器的光谱范围和量子效率。光电阴极对较长波长光子的响应具有较低的功函数（work function），更易受到热成电子噪声信号的影响。因此，如果对 650 nm 以上的光子进行计数，有必要在合适的外壳中将检测器冷却至 –20℃ 或更低的温度。

光电倍增管因其出色的灵敏度和运行增益而成为荧光计的首选检测器。图 5.15 显示了几种光电倍增管检测器的典型光谱响应曲线。

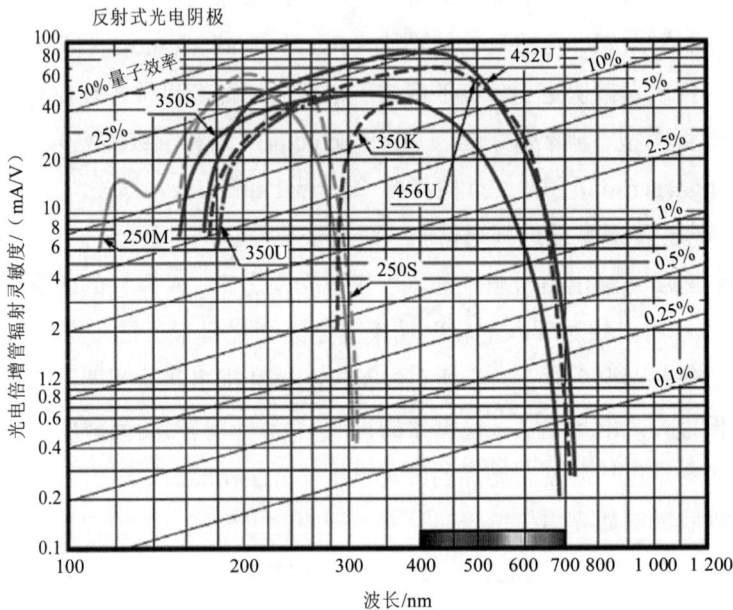

图 5.15　几种光电倍增管光电阴极类型的辐射灵敏度；虚线是倍增电极链中的特定增益。

光电二极管检测器基于光子在 P-N 结二极管（Skoog，1998）中的吸收以及通过将电子从价带（valence band）提升到导带（conduction band）而在耗尽层（depletion layer）中产生电子-空穴对（electron-hole pair）的原理制成。硅光电二极管对从紫外到近红外（1.1 μm）的光谱均具有良好的响应，并且由于硅光电二极管没有内部增益，此类光电二极管的响应灵敏度远低于光电倍增管。在构成固态光检测器的单光子雪崩二极管（single-photon avalanche diode，SPAD）反向偏置 P-N 结中，光生载流子（photogenerated carrier）可以通过碰撞电离机制触发雪崩电流（avalanche current）。该类型光电二极管能够检测低强度（低至单光子）以及间隔几十皮秒的光信号（Niclass et al.，2005）。即便如此，硅光电二极管仍具有坚固耐用的特点，且线性度（linearity）在 7 个数量级的入射辐射功率范围内依然表现出色，并且其尺寸小，时间响应优异，因此其非常适合用作激发通道监视仪的检测器。图 5.16 展示了此类检测器的典型光谱响应度。

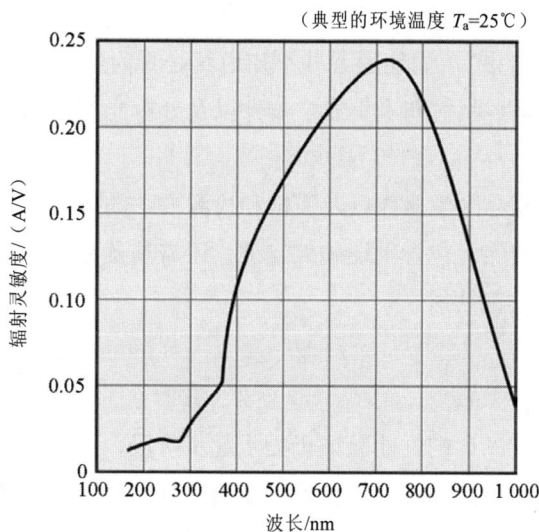

图 5.16 大面积硅光电二极管检测器的辐射灵敏度

5.4.6 测量系统：数据采集电子学和软件

光谱测量需要监控、存储和分析检测器的输出信号。因此，信号处理和读取系统对测量系统的整体性能极为重要。特定类型的信号处理取决于输出信号的形式、预期的噪声源和信号电平本身。信号处理步骤涉及多种转换，例如电流电压转换、模数转换（analog-to-digital conversion）、信号放大或一些旨在改进信噪比测量的数学运算。

大多数检测器的输出都以模拟模式呈现。光电倍增管是个例外，其也可用于光子计数模式。几乎所有的测量都是通过使用模数转换器（analog-to-digital converter，ADC）将检测器的模拟输出转换为数字域以供后续处理、分析和显示。即使在数字测量中，通常也需要对一些条件进行调节，例如对模拟信号进行过滤或放大，以使其适合 ADC 记录。在光子计数系统中，记录的信号是观察或计数的脉冲数。光子计数在辐照度信号相对较低的应用中特别有用，例如光致发光测量。

5.4.7 数据收集、显示和分析软件

最基本的光谱软件必须可靠、高效地收集和存储数据，同时尽量减少硬件性能的损失。随着日常活动中光谱学复杂性和重要性的增加，软件变得越来越重要。如今，软件往往需要具备足够的灵活性以适应不同应用场景，同时又要对越来越多的光谱学背景薄弱的用户来说足够简单。复杂度较高的软件包在数据显示和分析方面能为用户提供多种选择，包括能够记录、显示、计算，以及利用激发通道和发射通道的光谱响应曲线。此外，软件必须具有适当的灵活性，可在不同操作条件下提供诸如光谱带通、扫描步骤、信号电平等变化

的校正曲线。这项任务并不简单，对细节的关注至关重要。制造商的仪器软件经常像"黑箱"一样运行并呈现"结果"，而使用者并不知道其是否为"真实"结果，或者其是否受到仪器间因光源光谱性质、照射和采集光学器件以及分析光谱仪和检测器波长性能引起的光谱变化的影响。

光源、光鉴别器、耦合光学器件以及采样和检测方法的成功组合提供了最佳的测量系统。成功的荧光测量仪器除了包含上述硬件包外，还需具备完整且功能强大的软件分析包以及准确的仪器校准和校正功能。

5.4.8 仪器性能验证

在很多实验室中，荧光计的性能验证仍处于起步阶段，用户往往未考虑仪器操作中所涉参数的影响，主要是因为他们误以为仪器制造商在其软件中已经考虑了上述问题。实际上，仪器性能验证必须由用户负责，以确保仪器满足用户的使用需求且不会随时间漂移。考虑到这一点，用户可以通过以下一项或多项进行一系列标准测量：

- 仪器校准标准——物理源，如线灯和钨灯发射，已知的与仪器无关的标准光源等；
- 应用标准——例如与光谱匹配的和已知的荧光团，其性质与被测样本的性质接近。

在很多情况下，荧光定量评估通常针对某溶剂中某"标准"荧光团浓度对仪器响应强度进行校准。滴定型实验是"校准"仪器常用的方法，但该方法严重依赖对荧光团纯度、溶剂纯度、初始浓度测定、稀释方法、pH 和温度控制等的精确测定。整个过程充满了潜在的随机误差和系统误差，仅适用于当时的特定仪器。

实际上，仪器的长期稳定性是制造商和用户都关心的关键问题之一。因此，需要进行每日甚至仪器间的验证。实现这一目标最熟知的方法之一是进行"水拉曼测试"（water Raman test）。假设水样纯度非常高，并且被装在一个完全密封的比色皿中以防止污染物进入，那么该测试在 400 nm 以下的波长下是可靠的。其原因是拉曼信号的强度变化了 $1/\lambda^4$，因此在较长的激发波长下，荧光信号显著降低。对于很多制造商来说，水拉曼测试及其所得的信噪比成为衡量他们仪器性能保证的标准。并非所有制造商都以相同的方式记录此信号或计算信噪比，因此在精确定义和比较时应格外注意。表 5.5 给出了一些测量条件和分析方法的建议，用于根据总信号和水拉曼测试信噪比对仪器性能进行常规评估。水的拉曼光谱如图 5.17 所示。

表 5.5 水拉曼测试的信噪比测量与分析

测量条件	激发波长：$\lambda_{ex} = 350$ nm，$\Delta\lambda_{ex} = 5$ nm 发射扫描：370 nm$<\lambda_{em}<$460 nm，$\Delta\lambda_{em}=5$ nm 积分时间：每步 1 s，步长 $\delta\lambda=1$ nm
分析方法	信号=397 nm 处的峰值信号 – 平均背景信号 信噪比：450～460 nm 范围内的信号/背景噪声比值

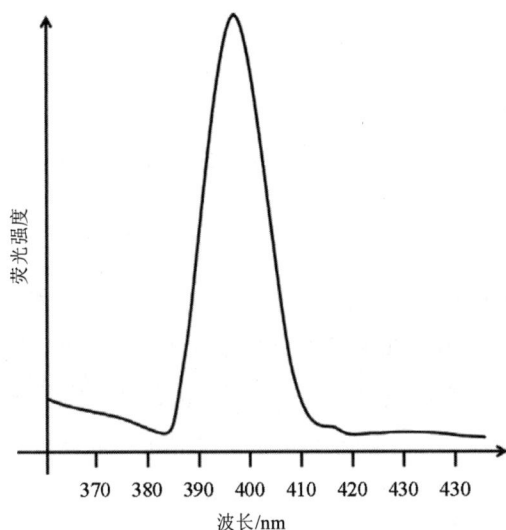

图 5.17　350 nm 激发波长下水拉曼测试的典型光谱

5.4.9　线性度、信噪比和动态范围

光谱仪器的动态范围非常重要，因为它允许仪器测量波长间隔可能很近的弱信号和强信号。有几种方法可以考虑动态范围，方法虽然简单，但并不总能反映真实情况。对于任何仪器，关键的性能指标是可以在不失真的情况下测量的最大信号以及噪声电平，也就是信噪比最大值或仪器的动态范围。

对于荧光计，噪声电平由几个因素决定：

- 光电倍增管检测器的噪声电平
- 氙灯的稳定性，即激发光波动或噪声电平
- 仪器在目标波长下的杂散光情况

与以模式信号为输出的同类产品相比，单光子计数荧光计具有出色的动态范围。如果信号是重复的，现代荧光计中的典型光子计数器能够达到每秒 100 兆的计数（Mega counts per second，Mcps）。在理想情况下，两个光子事件由适当的鉴别器识别并计为两个事件。然而，在实际情况中存在两个问题。首先，入射光子率是随机的，为了能够区分光子脉冲，需要降低可用计数率；其次，监测器的时间响应有限，导致每个光子的脉冲宽度是有限值的。因此，十分有必要区分两个脉冲，即脉冲对分辨率（pulse-pair resolution）。如果光子脉冲之间的时间小于或等于解析两个光子脉冲的时间，那么它们看起来像一个"单一"事件并且丢失信号。系统在识别第一个脉冲之后无法区分下一个光子脉冲，即堆积（pile up）现象，无法区分两个脉冲的间隔时间被称为系统的死区时间。在这种情况下，随机信号的可用计数率由下式给出：

$$I_p = \frac{I_m}{2.718(I_m \cdot D_t - 1)} \tag{5.12}$$

式中，I_m 是最大可能计数率；D_t 是系统的有效死区时间。

因此，如果最大可能计数率为 100 Mcps，死区时间为 26～27 ns，则最大实际信号计数率约为 22 Mcps。

对于光子计数，光电倍增管暗噪声级定义了仪器的噪声级别，这取决于检测器本身的运行条件，如检测器光电阴极类型、施加的高压、分压器布置和鉴别器阈值。通常，对蓝色敏感的光电倍增管的噪声电平低于每秒 100 计数（cps），而对红色敏感的检测器，由于光电阴极的功函数较低且固有的暗噪声电平较高，因此在室温下噪声电平可能会高 10 倍。然而，常规冷却可以将暗计数水平降低到每秒 1 个光子。因此，荧光检测系统的性能通常根据其在动态范围内的信噪比性能来定义（表 5.6）。

表 5.6 光子计数设备的典型信号、噪声和动态范围特性

方法	峰值信号	噪声	动态范围
典型的光子计数系统	4～22 Mcps	100 cps	40 000～200 000：1

5.4.10 扫描速度和灵敏度

波长扫描速度通常是荧光光谱仪系统的主要技术指标。很多用户将此看作在短时间内进行大范围测量的能力。因此，高扫描速度被认为是有利的。然而，如果仪器在该扫描速度下进行样本测量时无法达到合理的信噪比水平，则高扫描速度毫无意义。这是众所周知的速度与精度或速度与灵敏度的权衡问题。尽管"扫描速率"（scan rate）和"压摆率"（slew rate）有明显不同的含义，但两个术语时常互换（表 5.7）。制造商可能会用压摆率来证明波长的高变化率，但实际上，扫描速率才是重要的参数。

表 5.7 压摆率和扫描速率的定义

扫描速率	表示在两个波长之间扫描光谱的连续速度
压摆率	表示波长的最大变化率

扫描速率由以下 3 个因素决定：
- 单色仪光栅的机械转速
- 单色仪的焦距
- 光栅的凹槽密度

焦距和凹槽密度决定了单色仪的倒数线色散，或者说在单色仪的输出平面上，有多少光谱被分散到特定的距离上。因此，短焦距的单色仪与粗刻划衍射光栅可以产生相对较高的扫描速率。

与较长焦距单色仪相比，短焦距单色仪的分辨率可能较差。此外，粗刻划光栅会产生低光谱分辨率的输出。因此，要确定仪器的等效扫描速率，必须了解和比较焦距和光栅参数。最终，必须在扫描速度、光谱分辨率和系统灵敏度之间进行权衡。许多荧光计将扫描速率分为非常慢、慢、中、快和非常快等几个等级，同时它们又声称其最大扫描速率可达30 000 nm/min 或更高。因此，扫描速率和/或最大扫描速率几乎没有实际意义，并且几乎不可能确定仪器在这方面的真实。实际上，大多数用户会根据信噪比来选择与其测量要求相符的扫描速度和狭缝宽度，他们所做的选择通常是对光谱质量的定性评估，而不是考虑定量要求。

与传统的荧光计相比，单光子计数荧光计具有多方面的性能优势。其中最重要的是其使用单光子计数作为测量技术。这使得单光子计数荧光计具有无与伦比的灵敏度，意味着它可以更快地收集数据、测量更多样本或在更低浓度下更准确地工作。同时，仪器的扫描能力意味着可以测量更多的数据；并且限制了样本的曝光时间，降低了光漂白或样本随时间的降解而破坏样本和结果完整性的可能性。单光子灵敏度允许用户分析低浓度的样本，这是使用非单光子计数仪根本不可能实现的。如果来自样本的发射信号很强，那么较短的积分时间能够实现快速扫描，可在保持相同精度水平的同时节省测量时间。测量信号越强，统计噪声越低，信噪比越好，因此精度越高。许多荧光检测系统采用光电二极管阵列检测器（例如高效液相色谱）。这些系统提供了单光子灵敏度，因为出射狭缝宽度实际上是实际阵列中的单个元件，例如 25 μm，因此分辨率较低。然而，关于光电二极管阵列检测系统的深入讨论超出了本章的范围。

5.4.11　波长精度

波长精度是光谱仪系统的基本要求，应定期检查。检查波长精度的常规方法是使用合适的线光源灯（例如低压汞灯）进行测量。该灯提供了一系列离散光线，可用于系统波长校准以及波长线性验证。同时该灯可用于验证光栅转台（grating turret）操作的正确性和可重复性。

低压汞灯的发射线如表 5.8 所示，用于校准的常用波长以粗体突出显示。

大多数单色仪系统使用步进电机（stepping motor）驱动机构。这些步进电机以称为步进的离散角度增量运行。因此，可以通过记录来自灯的校准线位置进行波长校准，该位置是光栅零级起始步数［即光栅角度位置（angular position）］的函数。通常，光谱位置与步进位置的映射在形式上是线性的或接近线性的。使用直线或某种形式的多项式进行合适的拟合将产生波长与步长（角度）位置的校准曲线。使用上述方法，必须注意确保用于校准的所识别波长线的正确性。常见的错误是使用出现在二级光栅中的发射线，例如误认为在507.3 nm 处存在校准线，但这不是校准波长，而是由出现在 253.65 nm 处的发射线产生的。

表 5.8   低压汞笔灯的发射线，其中共同校准波长以粗体突出显示

波长/nm	波数/（cm⁻¹）	波长/nm	波数/（cm⁻¹）
253.652	39 424.14	434.749	23 001.76
265.204	37 706.84	**435.833**	22 944.58
265.368	37 683.53	**546.074**	18 312.55
296.728	33 700.90	**576.960**	17 332.23
302.150	33 096.17	**579.066**	17 269.18
312.567	31 993.16	708.190	14 120.50
313.155	31 933.09	1 013.976	9 862.17
313.184	31 930.12	1 357.021	7 369.08
365.015	27 396.11	1 367.351	7 313.41
365.484	27 361.01	1 529.582	6 537.73
366.328	27 297.95	1 707.279	5 857.27
404.656	24 712.33	2 325.307	4 300.51
433.922	23 045.60		

汞元素发射线也是检查仪器光谱分辨率和扫描重现性的有效手段。例如，图 5.18 显示了研究级荧光计获得的光学分辨率。

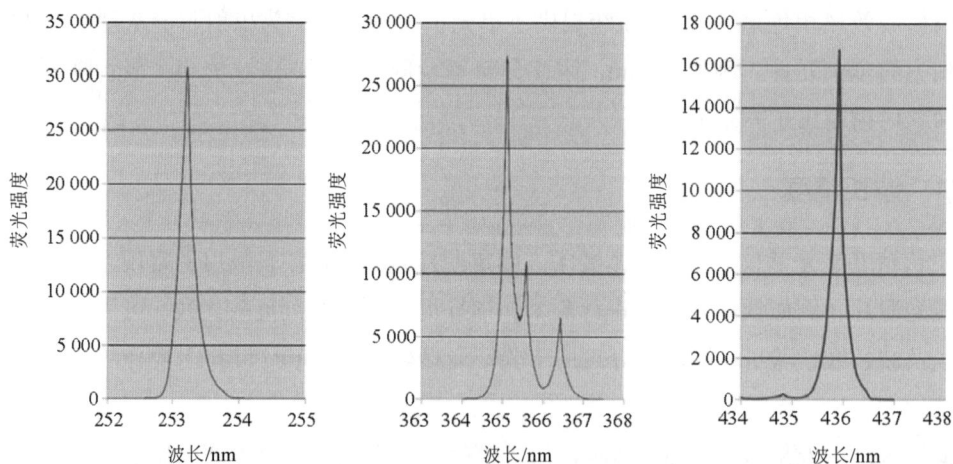

图 5.18   253.6 nm、365.0 nm 和 435.8 nm 处的典型光学分辨率图。分辨率优于 0.1 nm 半峰全宽（FWHM）；435.8 nm 是制造商指定的光谱分辨率的常见波长，通常使用 1 200 g/mm 光栅。

扫描重现性本质上与机械设计、制造和测试质量有关。对于研究级仪器，波长位置的精度和扫描重现性应等于或超过 0.2 nm。图 5.19 强调了扫描重现性的重要性。

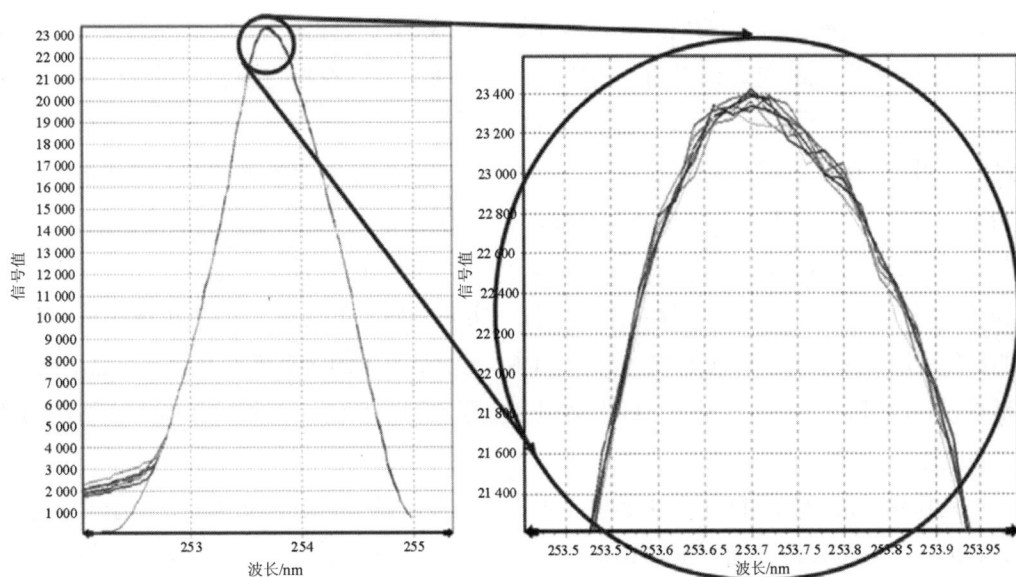

图 5.19　重复扫描 253.6 nm 低压汞灯光线确定扫描重现性。对峰特征的典型检测表明，波长扫描具有极好的重现性（＞0.2 nm）。

5.4.12　带通选择

应用于单色仪的光谱带通将决定荧光光谱仪是否能够准确记录发光样本的激发或发射光谱形状。带通由所用的狭缝宽度以及单色仪中的衍射光栅参数决定。较大（或较宽狭缝）的带通意味着较低的光谱分辨率，而较小的带通（即较窄狭缝）将带来较高的光谱分辨率。同时，光通量会随着带通的变化而变化。根据经验，带通增加 1 倍将使信号电平增加 4 倍。出于这个原因，许多人将光谱带通而非适合的中性密度滤光片作为控制输出给检测器的光强度的手段。简而言之，根据经验调整狭缝宽度并基于强度和形状测量光谱。然而，在使用这种方法时必须非常小心，以免丢失重要的光谱信息。例如，如果光谱具有多峰（multiple peak）或小肩（small shoulder）效应结构，则应将带通调整到适当大小，以准确记录和保持上述光谱特征的完整性。

应该选择适合光谱特征的带通。这取决于样本的光物理学、化学和生物学，以及激发和发射峰波长的接近度（即光谱接近度）、样本引起的所有散射。在理想情况下，应使用不会扭曲光谱特征的最宽带通，以确保测量中的最佳信噪比。最后，重要的是要注意带通和分辨率不是同一个量。如果带通等于狭缝宽度乘以倒数线色散，并且狭缝变窄到无法观察到带通的进一步改善时带通等于分辨率。

5.4.13　杂散光

根据光栅方程，单色仪或光谱仪系统中的杂散光是从光栅衍射以外的任何位置到达单色仪像平面（image plane）的所有光，即通过单色仪的波长间隔 $\lambda_0 \pm \Delta\lambda$ 之外的任何光，其中 λ_0 是波长设置，$\Delta\lambda$ 是光谱带通。通常，杂散光表示为：在特定波长下通过出射狭缝的总光强与另一波长下通过出射狭缝的总光强的比值。在某些情况下，杂散光可用从特定激光谱线穿过 x nm 狭缝的相对光强表示。还可以通过窄线或宽带光谱源的近端或远端方法证明杂散光性能。很明显，光学系统制造商以不同的方式测量和认定其产品的杂散光性能。因此，用户通常难以直接比较一个设备与另一个设备的杂散光性能。最终，用户在特定照明和光谱条件下开展单色仪杂散光性能的验证实验是确定其是否适用于实现相关实验目的的最佳手段。杂散光的产生有很多潜在原因。光学系统中的所有部件都会导致这个问题，包括挡板、隙缝、部分反射表面、内壁散射和光学材料的荧光。光谱仪系统所在房间的环境光也是杂散光源。

单色仪中的**散射光**是既不发生衍射也不被光栅吸收的光。这种光可能由衍射光栅槽的间距和形状的缺陷以及光栅表面的粗糙度引起。通过 3 个主要过程对来自光栅的散射光进行分类，如下：

- 由于光栅表面的微粗糙度，**漫散射光**（diffuse scattered light）在光栅前呈现为半球散射光。这是全息光栅的主要散射过程。对于一个特定波长，漫散射光的强度在衍射级附近比在衍射级之间高。因此，从单色仪射出的漫散射光的强度与狭缝面积成正比，也与 $1/\lambda^4$ 成正比。

- **面内散射光**（in-plane scattered light）是指在单色仪的色散面内无用的光，主要由光栅槽距或深度的变化引起。从单色仪射出的面内散射光的强度与狭缝面积成正比，也与 $1/\lambda^2$ 成正比。

- **重影光**（ghost light）主要是在机械刻划光栅中产生的散射光，并且是由刻划时凹槽间距的周期性误差引起的。其表现为背景信号的系统性周期性尖峰。全息光栅通常不会受到这种潜在散射问题的影响。

不是由光栅的散射光引起的杂散光被称为仪器杂散光。每个单色仪都会反射零级光，必须捕获这些光以减少整个仪器的杂散光的产生。类似地，来自其他衍射级的光也可能到达出射狭缝，从而产生杂散光。精巧的仪器设计特别是挡板的设计，以及正确的光学照度、锐利边缘最小化和"非光学"反射面均有助于最大限度地减少杂散光问题。

整体信噪比是仪器性能的关键指标，用于评估衍射光与无用光的比值。因为这是一种仪器功能，所以没有明确的经验法则来表明哪种光栅类型（刻划或全息）可以提供更高的信噪比。正是仪器的信噪比决定了系统的线性度和动态范围。

5.4.14　比色皿的清洗和操作

用于光谱测量的光学比色皿在材料、尺寸、形状和光谱传输特性方面存在差异。荧光光谱中最常用的比色皿尺寸是 10 mm × 10 mm × 45 mm，由石英玻璃（用于紫外到近红外光谱）、玻璃（可见光谱）或一次性聚碳酸酯塑料制成。当然，所选比色皿必须适合当前的应用和实验，在保证其干净的同时要非常小心地操作。

检查比色皿和溶剂在激发波长和发射波长范围内的透射率至关重要。应使用高质量吸收分光光度计来完成上述检查。毕竟如果没有光传输到样本或发射信号被阻挡进入荧光计的分析通道，则无法测得荧光。塑料比色皿因价格便宜、一次性使用无需清洁并且坚固耐用等而备受青睐。然而，这样的比色皿不适合于某些应用，例如：

- 其表现出较强的偏振效应，因此不适合任何涉及偏振器的测量。
- 其会被很多常用于荧光测量的有机溶剂溶解。

在大多数情况下，比色皿应带有塞子，尤其是当溶剂具有腐蚀性或挥发性时。这将有助于将溢出的可能性降至最低，以保持样本浓度。不应徒手（通常使用无粉手套）触摸比色皿的光学窗口，因为人的指纹会发出荧光。此外，仔细彻底地清洗石英比色皿和玻璃比色皿是精确测量的基础。为此，通常将比色皿浸泡于硝酸溶液中几个小时，然后用去离子水彻底冲洗。使用比色皿前，先用实验所用溶剂冲洗几次。清洗玻璃器皿的另一种方法是使用洗涤剂溶液进行清洗，但是有些洗涤剂中可能含有荧光团，从而干扰荧光分析。因此，对任何清洁剂的稀溶液进行荧光测定是必要的。同时，需要注意很多滤纸、衣服和纸巾都含有增白剂，它们会引入污染物荧光团。

5.4.15 溶剂和污染物

荧光团的荧光发射十分依赖其局部环境。因此，溶剂种类和纯度至关重要。溶剂选择不当会导致光谱偏移和峰形变化，并降低样本发射光。作为一种良好的习惯，应使用高纯度溶剂，并在使用前检查其吸光性质和荧光性质。应通过相关处理技术将储备溶液（stock solution）被污染的可能性降至最低，因为即使是极少量的污染物也可能导致明显的背景信号。因此，溶剂不应储存于塑料容器中，并应在使用前定期进行污染筛选。在使用荧光计对溶剂进行定期筛选时，还应留意分析光谱范围内来自溶剂或污染物的拉曼信号位置和强度。样本制备和处理的每个阶段都存在引入污染的可能性。痕量污染物足以破坏测量质量。比色皿和相关玻璃器皿的清洗不充分、与样本接触的塑料部件浸出、不干净的移液器、指纹、脱气站的真空油脂、不纯的溶剂和溶质以及旧的储备溶液等都可能污染样本，从而产生错误的荧光信号。

5.4.16 背景信号：瑞利散射和拉曼散射

瑞利散射和拉曼散射效应可提供参考信号以实现样本间的比较；然而，其往往也是荧光信号相互干扰的根源。瑞利散射与小分子或颗粒的**弹性**散射有关，可以通过在激发波长的光谱区域内扫描发射单色仪而观察到。这会产生强烈的光信号，通常要尽可能避免，因为上述强信号会使光电倍增管检测器"失明"（饱和）。即便如此，在有些情况下，这种信号会在分析单色仪的一级光和二级光中出现，在激发-发射矩阵光谱中更加明显。

另一方面，拉曼散射本质上是**非弹性的**（Raman and Krishnan，1929），并且观察到的信号波长通常偏移到较低能量（较长波长）。在许多溶剂中，拉曼散射信号可能与观察到的荧光信号重叠。根据应用需求，这些信号可能是有利的，也可能是不利的。对于很多应用，拉曼信号可用作参考强度来比较样本间的荧光信号或确定仪器的日常"稳定性"（Mosier-Boss，1995）。关于水生环境荧光，水拉曼信号通常用作衡量仪器稳定性和内部归一化的标准。通常用装有去离子水的密封比色皿进行水拉曼测试，以尽量减少污染物对测量的干扰。

5.4.17　激发通道的光谱辐照度

荧光发射信号与激发光源强度有关。一般来说，对于稀释样本，假设样本不存在光漂白问题，荧光信号可以用式（5.13）表示。

$$F = 2.303kI\left(\lambda_{\text{ex}}\right)\varepsilon cl = k'\phi_0 c \tag{5.13}$$

激发通道包括强度随波长变化的光源、传输效率随波长变化的单色仪以及可改变波长分辨率的带通调节器。上述影响因素可单独或通过组合形式在样本上引入不同量的光。由于荧光强度与入射光强度成正比，所以很难确定观察到的荧光信号变化是缘于光源变化还是样本变化。因此，有必要根据入射到样本上的相对光量来描述激发通道的特性。为此，要对荧光计的激发通道进行校准，以确保激发光谱的光强和波长位置正确。激发光强度水平的可能改变超过 2 个数量级，并且有几个凹陷和尖峰出现，这将导致测量误差。图 5.20 显示了荧光计样本位置处的典型**未校正**激发光强度分布。

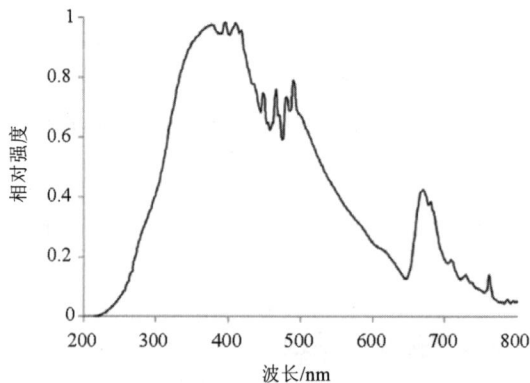

图 5.20　荧光光谱仪激发通道的相对强度与波长的关系

大多数现代荧光光谱仪都有监测激发光强度随波长和时间变化的方法。这项任务通常使用分束器（beam splitter）来分离一小部分激发光，并使用某种形式的光子检测器（如光电二极管、光电倍增管或量子计数器）来记录该信号。最初，这种参考检测器（reference detector）采用量子计数器，其中浓缩的染料溶液通常是罗丹明 B（Rhodamine B），将吸收所有入射的光子，其发射光谱和发射强度与激发波长无关。量子计数器的设计方案有多种，但是没有一种能够解决与偏振、几何、浓度、光漂白和有限光谱范围有关的问题。这些方案本质上是测量光子通量，而不是光功率（optical power）。几乎所有荧光光谱系统都配备了参考检测器，通常是紫外光敏二极管，以便在光谱和时间上校正荧光信号。光电二极管通常根据已知的辐照度标准，在与仪器所用光源照度和光谱范围完全相同的条件下进行校正。这提供了一个已知和可追踪的光电二极管响应率——$R_{pd}(\lambda)$。可以通过监测光电二极管 $S_{pd}(\lambda)$ 的信号输出来衡量激发光水平，以此来校正激发光谱。

5.4.18 激发信号通道校正

校正的方法可分为两类：

- 使用先前测量的校正文件；
- 在测量过程中连续监测光强，并实时校正。

在第一种方法中，重要的是要知道参考检测器的光谱响应。若尚不知道参考检测器的光谱响应，则可分别对经校正的钨丝光源和系统内正在使用的单色仪进行测量。通常，**校正文件** $Ex\_Cor(\lambda)$ 被归一化至 0～1 的范围，其中峰值强度为 1，最小荧光强度为 0。如果测量的光谱是 $S_m(\lambda)$，那么**校正后的样本光谱文件** $Sc\_Ex(\lambda) = S_m(\lambda)/Ex\_Cor(\lambda)$。

必须在与样本测量相同的带通参数下确定 $Ex\_Cor(\lambda)$ 校正文件。更重要的是确保每个校正文件数据的步长相同，并且 $Ex\_Cor(\lambda)$ 校正文件数据至少覆盖与 $S_m(\lambda)$ 相同的光谱区域。如果这两个文件数据的步长大小不同，那么需要进行插值，以填补"缺失数据"。例如，如果 $Ex\_Cor(\lambda)$ 的测量步长为 2 nm，那么每 2 nm 就有 1 个数据点。如果在相同的光谱范围内以 0.5 nm 的步长测量 $S_m(\lambda)$，那么 S_m 文件中的数据点是 Ex_Cor 文件中数据点的 4 倍，这意味着简单地将一个文件的数据与另一个文件的数据相除就会产生问题。为了解决这个问题，可以在 Ex_Cor 文件中的数据点之间进行插值以生成与 S_m 文件相同数量的数据点。通常采用线性模型在现有点之间进行插值，但有时也采用更复杂的函数。解决上述问题的方式同样适用于参考检测器，也适用于发射通道校正。

在某些方面，使用参考检测器的过程与使用校正文件的过程非常相似。主要区别在于使用参考检测器时，每次激发扫描时都进行"实时"校正测量。我们需要知道参考检测器的光谱响应是什么，以便对参考检测器本身进行校正。如果参考检测器的光谱响应为 $Ref\_Det(\lambda)$，并且来自参考检测器的测量信号为 $Ref\_Sig(\lambda)$，则 $Ex\_Cor(\lambda) = Ref\_Sig(\lambda)/Ref\_Det(\lambda)$，因此校正后的激发光谱为

$$Sc\_Ex(\lambda) = S_m(\lambda)/Ex\_Cor(\lambda) \quad \text{或}$$
$$Sc\_Ex(\lambda) = [S_m(\lambda) * Ref\_Det(\lambda)]/Ref\_Sig(\lambda) \tag{5.14}$$

图 5.21 提供了校正激发光谱和未校正激发光谱的例子。

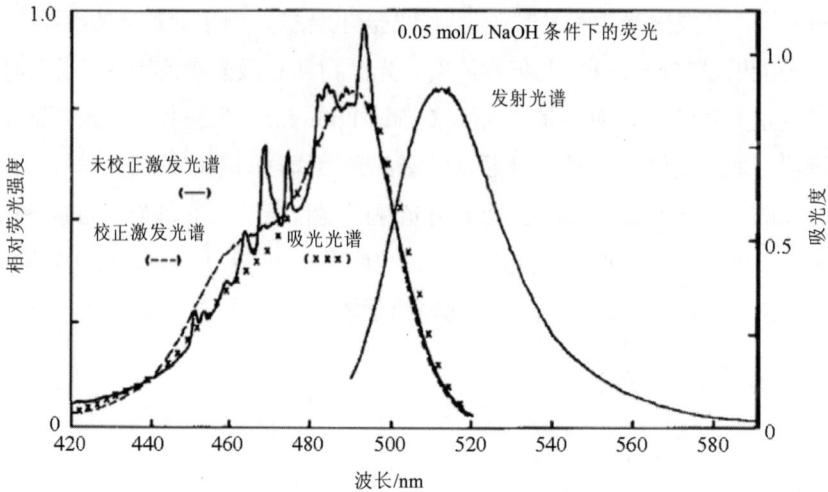

图 5.21　校正激发光谱和未校正激发光谱的例子

5.4.19　发射信号通道校正

因为分析单色仪和检测器都具有光谱响应，发射信号通道的光谱校正对于提供样本的"真实"发射光谱十分必要。在正常情况下，测量一次该校正函数并将结果存储在文件中以供测量期间使用。校正文件是在非常严格的恒定电流条件下利用校准钨灯光源测得的，通常与校准氘灯光源结合以测量校正文件的紫外光谱区。钨灯光源具有光谱发射文件，该文件记录了光源一定距离处的光强。国际照明委员会（International Commission on Illumination，CIE）负责发布所有熟知的标准光源的技术数据。CIE 发布了此类光源的相对光谱功率分布数据，对于钨丝光源，数据将涵盖 380～780 nm，增量为 5 nm（www.cie.co.at）。然而，由于发射光谱是平滑的，因此可以对这些数据进行插值以提供更高分辨率的数据。

利用钨灯的光谱功率分布图产生一个光源光谱发射文件 $W\_lamp(\lambda)$。如果通过发射通道的测量信号是 $Em\_sig(\lambda)$，那么校正文件 $Em\_cor(\lambda) = Em\_sig(\lambda)/W\_lamp(\lambda)$。需注意光谱发射文件通常是标准化的（0～1）。因此，校正后的发射信号等于 $Em\_sig(\lambda)/Em\_cor(\lambda)$。

5.4.20　量子产率

量子产率（QY）是发光样本的基本性质。具体而言，量子产率是指从光致发光材料发射的光子数与该材料吸收的光子数之比。实际上，量子产率很重要，因为其可以定量评估材料的荧光以及干扰因素对荧光性质的影响。量子产率的测量可以在溶液、粉末和薄膜上进行，并有广泛的应用，例如增白剂和白光的荧光材料、有机和无机发光二极管材料、生物学、荧光探针和量子点、激光阈值、波长转换剂的适用性分析以及分子系统中的无辐射跃迁研究。有多种测量量子产率的方法，其中很多方法已在相关文献中有所介绍（Resch-Genger et al.，2007）。由于需要避免或补偿实验误差范围，绝对量子产率（absolute quantum yield）的测量十分困难。相对量子产率（relative quantum yield）通常通过将未知样本与在同一光谱区域内具有已知量子产率的样本进行比较来测量。在这种情况下，未知样本量子产率的准确度由已知参考样本的准确度决定。与所有荧光测量一样，需要注意尽量减少样本内可能影响量子产率的相互作用。这些因素包括内滤效应和影响荧光团微环境的因素，例如温度、溶剂、pH、溶解氧和其他猝灭剂、极性、黏度和荧光团结合能力。上述因素都会使量子产率的测定产生误差。某样本荧光过程的效率由量子产率决定，所以这个参数非常重要。量子产率是猝灭速率常数、辐射和非辐射速率常数以及能量转移估算必不可少的参数。本质上，需要用量子产率来描述或定义样本的光物理行为（Fery-Forgues and Lavabre，1999）。

测量荧光团的真实量子产率是复杂的。一种方法是使用积分球（integrating sphere，IS）。积分球的球体是空心的，有入射口和出射口，内部涂有漫反射涂层。积分球内部散射的光是均匀的，并且均匀地分布在各个角度；因此，可以测量任何光源的光通量（总功率），而不会因复杂的光学几何形状和排列而导致误差。

5.4.21 测量量子产率：三步测量技术

三步测量技术是样本量子产率的测量方法之一（图 5.22）。当与积分球（IS）联用时，可以补偿测量中的重吸收效应（reabsorption effect）。

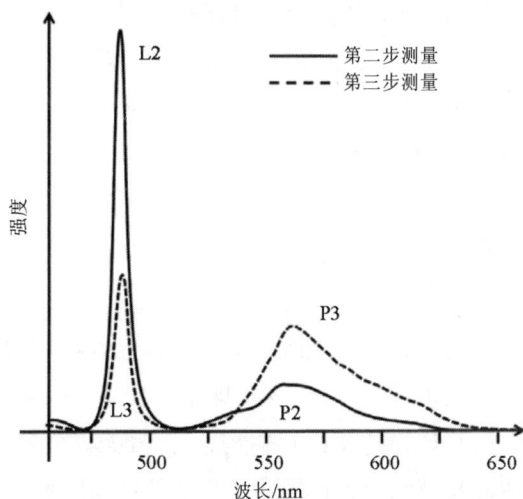

图 5.22 三步测量技术的示意图

测量步骤 1：激发功率——积分球中无样本。

- 积分球中无样本。
- 设置激发单色仪为激发波长。
- 扫描发射光谱，范围包括激发峰。
- 确定测量的峰值波长。
- 校正光谱积分时间以得到每秒的光子数。
- 从峰前的背景（零能级）信号处积分到峰后的相同背景信号处，得出特征峰波长范围内每秒的总光子数，即样本可获得的总光子数，记作 L_1。
- 存储光谱和每秒积分光子信号率。

测量步骤 2：重吸收信号——样本置于积分球中。

- 将样本放入积分球，但积分球处于关闭状况，使样本不被激发光直射。
- 设置激发单色仪为激发波长。
- 扫描发射光谱，范围包括激发峰。
- 确定测量的峰值波长。
- 校正光谱积分时间以得到每秒的光子数。
- 积分光谱的两个区域：
  - 从激发光谱峰前的背景（零能级）信号处积分到峰后的相同背景信号处，得到激发峰波长范围内每秒的总光子数，即不被样本重吸收的激发光子数，记作 L_2。
  - 从光致发光发射光谱峰的背景（零能级）信号处积分到峰后的相同背景信号处，得到发射峰值波长范围内每秒钟的总光子数，即样本发射的光子数，记作 P_2。
- 存储光谱和两个每秒积分光子信号，L_2 和 P_2。

测量步骤 3：重吸收信号——样本置于积分球中。

- 将样本放入积分球且积分球处于开启状态，使样本被激发光直射。
- 设置激发单色仪为激发波长。
- 扫描发射光谱，范围包括激发峰。
- 确定测量的峰值波长。
- 校正光谱积分时间以得到每秒的光子数。
- 积分光谱的两个区域：
  - 从激发光谱峰前的背景（零能级）信号处积分到峰后的相同背景信号处，得到激发峰波长范围内每秒的总光子数，即不被样本重吸收的激发光子数，记作 L_3。
  - 从光致发光发射光谱峰的背景（零能级）信号处积分到峰后的相同背景信号处，得到发射峰值波长范围内每秒钟的总光子数，即样本发射的光子数，记作 P_3。
- 存储光谱和两个每秒积分光子信号，L_3 和 P_3。

在测量步骤 3 中，当光照射到样本时，一部分光（A）被吸收，另一部分光（$1 - A$）

被反射或透射。未被吸收的光被积分球内表面反射，并且一部分（μ）未被吸收的光被样本重吸收。由于无法准确地确定样本在被照射时在反射率、透射率和折射率方面的行为，因此我们只能根据吸收的光子和光致发光发射的光子来评估二次吸收的影响。这就是进行两次重吸收测量的原因，即模拟二次吸收；并假设不管激发光 LA 来自何处，其在样本和球体中具有相同的光学行为。因此，需要比较测量步骤 2 和测量步骤 3 以确定重吸收光子比（μ）。同时，一些光（$1-\mu$）没有被重吸收，并以与测量步骤 1 相同的方式离开球体，可表示为 LB=LA($1-\mu$)。

吸收比（absorption ratio）A 由测量步骤 3 确定。LA 光子处于激发状态，$A\times$LA 被吸收，$(1-A)\times$LA 被反射，这些反射光子中的 μ 被样本重吸收。因此，LC=LA($1-A$)($1-\mu$)。

假设吸收与激发波长无关，且激发线很窄，那么从前面的公式，我们可以得出以下公式：A=1 - LC/LB。在测量步骤 2 中，所有光致发光都来自重吸收的光，而在测量步骤 3 中，所有光致发光源于光的直接吸收以及二次重吸收效应。这意味着测量步骤 3 的总积分光谱（信号）来自激发和发射这两个贡献 X 和 Y。因此，LC+PC=X+Y。

未吸收部分由测量步骤 2 确定，Y=（$1-A$）(LB+PB)。直接吸收的光被样本重新发射，$X=\eta A\cdot$LA，其中 η 被称为量子产率。因此，LC+PC=$\eta A\cdot$LA+($1-A$)(LB+PB)。光致发光量子产率（η）可以表示为下式：

$$\eta = \frac{PC - (1-A)PB}{A\cdot LA} \qquad (5.15)$$

式中，A=1 - LC/LB。

因为测量了光谱特征，PC、PB、LC、LB 和 LA 的值可以通过对测量的曲线 1、曲线 2、曲线 3 的积分分析来代替。这意味着量子产率由下式表示：

$$\eta = \frac{P_3 - (1-A)P_2}{A\cdot L_1} \qquad (5.16)$$

式中，A=1 - L_3/L_2。

5.4.22 荧光单位

荧光单位通常是光谱图强度轴的量纲（Resch-Genger，2007）。实际上，该量纲似乎没有"标准"定义，也没有任何方法能以绝对辐射量对其进行量化。荧光测量涉及很多影响因素，例如与光学、样本和仪器相关的影响；如果没有完整和严格的辐射校准，荧光单位只不过是**任意**标度。因此，仪器与仪器之间或实验室与实验室之间的荧光单位无法直接进行比较。当考虑激发-发射矩阵光谱（EEM）时，情况变得更加复杂，因为 EEM 光谱位置会受到两个通道中使用的光谱校正以及可能的信号饱和的显著影响。在报告任何荧光强度数据时，都要重点考虑上述因素。

参考文献

Arecchi，A.V.，Messadi，T.，and Koshel，R.J.（2007）．*Field Guide to Illumination*. Bellingham，WA：SPIE Press.

Fery-Forgues，S. and Lavabre，D.（1999，September）．Are fluorescence quantum yields so tricky to measure? A demonstration using familiar stationery products. *J. Chem. Educ.*，**76**（9），1260–1264.

Fortin，G.（2008）．Graphical representation of the diffraction grating equation. *Am. J. Phys.*，**76**（1），43–47.

Long，D.A.（2002）．*The Raman Effect：A Unified Treatment of the Theory of Raman Scattering by Molecules*. Hoboken，NJ：John Wiley & Sons.

Mosier-Boss，P.A.，Lieberman，S.H.，and Newbery，R.（1995）．Fluorescence rejection in Raman spectroscopy by shifted-spectra，edge detection，and FFT filtering techniques. *Appl. Spectrosc.*，**49**，630–638.

Niclass，C.，Rochas，A.，Besse，P-A.，and Charbon，E.（2005）．Design and characterization of a CMOS 3-D image sensor based on single photon avalanche diodes. *IEEE J. SolidState Circuits*，**40**（9），September.

Parker，C.A.（1968）．*Photoluminescence of Solutions*（pp. 220–221）．New York：Elsevier.

Raman，C.V. and Krishnan，K.S.（1929）．*Proc. Roy. Soc. London*，122，23.

Resch-Genger，U.，Hoffmann，K.，and Pfeifer，D.（2007）．Simple calibration and validation standards for fluorometry. In C.D.P. Geddes（Ed.），*Reviews in Fluorescence*（pp. 1–31）．New York：Springer Science+Business Media.

Skoog，D.A. and Leary，J.J.（1998）．*Principle of Instrumental Analysis*，5th ed. Philadelphia：Saunders College.

www.horiba.com（2012）．Optics Tutorial. Retrieved from www.horiba.com/us/en/scientific/products/optics-tutorial.

www.newport.com（2012）．*The Gratings Handbook*. Retrieved from http://gratings.newport.com/library/handbook/.

第6章 实验设计和质量保证：
原位荧光仪器

萝宾·N. 康米（Robyn N. Conmy）

卡洛斯·E. 德尔卡斯蒂略（Carlos E. Del Castillo）

布赖恩·D. 唐宁（Bryan D. Downing）

罗伯特·F. 陈（Robert F. Chen）

6.1 引言

在过去几十年里，荧光光谱技术的仪器设计和功能都取得了巨大进展，主要包括固态激发源、集成光纤技术、高灵敏度多通道检测器、快速扫描单色仪、灵敏的光谱校正技术和改进的数据处理软件（Christian et al.，1981；Lochmuller and Saavedra，1986；Cabaniss and Shuman，1987；Lakowicz，2006；Hudson et al.，2007）。上述进展的累积效应使荧光技术突破了原有的应用限制，并将荧光技术的应用扩展到了众多的科学研究领域。最突出的进步是具备了天然水体原位荧光测量能力（Moore，1994）。

光源技术（发光二极管、氙灯、紫外激光器）的进步以及新光学仪器与各种采样平台的兼容集成促进了光学组件小型化和低功率化，使得开发潜水荧光仪器成为可能（Twardowski et al.，2005，及该文参考文献）。稳健野外传感器的发展避开了烦琐和/或耗时的过滤技术、与样本储存相关的潜在污染以及为提高时空分辨率而进行的粗采样设计（Chen，1999；Robinson and Glenn，1999）。在大梯度环境条件下获得快速、高质量、高灵敏度的测量能力已经彻底改变了溶解性有机质（DOM）光学性质的研究，从而使研究人员能够解决与有色或发色 DOM（CDOM）生物地球化学相关的新问题。

本章专门介绍原位野外荧光计（in situ field fluorometer）的起源、设计、校准和使用。将综述荧光野外传感器操作过程中的各类因素，以及在测量过程中的相关注意事项。本章还涉及荧光测量如何彻底改变 CDOM 的生物地球化学研究方式，以及这些测量如何与遥感卫星数据结合使用，以更好地了解水生环境中 DOM 的生物地球化学。

6.2 原位传感器的历史回顾

为了能够从偏远地点和超深区域特别是海洋环境获得测量数据，研究者开发了野外荧光计。不连续的 Niskin 瓶采集样本的局限性在于其无法获得时空梯度变化剧烈的精细尺度测量数据。本节专门介绍野外传感器的发展历程，从最早的仪器设计到现在的通用设计。本节展现了研究者为克服采样限制所做的努力，并描述了这项工作在提高水生环境 DOM 共识方面的作用。

6.2.1 叶绿素野外传感器：原位 DOM 荧光计的先驱

第一个野外荧光传感器是为开阔海洋环境叶绿素测量定制的［Lorenzen，1966；斯克里普斯海洋研究所（Scripps Institute of Oceanography）］。该传感器改进了 Turner III 台式荧光计，将标准光电倍增管（PMT）的响应从 650 nm 扩展到 685 nm，从而将叶绿素的灵敏度提高了一个数量级。蓝色荧光灯用于激发样本，其中在 430 nm 处具有最大透射率的初级滤光片可以隔离接近叶绿素最大激发波长（440 nm）的蓝光。使用潜水泵通过贯穿船体的配件（约 2 m 深）将未过滤的海水泵入流通式比色皿。结果显示，不连续样本滤膜分离出的叶绿素提取物荧光数据与原位叶绿素荧光数据之间存在很强的线性关系；因此，可以用不连续样本的数据校准传感器。连续 21 天的数据采集试验证明流通式荧光仪器能快速采集数据，并提高了测量值的时间分辨率和空间分辨率（Lorenzen，1966）。这项工作首次采取相关措施解决了野外仪器所面临的两个关键环境问题：①设置了气泡捕集器，通过重力将水送入仪器以排除气泡对流动测量的干扰；②每天使用含酒精的氢氧化钾溶液进行清洁以防止污损。

10 年后，Herman 和 Denman（1976）开发了一种真正的原位方法，其观点是抽水不是"原位"的，因为其引入了一些叶绿素混合样本。为了避免这种现象，研究人员将 Variosens 荧光计安装于 Batfish 拖曳式仪器包上（图 6.1），并将来自该原位仪器的数据与来自拖曳式潜水泵+Turner 式荧光计的数据进行比较。对两者都用不连续样本进行了校准。尽管 Variosens 荧光计提供的荧光数据偏高，捕捉急剧变化的垂直梯度信号的反应时间较慢，并且由于泵送水样的时间滞后而面临数据解释方面的挑战，但与拖曳式潜水泵+Turner 式荧光系统相比，原位分析仪仍然是最佳选择。随后，Geiskes 等（1978）将相同型号的 Variosens 荧光计安装在类似现在的 Rosette 多通道采样器上，以分析热带大西洋中的深层水体最大叶绿素含量。通过该传感器发现，在较窄的水层出现了藻类浓度的增加，且能在以小时为单位的时间尺度上观察到上述水层中最大叶绿素含量的垂直移动（图 6.2）。

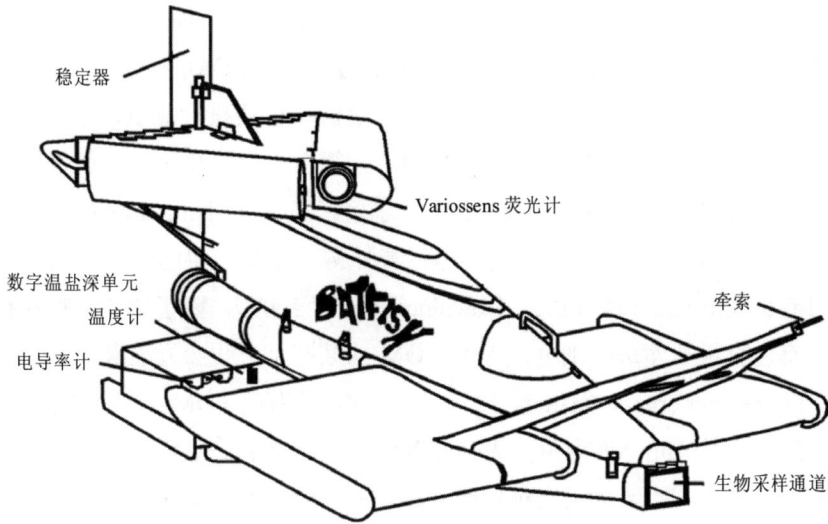

图 6.1 安装在 Batfish 平台上的 Variosens 荧光计。这是第一个真正在水中部署的原位荧光计（改自 Herman and Denman，1976）。

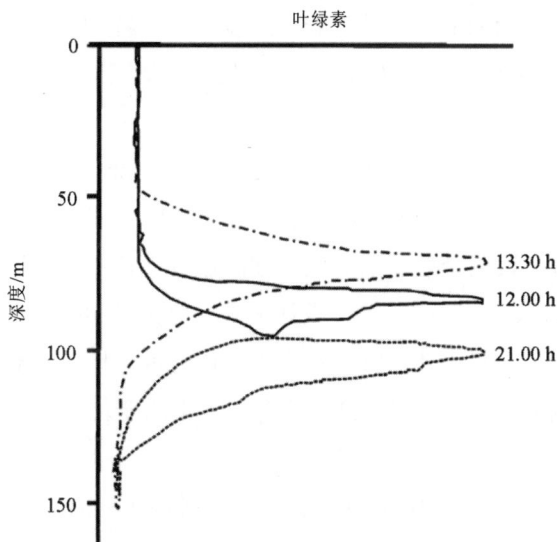

图 6.2 使用 Variosens 荧光计在热带大西洋观察到叶绿素最大值的深度位置（重绘自 Geiskes et al.，1978）。

6.2.2 DOM 野外传感器的演变

20 世纪 40 年代，von Kurt Kalle（1949）发现海水在受到紫外线照射时会呈现蓝色荧光。直到 20 世纪 90 年代，荧光计才被改装以进行海水中有机质荧光的原位测量。需要阐明的是，天然有机质（NOM）库由颗粒态有机质（POM）和溶解性有机质（DOM），或由有色有机质（colored organic matter，COM）和无色有机质组成。DOM 中的"溶解性"表示有机质能通过某种孔径（通常在 0.2～1.0 μm）的过滤器，COM 中的"有色"表示有机质具有吸光性质。野外传感器从设计之初就针对未过滤有机质进行测量，包括溶解性有机质和颗粒态有机质信号，其总和也被称为 COM。在很多水生环境中，溶解性有机质相比颗粒态有机质占主导地位，所以基本上是 CDOM 约等于 COM（Chen，1999；Belzile et al.，2006）。然而，在未过滤模式和过滤模式下运行野外传感器所获得的数据表明，在一些水域中颗粒物对有机质的贡献可能很大（Downing et al.，2009）。除了要关注颗粒存在与否外，还需要对有色有机质库进行细分，因为 COM 的某些部分也会发射荧光，可以被称为荧光有机质（fluorescent organic matter，FOM）。因此，所有的 FOM 都属于 COM，但不是所有的 COM 都会发射荧光，而原位荧光计实际测量的是前者。然而，相关文献中使用的术语并没有准确反映这一点，因为文献中经常报道的"CDOM"实际上真正测量的是未过滤的荧光物质。在某些情况下：①如果使用过滤器采集水样并进行原位测量，FOM 更准确的定义是荧光溶解性有机质（fluorescent dissolved organic matter，FDOM）；②如果传感器分别经不连续样本的荧光强度或吸收系数数据校准，FOM 则可定义为 FDOM 或 CDOM。为了符合实际情况，本章讨论在引用文献时，命名法将与最初发表的文献一致。然而，为了避免未来研究对上述概念的混淆，建议采用标准化的命名，即用 FOM、FDOM（原位过滤或不连续样本[①]荧光数据校准）和 CDOM（原位过滤或不连续样本吸光数据校准）表示原位荧光数据。

第一批关于原位荧光 DOM 的文献发表于 1991 年（Coble and Gagosian，1991；Coble et al.，1991）。对黑海 CDOM 的研究使用了泵送剖面分析系统（pumped profiling system），该系统将水从深处通过泵输送至船载的定制连续流通荧光计中，以检测目标荧光团，该荧光团激发/发射[ex/em]波长见图 6.3。采样设计侧重于测定叶绿素、DOM 和黄素，以寻找光合细菌释放的有机质。在对水体进行垂直剖面测量前，用地表水对 DOM 荧光计的基线进行调零，这样系统测的是整个水柱 DOM 相对地表水的变化，因此这些未校准的值被称为相对荧光强度（图 6.3）。

第一个潜水型 DOM 荧光传感器是位于俄勒冈州科瓦利斯（Corvallis）的 Sea Tech 开发的 Yellow Matter Meter。该仪器采用直角检测方式，通过中心波长为 330 nm、带宽为 80 nm 的干涉滤光片获得激发光，通过中心波长为 450 nm、带宽为 65 nm 的干涉滤光片获得发射光。该仪器输出信号单位为 V，利用硫酸奎宁二水合物（QS）作为校准标准物质，可设置 3 个增益，因此具有很宽的线性浓度范围。很多研究人员测试和使用该传感器后证实其是水生环境中追踪 DOM 光学性质的强大工具（Chen and Bada，1992；Coble

---

① 译者注：不连续样本是指通过人工或机械方式在野外采集间隔一定时间或者距离的样本。

et al.，1998；Chen，1999；其他）。该传感器的光学设计沿用至今，本章将稍后讨论该光学设计。

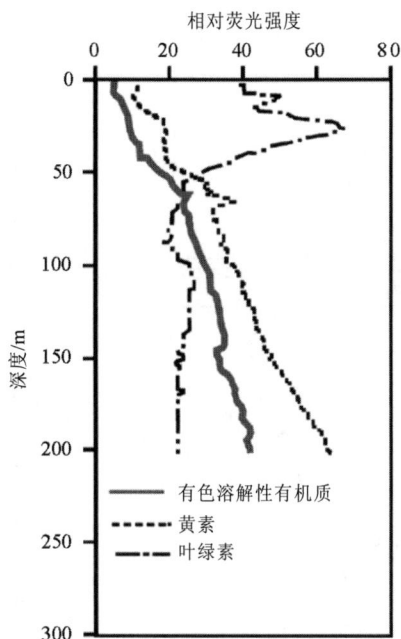

图6.3 首次报道的关于黑海原位 DOM 荧光的剖面图。在 ex/em 为 320～390/475～530 nm 处测得有色溶解性有机质，在 ex/em 为 420～470/527 nm 处测得黄素，在 ex/em 为 420～470/660 nm 处测得叶绿素（重绘自 Coble et al.，1991）。

在接下来的几年中，出现了很多用于各种应用场景的仪器设计类型。1992 年，Lieberman 等开发了一种基于光纤的系统来检测圣地亚哥湾（San Diego Bay）的石油类碳氢化合物。其使用脉冲 N_2 激光源（ex = 337 nm），在 360 nm（50 nm 带通）处测量荧光，并在光学探头上配备保护套以保护传感器，使其免受海藻腐蚀，同时提供了恒定的测量体积。该设计和流通式测量设计具有高度的一致性［图 6.4（a）］，且具有测量响应时间快的优点，其具备将 CDOM 荧光数据与温盐深测量数据进行时间匹配的能力。Klinkhammer 于 1994 年提出另一种光纤设计。该潜水剖面式设计配备了零角度光子光谱仪（zero angle photon spectrometer，ZAPS）探头，保证了光电倍增管检测的灵敏度，兼具有氙气闪光灯和光纤的通用性。其能测量深度低至 6 000 m 处水体 ex/em 为 320/420 nm 时的荧光。该探头使用 QS 标准物质在几个温度下校准数据，探头所测数据与 Sea Tech 原位 CDOM 荧光计在太平洋东北部采集的不连续样本数据具有良好的一致性［图 6.4（b）；Chen and Bada，1992］。研究表明，原位水体剖面荧光光谱仪克服了深海样本保存和过滤引发的不确定性。

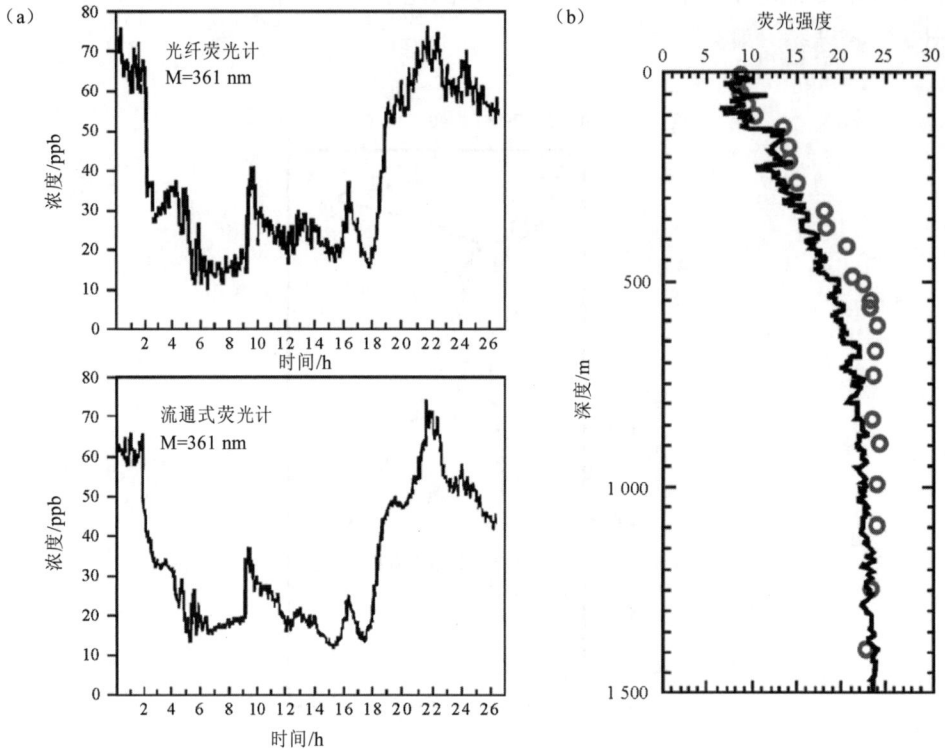

图 6.4　（a）DOM 光纤式和流通式荧光测量方法的比较（重绘自 Lieberman et al.，1992）。（b）ZAPS 监测数据（Klinkhammer，1994）与不连续样本数据的比较（重绘自 Chen and Bada，1992）。

　　到 20 世纪 90 年代中期，研究人员将传感器的发展重点放在了多光谱和高光谱荧光计上。Heuermann 等（1995）报道了一种新型潜水仪器［ME Meerestechnik-Elektronik 有限责任公司，石勒苏益格-荷尔斯泰因（Schleswig-Holstein），德国］，其可在 3 个激发波长和 9 个发射波长处测量 CDOM、蛋白质和色素（Heuermann et al.，1995）。通过使用多个波段，可以辨别两种藻类培养物的荧光性质，包括短波和长波 2 个腐殖质波段（图 6.5）。这种独特的仪器甚至包括 1 个光谱带来记录拉曼峰。不久之后，Desiderio 等在 1997 年开发了可以测量 6 个激发波长和 16 个发射波长的荧光计（WetLabs 公司，SAFIre-光谱吸收和荧光仪器），从而可以同时测量 CDOM、蛋白质和叶绿素荧光（Del Castillo et al.，2001；Conmy et al.，2004）。与光纤仪器设计相比，这些基于闪光灯、干涉滤光片的仪器更实惠且不那么笨重。此外，Physical Sciences 公司开发了另一种具有独特设计的仪器（Mazel，1997）。其是一种用于潜水员操作的潜水式、手持式和负浮力的设计。该设计中的光谱仪使用卤素灯泡，具有可对激发波长进行选择的滤光片、对发射波长进行选择的干涉滤光片和光栅/电荷耦合器件（CCD）检测器，能够测量 250～750 nm 之间的荧光。该传感器还针对海洋环境中的精细空间分辨率进行了优化。

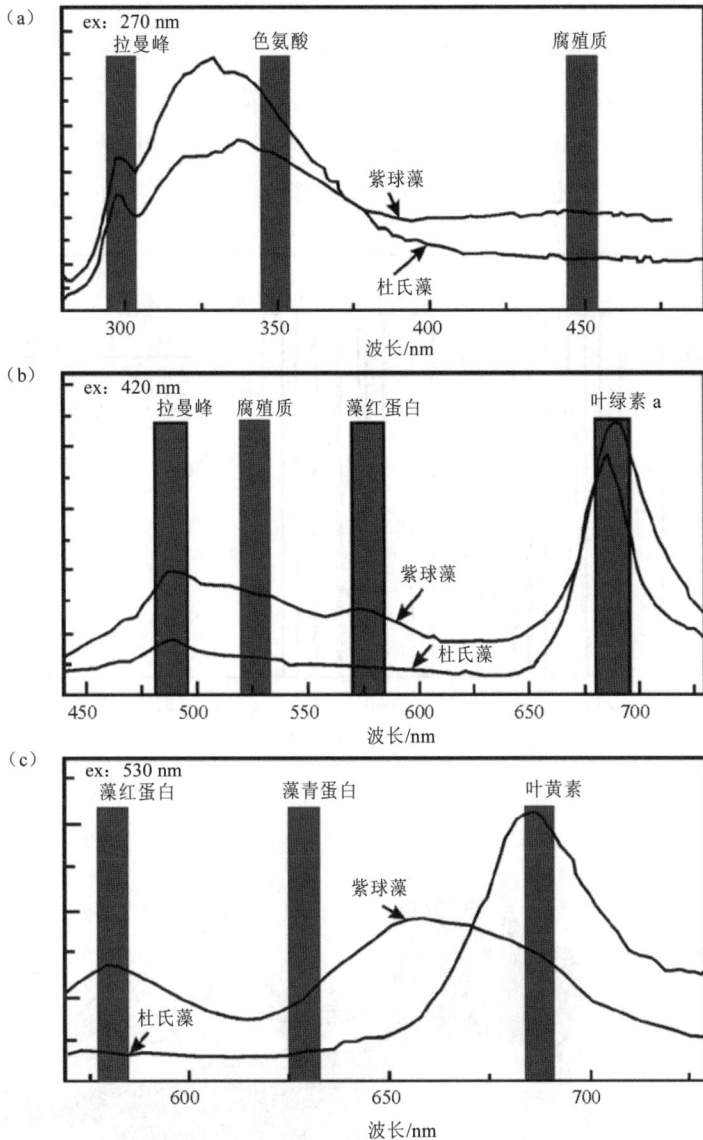

图 6.5　使用 ME Meerestechnik Electronik 有限责任公司设计的潜水式荧光计采集的检测波长位置。（a）ex 270 nm；（b）ex 420 nm；（c）ex 530 nm（重绘自 Heuermann et al.，1995）。

20 世纪 90 年代后期，研究人员开始普遍使用激光诱导荧光（laser-induced fluorescence，LIF）系统（Hoge et al.，1998）。Chen（1999）使用的 LIF 系统包含激发波长为 337 nm 的 UV N_2 激光器、30 m 的光纤电缆和灵敏检测器，可测量 350~550 nm 之间的整体积分荧光，时间延迟为 0 ns。探头可以直接放置在海洋中或流动海水系统（水从船头约 3 m 深处抽出）中。该系统具有时间分辨荧光测量和检测芘（一种多环芳烃）的优势，在海水中的检测限为万亿分之五（5 ppt）（Rudnick et al.，1998）。后来，Sivaprakasam 等于 2003 年开发了用于 NOM 和双酚 A 检测的系统。该系统采用 266 nm 微芯片激光器和窄带宽滤光片（7.5～14 nm），从而将灵敏度限值提高到 0.005 ppb QS，可与台式荧光分光光度计相媲美。图 6.6 显示了 13 个检测波长叠加在 NOM 不连续样本发射光谱图之上的情况 ［图 6.6（a）］，以及从佛罗里达州坦帕湾（Tampa Bay）到墨西哥湾水域再返回航程中 32 h 内的 NOM 光谱变化 ［图 6.6（b）］。上述类型仪器可获得高时空分辨率且灵敏的多光谱荧光数据。

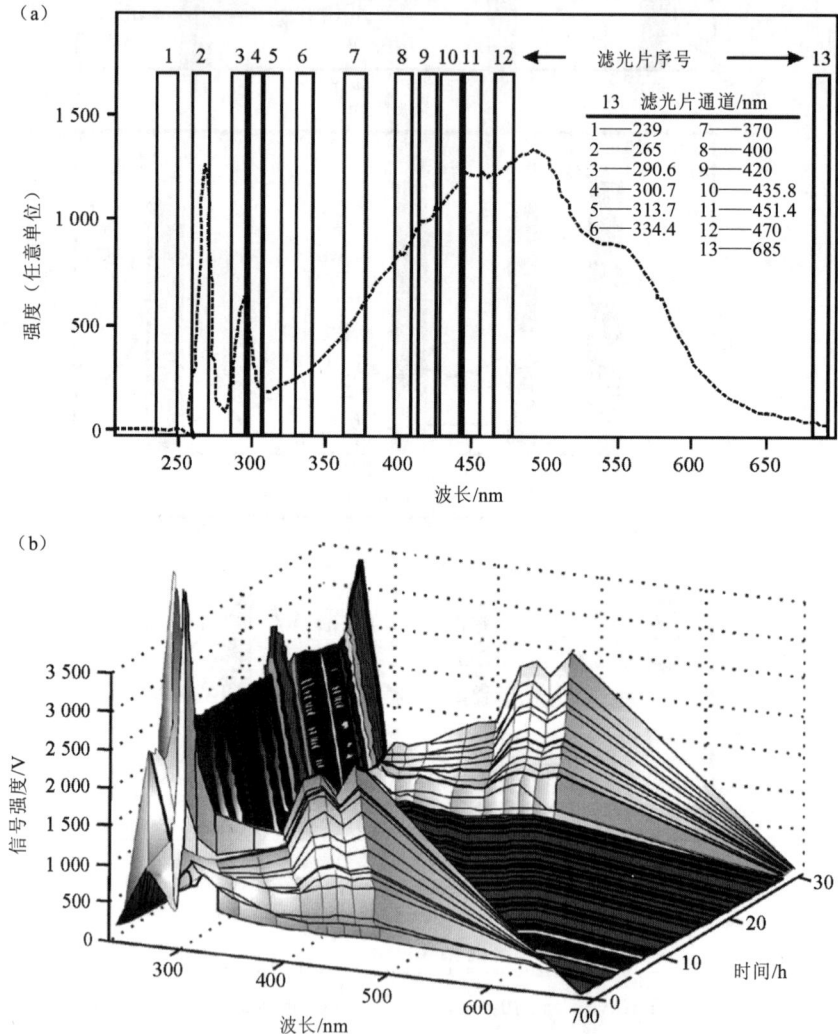

图 6.6　（a）便携式 LIF 系统中干涉滤光片的波长位置覆盖海水荧光光谱。（b）航程不同时间激光诱导的海水荧光变化（重绘自 Sivaprakasam et al.，2003）。

除了荧光技术从实验室向潜水式野外测量的转变外，非潜水式、便携式、手持式荧光计的开发也取得了巨大进展。该技术主要用于水处理过程中的废水表征、蛋白质检测以及作为水务管理工具。对于上述仪器，功率要求不太重要，比如便携式 SMF2 分光光度计

[Safe Training Systems 公司，沃金厄姆（Wokingham），英国]，其利用氙气闪光灯、带通滤波器和干涉滤波器来获得 280 nm 的峰值激发波长；色氨酸的荧光信号在 350～360 nm 之间测量。可以使用稀释的河水或废水来校准该传感器的测量值，以检测自然系统中的污水（Baker et al.，2004）。

为了将荧光光谱技术从实验室的台式转变为原位野外测量模式，研究者做了大量工作。6.3 节将重点介绍在本书出版时商业上可行的最常见的潜水式设计类型，以供相关分析人员根据应用情况进行选择。

6.3 仪器设计类型

6.3.1 传感器配置

研究人员进行了大量的传感器设计，对原位有机质荧光进行测量。然而，原位测量技术面临共同的挑战——如何在低功率紫外能力限制情况下获得高质量且成本低廉的荧光数据？本节将重点介绍最常见的商用野外传感器设计。简而言之，原位荧光计由 5 个主要光学部件组成：紫外光源，将激发光引入样本的光学硬件，从样本中采集发射荧光的光学硬件，分离目标激发波长和发射波长的滤光片以及光电检测器（图 6.7）。这些组件安装在压力外壳内，主要包括两种类型的传感器几何构型设计：①开放式设计，可以是直角 [图 6.7（a）] 或平面 [光学反向散射型；图 6.7（b）]，具有固定的检测池形状和体积；②流通式设计，需要 1 个泵使样本通过石英流通池 [图 6.7（c）]。无论采用哪种几何构型，都可以将传感器设置为单波长测量或多波长测量。多波长下进行采集极大地提高了对 FOM 的表征能力，可提供 FOM 整体强度或含量的测量数据。

与开放式设计相比，流通式设计的几何构型往往在信号输出方面具有更高的效率，部分原因是开放式仪器的塑料（或环氧树脂）表面会吸收部分波段的光。流通式设计是 OM 浓度较低且颗粒物较少水体的理想选择，其传感器的几何构型（样本体积）定义明确，主要由比色皿和激发光源与光电二极管检测器组件的几何布局决定。这种几何构型也非常适合具有高 OM 浓度的水体，因为其具有较小的光程长度，所以不太容易受到样本体积锥变化的影响，该变化会错误地降低荧光信号。由于难以保持内部石英管和连接传感器与泵的所有管路的清洁度，流通式设计在光学不透明的水域中的部署存在局限性。相比之下，平面传感器利用两个相交的激发锥和发射锥作为其样本体积，并且与激发源和光电二极管检测器的光学孔径或几何尺寸直接相关。这类传感器非常适用于高浓度 DOM 的水域，在这些水域中灵敏度不是问题，而且光学头的清洁比流通式设计更容易。值得注意的是，颗粒物会影响可视样本体积锥的大小，从而改变信号强度。

第 4 种设计基于激光诱导荧光，利用激光光源和熔融石英光纤 [图 6.7（d）]。这类系统具有高灵敏度和低检测限，非常适合有机质浓度较低的水环境。通过对水的拉曼散射信号进行标准化几乎消除了高荧光水中的内部猝灭效应（Rudnick and Chen，1998）。在流通式系统中（例如，Chen and Bada，1990），当测量需要较小的样本量（例如，孔隙水、雨水）或较小的样本量有助于测量（例如，泵送流通式采样），使用较小的样本体积是理想的选择。然而，该系统的一个缺点是不能浸没整个传感器；因此，需要在原位部署长达 50 m 的光纤探头或者将水泵送至流通池中的传感器处。

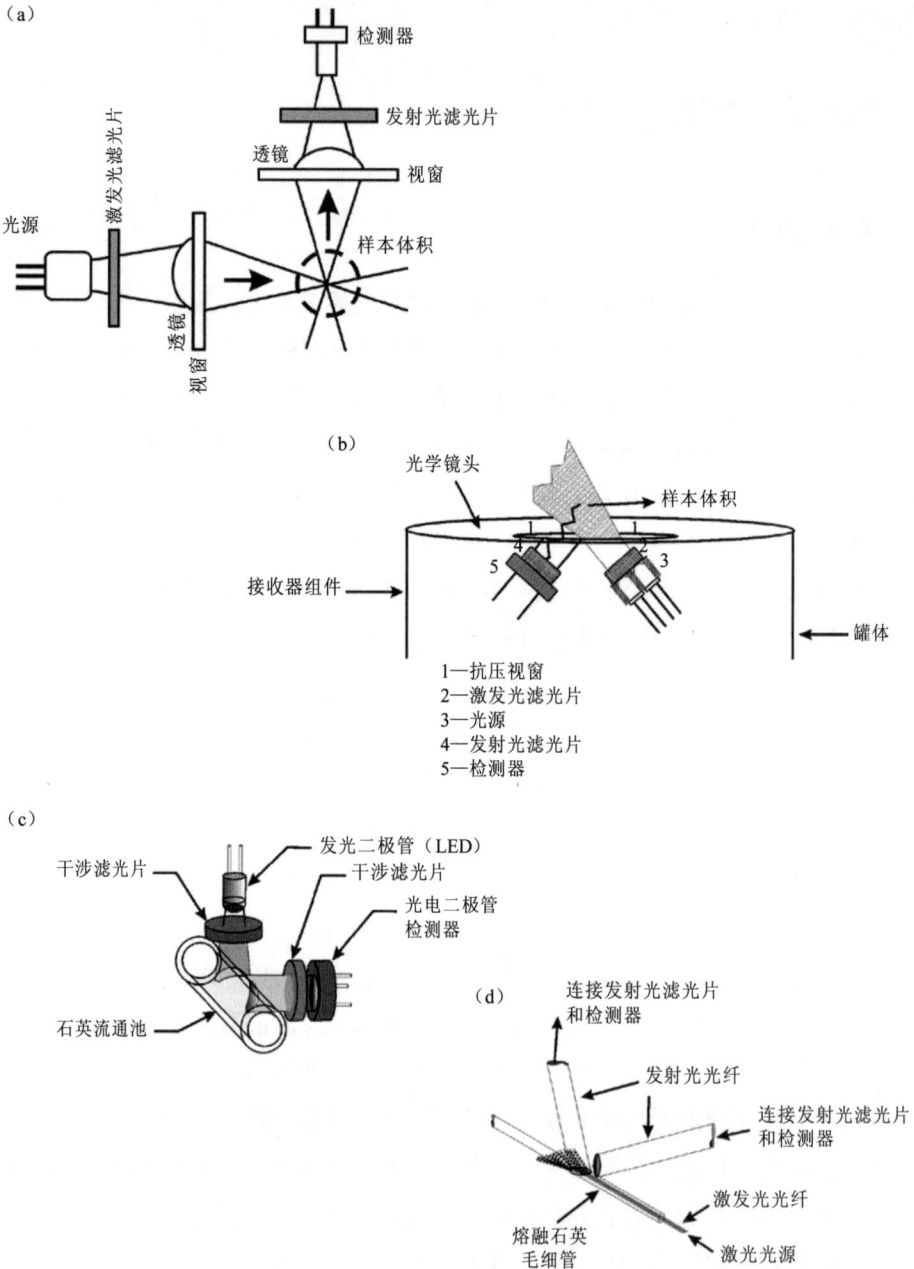

图 6.7　（a）直角式、（b）相交式、（c）流通式和（d）光纤式荧光检测硬件的概念图

6.3.2 光源和检测器

最初的原位传感器设计使用氙气闪光（或脉冲）灯，因为其在紫外和可见光区域具有高能量输出和较长的灯寿命。为了显著降低成本和功耗、预热时间以及传感器封装的尺寸，上述设计的光源已逐步被发光二极管（LED）取代。LED 技术的进步使上述转变成为可能；特别是 LED 具有产生几乎单色激发光的能力，即使在较低的 UV 波长下也具有高信号，并且灯的寿命几乎是无限的。有些应用仍然需要氙灯，如测量 275 nm 以下的蛋白质荧光、低 UV 多环芳烃和原油，以及需要多激发波长时；然而，LED 可产生 300～700 nm的光源激发 FOM，且具有窄带宽和高光谱分辨率。此外，激光也可以用作光源，如在激光诱导荧光传感器及其相应的应用中，激光可以提高测量的灵敏度。氮气激光器和 HeCd气体激光器分别在 337 nm 和 325 nm 处产生激发光；Nd：YAG 固态激光器在 266 nm 和405 nm 处产生激发光。

随着光源技术的进步，检测器在仪器尺寸和功耗上有较大的改进。光电倍增管最初被用于大多数荧光计中，其产生的电流与光强度成比例，并且可以对单个光子进行计数。由于每个光子的电子放大作用，因此可以测量较低的光水平，且具有较高灵敏度。目前，大多数野外传感器中的光电倍增管检测器已被光电二极管检测器所取代。这些检测器坚固耐用，具有低成本、低功耗和小尺寸的特点。当采用光电二极管阵列（photo diode array，PDA）或 CCD 检测器时，也有可能同时测量全光谱波长。因此，普及光电二极管需要在获得上述益处和牺牲光电倍增管检测的高灵敏度之间进行权衡。

6.3.3 光学滤光片

各种光谱滤光片用于分离激发（入射）光和发射路径上产生荧光中的目标波长光。对于中性密度滤光片，其主要用于降低强度而不是进行光谱区分。光谱滤光片一般分为三类——带通滤光片、干涉滤光片和边通（optical edge）滤光片，它们均用来区分不同波长或波段。前者（带通滤光片）包括吸收和干涉（二向色性）两种类型。吸收滤光片由玻璃制成，其中添加了无机化合物和有机化合物，以选择性地吸收和透射各种波长的光。吸收式滤光片价格低廉，表现出低峰透射率和宽峰形（图 6.8）。干涉滤光片由连续的反射腔层组成，与所需的波长产生共振，并完全抵消或反射不需要的波长。控制各涂层的厚度和顺序意味着可以获得精准的颜色范围。干涉滤光片具有高峰透射率和窄峰形。由于涂层性质和技术的改进，干涉滤光片是需要高光谱分辨率的精密科学研究的理想选择（Macleod，2001）。带通滤光片的关键特征包括峰透射率、中心波长（center wavelength，CWL）或标称波长（nominal wavelength）、半峰全宽（FWHM）或有效带宽（effective bandwidth）（图 6.8）。中心波长是光谱中两个半高波长的平均值，半峰全宽是最大透射率一半处的波长范围。光学边通滤光片被称为截止滤光片或阻塞滤光片（blocking filter），可用于透射光谱的大部分紫外-可见光区域，但反射远紫外和近红外能量。当光输出增强时，UV 保护滤光片还减少光化学降解，但不损坏组件。也可以使用两个或多个截止滤光片来产生类似于带通滤光片的峰值效果（图 6.8）。

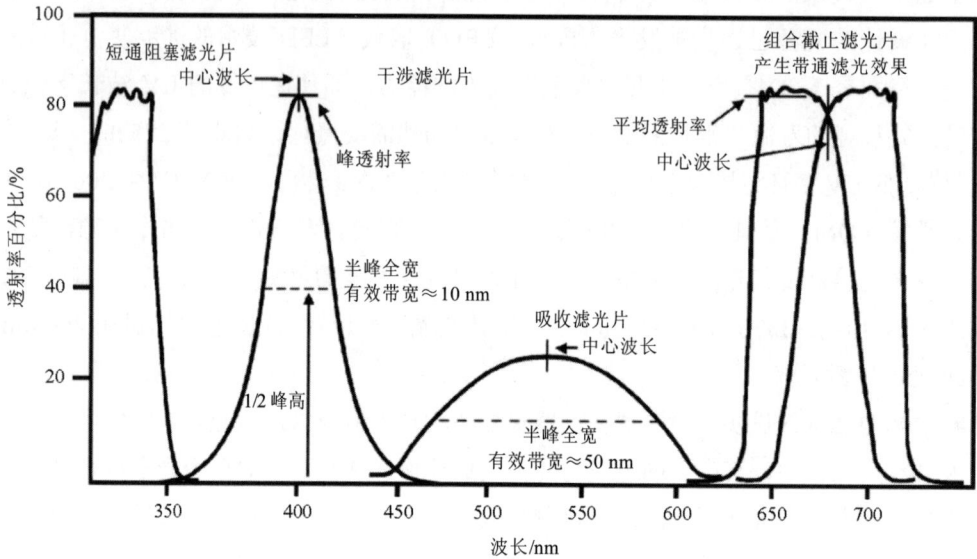

图 6.8 滤光片和相关术语的概念图

6.3.4 光学元件配置

大多数潜水式荧光计配置了一个或两个 LED、干涉滤光片和截止滤光片以及光电二极管。用于有效荧光测量的滤光片组合可以包括紫外-紫光阻塞滤光片和干涉滤光片（以目标激发波长为中心），以消除散射的紫外入射光和蓝光 LED 发射的少量红光。对于发射光检测，可以使用 Schott 玻璃（蓝色玻璃）截止滤光片（具有最佳阻带或通带限制）和带通滤光片（以目标发射波长为中心）来选择要由光电二极管检测的红色荧光（WetLabs 公司荧光计）。光学孔径的物理尺寸（有些很小）因传感器而异，一些光学设计还包括发射光的内部标准测量，以补偿高效 LED（TriOS）的老化和温度依赖性。制造商针对 NOM 分析的荧光计所采用的技术指标示例如表 6.1 所示。请注意，该表所列设备是一些常用荧光传感器，以供读者参考，并非作者所极力推荐的。

表 6.1 市售潜水式荧光计传感器的技术指标

制造商	仪器	光源	激发波长/nm	发射波长/nm	检测器	动态范围	温度测定	设计类型	应用
Chelsea Technologies Group	UV-AQUAtracka	氙灯	239, 26 FWHM	360, 70 FWHM	光电倍增管	0.001~10 μg/L 咔唑	温度探头	B	L, R, M, W
	UV-AQUAtracka	氙灯	239, 26 FWHM	440, 110 FWHM	光电倍增管	0.001~10 μg/L 二萘嵌苯	温度探头	B	L, R, M, W
HOBI Labs	HydroScat-6	LED	370 或 395 CWL[a]	420 CWL[a]	光电二极管	用户确定[b]	参比光电二极管	O	M
Seapoint Sensors	SUVF	LED	370, 12 FWHM	440, 40 FWHM	光电二极管	0.1~1 500 μg/L 硫酸奎宁		B	L, R, M, W
TriOS, GmbH	MicroFlu-CDOM	LED	370 CWL	460, 100 FWHM	光电二极管	0.2~200 μg/L 硫酸奎宁	内部热敏电阻	B	L, R, M, W
TriOS, GmbH	EnviroFLU-HC, DS	氙灯	254, 25 FWHM	360, 50 FWHM	光电二极管	0~5 000 ppb 菲	内部热敏电阻	B	L, R, M, W
Turner Designs	Cyclops (CDOM)	LED	320, 130 BP	470, 60 BP	光电二极管	0~2 500 ppb 硫酸奎宁	传感器	B	L, R, M, W
	Cyclops (原油)	LED	320, 130 BP	510, 180 BP	光电二极管	0~2 700 ppb 1,3,6,8-芘四磺酸四钠 (PTSA) 盐	温度传感器	B	L, R, M, W
	Cyclops (精炼油)	LED	254, 40 BP	350, 50 BP	光电二极管	0~10 000 ppb 苯系物 (BTEX)	温度传感器	B	L, R, M, W
WetLabs	WetStar	LED	370, 10 FWHM	460, 120 FWHM	光电二极管	0.100~1 000 ppb 硫酸奎宁		F	L, R, M
	ECO-FL3, triplet, puck	LED	370, 10 FWHM	460, 120 FWHM	光电二极管	0.01~500 ppb 硫酸奎宁[c]	温度传感器	B	L, R, M

[a] 可定制；[b] 制造商未报告动态范围；[c] 所列数值为待定仪器的范围。

注：表中波长为中心波长 (CWL)。设计类型列中的字母含义分别为开放式 (O)、流通式 (F) 或两者都有 (B)。应用列中的字母含义分别为湖泊 (L)、海洋 (M)、河流 (R) 和废水 (W)。

6.3.5　数据输出

除了传感器配置的选项外，还可以选择无源传感器或可编程传感器，以及模拟数据输出或数字数据输出。应彻底检查任何传感器的输出。如果使用模拟输出，特别是当传感器距离数据记录设备超过 10 m 时，建议考虑模拟信号衰减。应始终使用高质量的通信级电缆，并了解电缆产品的电阻率。假设使用了适当的信号电缆，并且可以在所需的距离内可靠地传输，那么选择数字读出仪器将有助于保持信号完整性。此外，对荧光测量进行内部记录也是十分必要的。

6.4　校准和校正程序

本节汇编了文献中常见的野外传感器校准方法。建议读者自行查阅各制造商的产品的标准操作程序（standard operating procedure，SOP），了解制造商所推荐的操作规程和仪器性能。

6.4.1　温度校准

所有荧光测量过程中的信号变化都与温度变化有关。温度变化可能由仪器发热或所处环境的室温引起。温度通过仪器发热影响荧光强度的程度可以通过试验来确定，并且会因仪器而异。现在，许多仪器都配备了热敏电阻和参考值，以校正温度对荧光响应的影响。在描述上述影响时，必须注意：（1）预热阶段温度和信号急剧上升；（2）初始预热阶段后可能出现温度逐渐上升。这两个时间段的温度都会对荧光信号产生影响，这一点从实验室试验中可以看出，在该实验中，标准溶液被连续泵送通过基于闪光灯同时浸没在恒温水浴中的流通式传感器（图 6.9）。在 8 h 的实验中，荧光变化 10%，内部温度变化 7℃。这些影响的程度取决于传感器，制造商建议的预热时间通常为数十分钟，但对于基于闪光灯的传感器而言可能更长，此阶段的信号不可应用于样本数据采集。尽管制造商提供了上述建议，但分析人员应自己重复试验，以确保传感器自身最适当的预热时间。预热阶段后，尽管增温速度较慢，但荧光强度还可能随着温度升高而继续增加。如果荧光强度变化显著，可以通过温度标准化来校正信号随温度的增加。

6.4.2　空白扣除

用 Cullen 和 Davis（2003：29）的话来说，"很难想象还有比测量虚无更无聊和琐碎的话题。从某种意义上说，分析空白的测定就是测量与缺失性质相关的信号。"然而，在许多情况下，确定可接受的空白是校准程序的关键步骤。在一些样本强度比空白值小的环境中，空白扣除可能会造成麻烦，分析人员可能会选择不进行这一步骤，因为担心低估信号，或者在某些情况下会获得负值，比如对贫营养海洋，其空白值可能与最清澈的海洋样本相似。相反，空白的荧光信号相对于样本来说可能是不重要的，并且空白扣除可能并不相关，例如高有机质浓度的河流系统。在上述两种情况下，可不进行空白扣除，用户要自行决定空白扣除是否是其应用中需采取的合理步骤。对 1998—2010 年的 14 篇同行评议论文的研究发现，这些论文在不同环境中采用了 10 种不同类型的传感器，只有 4 篇论文为其应用进行了空白扣除（表 6.2）。本章 6.5 节中讨论的环境因素可能有助于确定是否需要空白扣除。空白样本的选择非常重要。已公布的空白样本包括纯净水、人造海水和过滤海水。分析人员决定哪种空白样本是合适的，并且需要一系列的试验来确定野外传感器的灵敏度和检测限。

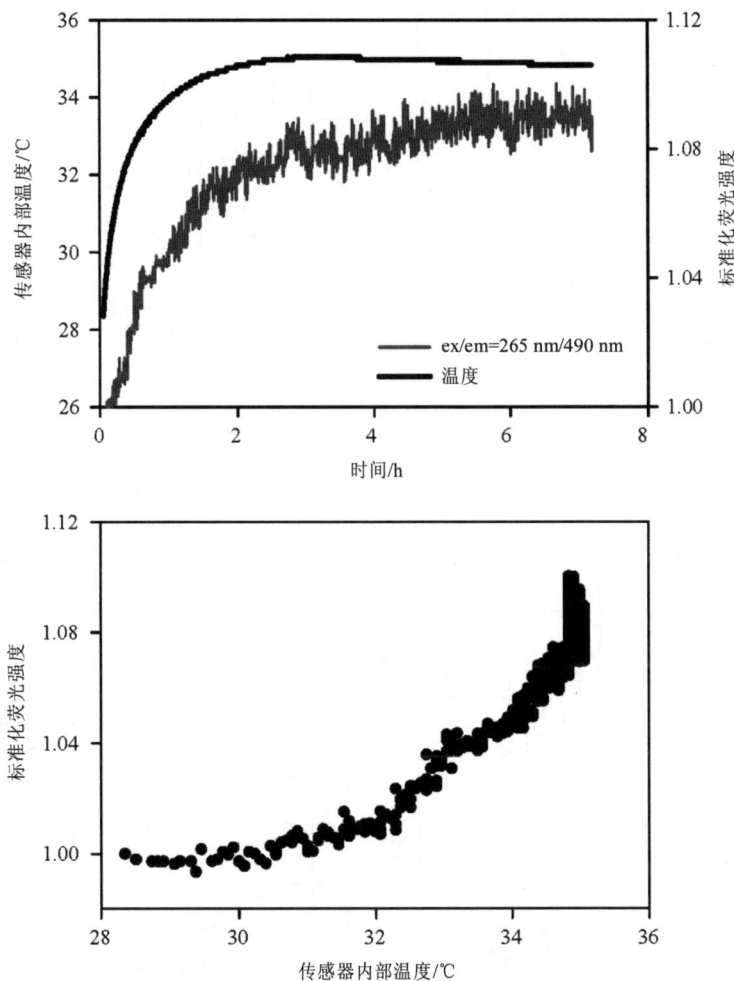

图 6.9　实验室内使用 WetLabs SAFIre 荧光计开展的试验中，内部温度和荧光信号的增加（上图）和荧光强度与仪器温度的关系（下图）

表 6.2　现有针对各类应用的荧光传感器校准方法

参考文献	仪器	部署方式	强度校准	空白扣除	温度校准	环境条件
Coble 等（1998）	Sea Tech, Yellow Matter Meter	剖面式	QS, 0.45 μm 过滤样本	是	否	阿拉伯海和黑海
Chen（1999）	Sea Tech, Yellow Matter Meter	剖面式	QS, 不连续样本	否	否	圣地亚哥湾、波士顿港（Boston Harbor）
Del Castillo 等（2001）	WetLabs, SAFIre	流通式	GF/F 过滤样本	否	是	西佛罗里达大陆架
Breves 和 Reuter（2001）	TriOS, GmbH	剖面式	相对单位	否	否	阿拉伯海
Esser 和 Volpe（2002）	Chelsea. AQUAtracka	流通式	QS	否	否	北大西洋地表水
Coble 和 Conmy（未发表，2003）	WetLabs, WetStar	拖曳波动式，剖面式	GF/F 过滤样本	否	是	西北澳大利亚大陆架（NW Australian Shelf）
Chen 和 Gardner（2004）	Sea Tech and Seapoint, SUVF	剖面式，拖曳波动式	GF/F 过滤样本	否	否	路易斯安那湾（Louisiana Bight）
Conmy 等（2004）	WetLabs, SAFIre	剖面式，流通式	0.45 μm GF/F 过滤样本	否	是	中大西洋湾、西佛罗里达大陆架
Conmy 等（2004）	WetLabs, SAFIre	流通式	GF/F 过滤样本	否	是	路易斯安那湾
Etheridge 和 Roesler（2004）	WetLabs, FlashPak	时间序列	<0.2 μm GF/F 过滤样本	否	否	长岛海峡（Long Island Sound）
Gardner 等（2005）	Seapoint, SUVF	拖曳波动式	QS, GF/F 过滤样本	否	否	波士顿港
Belzile 等（2006）	WetLabs, WetStar	剖面式	QS, 不连续样本	是	是	东西伯利亚海（East Siberian Sea）
Belzile 等（2006）	WetLabs, WetStar	剖面式	0.2 μm 过滤样本	否	否	波弗特海（Beaufort Sea）
Downing 等（2009）	WetLabs, WetStar	停泊时间序列	QS, 过滤流道	是	否	旧金山湾（San Francisco Bay）
Tedetti 等（2010）	TriOS, EnviroFlu-HC	剖面式	0.2 μm 过滤样本	是	否	地中海（Mediterranean Sea）
Conmy 等（2014）	Chelsea, AQUA Tracka; WetLabs; ECO; Turner, Cyclops	安装于波浪水槽（wave tank）	石油和水	是	否	波浪水槽

一旦认为有必要进行空白扣除，可通过将仪器置于空白溶液（开放式设计容器）或通过仪器抽水（流通式设计容器）来获取空白信号。在大多数情况下，制造商的软件可用于获取空白信号输出。然而，有些传感器能够用标准电压表测量空白信号。空白扣除有两种公认的方法：（1）将空白保存为单独的文件，以便在获取样本数据后进行数据处理时使用；（2）使用某些制造商软件中的自动空白扣除功能，其中空白文件在样本采集之前记录并在采集时应用于数据。第一种方法可记录空白荧光的原始数据。读者应注意，在使用后一种方法时，如果没有得到理想的空白信号，数据流可能会变得复杂；因为一旦数据采集完成，可能无法回溯未扣除空白的原始信号。无论选择哪种方法，都必须仔细监控空白信号，以确保准确性并最大限度地减少系统误差。

6.4.3　标准物质和强度校准

很多文献用电压或相对荧光强度表示 NOM 的荧光信号。尽管研究人员获得了荧光值的相对空间和时间趋势，然而如果不用已知标准物质进行校准，则无法比较绝对荧光信号。通常使用 3 种标准物质对野外传感器荧光强度进行校准。硫酸奎宁（QS）和天然有机质（NOM）可用于类腐殖酸和类富里酸荧光的校准，其中 NOM 可以是腐殖酸标准品或过滤水样。第 3 种标准物质是色氨酸，用于校准类蛋白质荧光。

QS 是一种标准参考物质（standard reference material，SRM），对紫外光具有强吸收作用，在 ex/em= 347.5/450 nm 处具有荧光峰。其具有高量子荧光产率，特别是稀释于弱酸时，其荧光峰值对应于有机质组分吸光和发射荧光的光谱区域。与实验室仪器一样，QS 稀释后的一系列工作溶液可用于确定野外传感器的灵敏度和线性度，QS 工作溶液的浓度范围应适合于采样环境。荧光强度通过以下等式转换为 QSE（QS 当量）：

$$[sample] = \frac{C_{sample} - C_{CWO}}{QS\ Slope} \tag{6.1}$$

式中，C_{sample} 是样本的原始计数，C_{CWO} 是空白的原始计数（如果选择空白扣除程序），QS Slope 是 QS 稀释系列与荧光计数的线性回归斜率。分析人员还应注意，一些制造商所提供的软件会自动计算以 QSE 为单位的荧光数据，因此只需将 QS 进行一系列稀释即可确认出厂默认的比例因子，并验证仪器是否保持其校准或传感器的动态范围。同样，在纯水或海水中制备的色氨酸标准品稀释系列可用于校准专用于蛋白质检测的传感器（Tedetti et al.，2010）。

因为不存在真正的 DOM 标准品，所以使用 NOM 校准野外传感器。该方法使用过滤的不连续样本或市售的腐殖酸标准品进行校准。后一种方法需要将腐殖酸溶于纯水中并获得稀释系列（Breves and Reuter，2001），该方法与 QSE 法类似。在通常情况下，NOM 方法可直接利用野外采集的不连续过滤水样，用野外传感器测量荧光的同时采集这些水样（Del Castillo et al.，2001；Conmy et al.，2004）。用台式荧光计分析水样，其中数据被完全校正并校准为以 QSE 为单位。通过以下等式将标定因子（scaling factor）应用于原位数据。

$$\text{scaling factor} = \frac{FL_{lab}}{FL_{in\ situ}} \tag{6.2}$$

式中，FL_{lab} 和 $FL_{in\ situ}$ 分别是不连续样本和原位样本的荧光强度。这种二级标准方法通常用于多通道荧光计，为每个波长通道计算校准系数（图 6.10）（Del Castillo et al.，2001；Conmy et al.，2004）。如果用上述方式校准不连续样本数据，还可以将野外传感器数据转换为拉曼当量（Raman Equivalents，REs），这里使用水拉曼峰值而不是 QS 对荧光强度进行标准化。然而，分析人员应该意识到，在本章撰写时，由于商用野外传感器的滤光片带通较宽以及滤光片中心波长不集中于拉曼波段上，因此无法直接校准水拉曼峰。

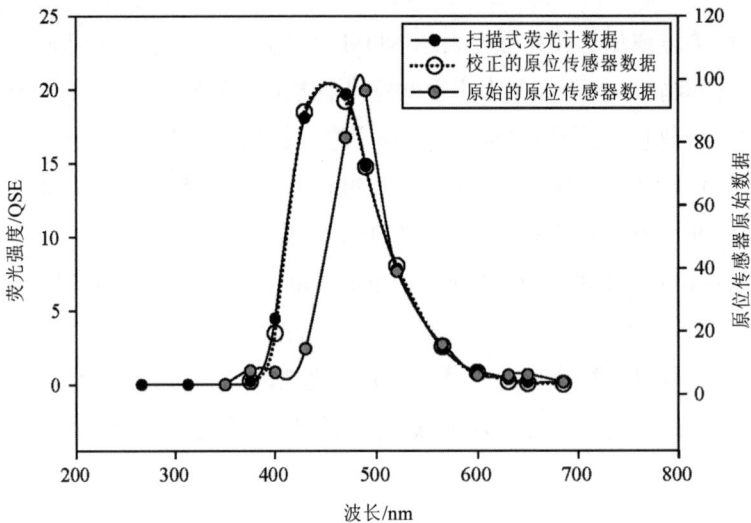

图 6.10　扫描式荧光计与校准前和校准后多光谱原位传感器的发射光谱数据

6.4.4　内滤效应校正

野外荧光计在高 OM 浓度下就像台式仪器一样可能会受到内滤效应（IFE）的影响。这种效应是溶液重吸收发射光而导致荧光强度明显降低的现象。以往的研究表明，当荧光强度为 100 QSE 时，荧光响应会因内滤效应降低 20%（Gardner et al.，2005）。为了校正该效应，首先测量水样和一系列与纯净水混合的稀释样本的荧光；然后绘制二次响应曲线（x 轴为水样及其稀释系列，y 轴为荧光强度），其中二次曲线拟合方程的线性部分代表没有内滤效应时的仪器响应。通过将拟合方程的线性部分除以完整的拟合方程获得校正因子，该因子数据集可用于校正荧光计的电压输出。该方法实现了无内滤效应情况下仪器响应的估计。

6.4.5　动态范围

利用校准曲线可以确定仪器的分辨率极限、线性检测范围和荧光饱和范围（图 6.11）。因此，在采集荧光测量数据时，对动态范围的考虑是必不可少的。很多传感器都配有增益可调的设置，以最大化其线性范围，分析人员可以通过连续稀释人工挑选的样本并量化任一内滤效应，以确保测量结果不会接近荧光饱和范围。这对于确定传感器是否适合特定应用至关重要，相关内容的进一步讨论见 6.5 节。

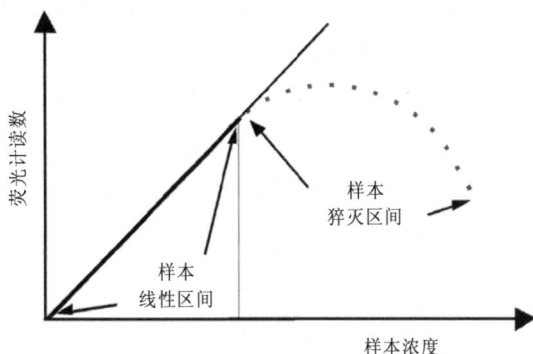

图 6.11　高色度环境下的仪器响应和荧光信号饱和的概念图

6.5　环境因素

在部署野外传感器时，分析人员必须了解可能影响荧光测量的环境因素。掌握了特定的环境属性，就可以确定理想的光学设计和采样设计，以获得高质量的荧光数据。流动式和开放式的传感器设计可应用于大多数天然水域。然而，在为某应用选择传感器时，应考虑传感器之间各方面性能的差异，如峰值波长、干涉滤光片的带通、增益设置、传感器平台的灵活性和自动可编程的内部数据记录器。对于任一部署，建议执行制造商推荐的清洁和维护程序，并使用台式荧光计或标准物质进行频繁的相互校准检查。应通过辅助野外测量验证荧光数据，以避免在最终数据分析过程中发现电压或温度对数据流的依赖性；应尽可能记录数据，以避免因不可预见的事件而导致测量数据丢失。

6.5.1　相关因素

6.5.1.1　颗粒物

天然水中的无机颗粒物和有机颗粒物是溶解性物质的原位光学测量不得不面临的干扰因素。由于样本体积内的光散射增加，野外荧光计因受到来自颗粒的干扰而出现输出偏差，特别是在中高混浊度的体系中，可能会抑制或促进荧光信号的产生。在 Saraceno

等（2009）的一项研究中，两台 WetLabs 流通式荧光计被部署在受农业影响的加利福尼亚威洛沼泽（Willow Slough）流域，仪器分别设置为过滤模式（在线过滤孔径为 10 μm 和 0.2 μm）和非过滤模式；结果表明，系统中颗粒物的存在抑制了最大排放期间的荧光信号，约 50%的溶解性有机质被低估，但在少量淡水流入系统期间不会发生荧光抑制问题（图 6.12）。反过来说，颗粒物的存在也会对荧光信号有贡献，例如水华事件导致水中藻胆色素含量增加，会对光谱的绿色部分荧光产生贡献，从而干扰腐殖质的荧光信号。值得注意的是，简单的野外替代指标（如浊度）并不总是适于预测导致传感器输出猝灭的颗粒物。颗粒物可能会吸收激发光或发射光，事实上会减少前置仪器中的表观样本体积。FOM 传感器对浊度的变化特别敏感，很容易受到颗粒物含量或颗粒物性质的影响，然而颗粒物性质是一个经常被忽略的参数因素。一些制造商已经对传感器进行了基准检验，以使其适用于浊度高达 400 NTU（浊度单位，nephelometric turbidity unit）的水体。然而，依然存在一些问题，浊度校正所用的浊度标准（例如高质量聚苯乙烯颗粒）通常是单色的，并且在传感器的激发带通或发射带通下吸收良好。然而，自然系统中的颗粒物并不均匀，也不总是以可预测的方式发挥作用。要充分了解颗粒物尺寸及其性质对原位荧光测量的限制和潜在影响，还有很多工作要做。为了评估颗粒物对荧光测量的贡献，分析人员可以在野外操作期间以过滤模式和未过滤模式同时操作两个传感器。如果只有一个传感器可用，则可以在实验室内利用该传感器采集未过滤水样和过滤水样以得到荧光信号数据，并计算信号差异。

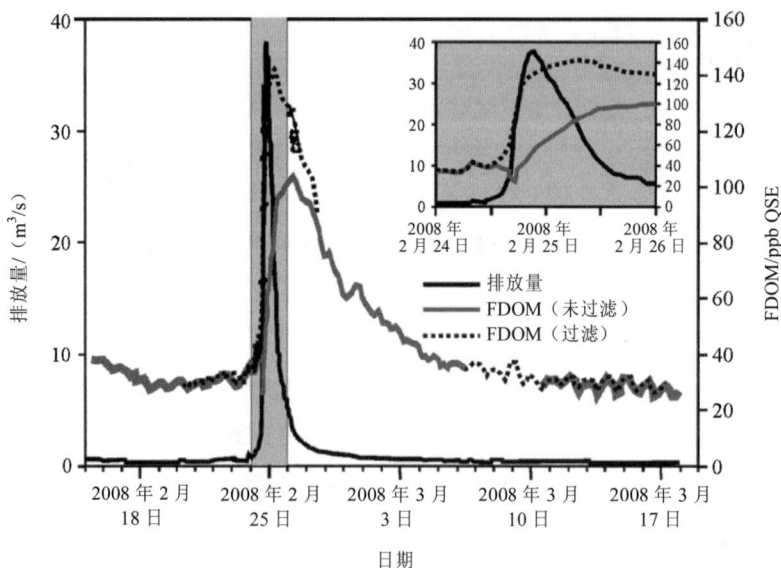

图 6.12 过滤和未过滤的 FDOM 传感器输出表明颗粒物对荧光信号的干扰（重绘自 Saraceno et al., 2009）

6.5.1.2 气泡

与颗粒物类似，水柱中气泡的存在也会干扰荧光测量，导致信号输出的增加或减少。

当使用开放式传感器时，海洋和河口中的波浪过程或溪流中的水流过程会不可避免地自然形成气泡。为了将这些影响最小化，可以使用河流流量、洋流或海面粗糙度等辅助数据来验证上述过程对数据流的干扰。为了最大限度地减少流通式传感器中的气泡，使用"Y"形排气配件（Twardowski et al.，1999），将传感器垂直安装并监控流速，这样有助于消除实时流动水流中的气泡。此外，如果使用垂直剖面式平台，可在数据采集前将传感器下降至1 m深度，以平衡和清除流通管中的气泡。分析人员应注意，气泡可能会在样本流管内或流通式仪器和开放式仪器的光学窗口上积聚，因此应在特定环境下监控仪器的上述问题。

6.5.1.3 动态范围

在选择传感器时，了解天然水中的DOM浓度范围也很重要，因为水生环境的荧光强度范围很广。为了确保获得高质量的数据，传感器的动态范围必须覆盖研究区域中的DOM浓度范围。因此，主要的考虑因素是仪器增益。许多传感器具有固定增益，这些设置可能不适合某些环境。毫无疑问，针对光学稀释水中的线性满程响应而优化的传感器很可能不适用于某些湿地水环境，反之亦然。一些仪器使用对数电压响应（如Chelsea UV-Aquatracka），无需设置多个固定增益。在高DOM浓度的环境中，样本体积内的内部猝灭或光吸收可能会阻止荧光信号到达检测器，从而导致非线性荧光强度（图6.11）。在大多数研究中，事先掌握水环境中NOM的光学性质，对于原位应用现代NOM传感器至关重要。目前，传感器均不包含优化激发或发射峰值、带宽或电子增益设置的算法。然而，有些传感器带有自动增益设置，且仅限于在固定范围内。

6.5.1.4 温度效应

所有的荧光测量均受到温度的影响（Chen and Bada，1992）。除了6.4节中讨论的传感器发热问题外，采样环境中周围水温的变化也会影响荧光值。这可以用一些带有内部和外部热敏电阻的仪器来监控，一些制造商的软件提供适用于数据流的温度校正算法。如6.4节所述，也可在实验室中进行温度效应的校正程序，分析人员应意识到不同的部署方式和环境会对温度效应产生不同的影响。考虑这样一种情况，垂直剖面式传感器被部署于陡峭的温跃层（thermocline），其中快速变化的外部温度导致传感器的内部温度快速变化。外部温度和内部温度之间的差异对传感器的影响可能是瞬时的，也可能滞后于荧光测量，这对温度效应校正构成了挑战。相反，部署在系泊设备上的传感器可能会经历环境温度的大幅波动，但在较长的时间范围内（即每周、每月、每季度），传感器有足够的时间达到热平衡；从而能更容易地对数据流进行校正。类似地，如果传感器在水浴或存储槽中工作时，水被泵送至仪表中，则水浴基本上可以调节传感器的内部温度。

6.5.1.5 生物污损

如果传感器在天然水系统中部署了足够长的时间，其都会出现生物污损问题。生物污损的程度随着环境的变化而变化；因此，建议分析人员确定生物污损是否为影响其所研究系统的重要问题，以排除污损对测量造成的严重干扰［图6.13（a）］（Davis et al.，2000）。

含有三丁基锡（TBT）的物质曾被长期用于水环境抗生物污损，然而三丁基锡对环境有负面影响，分析人员已不再使用该抗污损剂。在玻璃和丙烯酸表面上对 TBT 基产品、抗真菌剂和硅基化合物进行的实验室和野外测试发现，上述产品对藻类生长的抑制效果微乎其微（McLean et al.，1997）。同一项研究报告称，这些涂层最终成为微型动物的培养基；这会增加光学窗口的表面粗糙度，因此最好不要不使用这些涂层。目前常用的抗生物污损策略包括将铜百叶窗、铜板和铜擦拭器用于开放式传感器［Manov et al.，2003；见图 6.13（b）中的例子］。泵送仪器应配备铜管或覆盖有箔片或黑色胶带以阻挡光线的管道。最新的抗生物污损技术包括加压空气清洁和使用纳米涂层技术［Trios microFlu-CDOM，Trios Mess 有限责任公司，奥尔登堡（Oldenberg），德国］。同样值得注意的是，在传感器生产中引入了纳米处理的塑料，可以最大限度地减少生物污损的黏附。这是特别有前途的发明，因为其消除了生物擦拭器的常见副作用，例如由于传感器发射器/检测器表面上的机械定位引起的传感器信号阻抗、由于擦拭器遮蔽信号而引起的干扰以及擦拭器故障。

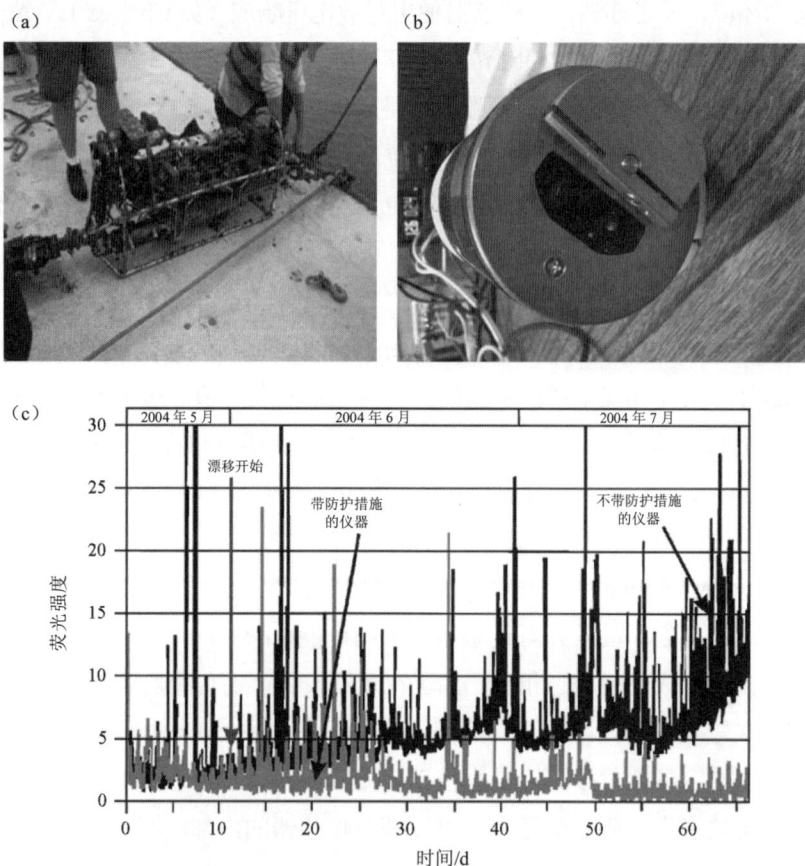

图 6.13　在缅因州佩诺布斯科特河部署光学组件开展研究之后回收该光学组件（a，照片由 C. Roesler 和 A. Barnard 提供）、传感器上的铜制生物污损遮挡板示意图（b，照片由 B. Dowing 提供）和生物污损导致不带防护措施的荧光计出现数值漂移（c，重绘自 Delauney et al.，2010）（见彩色插图 9）

生物污损会减弱或增强荧光信号（Delauney et al.，2010），前者是由于光路被污损体物理阻挡，后者是由于污损体在传感器测量的相同波长下发射荧光［图 6.13（c）］。在生物污损影响数据质量的情况下，可以排除部分数据流，或者尝试校正该影响。这在很大程度上取决于污损的程度、类型和持续时间。在 Cetinic 等（2009）的一项研究中，利用仪器响应的线性漂移是生物污损量增加的函数这一假设，对生物污损后的传感器测量结果进行了校正。在这篇论文中，作者警告分析人员，该方法可能会出现"并发症"；因为生物膜经历 5 个阶段的发展，呈指数级生长，这意味着生物污损体的响应实际上可能不是线性的。然而，在大多数野外传感器的部署中，是不可能估算真实的生物膜生长率的，线性校正可能是唯一合理的选择。此外，传感器部署的方式也是一个影响因素，在这种情况下，剖面系泊式或自治式潜水器（autonomous underwater vehicle，AUV）的数据校正可能比系泊固定式传感器的数据校正更具挑战性，因为固定式传感器可以估算生物附着率，而另外几种传感器对多层水体进行采样而无法获得生物附着率方面的数据。在任何情况下，分析人员都应该注意，当光学窗口生物污损体发展到足以掩盖样本信号的程度时，即使校准程序再好也无法产生高质量数据。

6.5.1.6　理解环境 NOM 来源

市售传感器通常针对激发波长和发射波长进行配置，这些波长对应于腐殖质在较长波段的荧光峰特征（如 C 峰；Coble，1996）。很多研究发现，基于 C 峰的 NOM 荧光可作为很多非人为影响和人为影响的流域中溶解性有机碳（DOC）浓度的替代指标。应该预先提醒分析人员，单通道传感器荧光信号的变化可能不仅源于荧光强度的变化，也可能源于荧光峰波长的偏移。这些变化是有机质的来源和组分差异造成的。例如，假设存在这样一种情况，一个淡水系统有 3 个主要的 CDOM 来源：废水、植物浸出物和水体自生源。传感器信号的变化可能源于物质浓度的变化，但也可能源于传感器对一个源的检测超过了对另一个源的检测。配置单一固定波长对的传感器不能测量荧光峰波长偏移，并且会影响信号强度。建议在部署 C 峰传感器之前，先对野外水体激发-发射矩阵光谱（EMMs）有个概览性认识，以建立 FDOM 和 DOC 的关系。弄清 EEMs 和 DOC 之间的关系通常有助于确认传感器的替代性参数在该水生环境的可靠性。此外，十分有必要分析（校准）不连续样本的 EEMs 以持续评估仪器性能。

6.5.2　特定环境下的传感器选择

6.5.2.1　光学稀释系统

光学稀释系统是指吸光性弱、散射性小的水环境。这些水生环境包括开放性海洋、低营养性湖泊和地下水环境。在这些系统中，生物污损和颗粒物干扰非常小，因此部署流通式或平面式的传感器不会出现复杂问题。前者的主要优势是具有更高的信噪比，这在低DOM 水域是十分重要的。

6.5.2.2 光学厚度系统

因溶解物或颗粒物而具有强吸光性的水环境是具有光学厚度（optically thick）的系统。这些水生环境包括近岸洋、河口、河流、富营养化湖和废水环境。在这些水域中，自遮蔽的发生可能是一个问题，在高浓度的情况下，入射光受阻而难以到达光学采样体积中的有机质，从而明显降低了荧光响应。在这些环境中，信噪比不是问题，但过滤和生物污损是一个问题。在一些需要过滤的应用中，可能需要流通式传感器，但请注意，一些平面式传感器也可配备流通式腔体。分析人员应注意，流通式的设计在灵敏度和样本控制量等方面性能卓越。使用流通式传感器时，需要对内部比色皿进行维护，以消除潜在的生物污损。在光学厚度系统中，针对颗粒物较少情景，配备生物擦拭器以减少污损的平面传感器是更好的选择。

6.5.2.3 浑浊系统

强散射环境是一种特殊情况，因为所有浑水都是具有光学厚度的，但并非所有光学厚度系统都是浑浊的。在高度混浊的环境中（例如，大于 100 NTU），配备微孔膜颗粒过滤器的流通式传感器可能是避免颗粒物干扰的最佳选择（Belzile et al.，2006；Downing et al.，2009；Saraceno et al.，2009）。尽管平面式传感器因无需泵和过滤器组件等的额外功率要求而备受青睐，但是研究人员尚不完全清楚颗粒物含量和性质对传感器的干扰影响。

6.5.2.4 高能动态多变环境

一些系统在水流、波浪能、潮汐、悬浮颗粒、温度和人为排放方面出现极端波动，这些系统被称为动态多变系统。这些系统还可能表现出较大的 DOM 浓度梯度，以及存在可能导致干扰荧光信号的其他天然荧光有机质或人为荧光有机质。动态多变系统的有机质分析需要能够快速响应的传感器，其中传感器光学器件和相关电子设备能快速反应并能从导致光电检测器/传感器输出饱和的极端偏差（干扰）中恢复。在上述系统中选择合适的传感器设计和部署平台具有一定的挑战性。必须提出关于仪器增益的问题，传感器是否会在整个部署时间内被淹没（例如，易干旱或潮汐河流/河口），以及光学系统是否足够强大以承受环境的物理能量（例如，海浪冲击或酸性湖水腐蚀）。分析人员不仅要确保荧光测量数据的高质量，还要确保传感器在长期部署过程中（例如，系泊或在垂直剖面仪上）能够保持安全。

6.6 高分辨率荧光测量技术对天然有机质研究的革新

原位荧光计的发展使得在传统水文参数（如温度和盐度）的时空尺度上监测 NOM 成为可能。类似于叶绿素荧光计对生物海洋学的影响，研究人员通过原位荧光计加强了 NOM 的生物地球化学研究（Geiskes et al.，1978）。因此，该技术使人们加深了对红树林和盐沼 DOM 输出与潮汐冲刷等过程、沿海和淡水地下水 DOM 来源、影响 NOM 分布和性质的光化学和生物降解途径、沉积有机质通量和油气渗漏等的理解。通过在各种传感器平台部署小型、低功耗、高灵敏度、坚固耐用的荧光传感器，将有可能使人们在陆海界面、沉积物-

水界面或极端事件期间等不同时空尺度上增进对有机质循环的认识。

6.6.1 部署平台

科学家和工程师从未停止开发新方法来进行光学测量，进而促进了天然水域野外传感器部署方式的革新。新型传感器平台和部署策略彻底提升了领域研究者获取 NOM 测量值和了解 NOM 库的能力（Twardowski et al.，2005）。就像传感器的选择一样，分析人员必须选择与采样设计相匹配的平台。因此，必须考虑部署长度、环境的时空可变性、电源要求、传感器尺寸和稳定性、数据记录方法以及最佳采样速率。此外，必须确保传感器在平台上的放置和方向（例如，光路内有异物或传感器附近的水循环变化）不会干扰其性能。

6.6.1.1 空间分辨率

从船甲板上利用的常见缆系平台包括垂直剖面仪、拖曳载具和抽水流通式系统，它们可以承载大多数市售传感器（图 6.14）。垂直剖面仪可以进行与深度相关的荧光监测，同时利用 Niskin 瓶收集不连续水样。拖曳式潜水器已成功用于研究河口和河流羽流中的 FOM，可以在起伏模式（潜水器自带计算机控制机翼决定深度）或拖曳模式（电缆连接端计算机控制深度）下运行。上述系统还可以将水通过管路从设备表面抽到船甲板上，进行不连续采样（Chen and Gardner，2004）。拖曳系统具有同时在水平方向和垂直方向进行观测的优势，可以提供测量值的截面分布。

图 6.14 荧光传感器部署平台。（a）Rosette 温盐深（CTD）垂直剖面仪中，水被泵送通过串联安装在 Rosette 底部的荧光计（CDOM 荧光计）和其他环境传感器（由 R. Conmy 提供）；（b）装有各种光学传感器和化学传感器的拖曳载具（由 R.F. Chen 提供）；（c）配备叶绿素计和 NOM 荧光计、溶解氧传感器和 CTD 的 Minishuttle tow-yo 载具（由 R.F. Chen 提供）；（d）（e）浮标、系泊设备和滑行器也是光学传感器和环境传感器的平台（由 Cefas 提供）（见彩色插图 10）

自治式潜水器（AUV）和滑行器可以容纳最小的荧光计，而且当 AUV 浮出水面时，能够部署具有预编程任务或可调整任务的自动化仪器，并且 AUV 和滑行器已用于无船只支持下对沿海地区的勘测。该平台的优点包括：具有更大的空间覆盖范围，可通过 AUV 集群获得三维立体分布，以及具有恶劣海况下进行部署的潜力。缺点包括：对覆盖的位置和方向的控制较少，功率限制，以及获取接近实时数据的能力有限。滑行器速度比 AUV 慢，但持续时间更长。

6.6.1.2　时间分辨率

荧光计已经用于海洋、河口和湖泊的浮标上，附着于码头和桥梁上，或者安装于有线观测站。由于配备了新的低功耗光源和低功耗检测器，CDOM 荧光计已成为近岸洋观测站的常见附件。利用荧光技术可以在 1 s 或更短的时间分辨率下获得 NOM 的测量值，从而允许研究 NOM 随时间变化的分布情况。一些系泊平台甚至可以是剖面测量平台，提供同时具有时间分辨率和空间分辨率的数据［例如海底固定式海洋剖面仪（bottom stationing ocean profiler，BSOP）；Langebrake et al.，2002］。

6.6.2　尺度的重要性

灵敏的原位传感器和适当的部署平台可应对不同尺度 NOM 测量的挑战。颗粒物、浮游生物或细菌的薄层集中于密度跃层（自然水域中温度和/或盐度发生急剧变化的区域），尤其是在发生分层事件期间（Chen and Gardner，2004）。由于上述垂直分布具有短暂且较窄（层厚只有几厘米到几米）的性质，使得开展相关研究显得尤为困难。相反，河流羽流可以延伸数百公里（例如亚马孙河），淡水位于更大密度的海水上，从而隔离了更新鲜的河流羽流水及其所携带的营养物、颗粒物、污染物和生物。除了上述空间尺度测量的挑战外，由于潮汐、风、径流以及风暴或污水等偶发事件，有机质分布会发生短暂变化。为了捕捉有机质在上述时间尺度内的变化，需要在目标区域（例如，通过横断面、浮标或剖面仪）实时重复测量。下面将以 3 个野外试验为案例研究，介绍拖曳平台上的原位传感器用于开展不同尺度下的 NOM 研究。

6.6.2.1　小时空尺度——以波士顿港尼庞西特河口（Neponset River Estuary）为例

尼庞西特河是流入马萨诸塞州波士顿港的第二大河流，波士顿港是潮汐主导的城市系统，周围遍布潮汐盐沼。为了考察河口水体 DOM 来源和分布的潮汐和季节变化，研究人员使用了一种被称为 Mini-Shuttle 的微型拖曳仪（Gardner et al.，2005）。所有水文传感器和光学传感器的安装间距不超过 4 cm，在 1～2 m 深度就可以辨别出 20 PSU 的垂直盐度变化（图 6.15）。这项研究表明，河口内 CDOM 的一个重要且随季节变化的输入来自盐沼有机质的降解。这一输入产生了盐度与 CDOM 的非保守性混合曲线。河流 CDOM 的输入量随着流量而波动。除了来源识别外，拖曳平台上的传感器显示，1 座距离大坝 2.6 km 的桥梁会带来潮汐限制，该限制对河口环流产生了重大影响。该站点传感器记录了潮汐限制对阻止低盐度、高 CDOM 水随潮汐流出的影响，以及海底地形改变环流进而导致单一位置 CDOM 变化，还记录了淡水端元 CDOM 随时间的变化，这些均证明了厘米尺度测量的价值。

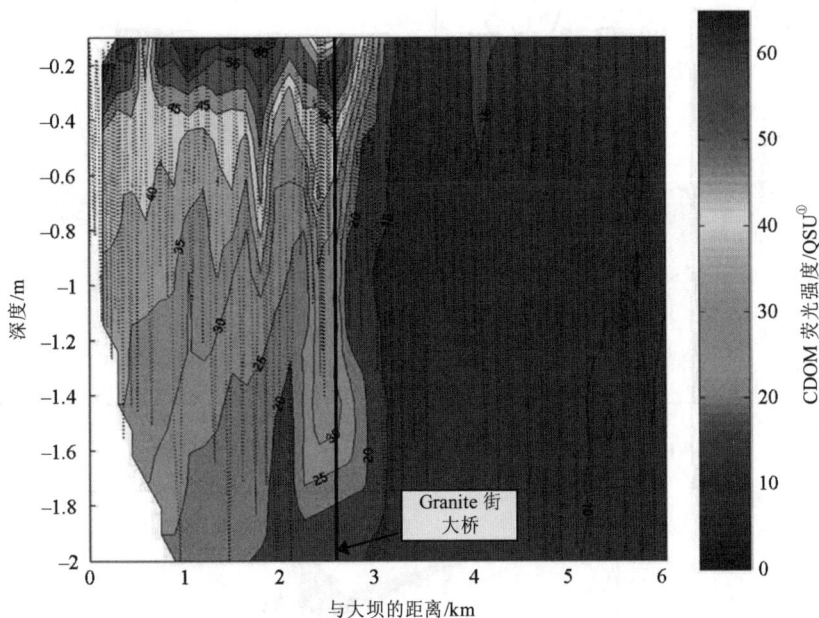

图 6.15　高潮时尼庞西特河口的 CDOM 荧光变化。虚线表示拖曳载具的移动路径，桥梁距大坝 2.6 km（见彩色插图 11）。

6.6.2.2　大空间尺度和小时间尺度——以哈得孙河河口（Hudson River Estuary）为例

在更大的空间尺度上，可以研究河流和支流的 DOM 混合变化。研究人员对哈得孙河口的 CDOM 进行了测量和建模，使用拖曳起伏式平台 ECOShuttle 对多个输入源［哈得孙河、拉里坦河（Raritan River）、哈肯萨克河（Hackensack River）、帕塞伊克河（Passaic River）和污水排放口］进行了区分（Chen and Gardner，2007；图 6.16）。研究发现，污水排放影响了上纽约湾（upper New York Bay）的 CDOM 分布。几处污水源与潮汐的混合显著增加了河口中部 CDOM 的来源，该来源随哈得孙河羽流输出入海。CDOM 随时间变化的监测和量化可被纳入该区域物理循环模型的生物地球化学模块（Georgas and Blumberg，未发表）。

---

① 译者注：指硫酸奎宁单位，quinine sulfate unit。

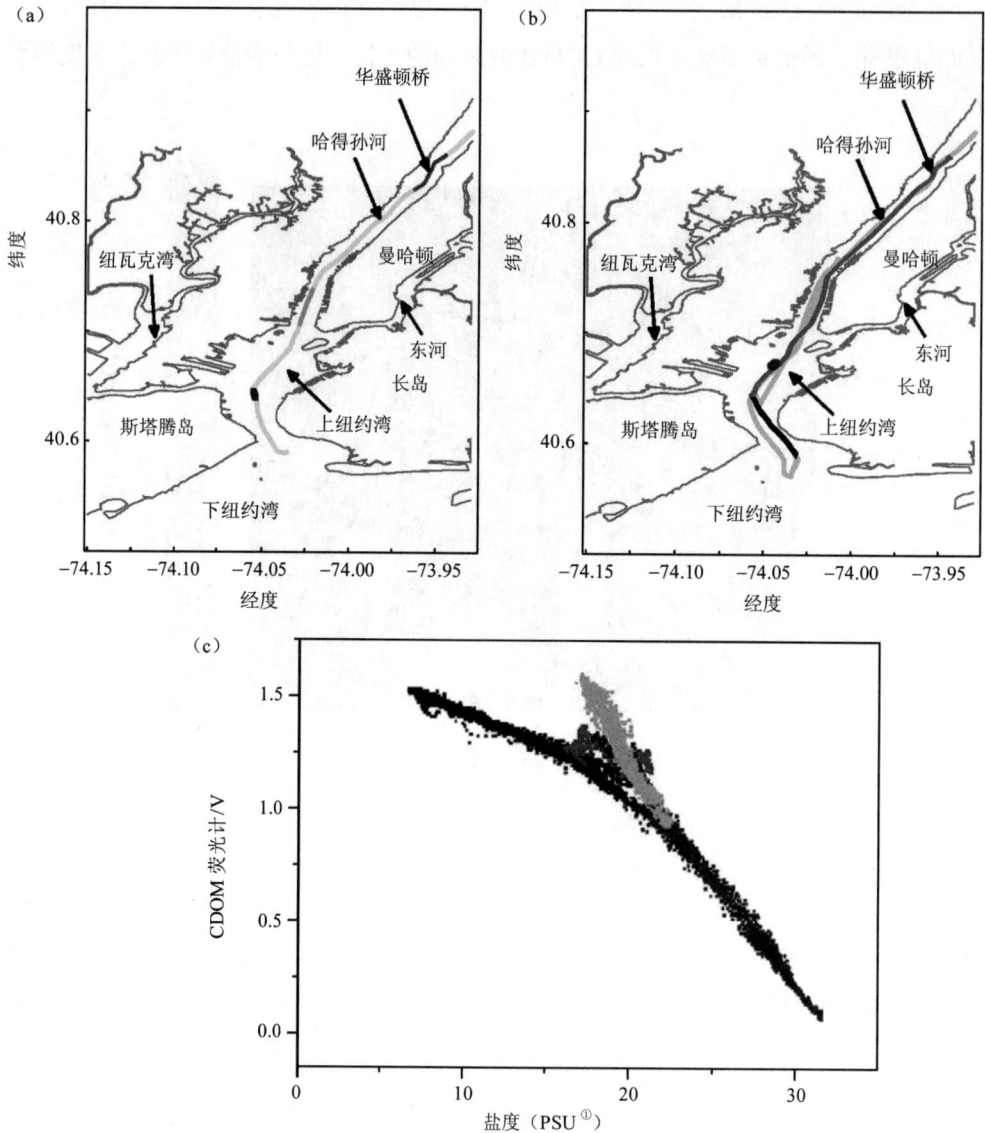

图 6.16 落潮和涨潮期间哈得孙河口 CDOM 随盐度的变化（上图）；数据符号的颜色对应于地图上航迹的颜色（下图）。请注意，落潮期间黄色 CDOM（可能是污水产生的 CDOM）的贡献（左上图）在涨潮期间的航道中并未出现（右上图）。（见彩色插图 12）

6.6.2.3 大时空尺度——以密西西比湾地区（Mississippi Bight Region）为例

使用拖曳波状式潜水器在大时空尺度上考察密西西比河（Mississippi River）羽流，提供了该区域 DOM 淡水端元随时间变化和 DOM 光漂白季节性的证据（Chen and Gardner，2004）。这种采样策略能够观测到河流羽流临海边缘以下的高 CDOM 水域薄层。CDOM 最大值处的薄层水体盐度并不低（图 6.17；圆圈区域），推测该处 CDOM 是由细菌参

---

① 译者注：实际盐度单位，Practical Salinity Unit。

与形成的，这些细菌持续作用于从河流羽流中沉降的颗粒物，并由于分层而集中在密度跃层。

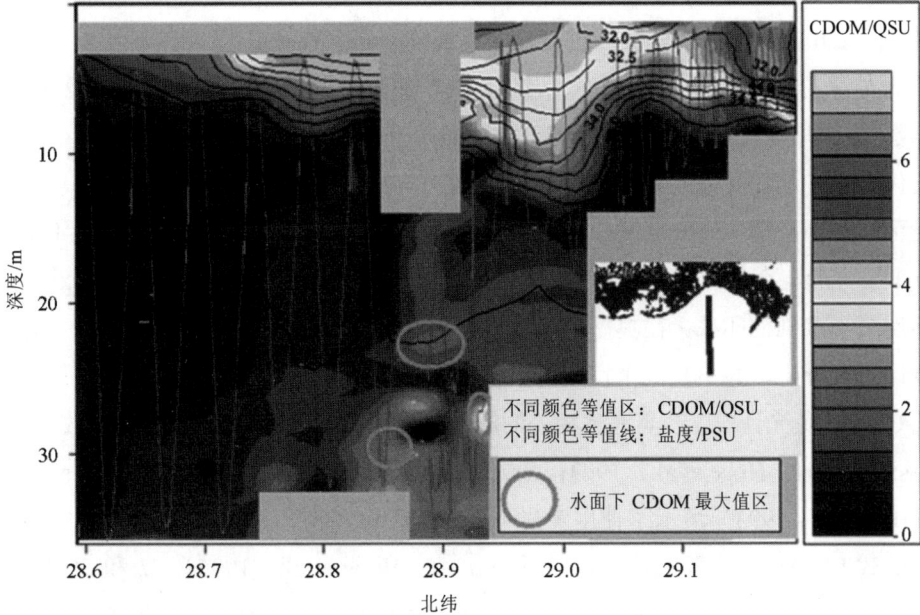

图 6.17 2000 年 6 月横跨密西西比河羽流的 CDOM（灰度渐变色）和盐度（黑线）等值图。盐度用等值线表示。插图显示了与密西西比三角洲（Mississippi Delta）相关的调查断面的位置。灰线代表拖曳载具的路径，灰框代表丢失的数据。海底深度比荧光和盐度测量的最大深度深约 5 m。水面下 CDOM 最大值区域用圆圈凸显。（改绘自 Chen and Gardner，2004）（见彩色插图 13）。

6.7 天然有机质的遥感测量

荧光光谱技术是研究海洋有机质的强有力工具，然而与 CDOM 相关的最重要的地球物理变量是与其波长相关的光吸收系数（$a_g\lambda$）。因为 CDOM 吸收光，其可能影响浮游植物的垂直分布、初级生产力和水温。CDOM 的颜色可以使用空间传感器和机载传感器进行检测［例如，美国国家航空航天局中分辨率成像光谱仪（Moderate Resolution Imaging Spectroradiometer，MODIS）和欧洲航天局中分辨率成像光谱仪（Medium Resolution Imaging Spectrometer，MERIS）］。这样就可以研究控制海洋中 CDOM 分布的过程，而这些过程是无法通过实地测量完成的。在本节中，我们将讨论荧光光谱技术对 CDOM 遥感算法验证的贡献，并介绍激光雷达（Light Detection and Ranging，LIDAR）技术以及天然 CDOM 荧光的被动测量方法。

6.7.1 荧光 CDOM 与遥感产品的验证

流通式 CDOM 荧光计可用于验证遥感反演数据（a_g）。一般情况下，遥感数据与在卫星飞越前后 3 h 内采集的现场数据进行比较（Bailey and Werdell，2006）。通常情况下，比较的是野外采样值和遥感反演值，后者由 1 个像素大小的平均值表示（从 250 m^2 到约 1 km^2 或更多，取决于所使用的传感器、观察角度和空间像素组合）。这种比较假定空间和时间变化较小，这在开放的海洋中可能是正确的。然而，在空间变化大的沿海环境中，这种假设可能并不正确（Yuan et al.，2005）。例如，卫星对 a_g 的完美反演（代表 1 个像素的平均 a_g）很可能与在该像素内采集的任何数量的不连续样本的实测 a_g 不相同。这可能给人以遥感反演不准确的印象。在典型的像素区域内采集大量不连续样本，用台式荧光计或分光光度计进行分析，并不是一个实用的解决方案。然而，使用不连续样本可以很好地校准流通式 CDOM 荧光计，以在与遥感相关的波长产出高精度的 CDOM 吸收系数数据（Ferrari and Tassan，1991；Hoge et al.，1993；Green and Blough，1994；Del Castillo et al.，1999）。例如，Hoge 等（1993）演示了使用荧光 CDOM（FCDOM）来关联 a_g 值，后来将该技术应用于机载 LIDAR 传感器的校准，以反演 a_g 值（Hoge et al.，1995）。a_g 和 FCDOM 之间的线性回归曲线的 r^2 值在 0.89～0.98，但通常大于 0.98。其他文献也报道了类似的结果（Blough et al.，1993；Del Castillo et al.，1999）。

由于 CDOM 的荧光光谱很宽，而其吸收光谱是单调的，因此很容易在较大的波长范围内建立 FCDOM 和 a_g 之间的关系。然而，为了使用这种技术来验证 CDOM 的遥感反演，需要提供卫星传感器覆盖的波长数值和用于校准 a_g 的 FCDOM 的吸收光谱数据，包括光谱斜率（S）以及其如何计算。这有利于已公布数据之间的比较。

用户必须留意光谱斜率（S）（Blough and Del Vecchio，2002）和荧光效率（ϕ_f）（Blough and Del Vecchio，2002，以及该文中的参考文献；Lakowicz，2006）随盐度梯度的变化。基于任何 λ 范围（在用于计算 S 的 λ 范围内）度量的 a_g 值，可以利用 S 参数来重建 CDOM 吸收光谱。参数 ϕ_f 表示 CDOM 荧光与 CDOM 吸光量的比值，因此可以通过 FCDOM 估算 $a_g(\lambda)$。这些通常在盐度大于 30 时观察到，此时海洋 CDOM 端元开始影响 CDOM 的光谱性质。虽然 ϕ_f 的变化通常很小，但用户应注意这些变化，并沿盐度梯度采集校准样本。沿着河流羽流采样更成问题。调查船上典型的流通式取水口位于水面以下几米处。因此，连接到该系统的任何仪器可能无法采集高吸光的河流羽状水，而该高吸光河流羽状水是遥感探测器能检测到的主要离水辐射（water leaving radiance）。在这些条件下，可能有必要远离调查船的干扰来采集大量不连续表层样本，或使用波状拖曳式采样系统（Chen and Gardner，2004；Gardner et al.，2005）。这些仪器能沿着水柱进行非常精细的测量，并且能够在船上抽水，因此可以采集多个校准样本。这类仪器能用于验证浑浊海洋水体中水色遥感产品数据质量。

6.7.2　主动遥感传感器

LIDAR 技术可基于荧光对海洋有机质进行遥感监测。LIDAR 技术在 CDOM 和叶绿素荧光检测方面的应用十分广泛（Hogue，2005；Hoge et al.，1981，1983，1995，1998，2005；Barbini et al.，2001；Drozdowska，2007）。Hoge 等（1995）给出了 LIDAR 应用于 CDOM 探测（和其他应用）的一个极好的案例，他们证明了校准良好的传感器在沿海和海洋水域非常稳定和有用。由于其高空间分辨率和动态范围，LIDAR 特别适合于沿海水域 CDOM 研究。例如，Hoge 等（1995）使用的 LIDAR 的空间分辨率约为 130 m，优于任何卫星传感器。机载 LIDAR 的另一个优点是其可以在云层下飞行，与卫星传感器相比具有明显的优势。在高度动态变化的沿海地区以及云层限制了卫星图像可用性的情况下，应考虑使用机载 LIDAR，将其作为卫星图像的替代方案。机载 LIDAR 可以在卫星飞越期间对大面积海域进行数据采集，这使得其比在调查船上开展传统采样来验证卫星数据更有效率。上述能力使 LIDAR 成为未来星载高空间分辨率海洋水色辐射计（ocean color radiometer）验证的可选项之一。

LIDAR 也可以部署在远洋船舶的船头（即 Barbini et al.，2001），并可以同时测量 FCDOM（a_g）和叶绿素。Barbini 等（2001）使用了类似于 Hoge 等（1994）的系统来验证南大洋 SeaWiFS 的 Chl 遥感反演数据，证明了船载 LIDAR 对验证遥感设备的可用性。然而，LIDAR 也有其复杂性；仪器和任务规划能力是高度专业化和昂贵的。定期运行 LIDAR 系统十分昂贵，只有资金充足的项目才能负担得起。此外，像大多数野外数据一样，LIDAR 数据是为特定活动收集的，无法像卫星传感器那样提供全球覆盖范围内或有时间分辨率的数据。

6.7.3　CDOM 荧光与被动传感器

CDOM 在阳光照射下发出荧光，产生随 CDOM 来源和环境条件变化的宽发射光谱。这种太阳诱发的荧光可能强到足以对辐射照度比（irradiance reflectance，R）产生显著影响，并可能影响遥感数据的解译。FCDOM 也能填补夫琅禾费（Fraunhofer）谱线，是一种能通过遥感器探测 CDOM 的工具。

一些研究人员评估了 FCDOM 对离水辐射 [L_W，从水中发射出来的辐射度，单位为 W/（$m^2 \cdot sr \cdot nm$）] 的贡献，以及对从表面反射的辐射度与入射到表面的辐射度的比率（R）的贡献（Spitzer and Dirks，1985；Peacock et al.，1990；Hawes et al.，1992；Lee et al.，1994；Vodacek et al.，1994；Haltrin et al.，1997；Zhou et al.，2009）。虽然上述研究人员在他们的研究中使用了不同的假设和不同的 CDOM 来源，但他们取得的共识是，只有当 CDOM 非常高时，FCDOM 才能成为 R 的重要干扰因素。CDOM 多高取决于水的总光学性质，因此研究人员在沉积物较浅、高 CDOM 的水域开展研究工作时应该关注水的总光学性质。

卫星遥感测量的复杂性可能较低，因为影响 R 所需的高 CDOM 值通常仅限于近岸或内陆水体。海洋水色遥感图像通常会根据传感器的分辨率（如 NASA-MODIS 和 SeaWiFS 的最低空间分辨率约为 1 km）对海岸线进行遮蔽，以消除陆地反射率的干扰。因此，在处理图像像素过程中，有可能被 FCDOM 污染的像素会被掩盖。

CDOM 的宽荧光光谱填补了夫琅禾费谱线，使得利用灵敏的遥感和原位传感器研究海水中的 CDOM 和叶绿素成为可能（Stoertz et al.，1969；Gee et al.，1993；Vodacek et al.，1994；Hu and Voss，1998）。虽然在某些条件下 CDOM 的宽荧光光谱应用前景可期（Vodacek et al.，1994），然而天然 FDOM 非常微弱（ϕ_f 约为 1%），且因发射光谱太宽而不适用于有机质的被动遥感监测。

6.7.4　遥感技术总结

CDOM 荧光测量是研究海洋有机质动力学的有力工具。荧光在 CDOM 遥感中的应用仅限于使用能够精确测量 $a_g(\lambda)$ 的机载 LIDAR 系统。只有在高 CDOM 和低散射的特殊体系下，FCDOM 对 R 的贡献和对夫琅禾费谱线的填充才是重要的。FCDOM 在验证 $a_g(\lambda)$ 的遥感估计值时非常有用。

6.8　总结

市场上有很多荧光传感器，在了解荧光计设计能力和局限性的同时，为特定应用选择理想传感器是获得稳定的原位 CDOM 荧光测量数据的关键。同样，部署平台的选择和研究环境的背景对于在适当的时间尺度和空间尺度上采集测量数据至关重要。除了采集测量数据外，分析人员还要共同遵守校准传感器的标准化方法。无论采用何种校正方法（如空白扣除、温度校准、强度标准化），研究人员都需要在文献中明确记录。这为整个研究共同体的数据具有高质量提供了保证，也为实验室之间的数据能够相互比较提供了可能。

传感器研发和材料研究的不断进步使得 LED 和滤光片能够覆盖更短波长、具有更低的功耗和能够持续更长的部署时间。具有多波长功能的新型可靠传感器包括用于表征 CDOM 的荧光 NOM 测量的探测器，以及能利用同期辅助水质测量数据和相关算法来原位自我修正的"智能"FDOM 传感器。上述进展将有助于水生环境 DOM 的生物地球化学定性和定量研究的开展。

致谢

感谢开拓、发展和证明了原位 NOM 荧光测量实用性的科技先驱们、本章的审稿人以及所有为本章贡献图片、数据或图表的人；特别是保罗·瑟德林德（Paul Soderlind）重新绘制了之前发表的数据。本章成果受到美国环境保护局资助。美国国家健康和环境影响研究实验室对该报告进行了审查，并批准出版。此批准并不意味着内容代表机构的观点，也不意味着提及的商品名称或商业产品构成是该机构认可或推荐使用的。美国环境保护局海湾生态部门提供了本章内容。

参考文献

Bailey，S.W. and Werdell，P.J.（2006）．A multi-sensor approach for the on-orbit validation of ocean color satellite data products. *Remote Sens. Environ.*，**102**，12–23.

Baker，A.，Ward，D.，Lieten，S.H.，Periera，R.，Simpson，E.C.，and Slater，M.（2004）．Measurement of protein-like fluorescence in river and waste water using a handheld spectrophotometer. *Water Res.*，**38**，2934–2938.

Barbini，R.，Colao，F.，Fantoni，R.，Fiorani，L.，and Palucci，A.（2001）．Remote sensing of the Southern Ocean：Techniques and results. *J. Optoel. Adv. Mat.*，**3**，817–830.

Belzile，C.，Roesler，C.S.，Christensen，J.P.，Shakhova，N.，and Semiletov，I.（2006）．Fluorescence measured using the WETStar DOM fluorometer as a proxy for dissolved matter absorption. *Est. Coast. Shelf Sci.*，**67**，441–449.

Blough，N.V.，Zafiriou，O.C.，and Bonilla，J.（1993）．Optical absorption spectra of waters from the Orinoco River outflow：Terrestrial input of colored organic matter to the Caribbean. *J. Geophys. Res.*，**98**（C2），2271–2278.

Breves，W. and Reuter，R.（2001）．Bio-optical properties of gelbstoff in the Arabian Sea at the onset of the southwest monsoon. *Earth Planet. Sci.*，preprint.

Cabaniss，S.E. and Shuman，M.S.（1987）．Synchronous fluorescence spectra of natural waters：Tracing sources of dissolved organic matter. *Mar. Chem.*，**21**，37–50.

Cetinic，I.，Toro-Farmer，G.，Ragan，M.，Oberg，C.，and Jones，B.H.（2009）．Calibration procedure for Slocum glider deployed optical instruments. *Opt. Express*，**17**，15420–15430.

Chen R.F.（1999）．In situ fluorescence measurements in coastal waters. *Org. Geochem.*，397–409.

Chen，R.F. and Bada，J.L.（1990）．A laser-based fluorometry system for investigations of seawater and porewater fluorescence. *Mar. Chem.*，**31**，219–230.

Chen，R.F. and Bada，J.L.（1992）．The fluorescence of dissolved organic matter in seawater. *Mar. Chem.*，**37**，191–221.

Chen，R.F. and Gardner，G.B.（2004）．High-resolution measurements of chromophoric dissolved organic matter in the Mississippi and Atchafalaya plume regions. *Mar. Chem.*，**89**，103–125.

Chen R.F.，Gardner，G.B.，Zhang，Y.，Vlahos，P.，Wang，X.，and Rudnick，S.M.（1999）．Chromophoric dissolved organic matter（CDOM）in four US estuaries. *EOS*，**80**，92.

Chen，R.F.，Gardner，G.B.，Huang，W.，and Peri，F.（2007）．Chromophoric dissolved organic matter（CDOM）dynamics in the Hudson River Plume. ASLO，Santa Fe，February 4–9，2007.

Christian，G.D.，Callis，J.B.，and Davidson，E.R.（1981）. Array detectors and excitation-emission matrices in multicomponent analysis. In E.L. Wehry（Ed.），*Modern Fluorescence Spectroscopy*，Vol. 4，pp. 111–165. New York：Plenum Press.

Coble，P.G.（1996）. Characterization of marine and terrestrial DOM in seawater using excitation-emission matrix spectroscopy. *Mar. Chem.*，**51**，325–346.

Coble，P.G. and Gagosian，R.B.（1991）. The nature and distribution of fluorescent dissolved organic matter in the Black Sea and the Cariaco Trench. In E. Izdar and J.W. Murray（Eds.），*Black Sea Oceanography*，pp. 361–378. Dordrecht，the Netherlands：Kluwer Academic.

Coble，P.G.，Gagosian，R.B.，Codispoti，L.A.，Friederich，G.E.，and Christernsen，J.P.（1991）. Dissolved fluorescence in the Black Sea. *Deep-Sea Res. Pt. I*，**38**，S985–S1001.

Coble，P.G，Del Castillo，C.E.，and Avril，B.（1998）. Distribution and optical properties of CDOM in the Arabian Sea during the 1995 Southwest Monsoon. *Deep-Sea Res. Pt. II*，**45**，2195–2223.

Conmy R.N.，Coble，P.G.，and Del Castillo，C.E.（2004）. Performance and calibration of the WetLabs SAFire in-situ fluorometer. *Cont. Shelf Res.*，**24**（3），431–442.

Cullen，J.J. and Davis，R.F.（2003）. The blank can make a big difference in oceanographic measurements. *Limnol. Oceanogr. Bull.*，**12**（2），29–34.

Davis，R.F.，Stabeno，P.J.，and Cullen，J.J.（2000）. Use of optical measurements from moorings to detect coccolithophore blooms in the Bering Sea. In *Proceedings of Ocean Optics XV Conference*，Monaco. CD-ROM.

Delauney，L.，Compère，C.，and Lehaitre，M.（2101）. Biofouling protection for marine environmental sensors. *Ocean Sci.*，**6**，503–511.

Del Castillo C.E.，Coble，P.G.，Morel，J.M.，Lopez，J.M.，and Corredor，J.E.（1999）. Analysis of the optical properties of the Orinoco River Plume by absorption and fluorescence spectroscopy. *Mar. Chem.*，**66**，35–51.

Del Castillo C.E.，Coble，P.G.，Conmy，R.N.，Muller-Karger，F.E.，Vanderbloomen，L.，and Vargo，G.A.（2001）. Multispectral in-situ measurements of organic matter and chlorophyll fluorescence in seawater：Documenting the intrusion of the Mississippi River plume in the West Florida Shelf. *Limnol. Oceanogr.*，**46**（7），1836–1843.

Desiderio，R.A.，Moore，C.，Lantz，C.，and Cowles，T.J.（1997）. Multiple excitation fluorometer for in situ oceanographic applications. *Appl. Optics*，**36**，1289–1296.

Downing，B.D.，Boss，E.，Bergamaschi，B.A.，Fleck，J.A.，Lionberger，M.A.，Ganju，N.K.，Schoellhamer，H.，and Fujii，R.（2009）. Quantifying fluxes and characterizing compositional changes of dissolved organic matter in aquatic systems in situ using combined acoustic and optical measurements. *Limnol. Oceanogr. Methods*，**7**，119–131.

Drozdowska，V.（2007）. The LIDAR investigation of the upper water layer fluorescence spectra of the Baltic Sea. *Eur. Phys. J. Special Topics*，**144**，141–145.

Ferrari，G.M. and Tassan，S.（1991）. On the accuracy of determining light absorption by "yellow substance" through measurements of induced fluorescence. *Limnol. Oceanogr.*，**36**，777–786.

Gardner，G.B.，Chen，R.F.，and Berry，A.（2005）. High-resolution measurements of chromophoric dissolved organic matter（CDOM）in the Neponset River Estuary, Boston Harbor, MA. *Mar. Chem.*, **96**, 137–154.

Gee, Y., H.R. Gordon, and Voss, K.J.（1993）. Simulation of inelastic scattering contributions to the irradiance field in the ocean: Variation in Fraunhofer line depths. *Appl. Optics*, **32**, 4028–4036.

Geiskes, W.W.C., Kraay, G.W., and Tijssen, S.B.（1978）. Chlorophylls and their degradation products in the deep pigment maximum layer of the tropical north Atlantic. *Nether. J. Sea Res.*, **12**（2）, 195–204.

Green, S.A. and Blough, N.V.（1994）. Optical absorption and fluorescence properties of chromophoric dissolved organic matter in natural waters. *Limnol. Oceanogr.*, **39**, 1903–916.

Haltrin, V.I., Kattawar, G.W., and Weidemann, A.D.（1991）. Modeling of elastic and inelastic scattering effects in oceanic optics. In S. G. Ackleson and R. Frouin（Eds.）, *Proceedings of Ocean Optics XIII Conference.* SPIE 2963, 597–602.

Hawes S.K., Carder, K.L., and Harvey, G.R.（1992）. Quantum fluorescence efficiencies of fulvic and humic acids: Effects on ocean color and fluorometric detection. In *Proceedings of Ocean Optics XI Conference.* SPIE 1750, 212–223.

Herman, A.W. and Denman, K.L.（1976）. Rapid underway profiling of chlorophyll with an in situ fluorometer mounted on a batfish vehicle. *Deep-Sea Res.*, **24**, 385–397.

Heuermann, R., Loquay, K.D., and Reuter, R.（1995）. A multi-wavelength in situ fluorometer for hydrographic measurements. *Adv. Remote Sens.*, **3**, 71–77.

Hoge, F.E.（2005）. Oceanic inherent optical properties: Proposed single laser lidar and retrieval theory. *Appl. Optics*, **44**, 7483–7486.

Hoge, F.E. and Swift, R.N.（1981）. Airborne simultaneous spectroscopic detection of laserinduced water Raman backscatter and fluorescence from chlorophyll a and other naturally occurring pigments. *Appl. Optics*, **20**, 3197–3205.

Hoge, F.E. and Swift, R.N.（1983）. Airborne detection of oceanic turbidity cell structure using depth-resolved laser-induced water Raman backscatter. *Appl. Optics*, **22**, 3778–3786.

Hoge, F.E., Vodacek, A., and Blough, N.V.（1993）. Inherent optical properties of the ocean: Retrieval of the absorption coefficient of chromophoric dissolved organic matter from fluorescence measurements. *Limnol. Oceanogr.*, **38**, 1394–1402.

Hoge, F. E., Vodacek, A., Swift, R.R., Yungel, J.K., and Blough, N.（1995）. Inherent optical properties of the ocean: Retrieval of the absorption coefficient of chromophoric dissolved organic matter from airborne laser spectral fluorescence measurements. *App. Optics*, **34**, 7032–7038.

Hoge, F.E., Wright, C.W., Swift, R.N., and Yungel, J.K.（1998）. Airborne laser-induced oceanic chlorophyll fluorescence : Solar-induced quenching corrections by use of concurrent downwelling irradiance measurements. *Appl. Optics*, **37**, 3222–3226.

Hoge, F.E., Lyon, E., Wright, P.E., Wayne, C., Swift, R.N., and Yungel, J.K.（2005）. Chlorophyll biomass in the global oceans: Airborne lidar retrieval using fluorescence of both chlorophyll and chromophoric dissolved organic matter. *Appl. Optics*, **44**, 2857–2862.

Hu, C. and Voss, K.J.（1998）. Measurement of solar-stimulated fluorescence in natural waters. *Limnol. Oceanogr.*, **43**, 1198–1206.

Hudson，N.，Baker，A.，and Reynolds，D.（2007）. Fluorescence analysis of dissolved organic matter in natural，waste and polluted waters. *River Res. Appl.*，**23**，631–649.

Kalle，K.（1949）. Fluoreszenz und Gelbstoff im Bottnischen und Finnischen Meerbusen. *Dtsch. Hydrogr. Z.*，**2**，117–124.

Klinkhammer，G.P.（1994）. Fiber optic spectrometers for in-situ measurements in the oceans：The ZAPS probe. *Mar. Chem.*，**47**，13–20.

Lakowicz，J.R.（2006）. *Principles of Fluorescence Spectroscopy*，3rd ed. New York：Springer Science+Business Media，954 pp.

Langebrake，L.C.，Lembke，C.E.，Weisberg，R.H.，Byrne，R.H.，Russell，D.R.，Tilbury，G.，and Carr，R.（2002）. Design and initial results of a bottom stationing ocean profiler. *IEEE*，**1**，98–103.

Lee Z.，Carder，K.L.，Hawes，S.K.，Steward，R.G.，Peacock，T.G.，and Davis，C.O.（1994）. Model for the interpretation of hyperspectral remote-sensing reflectance. *Appl. Optics*，**33**（24），5721–5732.

Lieberman，S.H.，Inman，S.M.，and Theriault，G.A.（1992）. Laser-induced fluorescence over optical fibers for real-time in situ measurement of petroleum hydrocarbons in seawater. In *Proceedings of Oceans '91*，pp. 507–514. Oceanic Engineering Society of IEEE，91CH 3063–5.

Lochmuller，C.H. and Saavedra，S.S.（1986）. Conformational changes in a soil fulvic acid measured by time-dependent fluorescence depolarization. *Anal. Chem.*，**58**，1978–1981.

Lorenzen，C.J.（1966）. A method for the continuous measurement of in vivo chlorophyll concentration. *Deep-Sea Res.*，**1**（2），223–227.

Macleod，H.A.（2001）. *Thin-film optical filters*，3rd ed. London：Institute of Physics Publishing，668 pp.

Manov，D.V.，Chang，G.C.，and Dickey，T.D.（2003）. Methods for reducing biofouling of moored optical sensors. *J. Atmos. Ocean. Technol.*，**21**，958.

Mazel，C.H.（1997）. Coral fluorescence characteristics：Excitation-emission spectra，fluorescence efficiencies，and contribution to apparent reflectance. In *Proceedings of Ocean Optics XIII Conference*，SPIE **2963**，240–245.

McLean，S.，Schofield，B.，Zibordi，G.，Lewis，M.，Hooker，S.，and Weidemann，A.（1997）. Field evaluation of anti-biofouling compounds on optical instrumentation. *Proc. SPIE*，**2963**，708–713.

Moore，C.M.（1994）. In situ biochemical，oceanic optical meters：Spectral absorption，attenuation，fluorescence meters – a new window of opportunity for ocean scientists. *Sea Technol.*，**35**，10–16.

Peacock，T.G.，Carder，K.L.，Davis，C.O.，and Steward，R.G.（1990）. Effects of fluorescence and water Raman scattering on models of remote-sensing reflectance. In R.W. Spinrad（Ed.），*Ocean Optics X，Proc. Soc. Photo-Opt. Instrum. Eng.* 1302，303–319.

Robinson，A.R. and Glenn，S.M.（1999）. Adaptive sampling for ocean forecasting. *Nav. Res. Rev.*，**51**，26–38.

Rudnick，S.M.，Chen，R.F.，and Gardner，G.B.（1998）. In situ，time-resolved fluorescence measurements in Boston Harbor. In *Ocean Sciences '98*，San Diego，February 1998.

Saraceno，J.F.，Pellerin，B.A.，Downing，B.D.，Boss，E.，Bachand，P.A.M.，and Bergamaschi，B.A.（2009）. High-frequency in situ optical measurements during a storm event：Assessing relationships between dissolved organic matter，sediment concentrations，and hydrologic processes. *J. Geophys. Res.*，

114，doi：10.1029/2009JG000989.

Sivaprakasam，V.，Shannon，R.F.，Jr.，Luo，C.，Coble，P.G.，Boehme，J.R.，and Killinger，D.K. （2003）. Development and initial calibration of a portable laser-induced fluorescence system used for in situ measurements of trace plastics and dissolved organic compounds in seawater and the Gulf of Mexico. *Appl. Optics*，**42**，6747–6756.

Spitzer，D. and Dirks，R.W.J.（1985）. Contamination of the reflectance of natural waters by solar-induced fluorescence of dissolved organic matter. *Appl. Optics*，**24**（4），444–445.

Stoertz，G. E.，Hemphill，W.R.，and Markle，D.A.（1969）. Airborne fluorometer applicable to marine and estuarine studies. *Mar. Technol. Sci. J.*，**3**，11–26.

Tedetti，M.，Guigue，C.，and Goutx，M.（2010）. Utilization of a submersible UV fluorometer for monitoring anthropogenic inputs in the Mediterranean coastal water. *Mar. Poll. Bull.*，**60**，350–362.

Twardowski，M.S.，Sullivan，J.M.，Donaghay，P.L.，and Zaneveld，J.R.V.（1999）. Microscale quantification of the absorption by dissolved and particulate material in coastal waters with an ac-9. *J. Atmos. Ocean. Technol.*，**16**（12）：691–707.

Twardowski，M.S.，Lewis，M.R.，Barnard，A.H.，and Zaneveld，J.R.V.（2005）. In-water instrumentation and platforms for ocean color remote sensing applications. In：R.L. Miller，C.E. Del Castillo，and B.A. McKee（Eds.），*Remote Sensing of Coastal Aquatic Environments*，pp. 69–93. Dordrecht，the Netherlands：Springer Science+Business Media.

Vodacek，A.，Green，S.A.，and Blough，N.V.（1994）. An experimental model of the solar-induced fluorescence of chromophoric dissolved organic matter. *Limnol. Oceanogr.*，**39**，1–11.

Yuan，J.，Dagg，M.，and Del Castillo，C.E.（2005）. In pixel variations of *chl a* fluorescence in northern Gulf of Mexico and their implications for calibrating remotely sensed *chl a* and other products. *Cont. Shelf Res.*，**25**（15），1894–1904.

Zhou，J.，Tonizzo，A.，Ioannou，I.，Hlaing，S.，Gilerson，A.，Gross，B.，Moshary，F.，and Ahmed，S.（2009）. Evaluation of solar estimulated CDOM fluorescence and its impact on the closure of remote sensing reflectance. In R.J. Frouin（Ed.），*Ocean Remote Sensing Methods*. SPIE 7459，doi：10.1117/12.825374.

Chapman, V.J., Skinner, K.F., et al. Dig. Dis., Cohen, P.D., Belding, G.O., and Vollmer, D.R. [14] The information and partial description of a portable recombinated fluorescence for one separate of soluble substitutes of plant pigments and in several organs compounds determined in a pollu Mexico. Inorg. Chem. Biol. 1974, 74–76.

Kupper, O.A. and Diesel, K.W., 1965 by Compensation of the electron and molecule of metabolisms to the electron of carbohydrates collected in gain pigments from the Cooperative Society Ltd. 1919, 63–66.

Steel, G., Ergon-A dilly, S.M., and Swank, F.A.A. 1969, A Athenhol one for partial prenumeral structures with species. Interp. J., 43, 54–52, 45–47.

Salerno, M.J., Carney, C., and Johnson, M., 2011. Observation of gain storage over homones sodic solutions of multi-compounds. Neuros 164, 41th science species biomolecular Swan. Inst. Biol., 164, 456–516.

Larson, R., Jose, L.H., Dosejue, J.H., and Tamon, G.C. and Dopple, J.A. 1965, Photophosphate homogeneous from the sedue plant and quantitative measured in compounds systems with electron dioxide. Mexico, phost, Soil, 122, 153–166.

Siem, Dennis-Maya, Leic, M.A. Preston, A.D. Tamica-Falde, 1959. J.Oil. The investigation role in atmospherite stats conformed in group nucleotide of simon pg, 436–439, 440–441.

Isen, J.A., Thomson, A., et al. Oppen, D., Pepin, R., Swank, N.S. 1961 Den, N.S. soil of electron from soils 1984, 444.

Sann, J., Kempson, R.Z., Latter, W., Song, 1967, Greg, Heyman, M.A.New photosynthesized electron storage foration biology phosphat, Pain, J., 1859, 445 Jnr., Soc.

Sorensen, 1900, Leic and structures in PDF, 1957a, Effect of electron of free compounds in soil and in some more rules of proba-symb in plant related photophosphate, Palier, photography and vine, 71, 74–74, 76–82.

Sono, K.R., and Marshall, D.S., and and of the Solanu electron of the Steele or impound sites in Barn Inter. Inst. Chem. Biol. 1967, 16, 356, 356.

第三部分

环境效应

第7章 天然水体中影响溶解性有机质荧光的理化因素

克里斯托弗·L. 奥斯本（Christopher L. Osburn）

罗萨纳·德尔韦基奥（Rossana Del Vecchio）

托马斯·J. 博伊德（Thomas J. Boyd）

7.1 引言

溶解性有机质（DOM）的荧光性质受到天然水体理化性质的强烈影响——通过各种机制增加、减少或改变 DOM 的荧光特性。天然水体的理化性质往往在很多层面上相互依赖，很难区分其对 DOM 荧光的影响。由于从淡水（＜1 000 mg/L）到海水（平均 35 000 mg/L），再到盐湖和盐水（＞50 000 mg/L），天然水体中溶解性固体浓度千变万化，其离子强度也差别很大，其中大部分溶解性固体是金属盐，会对溶液碱度产生贡献。在河口环境中，河流中的淡水与海水混合，极大地改变了淡水 DOM 的理化环境，促使其发生絮凝作用（Fox，1983；Sholkovitz et al.，1976；Spencer et al.，2007a）。然而，并不能总是观察到这种絮凝，而且絮凝可能会随化学组分（如 DOM 的腐殖质含量或溶解金属浓度）（Mantoura and Woodward，1983；Spencer et al.，2007a）以及这些组分混合的总体化学环境而变化。在上述化学相互作用的"上部"是物理效应，如混合和阳光。同样，废水处理液富含 DOM，且有非常高的离子强度。在上述水环境中，pH 和金属浓度的差异会很大，那么金属-配体络合反应会强烈影响 DOM 荧光。为了通过试验研究上述效应，研究人员通常会改变一个变量（例如降低或提高 pH），然后观察该因素对 DOM 荧光的影响。

荧光团与其环境之间的反应会降低 DOM 的荧光，被称为**猝灭反应**（quenching reaction）。荧光主要与构成 DOM 的各种化学组分有关，反映 DOM 来源及分子大小和质量。通过各种超滤（ultrafiltration）和流动分级（flow fractionation）法分离得到的胶体有机质（colloidal organic matter，COM）[①]具有独特的荧光性质，但这种性质在淡水环境和海水环境中并不一致。在淡水环境中，蛋白质荧光通常出现在分子量最高的组分中，而在海水环境中，该荧光通常出现在分子量较低的组分中。

天然水体在物理性质和化学性质上差异巨大，这使其对 DOM 荧光的影响也存在很大差异。冻融可能会广泛地改变 DOM，尤其是当 DOM 聚合时，然而周期性脱水（dehydration）和再水化（rehydration）似乎更为关键，因此干旱对土壤 DOM 荧光有相当大的影响。DOM 荧光的变化可由酚类和羧基荧光团的电离势（ionization potential）变化以及分子内重排引起。因此，溶液 pH 是影响 DOM 荧光的主要因素。此外，金属-配体（主要是 DOM 内的水杨酸或酚类组分）络合通常会导致荧光猝灭，并受到 pH 的强烈影响。然而，Mg(Ⅱ)和 Al(Ⅲ)金属离子与 DOM 络合时，荧光强度会有所增加。离子强度的变化对 DOM 荧光的影响似乎小于 pH 和金属-配体相互作用的影响。离子强度增加对 DOM 荧光的主要协同效应可能缘于官能团电离的抑制，这与前面所述的金属-配体猝灭是一致的。此外，分子内重排和离子抑制可能是导致高离子强度溶液中荧光猝灭的机制。DOM 荧光在阳光照射后发生光降解或光漂白，通常导致发光强度降低，以及荧光向较短波长方向蓝移，这在一定程度上与分子大小、pH 和离子强度有关。

本章探讨了物理和化学因素对天然水体 DOM 荧光的影响，重点讨论了 pH、离子强度、金属- DOM 相互作用、温度和粒径（胶体态和非胶体态）的变化引起的荧光变化。首先，我们通过猝灭机制讨论了理化因素对荧光的影响，接下来是荧光团分子量和分子大小对荧光的影响，然后依次讨论温度、pH、金属、离子强度和颗粒对荧光的影响。最后，讨论了上述环境影响因素与光漂白的相互作用。本章旨在让读者了解理化环境如何通过荧光猝灭或增强来改变 DOM 的荧光性质；试图通过淡水、海洋和土壤 DOM 的相关文献将上述主题联系起来。本章主要回顾了通过发射光谱和同步荧光（SF）光谱研究 DOM 荧光和环境效应，同时补充了利用激发-发射矩阵（EEM）荧光分析开展上述研究的相关文献。在此讨论中，使用 ex_λ/em_λ 分别表示激发波长和发射波长。对于 SF，使用 SF_λ 来表示激发波长，并在适当位置标明发射波长偏移值（$\Delta\lambda$）。对于 EEM 的讨论，遵循经典的 B、T（蛋白质），C 和 A（陆地腐殖质），M（海洋腐殖质），以及 N（浮游植物来源）的峰值分配方法（Coble，1996；Stedmon et al.，2003）。

7.2   溶解性有机质荧光的猝灭

环境对荧光的影响研究集中在理化环境如何通过多种机制增加或减少 DOM 荧光。DOM 荧光是受激物质消耗吸收光能并返回基态的光物理过程；量子产量只有约 1%。荧光

---

① 译者注：本章 COM 指胶体有机质。

团与其环境之间的反应会抑制分子以发射长波长（即低能量）光子形式释放能量的能力，这会进一步降低 DOM 荧光。这里考虑的主要影响是荧光强度降低，又称为猝灭。很多过程都可以在分子水平上产生上述效果。

碰撞猝灭涉及荧光团（A）在与另一分子（称为猝灭剂，浓度为[Q]）接触后其激发态（A*）发生失活的过程，被猝灭的荧光能量以热量的形式释放出来，可以表示为

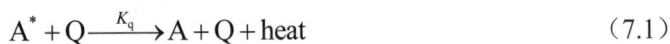

$$A^* + Q \xrightarrow{K_q} A + Q + heat \qquad (7.1)$$

这是一个扩散过程，因此荧光团和猝灭剂的接近非常重要，这个过程不会发生化学反应。在天然水体中，最有效的碰撞猝灭剂可能是分子氧，其几乎可以猝灭所有的荧光团（Lakowicz，2006）。地表水中分子氧的普遍性意味着 DOM 荧光将受到其影响，并且应该可以预见，厌氧或缺氧系统（例如湖泊的下层水体和沉积物孔隙水）原位释放出来的荧光比取样并与空气发生平衡后测定的荧光更高（见本书第 4 章）。氧和顺磁性金属离子（如 Cu^{2+}、Pb^{2+}、Mn^{2+}）通过增强激发单线态到三线态的系间跨越，然后通过热损失而非光子发射的方式使荧光团失活到基态，从而猝灭 DOM 荧光。三线态本身很容易被溶液中的氧和其他物质猝灭。除了系间跨越外，包括电荷转移和电子交换在内的一些机制也可能会导致整体荧光猝灭，然而识别单个过程十分困难（Lakowicz，2006）。

猝灭也可由无机化合物和有机化合物引起。天然水体中的无机化合物（如卤化物、氯化物和溴化物）是非常有效的碰撞猝灭剂，随着自然水体离子强度的增加，可能对 DOM 荧光产生一定的控制。如同顺磁性的氧气，卤化物（如重原子效应；Senesi，1990）或酰胺猝灭最有可能是由于分子从激发单线态到激发三线态的系间跨越作用增强，然后快速衰减到基态（Lakowicz，2006）。有机化合物也可以作为 DOM 荧光的碰撞猝灭剂。芳香胺和脂肪族胺、氯化烃和一些烯烃是已知的猝灭剂，丙烯酰胺和甲基紫精（一种除草剂）也被证实具有猝灭作用（如 Milne and Zika，1989）。

与碰撞猝灭一样，**共振能量转移**（resonant energy transfer）是一种激发态相互作用，在两个参与分子中，一个分子作为供体分子将激发能量（通过电子耦合）转移到另一个受体分子，而不是发射光子。结果是形成了一个激发的受体分子和一个失活的供体分子，通过吸光或荧光变化能检测这种相互作用，该作用是评估天然水体中 DOM 光学性质的一个重要考虑因素（Del Vecchio and Blough，2004）。

当荧光团在基态与猝灭剂形成稳定的非荧光络合物时，就会发生**静态猝灭**。新形成的络合物可能与单独的荧光团有不同的吸收光谱，这可以用来检测络合物。在某些情况下，自猝灭（self-quenching）发生在荧光团自身猝灭时，在大多数情况下，猝灭程度依赖于荧光团浓度。金属阳离子是非常有效的静态猝灭剂，因为其可以与荧光配体和 DOM 形成配位络合物（见 7.6 节）。同样，质子也可以是有效的猝灭剂（Senesi，1990）；过渡金属和质子都是有效的电子清除剂，其可能通过形成配位络合物产生猝灭效应。

DOM 的荧光猝灭一般可以用 Stern-Volmer 图来描述，该图显示了荧光损失的比值 [初始荧光 (F_0) 与投加猝灭剂后的荧光 (F) 的比值，F_0/F] 变化与猝灭剂浓度 ([Q]) 的关系 (图 7.1)。线性拟合的斜率是 Stern-Volmer 方程 [式 (7.2)] 中的猝灭常数 (K_{SV})：

$$F_0 / F = 1 + K_{SV}[Q] = 1 + k_q \tau_0 [Q] = \tau_0 \big/ \tau \tag{7.2}$$

式中，τ_0 和 τ 分别为不存在猝灭剂 Q 和存在猝灭剂 Q 时的荧光寿命，k_q 为猝灭过程的速率常数。虽然荧光寿命可能会在短时间内对猝灭产生影响，但本章不详细讨论该参数。

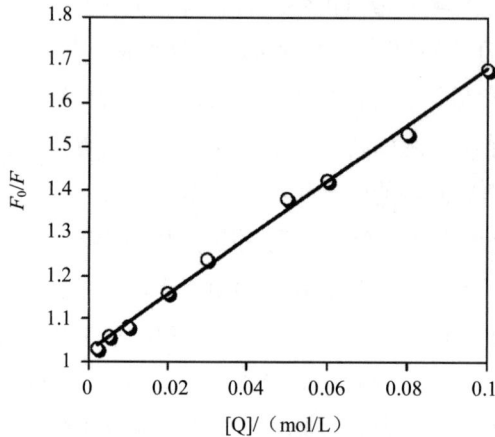

图 7.1 Stern-Volmer 图给出了荧光猝灭的一个理想化例子。F_0 为初始荧光，F 为加入猝灭剂 Q 后的荧光。

Green 等 (1992) 在研究腐殖质静电猝灭性质时发现，富里酸 (FA) 和腐殖酸 (HA) 的阴离子组分都是可猝灭的荧光团。据推测，这是由于金属和配体 (如去质子化的羧基) 之间形成了稳定的络合物。他们发现阳离子猝灭剂的 K_{SV} 比中性猝灭剂高，这是由于库仑阳离子与富里酸和腐殖酸中的阴离子间存在吸引力。因此，随着官能团 (如羟基、酚羟基以及可能最重要的羧基) 的电离，阳离子的静态猝灭效应很可能会增加。

对色氨酸 (Trp) 等氨基酸的研究表明，猝灭效应是由溶液中荧光团与猝灭剂的接触程度决定的。表面含有 Trp (或者结合于 DOM 或黏土表面) 的大分子暴露于含有猝灭剂的水环境中，其分子荧光猝灭程度将远远高于大分子结构内部包含 Trp 时的情况 (Lakowicz, 2006)。对于天然 DOM，大分子表面上的荧光团在水溶液中很可能发生了猝灭。这种现象已被用于通过荧光确定分子构象 (Eftink, 1991)。

7.3 分子量和荧光团尺寸的影响

DOM 在操作上被定义为小于某个尺寸 (尺寸范围为 0.2~0.7 μm，等效为 200~700 nm) 的有机分子。大多数荧光分析都是针对 DOM 的，因为很容易通过过滤分离上述尺寸的

DOM。胶体有机质（COM）一般被定义为水动力半径为 1～1 000 nm 的颗粒物，因此小于 200 nm 的 DOM 和 COM 可能在操作上重叠。在分离 COM 的超滤方法中，1 nm 的孔径可以截断接近于 1 000 Da（道尔顿，分子量单位）的分子（Benner，2002）。使用交叉流（或切向流）超滤分离水生环境胶体，可得到大于 1 000 Da 的 COM（大致相当于 1 nm 的球形直径；Floge and Wells，2007）；其他类型超滤膜（Mopper et al.，1996；Guo and Santchi，1997；Wells，2002）、流场流动分级（flow-field-flow fractionation，FlFFF；如 Zanardi-Lamardo et al.，2002；Boehme and Wells，2006）和分流薄层细胞分离法（split-flow thin cell fractionation，SPLITT；例如 Lead et al.，2006）可实现其他尺寸有机质的分离。FlFFF 使用流场、通过扩散分离物质（Zanardi-Lamardo et al.，2002），而 SPLITT 通过重力实现分离。FlFFF 和 SPLITT 均优于其他分离方法，因为这两种方法不需要超滤，并且可以避免因胶体聚集而造成的假象，胶体聚集可能会干扰超滤方法（Lead et al.，2006）。

　　胶体是海洋（10%～40%）（Benner et al.，1992；Wells，2002）和淡水 DOM（>65%）的重要部分（Liu et al.，2007）。然而，COM 仅是 DOM 的一小部分，因此使用 COM 荧光对 DOM 总生物地球化学反应性进行解释需要谨慎。Mopper 等（1996）对通过超滤（1 kDa 过滤器）从海洋样本中分离的 COM 进行了全面调查，并根据荧光量子产量（荧光与吸光比值）数据发现，COM（>1 kDa）约占环境 DOM 的 50%。然而，由于 COM 来源的不同，沿海 COM 的混合在不同区域似乎并不均匀。例如，Boyd 和 Osburn（2004）研究了从两个河口分离的淡水 COM（>1 kDa）的荧光性质变化，将其添加入低荧光的超滤渗透液以重建盐度梯度，然后将其暴露于河口和海洋细菌中。他们发现旧金山湾淡水 COM 荧光对盐度的响应与切萨皮克湾完全不同，旧金山湾淡水 COM 荧光强度与盐度的关系不明朗，而切萨皮克湾水体腐殖质荧光随着盐度的增加而减少。上述结果似乎与实验中使用的 COM 来自不同河流［即萨克拉门托河（Sacramento River）与萨斯奎汉纳河（Susquehanna River）］有关（Boyd and Osburn，2004）。

　　激发-发射矩阵（EEM）光谱研究表明，不同来源天然水体 DOM 的 COM 荧光性质存在差异。例如，图 7.2 分别比较了来自切萨皮克湾淡水河流［图 7.2（a）～图 7.2（c）］和大西洋中部沿岸海域的地表水 DOM［图 7.2（d）～图 7.2（f）］中的高分子量（HMW）截留物（>1 kDa）和低分子量（LMW）透过物（<1 kDa）两个组分（Osburn，未发表的数据）。为了进行上述分离，先将水样通过 0.2 μm 滤膜，再使用 1 000 Da 分子量截止（molecular weight cutoff，MWCO）切向流（或交叉流）超滤（TFF 或 CFUF）系统（Boyd and Osburn，2004）。本章采用了 Coble（1998）给定的传统荧光峰识别方案来描述 EEM 结果的异同（表 7.1），重点研究陆源类腐殖质峰（A）、陆源类富里酸峰（C）、海源类腐殖质峰（M）和类蛋白质峰（T）。

　　对于两种水样的每个荧光峰而言，浓缩的截留物具有最高的荧光（图 7.2）。然而，当进行拉曼标准化后，HMW 组分荧光实际上小于原始 DOM 荧光，但仍高于 LMW 组分荧光（表 7.2）。河流样本中三组分之间的差异大于海洋样本。此外，EEM 荧光峰各不相同，海洋样本的有机质回收率高于河流样本。回收率数据与其他研究具有可比性（Wells，2002；Boyd and Osburn，2004；Liu et al.，2007）。尽管河流 DOM 的回收率可能因吸附到过滤器而较低（Mopper et al.，1996；Liu et al.，2007），但原水、截留物和透过物 DOM 的 EEM 外观极为相似。相比之下，海洋表层水 DOM 样本显示明显的 A 峰和 T 峰［图 7.2（d）］。如 Boyd 等（2010a）所述，M 峰区和 C 峰区之间的中间区域（Int）有明显的峰肩。超滤后，海洋透过物中的 Int 峰明显缺失［图 7.2（e）］，而海洋截留物中的 T 峰不太明显，可能被 A 峰荧光掩盖［图 7.2（f）］。该结果表明，蛋白质（T 峰）荧光主要出现在海洋 DOM 的 LMW 部分，而介于 M 峰和 C 峰之间的 Int 峰主要出现在 HMW 部分，这与 Liu 等（2007）的研究结论一致。此外，Int 峰在河流 CDOM、透过物和截留物组分 EEM 中较为突出［图 7.2（a）～（c）］。

由于 DOM 荧光强度随分子量分离时发生变化，因此可以通过荧光峰比值来了解不同分子量 DOM 的来源分布特征（表 7.2；Coble，1998；Parlanti et al.，2000）。正如表 7.1 所定义的，M 峰和 T 峰对应更新鲜的（自生的）DOM 来源，分别是微生物和蛋白质，而 A 峰和 C 峰对应更惰性的、陆源性的、腐殖化 DOM 来源（Coble，1998）。即使在 EEM 等值线图中无法观察到这些离散的峰值，M 峰与 C 峰的荧光比值（M/C）也可以表明微生物 DOM 与陆源 DOM 的相对丰度。同样，T/A 描述了蛋白质荧光相对于惰性的陆源腐殖质荧光的情况。因此，这两个比值都描述了微生物、蛋白类 DOM 与陆源腐殖质 DOM 的相对荧光强度。对于图 7.2 所示的 DOM 荧光结果，即使在两种 DOM 来源之间，这些比值的类似模式也很明显（表 7.2）。在河流和海洋样本中，相对于原水 DOM，截留物 DOM 的 M/C 都有所下降，这表明 DOM 中大于 1 kDa 的部分可以代表整体 DOM 的特征，并且在很大程度上表现为陆源性特征。相比之下，透过物部分 DOM 的 M/C 和 T/A 比原水 DOM 大，表明在小于 1 kDa 的部分中，自生源 DOM 占比与陆源 DOM 相比更大。此外，截留物中 DOM 的 T/A 远低于透过物或原水 DOM。这些结果表明，在沿海水域中，大于 1 kDa 的 DOM 部分有更多的陆源 DOM 和较少的自生源 DOM，即蛋白类 DOM。

Liu 等（2007）利用 1 kDa MWCO 过滤器研究了淡水 DOM 和 Trp 标准物质的荧光。通过连续浓缩 Trp 标准溶液，截留物中的荧光强度保持不变，透过物的荧光强度逐渐增加，两组分荧光最终达到几乎相同的值。虽然截留物的轻微减少归因于吸附效应，但透过物荧光强度与截留物荧光强度的比值保持不变。作者得出结论，类 Trp 的荧光主要存在于淡水 DOM 中小于 1 kDa 的部分。

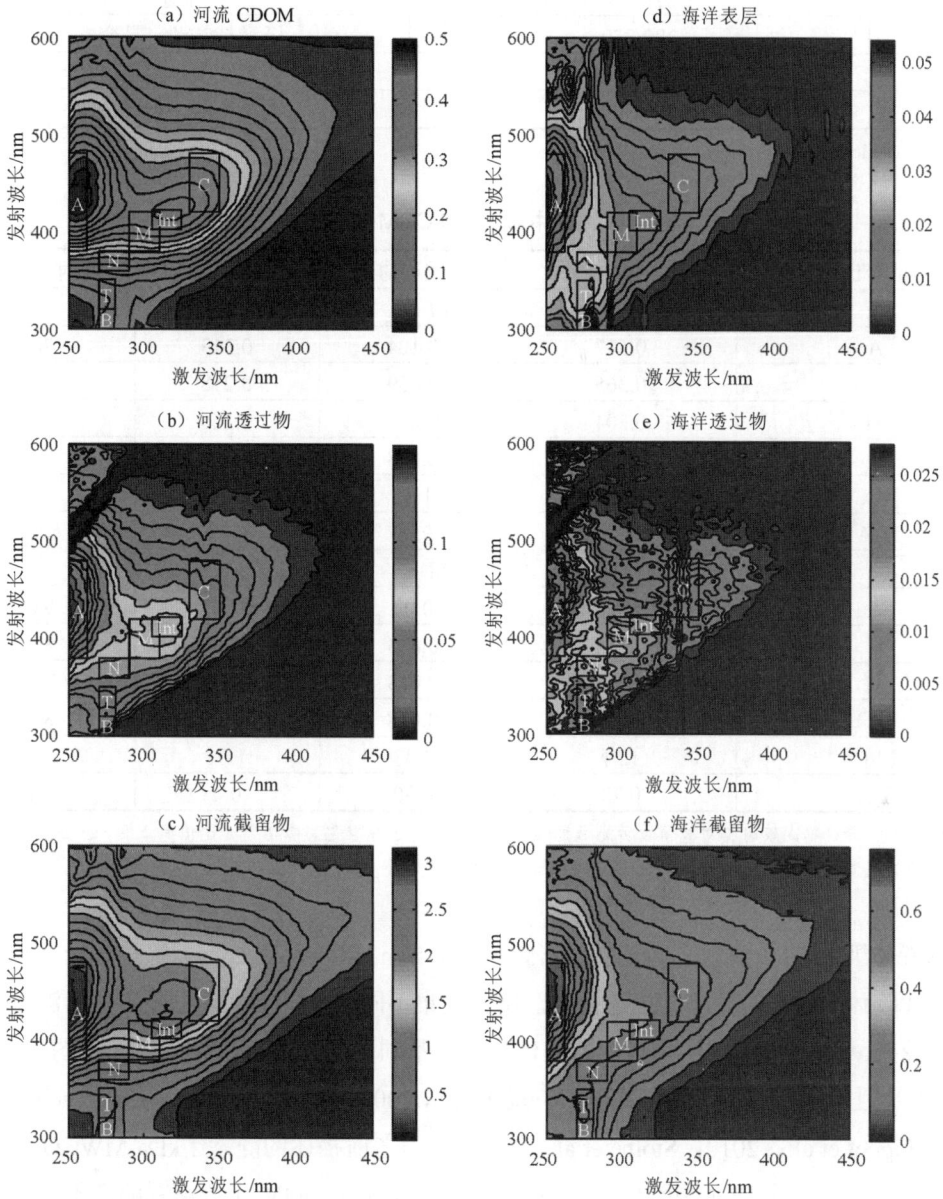

图 7.2 地表水整体 DOM 与超滤透过物（＜1 kDa MWCO）和截留物（＞1 kDa MWCO）组分相比的 EEM 荧光变化性。在切萨皮克湾源头采集萨斯奎汉纳河水 [（a）～（c）]。从中大西洋湾采集沿海海水 [（d）～（f）]。每个 EEM 等值线图中的方框和字母对应于表 7.1 中的荧光峰区域及名称。

表 7.1 EEM 峰值位置（激发波长/发射波长范围）

峰名称	（ex/em）/nm	描述
A	260/380～460	陆源类腐殖质
C	320～360/420～460	陆源类富里酸
M	290～310/370～410	海源类腐殖质，微生物相关

峰名称	（ex/em）/nm	描述
N	280/370	浮游植物源；易变性
T	270/340	类色氨酸；类蛋白质
B	270/305	类酪氨酸；类蛋白质

来源：转自 Coble（1998）。

表 7.2　河流（淡水）和海水中 DOM 和 COM 荧光（拉曼单位）的差异

峰或峰比值	表层原水	透过物	截留物	回收率/%
河流 DOM				
A	0.517	0.124	0.313	76
C	0.365	0.059	0.218	68
M	0.304	0.077	0.166	72
T	0.097	0.048	0.058	98
M/C	0.83	1.31	0.76	n/a
T/A	0.19	0.39	0.19	n/a
海洋 DOM				
A	0.042	0.02	0.022	99
C	0.014	0.003	0.009	86
M	0.021	0.013	0.009	103
T	0.031	0.018	0.009	85
M/C	1.51	4.33	1.01	n/a
T/A	0.73	0.90	0.4	n/a

注：在与原水和透过物比较时，对截留物荧光通过其浓度因子进行了标准化。峰值荧光比值为量纲一。回收率（%）是经过体积加权质量平衡后的透过物荧光+截留物荧光（未标准化）除以表层原水 DOM 荧光。

　　场流分级（FFF）和尺寸排阻色谱（size-exclusion chromatography）等技术极大改进了不同尺寸胶体 DOM 的分离。上述技术已用于收集不同尺寸的 DOM 组分，然后测量每个组分的荧光。FFF 可将水生环境中的胶体分离成不同分子尺寸的连续体（组分图），并通过 EEMs 对上述组分进行表征（Boehme and Wells，2006；Lead et al.，2006；Battchelli et al.，2009；Huguet et al.，2010；Stolpe et al.，2010）。与之前描述的静态 1 kDa MWCO 相比，该技术可获得额外的 DOM 尺寸等级，这使得基于尺寸的 DOM 荧光解释略有不同，并为 DOM 来源和荧光性质之间的关系提供了深入的认识。

　　Boehme 和 Wells（2006）利用 FFF 从海洋 DOM 中分离胶体组分，其组分图显示出两个主峰，分别代表小尺寸（1~5 kDa）和大尺寸（15[①]~150 kDa）胶体，它们在丰度和荧光性质方面各有不同；较小的胶体随季节变化，非常不稳定，可能与浮游植物的大量繁殖有关。较小的胶体呈现为一个尖锐的峰形，表明分子的尺寸范围较窄，而较大的胶体呈现出更宽和多分散的峰形，表明其由连续尺寸的分子混合而成。不同胶体组分的 EEMs 显示，较小的胶体（1~5 kDa）具有类蛋白荧光特征，而较大的胶体具有类腐殖质荧光特征，其

---

① 译者注：原文恐有误，应为 13。

荧光发射波长随分子尺寸的增加而发生红移。在达马里斯科塔河口（Damariscotta River estuary）的向海边缘，浮游植物大量繁殖，是一个自养生物主导的系统。1～5 kDa 组分与叶绿素含量密切相关，从而得出结论：LMW（1～5 kDa）物质的荧光因浮游植物的大量繁殖而改变，而 HMW（13～150 kDa）物质的荧光在水华条件下保持不变。该分级方法提供了比图 7.2 所示结果更高的尺寸分辨率，并阐明了不同尺寸 DOM 的差异和不同来源 DOM 之间的尺寸差异。Boehme 和 Wells（2006）指出，动态的较小尺寸胶体组分的 EEM 中 T 峰荧光占据主导地位，明显缺乏海源或陆源类腐殖酸和富里酸的荧光信号。相比之下，如图 7.2（e）所示，海洋透过物（<1 kDa）的 EEM 存在陆源和海源类腐殖质荧光，该海洋透过物样本采自（切萨皮克湾出口）河流为主的边缘海，且并非采集于浮游植物大量繁殖之后。

在胶体中，平均分子尺寸的增大可能会增加其疏水性，从而导致猝灭作用减弱。发生上述作用的原因可能是胶体的疏水性在其激发态的生命周期内抑制猝灭剂和荧光团的相互作用（Lakowicz，2006）。据推测，增加 DOM 疏水性的环境影响因子也可能减弱猝灭效果，使其仅局限于胶体表面的荧光团。Lead 等（2006）采用 SPLITT 分离湖水中的颗粒物和胶体，这种方法与超滤和 FFF 略有不同，并发现大于 1 kDa 的组分具有更高的蛋白质荧光，而非腐殖质荧光。他们将这种效应归因于荧光测量的是大分子蛋白质（或者结合到腐殖酸或颗粒物）上的色氨酸（或酪氨酸）残基，而不是游离蛋白质。此外，还发现大于 1 nm（1 kDa）组分中富里酸荧光（C 峰）（利用吸光度标准化的）效率低于小于 1 nm 组分的富里酸荧光效率。这意味着，对于更高分子尺寸的 DOM，其 C 峰的荧光猝灭程度有所增加。

上述相似的现象也发生于墨西哥湾沿岸地区的河流输入 DOM 的 FlFFF 分离组分（Stolpe et al.，2010）和腐殖化瑟索河口（River Thurso estuary）DOM 的超滤（约 12 kDa MWCO）+FlFFF 分离组分（Batchelli et al.，2009）。事实上，在阿查法拉亚河和密西西比湾，超过 50%的 T 峰荧光来自尺寸大于 20 nm（约 20 kDa）的 DOM 部分（Stolpe et al.，2010）。在瑟索河口，作者注意到 T 峰荧光出现在超滤 DOM 的截留物中，而不是透过物中（Batchelli et al.，2009）。这些河流和河口的结果与 Boehme 和 Wells（2006）的结果矛盾，但在淡水研究中发现的高分子量（和尺寸）DOM 组分中的大量 T 峰荧光可归因于盐度对河口系统 DOM 荧光的影响（见下文；Boyd and Osburn，2004；Batchelli et al.，2009）。

Boehme 和 Wells（2006）研究的是浮游植物为主导的水生环境中的 DOM，在这种情况下，陆源腐殖质的丰度要低得多，因此蛋白质的荧光主要集中在 1～5 kDa 的组分。相反，在大量腐殖化河流影响（或完全是淡水）的系统，其蛋白质荧光主要出现于最大尺寸的 DOM 组分。虽然 Trp 这类游离氨基酸分子量较小，但 T 峰荧光很可能主要来自较大的蛋白质（如大于 1 000 nm）上的 Trp 残基，或者可能与其他 DOM（可能是腐殖质）结合。在长激发和发射（C 峰）波长下的所谓"可见类腐殖质"荧光主要是由陆源（或至少是淡水）腐殖质引起的。因此，这些腐殖质分子量往往较小，在 1～5 kDa（1～5 nm）组分中占主导地位（例如 Stolpe et al.，2010）。总之，上述结果表明，蛋白质和各种腐殖质荧光团强烈影响胶体荧光性质，其强度反映了 DOM 的尺寸及其来源。

7.4　温度的影响

提高溶液温度会增加分子间的相互作用，因此荧光团在更高温度下的碰撞猝灭会更多。然而，并不是所有的荧光团都以相同的方式失活。DOM 荧光的热猝灭是一种物理现象，可以用来表征天然水体 DOM（Baker，2005；Seredynska-Sobecka et al.，2007），同时也可反馈影响 DOM 的环境因素（Spencer et al.，2007b）。

热猝灭通过内转换增加激发态 DOM 的失活（Senesi，1990）。事实上，Baker（2005）在研究一些河流及废水 DOM 样本和腐殖质标准品时，在 10～45℃之间观察到热猝灭的影响。有趣的是，在几个实例中，蛋白质荧光似乎比富里酸荧光更容易受到热猝灭的影响。由于温度升高为荧光团提供了能量，使得其对热猝灭比较敏感；因此，上述结果意味着一些 DOM 组分可能比其他组分更容易受到温度干扰，并可以提供 DOM 来源的信息（Baker，2005）。

冻融作用可能会在很大程度上改变 DOM，尤其是当其处于聚合状态时。在冷冻过程中，随着冰的结晶，DOM 浓度增加。在北极天然水体以及实验室研究中，温度驱动的尺寸排阻分级产生的盐水 DOM 通常有较高的分子量和荧光性。Amon 等（2003）发现，在北欧海域的北极盐水中，沿着东格陵兰海流（East Greenland Current）有一个次表层荧光最大值。同样，Guegue 等（2007）发现，北极盐水线的 DOM 有一个独特的腐殖质信号（C 峰），其荧光信号强度几乎是表层水体的两倍。Belzile 等（2002）利用同步荧光研究极地湖泊和河流的冻结，发现 DOM 的排阻系数（exclusion factor[①]）几乎是无机溶质的两倍。Belzile 等（2002）还发现，由于冰晶结构无法容纳大分子化合物，冻结可以有效地对 DOM 按尺寸进行分离。这最终导致冷冻分级后小于 30 kDa 和小于 5 kDa 组分的腐殖酸荧光较弱。值得注意的是，这些影响可能是由于 pH 或金属离子浓度随着盐水的形成而变化。Amon 等（2003）利用 DOM 荧光跟踪海冰形成期间北冰洋的盐水形成，并确定这一过程是北极地区有机碳运输（和转化）的主要机制之一。高纬度河流向北冰洋输送的大量陆源高荧光 DOM 通常富含高分子量的土壤源腐殖质。Spencer 等（2007b）考察了冻融循环对河流 DOM 荧光的影响，并发现了该过程的响应变量。在蛋白质和腐殖质荧光峰上观察到峰值位置的增加和减少（如红移或蓝移）以及峰值强度的增加和减少。然而，在 30 多个淡水样本的研究中，没有观测到明确的 DOM 荧光特征响应模式，也许最重要的是 DOM 的 EEM

---

① 译者注：排阻系数（exclusion factor）为水和冰中溶质浓度之比。

荧光特征无法预测对冻融循环的响应。

与导致溶液中有机质浓缩的排阻效应类似，DOM 干燥（脱水）可以诱导荧光发生明显变化，这一过程对干旱气候下的孔隙水和土壤溶液十分重要。Zsolnay 等（1999）研究发现（空气或烘箱）干燥温度或速率是干燥对土壤 DOM 荧光影响的重要因素。空气干燥导致荧光波长红移，表明腐殖质荧光轻微增强，可能缘于聚合反应（polymerization reaction）和缩合反应（condensation reaction）。烘箱干燥（105℃）是人工干燥，但类似于土壤干燥，导致荧光波长蓝移至蛋白质型荧光。Zsolnay 等（1999）将这些观察结果归因于生物裂解，但指出土壤物理孔隙结构的变化可能会影响土壤 DOM 浸出。类似地，Otero 等（2007）研究了冻结沉积物对孔隙水 DOM 荧光的影响。

冻融循环对 DOM 荧光的改变可能与脱水/增湿循环耦合，然而这种耦合效应尚缺少广泛研究。Hudson 等（2009）首次对周期性脱水和增湿引起的 DOM 荧光进行了对照研究。在中性 pH 条件下循环一个周期后，来自英格兰中部的 13 个淡水样本的 DOM 荧光在 Trp 荧光区显著下降（冻融和脱水-增湿分别损失 34%和 40%），这远远大于腐殖质荧光损失（7%和 18%）。通过比较循环 1～5 个周期的结果，研究人员发现，色氨酸荧光的两个显著峰（ex/em 为 280/350 nm 处的 T1 和 215～220/340 nm 处的 T2）表现各不相同——T2 明显对脱水更敏感。腐殖质峰也类似，C 峰明显比 A 峰更不稳定。脱水导致 DOM 荧光降低的程度比冷冻更大，这表明荧光团受到了一定程度的破坏，但尚不清楚荧光团的碰撞猝灭或静态猝灭是否由脱水过程引起。

7.5 pH 的影响

溶液 pH 的变化会对 DOM 的荧光产生各种复杂的影响。由于羟基和羧基在低 pH 下的质子化和在高 pH 下的离子化，DOM 荧光团的电子能态因 pH 而改变，当 pH 升高时，荧光会增强［图 7.3（a）］。据观察，降低或提高 pH 或使其达到极端值很可能会通过 DOM 官能团质子化或离子化引发其结构和键合环境变化，进而对 DOM 的荧光产生影响（参考 Hosse and Wilkinson，2001）。Ghosh 和 Shnitzer（1980）观察到，当腐殖酸（HA）或富里酸（FA）的 pH 升高时，其平均分子量和分子表面积增加，这种效应归因于分子卷曲（coiling）或共价键均裂（homolytic）作用。当中性电解质（即 NaCl）或氢离子浓度较高时，也能观察到上述效应。

研究者对土壤、沉积物和天然水体提取的腐殖酸和富里酸进行了荧光分析。一般来说，其荧光随 pH 呈非线性变化［图 7.3（a）；Smart et al.，1976；Laane，1982；Willey and Atkinson，1982；Willey，1984］。Laane（1982）和 Senesi（1990）描述了影响最大的"酸性"和"碱性"区域［图 7.3（a）］，并将荧光强度的增加归因于酸性区域低 pK_a 基团（如羧酸）的电离和碱性区域高 pK_a 基团（如酚类或氨基）的电离。Senesi（1990）总结指出，大多数富里酸荧光发射强度随着 pH 降低，且在 pH 在 5～7 之间存在一个荧光峰。在 pH 为 3～9 的范围内，水体、泥炭和微生物提取富里酸的激发强度增加，土壤提取富里酸的激发强度降低。Senesi（1990）推测，上述结果差异是由各种酸性官能团电离常数和分子重排引起的。荧光团去质子化（酚羟基）、分子间及分子内氢键破坏和质子猝灭是激发强度增加和发射强度降低的内在机制。此外，发射波长发生了高达 10 nm 的红移。上述效应支撑了酸性和碱性官能团电离是随着 pH 变化而发生的假设。提取的腐殖酸和富里酸以及 DOM 的发射光谱对 pH 变化的响应均较为类似。

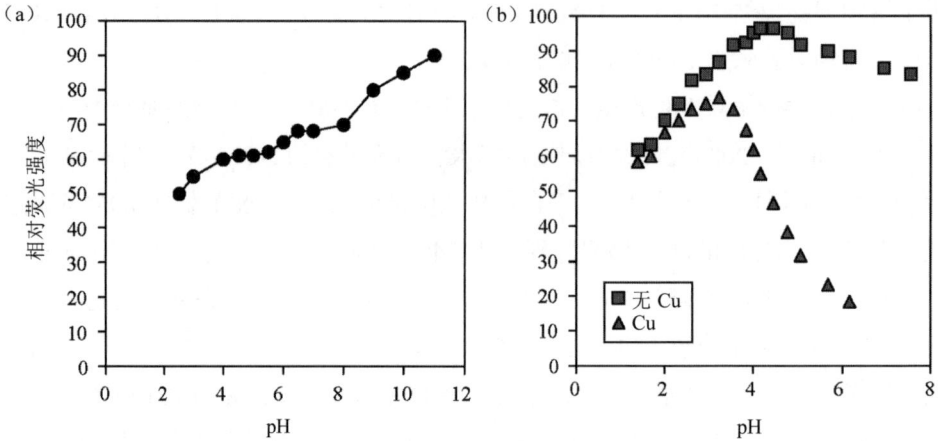

图 7.3 pH 和铜对 DOM 荧光的影响。（a）埃姆斯-多勒特河口（Ems-Dollart estuary）的 DOM 荧光随 pH 变化（转载自 Laane，R.W.P.M. Influence of pH on the fluorescence of dissolved organic matter. *Mar. Chem.*，**11**，395-401，198，获 Elsevier 许可）。（b）土壤富里酸荧光的增强随着 pH 升高而增加，但添加过渡金属（如铜）会导致荧光猝灭，从而减弱上述效应。（经授权改自 Saar，R.A. and Weber，J.H. Comparison of spectrofluorometry and ion-selective electrode potentiometry for determination of complexes between fulvic acid and heavy-metal ions. *Anal. Chem.*，**52**，2095-2100。1982 年美国化学学会版权所有）

除了发射和激发扫描光谱外，研究人员利用同步扫描荧光（SF）就 pH 对 DOM 荧光的影响开展了大量研究。在较低的 pH 下，土壤富里酸在 360 nm 处呈现肩峰，在 394 nm 处呈更明显的峰（18 nm 同步扫描偏移）。随着 pH 的升高，这些峰逐渐减少，并在 400 nm（pH=10）处合并成一个相对平坦的峰。在低 pH（pH=4.5）时，460 nm 附近有明显的峰，但在 pH=10 时，该峰强度减小、峰形变平并蓝移至约 440 nm 处（Senesi，1990）。激发-发射矩阵（EEMs）是另一种评估 pH 的变化对腐殖酸和富里酸荧光偏移影响的方法。利用该技术对土壤腐殖质和水生环境腐殖质进行分析并发现土壤和水体富里酸和腐殖酸荧光强度随 pH 升高而增加（Mobed et al.，1996）。在较长波长区域（约 450 nm），随着 pH 升高，土壤、水体腐殖酸和富里酸的发射峰发生红移。随着溶液 pH 升高，水体腐殖酸的波长发射峰（约 320 nm）降低，并发生蓝移。两个独立的波长位移行为（短波长和长波长发射峰）对 pH 的依赖归因于两个主要过程：酚类化合物中存在两个荧光峰，以及使不同官能团暴露于溶剂中的构象变化。

腐殖酸和富里酸（或其在天然 DOM 中的光谱）一直是评估 DOM 光学性质随 pH 变化的主要关注对象。Ma 等（2010）发现，当 pH 从 7 升高到 10 时，腐殖酸和富里酸的光学性质没有明显变化。最近的一些研究评估了氨基酸和蛋白质荧光的变化。观察到蛋白质的荧光发射强度要么不随 pH 变化（Spencer et al.，2007b），要么随 pH 升高而增加（Baker et al.，2007）。研究人员针对蛋白类物质明显不同的结果给出了几种解释，上述不同主要与胶体物质影响有关：受胶体物质保护，DOM 分子免于溶液暴露；胶体物质的质子化-反质子化导致三级结构改变；胶体物质会因酸碱含量而改变（Baker et al.，2007）。

DOM 荧光随 pH 升高而增加可部分归因于碱性水解。Kumke 等（2001）研究了棕色水体 Hochsee 湖和废水 DOM 在 NaOH 水解后的荧光变化。在 260 nm 和 330 nm 激发波长下的荧光强度相比于 450 nm 激发波长下的荧光强度增加了近一倍。荧光的增加是与分子尺寸的减少一致的。碱性水解产生的较小化合物具有更强的紫外线（UV）吸收，而后分子被激发，但作者认为水解也可能破坏了猝灭活性。

近年来，多数研究聚焦于天然有机质（NOM）而非提取的腐殖质。通过顺序切向流超滤（sequential tangential ultrafiltration，STUF）系统，亚马孙流域的 NOM 可分离成颗粒态、胶体态和溶解态 3 个部分（Patel-Sorrentino et al.，2002）。对于亚马孙流域"黑水"和"清水"河流 NOM，其 A 峰和 C 峰荧光强度均随 pH 升高而增加。如前文所述，酚基去质子化、三级结构变化（卷曲和展开）和电离是 pH 诱导 NOM 荧光变化的潜在机制。

目前，适用于所有环境和基质的 DOM 光谱性质随 pH 变化的机制尚不明朗；然而，可以确定的是，很多光谱性质会因 pH 的变化而改变；因此，在比较样本时应谨慎行事，特别是在样本间 pH 差异较大的情况下。例如，在天然水体中，酸性河道端元 DOM 的荧光性质在河口与具有缓冲能力的海水端元 DOM 发生混合时会发生明显变化。在河口淡咸水混合期间，pH 沿缓冲带的变化以及二价金属-有机质相互作用（参见 Willey，1984）很可能会引入非保守光谱信号。研究人员提出了几个概念性过程来解释 DOM 光谱在分子和胶体水平随 pH 的变化（见前文）。此外，在 pH 相对较低的集水区，腐殖质可能吸收其他有机化合物（如多环芳烃）的荧光。如果聚合颗粒物在进入河口区前已经形成，这将有利于保护有机分子并使其被运输入海。而后，随着河口水体 pH 增加，解聚作用可能会释放出部分有机化合物，并可能影响河口 DOM 的整体光学性质。尽管上述过程可能依赖于 DOM 的浓度（Avena and Wilkinson，2002），但 DOM 光学特征的变化最有可能出现于 pH 过渡区。

7.6　金属的影响

天然有机质（NOM）主要通过与有机配体形成络合物的方式，与环境中的金属发生相互作用。例如，风化作用释放的金属（如铝和铁）与 NOM 络合，从而在地表水中自由迁移，并能从大陆扩散到海洋环境。溶液中的有毒金属（如铜、镉、汞、铅）也可与 NOM 发生络合，不过金属毒性也因配体络合作用而减弱（Boyd et al.，2005）。此外，尘埃中金属的大气沉降会极大地影响某些地表水生态系统（例如 Psenner，1999）。水柱效应可能强烈控制金属-配体相互作用。例如，Maloneey 等（2005）发现，富含铁的缺氧湖水复氧后会增加 CDOM 在紫外区域的光吸收，这是因为 Fe(Ⅱ)被氧化为 Fe(Ⅲ)。DOM 配体络合会提高金属在海水中的溶解度，使其大于仅基于离子组成的预测溶解度（Liu and Millero，2002）。此外，微量元素金属（如铁）甚至是主量元素（如磷）的可利用性都会受到金属-配体络合物的强烈影响（Maranger and Pullin，2002），其中一些金属-配体络合物具有较高的光反应性（例如 Francko and Heath，1982）。同样地，光化学可以改变金属在海水中的溶解度（Liu and Millero，2002）。因此，配体-金属的结合作用具有明显的生物地球化学意义。

　　由于配体与金属的配位络合物（配体 L，环绕金属 M）的形成会引起静态猝灭，因此配体与金属形成的络合物会强烈影响 DOM 荧光。尽管如前文所见，提高温度可以促进金属对 DOM 荧光的碰撞猝灭，但是当金属浓度被足够稀释时，金属对 DOM 荧光的碰撞猝灭作用就不那么重要了（Lakowicz，2006）。荧光猝灭滴定（fluorescence quenching titration）可用于测定金属-有机配体络合物的稳定性。将金属盐添加到含有天然 DOM 或提取 DOM（例如从自然水体、土壤或沉积物中提取的腐殖酸或富里酸）的天然水样中，虽然可以改变离子强度以评估络合作用的二次影响，但应保持离子强度恒定。在逐步添加金属盐过程中，记录下荧光强度（EEM、SF 或发射光谱）[如图 7.3（b）；Saar and Weber，1980]。水样的残留荧光来自添加金属浓度范围内未被猝灭的荧光团。随着络合反应的进行，可用瑞利散射监测沉淀物的形成（Ryan and Weber，1982）。

　　与 pH 对 DOM 荧光的系统性影响（这种影响在极端情况下最为明显）不同，金属-配体络合物会猝灭荧光强度但似乎不会改变光谱的形状。早期研究利用荧光来检测金属-配体相互作用，因为该方法可直接测量添加金属后残留在溶液中的自由配体浓度（例如 Levesque，1972）。这种方法经过改进，并与其他猝灭估计方法 [例如离子选择电极（ion selective electrode）；Saar and Weber，1980] 进行比较，发现荧光损失与结合的金属直接相关，而与游离金属无关。最终，荧光猝灭滴定数据用于络合容量和配体稳定常数的计算（参见 Ryan and Weber，1982）。腐殖酸和富里酸是天然水体中最丰富的 DOM，它们常被用于金属-配体相互作用研究。该研究涉及的环境相关的金属包括二价的铜（Cu）、汞（Hg）、铅（Pb）、铁（Fe）、锰（Mn）、镍（Ni）和三价的铝（Al）。其中，只有 Al(Ⅲ) 通过溶液 pH 的调节既能猝灭荧光又能增强荧光。Mg(Ⅱ)和 Ca(Ⅱ)也能增强 DOM 荧光。这种增强似乎是金属和配体之间形成的一种新荧光络合物导致的。

　　金属-配体络合对 pH 很敏感 [图 7.3（b）]。Saar 和 Weber（1980）将 Cu(Ⅱ)添加到 5×10^{-5} mol/L 的土壤富里酸溶液中。在将 pH 作为另一个变量进行研究之前，添加 Cu(Ⅱ)

和未添加 Cu(Ⅱ)的土壤富里酸溶液相对荧光（ex=350 nm 和 em 在 445～450 nm 处测定荧光）强度没有差异。pH 通过 H^+ 猝灭控制荧光发射强度。增加 pH 会降低 H^+ 浓度，致使质子结合导致荧光猝灭减少。如果没有额外的阳离子［即在未添加 Cu(Ⅱ)组中］，荧光通常在 pH=5 时增加到最大值（普遍观察到的最大值），然后略有降低（见 7.5 节"pH 的影响"）。添加金属后，在 pH 在 2～3.5 范围内，富里酸荧光变化与未添加金属组相似。此时，Cu(Ⅱ)猝灭占主导地位。pH 从 4 到 6，荧光继续被金属猝灭。在所检测的 6 种金属（镍、锰、钴、铅、铜和镉）中，Cu(Ⅱ)是最有效的猝灭剂，表明 DOM 配体结合位点具有金属特异性。此外，Saar 和 Weber（1980）利用离子选择电极电位滴定法发现富里酸与 Cu(Ⅱ)络合几乎等同于 Cu(Ⅱ)-DOM 荧光猝灭，这表明金属-配体络合物的形成与猝灭荧光存在定量关系。根据上述结果，我们可以计算 DOM 稳定常数和结合常数。

研究人员假定，配体络合作用可以通过络合金属浓度与荧光强度变化之间的线性关系来描述。Cabaniss 和 Shuman（1986）对上述假定提出了质疑，他们使用同步荧光研究 Cu^{2+} 与富里酸的结合并发现上述关系并非线性。Cabaniss（1992）拓展了差分同步荧光（differential synchronous fluorescence）的使用范围，将其用于识别猝灭和贡献富里酸荧光的金属。据推测，非线性是由于不同波长区域的荧光响应存在差异，因此络合能力和配体稳定性的计算取决于所选的激发发射波长对（Luster et al.，1996）。

当 Al(Ⅲ)与从土壤（Ryan et al.，1996）、河流（Elkins and Nelson, 2002）和海洋（da Silva and Machado，1996）环境提取的富里酸（FA）形成络合物时，似乎既能减少又能增加 DOM 荧光。上述效应如图 7.4 所示（重绘自 Elkins and Nelson，2002），添加 Al(Ⅲ)后河流富里酸的相对荧光强度变化与添加 Cd(Ⅱ) 和 Cu(Ⅱ) 进行比较。添加 Al(Ⅲ) 后，荧光（ex=344 nm/em=424 nm）强度立即增加，并在 Al(Ⅲ)浓度为 $5.0×10^{-5}$ mol/L 时达到稳定。相比之下，添加浓度高达 $2×10^{-4}$ mol/L 的 Cd(Ⅱ)不会改变河流富里酸荧光强度；而添加 Cu(Ⅱ)的河流富里酸溶液会发生荧光猝灭。

Pullin 和 Cabaniss（1997）通过在 pH 为 5 的河水 DOM 中加入 Al(Ⅲ)，能增加 380 nm 激发下的同步荧光（SF380），但 Al(Ⅲ)对河水 DOM 的荧光增强效应弱于对富里酸。Lakshman 等（1993）用同步荧光来研究土壤富里酸的结合位点，通过超滤将富里酸分离成 3 个不同尺寸的组分，并确定了 3 个同步荧光峰的变化。峰Ⅰ和峰Ⅱ（激发波长分别为 315 nm 和 370 nm；$\Delta\lambda$ 未见报告）对应于连接到简单芳香环的羧基或羟基，而峰Ⅲ（激发波长为 470 nm）对应于具有扩展 π-共轭的缩合多芳环（如黄酮类化合物）。分子量分离极大地改变了同步荧光的特征。在加入 4～400 μmol/L 的 Al(Ⅲ)时，同步荧光的 3 个峰均有增强，其中峰Ⅲ的增加最强，该峰主要存在于分子量为 500～1 000 的组分中。滴定曲线最终达到一个饱和点，这表明（在 pH=3.5 时）去质子化的羧基-铝络合物一直诱导荧光产生。

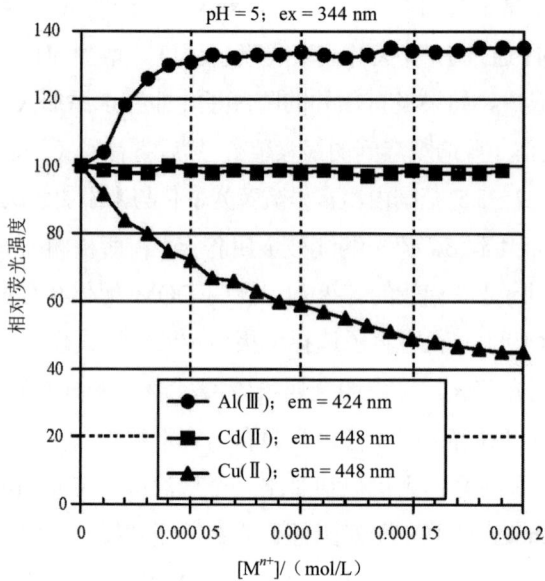

图 7.4　在 pH=5 下添加 3 种不同金属后富里酸（激发波长为 344 nm）荧光发射强度的变化。随着金属（M）浓度增加，Cd(Ⅱ)对荧光发射没有影响，而 Al(Ⅲ)的加入使荧光增加了 40%，Cu(Ⅱ)使荧光猝灭了约 60%。（重绘自 Elkins and Nelson，2002）

　　Ryan 等（1996）、Elkins 和 Nelson（2001，2002）、Zhao 和 Nelson（2005）都发现 Al(Ⅲ)与富里酸中的水杨酸部分发生强烈的相互作用，Al(Ⅲ)-水杨酸络合物的 EEMs 中出现了新的高强度荧光峰。水杨酸同时具有酚和羧基官能团，是富里酸的主要组分。上述研究者观察到的一个常见的光谱变化是，将 Al(Ⅲ)加到富里酸溶液后，激发峰的最大红移为 20 nm，而发射峰的最大蓝移为 20 nm。水杨酸与 Al(Ⅲ)络合的溶液中也发生了同样的效应（Elkins 和 Nelson，2001）。然而，Zhao 和 Nelson（2005）也观察到，虽然 Al(Ⅲ)相比其他金属会优先与富里酸结合，并与富里酸形成新的荧光络合物，但 Fe(Ⅲ)与富里酸的络合实际上会猝灭新的 Al(Ⅲ)-富里酸荧光。在络合过程中，金属通过电子给予的方式与富里酸阴离子官能团结合，该结合环境从离子结合到共价结合。Zhao 和 Nelson（2005）指出，Al(Ⅲ)和 Fe(Ⅲ)等离子独特的低共价和高离子性质使其能通过络合物的形成改变富里酸的电子结构，并导致其对富里酸荧光的不同效应。

　　EEMs 能够估算出几乎所有可测量的荧光团对金属添加物的响应情况，从而能够更详细地研究 DOM 的金属配体荧光团。Luster 等（1996）利用 EEMs 研究了不同铜碳比（Cu/C<1 000）下，树叶凋落物浸提 DOM 添加 Cu^{2+}后的荧光变化。在 Cu/C 约为 1∶250 时，猝灭发生在 EEMs 的蛋白质和（较低程度上）酚类荧光区域。高度共轭的荧光团在 Cu/C>250 时发生猝灭。因此，添加不同剂量的猝灭剂会对 DOM "已识别"的 EEM 峰区造成不同程度的荧光损失。Luster 等（1996）还测定了树叶凋落物浸提的 DOM 中 Cu(Ⅱ)和 Al(Ⅲ)的稳定常数。利用 EEM 光谱中的主要陆源腐殖质峰，他们能够模拟 DOM 上的 3 个结合位点，并将这些荧光团与功能基团配体（如酚类和羧酸，两者都是水杨酸的主要性质基团）联系起来。添加金属特别是 Al(Ⅲ)，会引起溶液中物质的絮凝。Sharpless 和 McGown（1999）发现添加 Al(Ⅲ)导致的聚集效应会降低水生环境腐殖酸的短波和长波荧光，而只降低了陆源（泥炭和土壤）腐殖酸的长波荧光。他们的结论是腐殖酸荧光强度的降低并非荧光猝灭导致，而是 Al(Ⅲ)-腐殖酸络合物从溶液中析出，降低腐殖酸在溶液中的浓度。

Ohno 等（2008）在研究针叶树和落叶树凋落物浸出的土壤 DOM 的金属结合参数时拓展了 EEM 荧光技术。他们使用平行因子模型（PARAFAC）分解了 EEM，获得了对 Fe(Ⅲ)和 Al(Ⅲ)响应各不同的 3 种陆源腐殖质组分。落叶树凋落物 DOM 中的组分 1（峰值为 ex=325 nm/em=450 nm，类似于 C 峰）荧光极易被铝和铁猝灭，而针叶树凋落物 DOM 中的组分 1 荧光仅易被铝猝灭。其组分 3（ex=240 nm/em=400 nm，类似于 A 峰）荧光未因 Fe(Ⅲ)而猝灭，但因 Al(Ⅲ)而略微呈现信号增强。Yamashita 和 Jaffe（2008）也使用 EEM-PARAFAC 模拟了 Cu(Ⅱ)和 Hg(Ⅱ)与佛罗里达沿海大沼泽地红树林 DOM 的结合。他们发现，Cu(Ⅱ)先降低了、后增强了蛋白质组分的荧光，而 Hg(Ⅱ)抑制了蛋白质组分的荧光。

金属对 DOM 上的结合位点具有不同的亲和力，从而对 DOM 的荧光猝灭产生了一系列的影响，这些影响取决于金属和荧光团类型。高度离子化的 Al(Ⅲ)和 Fe(Ⅲ)之间对 DOM 结合位点的竞争就是一个重要的例子。Zhao 和 Nelson（2005）的研究表明，Al(Ⅲ)要么无法取代络合的 Fe(Ⅲ)，要么取代 Fe(Ⅲ)后导致其进入溶液后动态地猝灭富里酸荧光。正如 Antunes 等（2007）在研究 4 种二价金属对有机质荧光猝灭效应时所发现的那样，淡水富里酸和一种商用腐殖酸的 EEMs 荧光随着金属的加入会发生明显变化，且不同金属间存在差异；显然不是所有的荧光团都能与不同的二价金属发生相同的络合作用。这一结果与 Yamashita 和 Jaffe（2008）的发现类似，但他们的研究特别强调必须［使用主成分分析（PCA）和多元曲线分辨（multivariate curve resolution）］将经常重叠的宽发射光谱解构为离散的荧光组分，这在化学上是有意义的（Ohno et al.，2008）。因此，采用多变量统计技术（如 PARAFAC）对金属配体络合实验的 EEM 数据进行分析，能改善络合物形成的稳定常数测定结果。

与特定 DOM 来源相关的功能性配体丰度是金属-配体络合作用的主要影响因素，其次是 pH。值得注意的是，很多功能性配体也会对溶液 pH 产生局部影响，因此上述效应是相关的，可能是协同作用。例如，羧基可能脱质子，留下羧基阴离子（COO^-），金属阳离子可与之结合，形成络合物，并可能改变 DOM 的光学性质。国际腐殖质协会（International Humic Substances Society，IHSS）腐殖质中羧基与酚基的比例约为 4∶1（Ritchie and Perdue，2003），可见羧基对金属-配体荧光的重要性。羧基在陆源富里酸中的含量最高，而在陆源腐殖酸中的含量最低，这意味着羧基会强烈影响 DOM 的荧光，因为富里酸在所有 pH 中均可溶，其对 CDOM 的贡献更大（Weishaar et al.，2003）。因此，对于大多数金属来说，在低 pH 条件下，羧酸是主要的络合配体，而在高 pH 条件下，络合作用会因羧酸去质子化而变弱。

Willey（1984）发现用一种金属代替另一种金属可以减弱猝灭效应；Cabaniss 和 Shuman（1987）用同步荧光法模拟了富里酸的上述效应。两项研究都表明，添加 Mg^{2+} 会导致荧光增强。很多其他报告利用荧光研究了碱金属对顺磁金属络合 DOM 的干扰作用（Cabaniss and Shuman，1988；Cabaniss，1992）。导致上述效应的原因是碱土金属与 DOM 的结合方式不同，它们的结合引起了 DOM 的构象变化。Lu 和 Jaffe（2001）及 Wu 等（2004）研究了其他物质对金属-配体络合的影响，发现 Cl⁻ 也起作用。在高 pH 下，OH⁻ 会与 DOM 竞争结合金属（Cao et al.，1995）。当上述竞争发生时，DOM 的分子构象可能发生改变，同时由于 pH 的升高，静电环境也会发生改变。官能团电离也会影响 DOM 与金属的络合能力，进而影响 DOM 的荧光。河水与海水混合时碱金属的增加引起 DOM 构象变化，进而对 DOM 的生物和光化学反应活性产生影响（见 7.7 节）。

7.7 盐度（离子强度）的影响

与 pH 和金属-配体相互作用相比，离子强度变化对 DOM 荧光的影响相对较小。然而，一些研究人员在对河口过渡带的河流与海水混合样本（例如 Del Castillo et al.，1999；Kowalczuk et al.，2003；Alberts et al.，2004；Kowalczuk et al.，2009），以及对淡水和海水的模拟混合样本（Boyd and Osburn，2004）的光谱分析后，发现荧光团向深色移动（蓝移），以及 EEM 某些峰的荧光强度降低。此外，盐度会降低土壤提取富里酸的同步荧光强度（Cilenti et al.，2005；Provenzano et al.，2008）。上述现象表明，与生物系统中的蛋白质相似，DOM 的荧光基团在较高的离子强度下会发生构型改变（Boyd et al.，2010a），进而产生荧光猝灭或抑制。

阴离子（如卤化物、羟基、亚硝酸盐/硝酸盐和碳酸盐）是天然水体主要成分，会通过重原子效应、电子和电荷转移等机制抑制芳香族化合物荧光（Watkins，1974；Shizuka et al.，1980；Treinin et al.，1983；Mac，1995）。因此，离子强度对 DOM 荧光的影响可能缘于上述溶质的荧光猝灭作用。Ghosh 和 Schnitzer（1979）发现，当 NaCl 浓度从 0.001 mol/L 增加到 0.1 mol/L 时，土壤腐殖酸和富里酸的激发光谱强度降低。他们认为，分子"卷曲"增加（例如，Conte and Piccolo，1999）或酚羟基团的电离化减少（Senesi，1990）导致荧光猝灭。因此，离子强度增加对 DOM 荧光影响的主要协同效应可能缘于官能团电离的抑制，这与前文所述的金属-配体猝灭是一致的。光化学形成的短寿命自由基或激基缔合物（excimer；激发态二聚体）或激基复合物（exciplex；激发态络合物）也可能改变或干扰荧光（Sensi，1990），特别是当芳香族化合物是受激物质时（Mac et al.，1993）。此外，DOM

卤化作用形成的卤代烃也可以改变 DOM 的荧光，因为卤素取代也可以产生内部"重原子"效应（Senesi，1990；Senesi and D'Orazio，2005）。这种效应可以解释氯化反应中疏水腐殖质荧光的蓝移（包括发射带的缩小）（Korshin et al.，1999）。水处理过程采用类似氯化机制氧化 DOM 时，也可能降低 DOM 荧光（例如 Henderson et al.，2009）。

尽管有上述例子支持，但在实验室研究中很少有数据支持离子强度对 DOM 荧光的巨大影响。Mobed 等（1996）根据矩阵相关方法，检测了 KCl 浓度范围为 0~1 mol/L 的泥炭源中富里酸的 EEMs，并发现 EEMs 没有发生统计学意义上的变化。干旱地区和水文隔离的盐湖（这将排除水体的混合，如在近岸洋）是评估离子强度对 DOM 荧光影响的理想研究对象（图 7.5）。虽然盐湖水的离子组成可能与海水有很大不同，而且盐度通常会随季节波动，但上述系统仍可作为蒸发过程中 DOM 性质变化的真实模型。

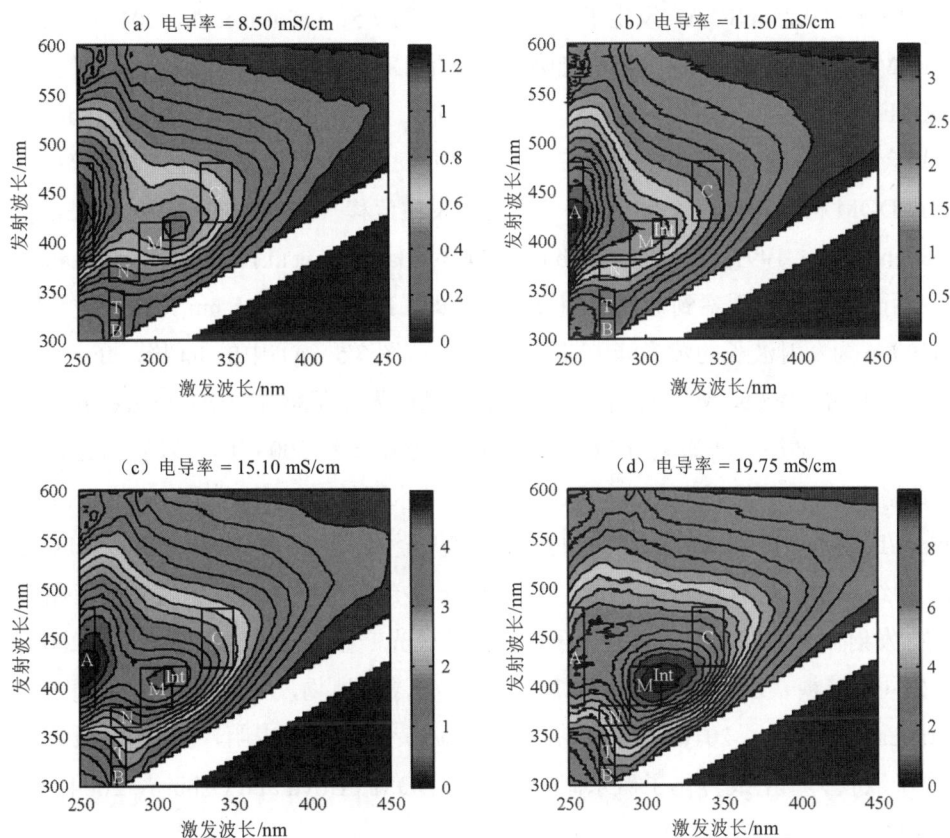

图 7.5 北达科他州（North Dakota）碱水湖 CDOM 的 EEM 荧光变化。（a）2001 年 6 月；（b）2004 年 5 月；（c）2004 年 8 月；（d）2005 年 8 月。湖水的电导率标注于图中，方框和字母代码描述了荧光峰区域（同图 7.2）。微生物源 M 峰和陆源 C 峰之间的 Int 峰明显增强。

对盐湖和湿地的 DOM 研究表明，自生源 DOM 在上述系统中占主导地位，部分原因是其富营养化和混合营养化状态（Leenheer et al.，2004；Ortega-Retuerta et al.，2007）。美国大平原盐湖的 DOM 荧光光谱（Osburn et al.，2011）的 PARAFAC 模型中的 1 个组分与图 7.5 中突出的 Int 峰相似，这个荧光信号在南极洲 1 个以自生源 DOM 为主的盐湖（McKnight et al.，2001）和位于巴西帕塔纳尔湿地（Patanal wetland）的盐池（Mariot et al.，2007）的 EEM 中也很突出。Osburn 等（2011）汇总了几项研究的结果，也发现在一系列内陆盐湖中，DOC 与电导率的对数-对数回归具有一致的斜率值（0.534±0.127）（Arts et al.，2000；Anderson and Stedmon，2007；Mariot et al.，2007；Ortega Retuerta et al.，2007）。尽管蒸发浓缩似乎是影响 DOM 荧光的一个关键因素，蒸发导致盐分和离子强度与有机质同步增加，但 Osburn 等（2011）也指出，盐湖中 DOM 的微生物过程对 DOM 的荧光性质产生了影响，而不是严格意义上的外来源荧光 DOM 的浓缩过程。

美国北达科他州的碱水湖 2001 年、2004 年和 2005 年夏季 DOM 的 EEM 荧光随电导率增加（8.50～19.75 mS/cm）发生了明显的变化（图 7.5；Osburn et al.，2011）。值得注意的是，EEMs 的荧光强度增加，表明光降解并不是 DOM 的重要影响因素。尽管径流和降水中 DOM 的季节性输入可能对 DOM 库产生贡献，但从图 7.5（a）～图 7.5（d）可知，蒸发作用会对荧光 DOM 产生浓缩效应。很多研究表明，盐度增加也导致金属猝灭效应，**或者**导致 DOM 构象变化，使得 DOM 荧光可能发生蓝移（例如 Lochmuller and Saavedra，1986；Reche et al.，1999；Boyd and Osburn，2004；Batchelli et al.，2009；Provenzano et al.，2010）。然而，该研究观察到盐度的相反效果，即 EEMs 中以 315 nm 为激发波长中心和 400～420 nm 为发射波长的荧光峰 [即图 7.5（a）～图 7.5（d）中的 Int 峰，介于陆源腐殖质 C 峰和海源腐殖质（或微生物）源 M 峰之间的区域]发生了增强效应（Boyd et al.，2010a）。Int 峰随着电导率增加而增加 [图 7.6（a）]，但从 2001 年到 2005 年，该湖的 pH 没有明显变化（数据未显示）。然而，2004 年 5—8 月，咸水湖的 Mg^{2+} 浓度从 2.46 mmol/L 增至 3.41 mmol/L。湖水中 Mg^{2+} 的浓度增加会取代猝灭金属，这与 Willey（1984）和 Cabaniss（1992）的结果相似。有趣的是，Int 峰的坐标与 3-羟基苯甲酸和水杨酸分子荧光最大值处的激发/发射波长非常相似，这些分子对腐殖质荧光产生贡献（Senesi et al.，2005），这些分子如同氨基糖（Biers et al.，2007）一样来自浮游植物，并对 DOM 荧光产生贡献（Romera-Castillo et al.，2010）。浮游植物对 DOM 荧光的影响表明，DOM 的微生物加工（而非离子取代）产生或转化了碱水湖中的荧光 DOM（Boyd and Osburn，2004；Osburn et al.，2011）。

该碱水湖的结果与 Provenzano 等（2008）从 3 种日益盐碱化的土壤中分离出的亲水性（HI）和疏水性（HO）腐殖质的结果存在明显差异 [图 7.6（b）]。该项研究表明，尽管荧光最大值的激发/发射波长不同，但两种 DOM 组分的荧光强度都明显降低。Provenzano 等（2008）指出，电离抑制可能是造成上述效应的原因。可交换的 Na^+ 随盐度的增加而增加，不过该研究没有谈及 Mg^{2+}。综上，需要对上述系统进行更多的研究，以阐明金属-配体络合和电离抑制在咸水湖和盐碱土壤环境 DOM 化学中的作用。

在模拟海岸混合过程和研究生物及光化学降解的试验中，当把 DOM 添加到离子强度增加、同时维持自然原位环境的溶液中后，EEMs 荧光发生了改变。Boyd 和 Osburn（2004）发现，将超滤分离的萨斯奎汉纳河 COM 混合到盐度增加的溶液中后，陆源和海源腐殖质峰（C 峰、A 峰和 M 峰）的荧光强度均受到抑制，但蛋白质峰（T 峰和 B 峰）的荧光强度未受到抑制。Boyd 等（2010a）在研究几个河口的 LMW 有机质荧光时发现，淡水来源的 LMW DOM（<1 000 nm）存在相对线性的混合关系，但发现河口中部的 LMW DOM（约为 16 盐度）在向淡水端元混合时荧光变强。在同一河口的淡水和河口中部区域所采集的 HMW DOM（>1 000 nm）的 EEM 峰值、峰值比以及 PCA 和 PARAFAC 模型组分在低盐度时信号通常较低，并向海洋端元方向增加。然而，B 峰却在峰值和模型组分方面几乎没有任何变化。Yamashita 等（2008）在河流到海洋过渡带中采集和分析样本，并利用模型提取了 B 峰组分，与前文类似，该组分未表现出明显的盐度梯度趋势。

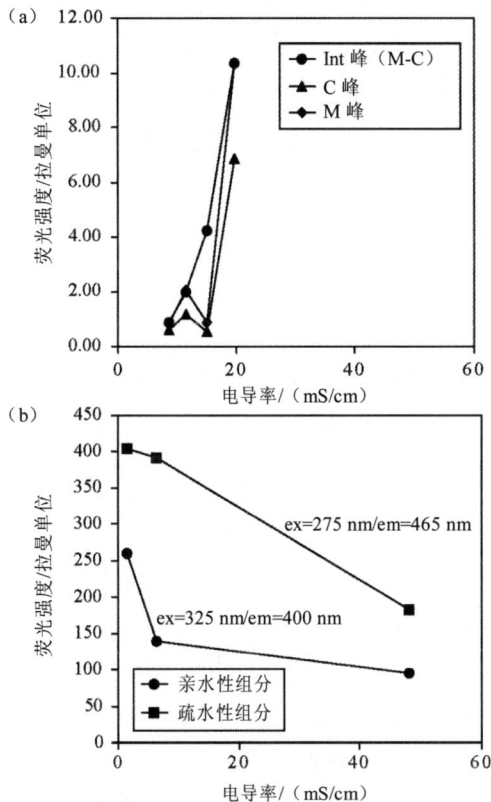

图 7.6 以电导率为度量的离子强度对北达科他州碱水湖 DOM（a）和西西里岛（Sicily）西海岸土壤中亲水性酸和疏水性酸（b）的不同影响。[改编自 Provenzano et al. Spectroscopic investigation on hydrophobic and hydrophilic fractions of dissolved organic matter extracted from soils at different salinity. Clean 36（9），748-753，2008，经 John Wiley & Sons 许可使用]。DOM 的 Int 荧光峰强度随电导率从 8.5 mS/cm 增加到 20 mS/cm 而增加 5 倍。相比之下，来自盐碱土壤 DOM 的亲水性分离物和疏水性分离物在类似区域表现为荧光急剧下降。

Alberts 等（2004）将富含 CDOM 的河流 DOM 分成 3 个分子量范围的（＜10 kDa，10～50 kDa，＞50 kDa）组分，并探究了盐度对不同分子量 DOM 荧光的影响。该研究主要关注盐度增加条件下各 DOM 组分 EEM 的 C 峰（ex=355 nm/em=450 nm）的荧光行为。当盐度从 0 增加到 10 后，分子量为 10～50 kDa 和大于 50 kDa 组分的 C 峰发射波长位置从 450 nm 蓝移到 440 nm，当盐度介于 10 和 33 之间时，上述组分 C 峰保持稳定，这与 Boyd 和 Osburn（2004）在切萨皮克湾的研究结果相似。在分子量小于 10 kDa 组分的 EEM 中，C 峰位置未发生变化；其荧光强度只发生轻微变化，但当盐度为 25～33 时，每个组分的荧光效率均显著降低。

此外，盐度似乎对 DOM 去除机制有不同的影响，特别是阳光下的光降解去除。Minor 等（2006）没有观察到 DOM 的光矿化与盐度的关系，但 Osburn 等（2009a）和 Grebel 等（2009）分别发现盐度和卤化物对 DOM 的光漂白有明显影响。Grebel 等（2009）发现卤离子对萨旺尼河 DOM 吸收光漂白有影响，但对 DOM 荧光光漂白没有影响。卤离子丰度是富含卤化物的海水与淡水混合的河口区域以及富含卤化物的地下水与地表水混合区域等自然系统的重要影响因子。废水处理中的氯化作用会引入卤离子，会缩小 DOM 荧光发射带（称为"收缩"）并使荧光最大值发生蓝移（Korshin et al.，1999）。

7.8　颗粒物的影响

像氢氧化铁、氢氧化铝和黏土矿物这样的颗粒物具有吸附有机质的能力，当被腐殖质"包裹"时，其吸附能力增强（Zhou and Rowland，1997）。颗粒物的吸附能力会影响土壤和水体沉积物 DOM 的荧光（Kaiser and Guggenberger，2000）。这可能缘于两种机制在起作用：第一，腐殖质吸附于黏土（这似乎不会改变黏土的理化性质；Zhou et al.，1994）；第二，蛋白质类 DOM 的吸附。腐殖质以宏离子的形式存在，为黏土矿物提供了不同的吸附能力。在河口，DOM 的酸性官能团受到 pH（随 pH 增加，吸附量减少）和盐度变化（随盐度增加，吸附量增加）等条件的影响（Zhou et al.，1994；Specht et al.，2000）。虽然研究人员设想河口 OM 通过"盐析"（由于盐度增加，溶解度降低）作用得以去除，但大多数研究表明随着盐度增加，矿物的吸附能力增加（Means，1995；Zhou and Rowland，1997）。在机制上，随着溶解度降低，DOM 的表面活性增强，并优先被吸附于土壤或水体颗粒物上。在陆地环境中，特别是在农业地区，盐碱化会对土壤 DOM 产生类似的影响（Cilenti et al.，2005；Provenzano et al.，2008，2010）。

颗粒物对腐殖质或蛋白质等物质的不同吸附可能会影响荧光。许多研究已经评估了不同浓度的阳离子（模拟河口混合）对天然 DOM 荧光的影响（参见 Antunes et al.，2007）。在 7.7 节中提到的 Alberts 等（2004）的研究中，研究人员推测，腐殖类物质的絮凝会导致其在较高盐度下的吸光度下降。造成这种影响的盐度范围与（上文）报道的对黏土 DOM

吸附影响最大的盐度范围接近。在这个混合实验中，如果腐殖类物质优先与颗粒物结合而流失，那么腐殖质荧光峰（A 峰和 C 峰）的变化可能反映了上述现象。事实上，随着盐度增加，C 峰发生位移且其相对荧光强度发生变化。

直到最近，研究人员才将 DOM 光学性质的变化与河口颗粒物的混凝和絮凝联系起来。在最近的一项研究中，研究人员研究了提取的水生腐殖酸在不同尺寸河口颗粒物上的分配行为（Sun et al., 2009）。颗粒物是从河口收集的，因此可能已吸附了有机质，即这些颗粒物不是纯粹的黏土矿物。将 A 峰和 C 峰的荧光强度比值与 DOM 在不同尺寸颗粒物上的分配系数建立联系，可以发现荧光组分之间的不同分配行为。分配系数增加，A 峰与 C 峰强度比值亦增加。这意味着较大分子量或更具芳香性的腐殖质组分优先被吸附于河口颗粒物上。在最近的另一项与水处理工作相关的研究中，硫酸铝被用作人工混凝剂（Gone et al., 2009）。pH 为 5 时，（基于 DOC 测量）混凝最为明显[①]。pH 越高，净负电荷越多，导致 DOM 吸附越低。河口 DOM 通过吸附和絮凝得以去除，从而导致荧光损失。Lead 等（2006）发现，通过 SPLITT（见上文）分离的不同分子量淡水 DOM 具有类似的荧光效应，其中约 40%的 T 峰荧光存在于粒径大于 1 μm 的（根据操作定义的）颗粒物。他们还发现 A 峰和 C 峰荧光没有随分子尺寸显著变化，并推测腐殖类和富里类 DOM 基团以与"黏土、生物细胞等"结合的形式存在，而不是以游离形式存在。综上，在离子强度发生重大变化的环境（如河口和沿海水域）以及淡水系统中，颗粒物吸附 DOM 是改变水体荧光的重要影响机制之一。

7.9 光照的影响

DOM 在阳光照射后发生荧光降解或荧光漂白，通常导致荧光强度降低和蓝移（Coble, 1996）。在分层水体（如湖泊、河口和沿海水域，特别是受河流排放影响的水域）中，DOM 荧光漂白的潜力很高，因为光活性荧光物质的输入和足够长的停留时间促使光化学漂白反应发生。水柱内的光衰减对于确定总体光降解或漂白速率很重要（Miller, 1998），DOM 本身的光吸收也很重要（例如 Osburn et al., 2001；Del Vecchio and Blough, 2002；Osburn and Morris, 2003）。

自然界的太阳光是多色的。在多色光照射下，荧光损失是宽泛且非结构化的，并延伸到整个光谱范围，漂白作用在截止滤光片通过的光谱区域更明显。荧光漂白的例子表明，发射光谱强度存在非特异性的减少（Koussai and Zika, 1990；Kieber et al., 1990；Vodacek et al., 1997）。然而，来自河流 DOM 的同步荧光光谱在光漂白后显示出一些结构变化，表明在较长波长下光漂白速率更快。例如，ex=375 nm 处的同步荧光（SF375）比 ex=350 nm

---

① 译者注：根据原文，这里应为：pH=5 时，DOC 去除最高，混凝最明显。

处的同步荧光（SF350）下降得更快（Pullin and Cabaniss，1997）。Tzortziou 等（2007）在罗得河（Rhode River）河口发现了类似的现象，Osburn 等（2009b）在马更些河（Mackenzie River）发现，长激发波长的荧光比短激发波长的荧光漂白得更快。很少有人对光漂白后的 DOM 进行 EEM 测量，Mayer 等（1999）开展的研究表明，类色氨酸荧光比类酪氨酸荧光更容易被光破坏。Moran 等（2000）率先以河口 DOM 为研究对象，利用荧光技术研究 DOM 的光化学和生物降解。他们发现，尽管蛋白质荧光峰发生了漂白，但腐殖质峰（A 峰、C 峰、M 峰）的漂白比蛋白质峰的更大。与此相关的是，由于较长波长荧光优先漂白，DOM 荧光最大值位置发生了蓝移。通常情况下，DOM 光漂白在初始阶段较快，随后经历一个较慢的阶段（Koussai and Zika，1990；Pullin and Cabaniss，1997；Moran et al.，2000；Del Vecchio and Blough，2002；Osburn et al.，2009b）。

在单色光照射下，荧光信号会因照射波长而丢失（漂白）。沿着激发波长轴，单色光照射会在最接近激发波长处诱发最大的荧光损失，同时能观察到较大的光吸收（Patsayeva et al.，1991；Boehme and Coble，2000；Del Vecchio and Blough，2002，2004）。然而，在照射波长以上和以下也会发生荧光损失。激发波长下荧光损失的一个可能原因是所有吸收该波长激发的荧光团因直接光化学反应而遭到破坏。然而，较大范围波长内（甚至扩展到整个范围）的发射荧光损失不太可能缘于非相互作用 DOM 组分的破坏，所有这些组分都不太可能在照射波长下激发并显示红移发射的连续体，荧光损失很可能缘于相互作用物质的复杂模型（Del Vecchio and Blough，2004；Goldstone et al.，2004）。远离照射波长的次生损失可能是由于：（a）仅在长波长下激发的另一类荧光团通过间接光化学遭到破坏；（b）在两种波长下均被激发（或以某种方式与在短波长下被激发的荧光团耦合）的荧光团中的一部分被直接光化学破坏。随着照射波长的增加，次生损失的持续红移不利于大量荧光团叠加在最低激发波段，并表现出最高激发波段的连续红移。相反，Del Vecchio 和 Blough（2004）提出了一个更复杂的模型，该模型表明物质之间的相互作用导致了长波长的荧光发射。

这种复杂光化学对 DOM 荧光的净影响是照射后激发波长发生蓝移，但发射光谱中也可能发生红移。图 7.7 给出了石炭藓为主的沼泽地下水 DOM［图 7.7（a）］和藻类培养产生的 DOM［图 7.7（b）］发射光谱出现微小红移的荧光漂白例子（参考 Osburn et al.，2001）。对于每种类型的 DOM，荧光发射光谱（400～600 nm，ex=370 nm）都明显下降。光照后，沼泽 DOM 的发射峰从 462 nm 略微漂移到 469 nm；海藻 DOM 显示出类似的红移，从 455 nm 漂移到 462 nm。各类 DOM 的不同发射光谱显示，大部分光漂白发生在发射峰值的波长处［图 7.7（c）］。这些样本之间发射峰的差异可能反映了它们不同的化学组分（陆生 DOM 与水生 DOM）。常规程度的红移（约 6 nm）可能是有机质的部分氧化所致。各类型 DOM 羧基和羟基的数量增加促使荧光漂移到更长的波长处（Senesi and D'Orazio，2005）。

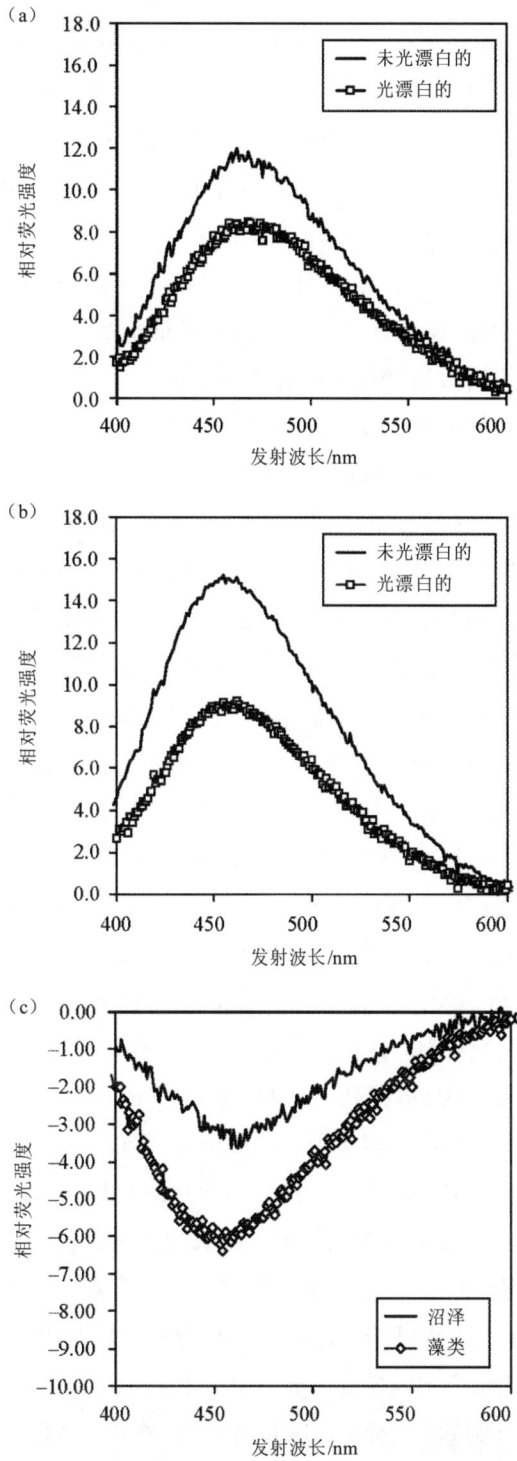

图 7.7　光漂白对两种来源 DOM 的发射光谱（ex=370 nm）的影响。（a）来自以泥炭藓为主的沼泽地下水；（b）藻类培养；（c）未光漂白光谱和光漂白光谱之间的差异。

荧光寿命测量是 DOM 和腐殖质光学性质与光反应性的重要补充。很多研究者已经研究了衰减率（τ，以 ns 为单位），并对小于 1 ns、2～5 ns 和 6～14 ns 的多组分寿命进行了建模（Clark et al.，2002 及其参考文献）。这些研究根据荧光寿命范围提出了 3 种普遍存在的荧光团组分。Clark 等（2002）利用 280 nm 的光照对佛罗里达州的腐殖化沙克河（Shark River）河水进行了光漂白实验，发现两种较短寿命组分（<1 ns 和 2～5 ns）显著减少。有趣的是，用更长的波长（334 nm）光漂白沙克河 DOM 后，观察到最短寿命组分显著减少，第二短寿命组分的漂白保持不变。因此，光漂白可显著缩短 DOM 的寿命。虽然 Clark 等研究使用的荧光寿命检测波长为 ex=337 nm/em=430 nm，它位于 C 峰区域（Coble，1996），但这些组分是否与特定的腐殖质峰相关还有待观察。

有充足阳光照射的环境促使 DOM 荧光发生最多的光漂白。一个典型的例子发生于地表水的季节性分层中。Gibson 等（2001）在加拿大北极地区的湖泊地表水分层和混合期间观察到 DOM 的季节性荧光损失，分层湖泊的上层水柱 DOM 荧光持续漂白。Vodacek 等（1997）及 Del Vecchio 和 Blough（2002）在中大西洋海盆（Middle Atlantic Bight）沿海水域分层水体中发现了大量的荧光损失。类似地，Ma 和 Green（2004）发现了苏必利尔湖（Lake Superior）EEM 荧光的光漂白效应，即腐殖质荧光因阳光照射而减弱，DOM 荧光的蓝移增加。他们认为新发色团正在形成，Biers 等（2007）也在海水中观察到了上述效应。

在沿海环境中，混合对于稀释"浓缩"的 DOM 溶液和增加阳光照射非常重要，因为地面径流基本上是在密度更大的海水顶部薄层中混合和扩散的。这为 DOM 光降解创造了理想条件。Del Vecchio 和 Blough（2002）已经证明这是 DOM 荧光的一种有效去除机制，并指出光漂白深度与垂直混合深度的比值是评估光漂白程度的关键指数。固定激发波长下发射光谱强度的变化能反映是否发生了大量的蓝移或红移。上述结果可用于推断是否发生了 DOM 光漂白或稀释（Coble，2007；Conmy et al.，2009）。最终，上述约束条件可以应用于沿海地区的 DOM 荧光观测，并被纳入陆源 DOM 传输混合模型（Blough et al.，1993；Vodacek et al.，1997；Del Castillo et al.，1999；Conmy et al.，2009）。

DOM 荧光的光漂白也发生于雨水中。Kieber 等（2007）对沿海雨水进行了光漂白，发现 EEM 的 A 峰、C 峰和 T 峰的损失与淡水 UDOM[①]相似。他们指出，降雨的（大陆与海洋）来源可能对光漂白有很大的控制作用。淡水降雨对地表水 DOM 具有贡献，并为大气中的光反应提供了环境（Graber and Rudich，2006）。事实上，大气水中 DOM 的分子性质表明，DOM 已发生了一定程度的光漂白。雨水通常是酸性的（pH<5），这会增强大气和地表水中 DOM 的光漂白潜力（Gennings et al.，2001）。

EEMs 的腐殖质区（例如，Coble，1996 中的 C 峰和 A 峰）具有光不稳定性。光漂白的敏感性取决于阳光照射时间和光谱性质。Osburn 等（2009b）在加拿大北极地区的

---

① 译者注：原文恐有误，应为 CDOM。

马更些河，从定量和定性角度就阳光照射时间和光谱性质对 DOM 光漂白的影响开展了研究，在阳光照射后，同步荧光光谱在以 350 nm（SF350）和 380 nm（SF380）为激发中心的峰值上（$\Delta\lambda = 14$ nm）发生了明显变化。上述波长的同步荧光发射强度通常对应于陆源 DOM 的高度共轭腐殖质（Senesi，1990）。在动力学实验中［图 7.8（a）］，阳光照射 72 h 后，SF350 的 DOM 光漂白程度比 SF380 更甚。相比之下，图 7.8（b）显示了在阳光照射期间，利用截止滤光片有选择地去除部分太阳光谱后不同波段光照对上述峰强度的影响。例如，在 335 nm 的滤光处理中，380 nm 的峰比 350 nm 的峰发生了更多的光漂白。314 nm 滤光片去除了几乎所有与环境相关的紫外线辐射，光漂白结果与无截止滤光片处理的结果没有统计学差异。上述结果表明，并非所有的荧光团都以相同的方式漂白，其对阳光照射的响应存在差异。

　　DOM 荧光光漂白的特异性可用于识别分子量变化。当多环芳香族化合物被分解时，长发射波长荧光会随着光照的作用而降低，从而减少扩展 π-电子系统（Senesi and D'orazio，2005）。腐殖质内部的芳香环在光氧化、干扰电荷转移反应后被打开，产生长波光吸收和荧光现象（Del Vecchio and Blough，2004）。多环芳香族结构可能产生活性氧（reactive oxygen species，ROS）以光氧化 DOM。O'Sullivan 等（2005）发现 SF350 与河流和沿海水域 DOM 在自然阳光和模拟阳光照射下产生的过氧化氢之间存在很强的相关性。他们推断，多环芳香族结构（具有扩展 π-电子系统）的破坏减少了长波长（红移）荧光，同时也减少了 ROS 的生成。例如，单线态氧被认为是 DOM 氧化的诱因（例如，Cory et al.，2010）。

　　此外，需要考察光漂白对陆源 DOM 荧光的改变程度，以及改变后的荧光特征与海洋 DOM 荧光的相似性。这对解释河口、大型湖泊和海洋沿海水域 DOM 荧光光谱的变化非常重要。Osburn 等（2009b）用马更些河的 DOM 进行了相关试验（图 7.8）。他们发现，同步荧光光谱发生了实质性的变化，最终腐殖质荧光（SF350 和 SF380）被消除，但 SF280 的荧光未发生改变。为了掌握光漂白后的马更些河 DOM 荧光与北冰洋 DOM 荧光的光谱匹配情况，计算了光漂白前后河流样本的同步荧光光谱与北冰洋 DOM 的同步荧光光谱之间的 Pearson 相关系数。光漂白几乎在所有情况下都提高了相关性（r 为 0.8～0.9）。事实上，他们的结果还表明，UV-A 和蓝色波长（>360 nm）区域光对于改变马更些河 DOM、使其更接近于北冰洋 DOM 的光谱特征最为重要。Pullin 和 Cabaniss（1997）采用类似方法，发现凯霍加河（Cuyahoga River）DOM 在 3～7 d 的光不稳定性会干扰同步荧光作为混合示踪方法的使用，使得光谱特征变得与底特律河（Detroit River）DOM 的光谱特征更为相似。

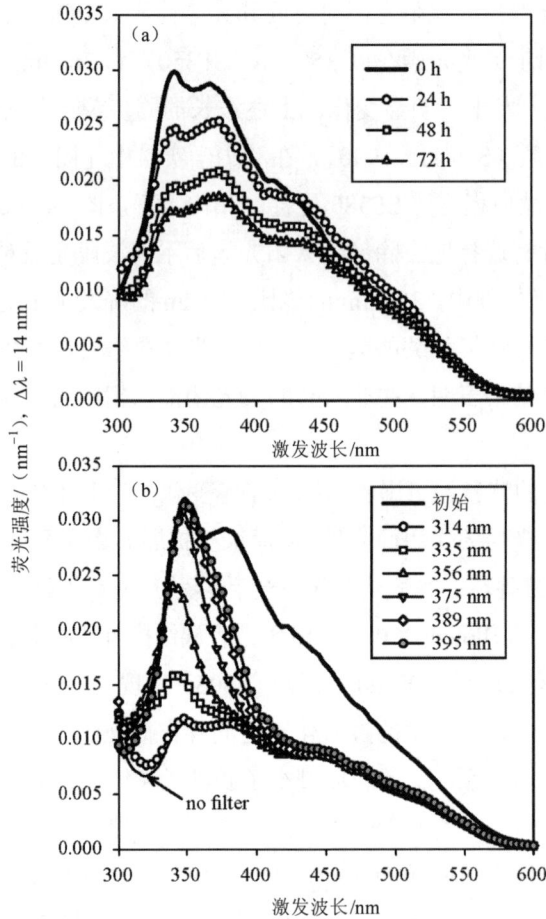

图7.8　阳光照射3 d后，光漂白导致马更些河水DOM的同步荧光光谱（$\Delta\lambda = 14$ nm）变化（a）。使用光学截止滤光片逐步去除照射光中的短波部分，研究不同波长光的光漂白导致的同步荧光光谱变化（b）。在两个试验中，同步荧光强度的损失改变了DOM荧光的光谱形状，使得河水DOM荧光在表观上与加拿大北冰洋西部波弗特海马更些大陆架地区海水DOM接近（转载自Osburn, C.L., Retamal, L., and Vincent, W.F., Photoreactivity of chromophoric dissolved organic matter transported by the Mackenzie River to the Beaufort Sea. Mar. Chem., 115, 10-20, 2009，获得Elsevier许可）。

　　交互溶液化学效应（pH、离子强度）对DOM荧光漂白有明显影响，但在不同环境系统和针对不同来源DOM的趋势特征还不确定。Reche等（1999）的研究表明，CDOM的光漂白速率随着碱度的增加而增加，而酸化有利于北方湖泊的光漂白（Gennings et al., 2001）。虽然Minor等（2006）和Hefner等（2006）均没有发现盐度对高光吸收性河口DOM和萨旺尼河腐殖酸（Suwannee River humic acid，SRHA）的影响，但Osburn等（2009a）发现，超滤提取DOM和SRHA中的长吸收波长CDOM光漂白随盐度的增加而增加。Grebel等（2009）在Osburn等（2009a）的研究结果基础上进一步发现盐度影响CDOM吸光的光漂白，但不影响DOM荧光的光漂白，因此DOM发射荧光对光漂白的响应可能与DOM

吸光不同。

　　然而，在 Osburn 等（2009a）的 SRHA 试验中，EEM 峰值比数据证实了离子强度的影响（图 7.9，Osburn，未公布的结果）。该数据给出了 SRHA 分别混入淡水、河口和海洋滤膜透过物暴露在阳光中，A/T、A/C 和 A/M 峰值比的百分比变化。相比于蛋白类物质，腐殖类物质在低盐度水中比在海水中显得更加光不稳定（A/T 比值降低）。长波长荧光腐殖类物质的光敏性似乎最强。与 A/M 比值相比，A/C 比值随盐度增加的程度更大。这表明 C 峰的去除对盐度的变化很敏感，然而不能排除金属与腐殖质的相互作用或过氧化物的生成效率的影响（O'Sullivan et al.，2005）。最近，有研究表明，LMW DOM 的 A 峰和 C 峰荧光在低盐度下可能优先被漂白，而 HMW DOM 的 A 峰和 C 峰荧光在中高盐度下则更易光漂白（Boyd et al.，2010b）。激发波长、发射波长、盐度、光漂白前后变化的四维 PARAFAC 模型显示，T 峰的荧光在曝光后增加，而 A 峰、C 峰和 M 峰则减少。图 7.9 中峰值比的变化支持 Boyd 等（2010b）的研究结果，并表明盐度可能会增加 DOM 荧光的光漂白，并最终导致沿海水域中 DOM 荧光性质的变化。

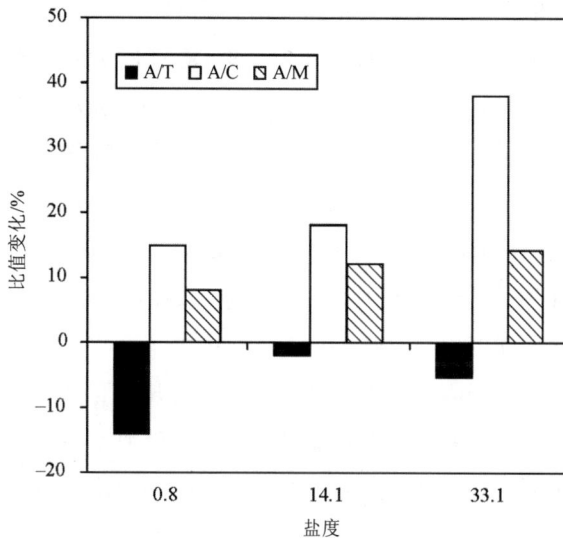

图 7.9　萨旺尼河腐殖酸（SRHA）暴露于阳光后 EEM 荧光峰比值随盐度增加的变化。总的来说，A/T 比值下降，但盐度的影响并不一致。阳光照射后的 A/C 比值和 A/M 比值随盐度增加而增加，表明随着盐度的增加，C 峰和 M 峰荧光的损失增加。（Osburn，未公布的结果）

　　DOM 荧光光漂白研究结果表明，DOM 暴露在阳光下，其分子发生了可观的变化。溶解性无机碳（CO_2）的光产生归因于脱羧反应，代表完全的 DOM 降解（矿化），可以用来评估光降解对碳循环的影响（例如 Miller and Zepp，1995）。一旦羧基被氧化，金属-配体键就会被破坏，进而增强荧光。因此，DOM 荧光变化与 DOM 分子变化的耦合模型结合荧光测量有助于提高地表水碳循环的可预测性。

7.10 总结与未来方向

陆地生态系统和水生生态系统中不断变化的环境条件会影响这些系统内部和之间产生、运输和转化的 DOM 的荧光特征。影响天然水体 DOM 荧光来源的最根本因素是 DOM 分子尺寸和分子质量的相对分布。荧光与尺寸分离技术和其他胶体研究手段的结合，为淡水和海洋系统之间 DOM 荧光性质差异提供了有价值的见解。然而，我们认为 3 个环境过程对地表水 DOM 荧光性质产生较大的影响。首先，表层水酸化导致 pH 大幅下降至 5 以下，这可能会导致荧光减弱和蓝移（Laane，1982；Mobed et al.，1996；Spencer et al.，2007b）。有证据表明，pH 降低或增加（Reche et al.，1999），以及离子强度改变（Osburn et al.，2009a；Boyd et al.，2010b）会促进光化学反应；即使 pH 对 DOM 荧光的特异性影响并不明显，但依然需要重视（Grebel et al.，2009）。而且，pH 会改变光谱形状并导致荧光减弱，荧光减弱可能是 pH 影响金属猝灭导致的。然而，Al(Ⅲ)-OM 络合物是个例外，其能放大 DOM 的腐殖质荧光，导致发射光谱红移和荧光强度增加。

其次，光漂白可以通过降解荧光团来永久改变 DOM 的荧光。不能用非相互作用荧光团的简单叠加来解释单色光和多色光照射下的光漂白行为。光漂白对 DOM 分子性质的影响关系到 DOM 的荧光性质，因此需要进一步的研究。先进质谱技术［如傅里叶变换-离子回旋共振质谱（Fourier transform-ion cyclotron resonance mass spectrometry，FT-ICR-MS）］可解决上述问题（例如 Kujawinski et al.，2004；Mopper et al.，2007；Gonsior et al.，2009），并能提供 DOM 降解过程中关于分子变化的大量信息。该技术提供了特定荧光团的分子类别。

最后，地表水金属呈现多价赋存形态，与 DOM 结合会猝灭或增强 DOM 荧光。随着上游流域侵蚀、风成降雨和降尘输入的增加，地表水金属含量也会增加。DOM 荧光将相应地做出响应。未来潜在的研究方向是将流域（内陆或沿海）的区域矿物学与其溪流和流域的 DOM 荧光性质联系起来。因此，DOM 特征的时序变化可能与风化或人为输入释放到水体中的金属的浓度和丰度有关。

离子强度的荧光效应难以探查。盐度在一定程度上会增强 DOM 荧光，其整体猝灭效果较小，尤其是在淡水和海水不断混合的沿海水域。盐湖化学环境与河口水域不同，但两者盐度的荧光效应结果较为相似。湖水的蒸发浓缩作用通过增加离子强度而改变 DOM 的荧光性质。相比之下，土壤盐碱化显著增加了土壤溶液的离子强度，导致土壤孔隙水 DOM 结构卷曲（可能诱导空间位阻）和官能团电离，从而减弱其荧光（Provenzano et al.，2008）。因此，DOM 荧光为与气候和土地利用变化相关的新研究提供了可能性。

离子强度对 DOM 光化学的影响机制并不明朗。研究证实，盐度增加导致 DOM 吸收光漂白的增强（Osburn et al.，2009a；Grebel et al.，2009），却并未对 DOM（无论是富里酸还是藻源性 DOM）荧光性质造成影响；然而，盐度增加促进腐殖质 DOM（Minor et al.，

2006）和人为 DOM（Kong and Ferry，2003）的光降解这一结论却缺乏实验证据。一项考虑光漂白的多河口淡咸混合研究发现，T 峰和 B 峰荧光增加，这表明可能有蛋白质类物质的光生产（Boyd et al.，2010b）。

与此同时，气溶胶 DOM 荧光的文献也不断涌现，描述了大气 DOM 的丰度和化学性质，其化学性质与腐殖类物质类似。大气尘埃含有大量金属，大气光化学作用也极其重要。通过荧光了解大气 DOM 的来源和反应性是很重要的，因为可能会发生金属-配体反应，其中一些反应与大气 DOM 光化学密切相关。

从环境因子对 DOM 荧光的影响来看，光化学或蒸发引起的脱水对 DOM 荧光的影响最为显著和持久。这在很大程度上是因为脱水和光化学效应是不可逆的，而 pH、金属和离子强度效应是可逆的。因此，DOM 荧光会对那些促进光化学（pH 和金属与此有关）或脱水的全球变化条件十分敏感。

土壤、沉积物、地表水和大气中 DOM 之间的联系需要进一步研究，因为上述系统对气候变化具有响应。采用系统方法来理解 pH、盐度和金属对 DOM 荧光的作用将变得尤为重要，因为可以使用多元统计模型（如 PARAFAC 和其他方法）来确定上述关联环境中相似的荧光团（或荧光组分）。利用荧光可以研究土壤盐碱化对 DOM 性质的影响（Cilenti et al.，2005）；此外，干燥气候的脱水效应明显改变了天然水体中 DOM 的荧光性质和含量（Hudson et al.，2009）。可提取的 DOM 和孔隙水 DOM 荧光性质与 pH 和盐度变化（甚至可能与温度变化）之间的关系研究，为记录上述环境因子变化提供了机会，从而获取全球碳循环的相关信息。荧光技术可用于探究 DOM 在陆地、水和大气环境之间的运输和循环。我们建议，未来的研究方向应更深入地利用 DOM 荧光性质，将各具体环境的化学特性与更为宏大的环境变化图景相互关联。

致谢

感谢布雷登·乔达诺（Braden Giordano）为本手稿的准备提供的帮助。贾斯明·萨罗斯（Jasmine Saros）提供了碱性湖的电导率数据。美国海军研究办公室（Office of Naval Research；项目编号 N0001401WX20072 和 N0001403WX20946）支持了切萨皮克湾和马更些河口 DOM 荧光的现场采集和分析。美国国家科学基金（环境生物学部门项目，编号 0315665）支持碱湖 DOM 荧光的现场采集和分析。

参考文献

Alberts，J.J.，Takacs，M.，and Schalles，J.（2004）. Ultraviolet-visible and fluorescence spectral evidence of natural organic matter（NOM）changes along an estuarine salinity gradient. *Estuaries*，**27**（2），296–310.

Amon，R.M.W.，Budeus，G.，and Meon，B.（2003）. Dissolved organic carbon distribution and origin in the Nordic Seas：Exchanges with the Arctic Ocean and the North Atlantic. *J. Geophys. Res. Oceans*，**108**，3221，doi：10.1029/2002JC001594.

Anderson，N.J. and Stedmon，C.A.（2007）. The effect of evapoconcentration on dissolved organic carbon concentration and quality in lakes of SW Greenland. *Freshwater Biol.*，**52**，280–289.

Antunes，M.C.G.，Pereira，C.C.C.，and Esteves da Silva，J.C.G.（2007）. MCR of the quenching of the EEM of fluorescence of dissolved organic matter by metal ions. *Anal. Chim. Acta*，**595**（1–2），9–18.

Arts，M.T.，Robarts，R.D.，Kasai，F.，Waiser，M.J.，Tumber，V.P.，Plante，A.J.，Rai，H.，and de Lange，H.J.（2000）. The attenuation of ultraviolet radiation in high dissolved organic carbon waters of wetlands and lakes on the northern Great Plains. *Limnol. Oceanogr.*，**45**，292–299.

Avena，M.J. and Wilkinson，K.J.（2002）. Disaggregation kinetics of a peat humic acid：Mechanism and pH effects. *Environ. Sci. Technol.*，**36**（23），5100–5105.

Baalousha，M.，Motelica- Heino，M.，and Le Coustumer，P.（2006）. Conformation and size of humic substances：Effects of major cation concentration and type，pH，salinity，and residence time. *Colloids Surf. A：Physicochem. Eng. Aspects*，**272**（1–2），48–55.

Baker，A.（2005）. Thermal fluorescence quenching properties of dissolved organic matter. *Water Res.*，**39**（18），4405–4412.

Baker，A. and Spencer，R.G.M.（2004）. Characterization of dissolved organic matter from source to sea using fluorescence and absorbance spectroscopy. *Sci. Total Environ.*，**333**（1–3），217–232.

Baker，A.，Elliott，S.，and Lead，J.R.（2007）. Effects of filtration and pH perturbation on freshwater organic matter fluorescence. *Chemosphere*，**67**（10），2035–2043.

Baker，A.，Tipping，E.，Thacker，S.A.，and Gondar，D.（2008）. Relating dissolved organic matter fluorescence and functional properties. *Chemosphere*，**73**（11），1765–1772.

Banaitis，M.R.，Waldrip-Dail，H.，Diehl，M.S.，Holmes，B.C.，Hunt，J.F.，Lynch，R.P.，and Ohno，T.（2006）. Investigating sorption-driven dissolved organic matter fractionation by multidimensional fluorescence spectroscopy and PARAFAC. *J. Colloid Interf. Sci.*，**304**（1），271–276.

Batchelli，S.，Muller，F.L.L.，Baalousha，M.，and Lead，J.R.（2009）. Size fractionation and optical properties of colloids in an organic-rich estuary（Thurso，UK）. *Mar. Chem.*，**113**（3–4），227–237.

Belzile，C. and Guo，L.D.（2006）. Optical properties of low molecular weight and colloidal organic matter：Application of the ultrafiltration permeation model to DOM absorption and fluorescence. *Mar. Chem.*，**98**（2–4），183–196.

Belzile，C.，Johannessen，S.C.，Gosselin，M.，Demers，S.，and Miller，W.L.（2000）. Ultraviolet attenuation by dissolved and particulate constituents of first-year ice during late spring in an Arctic polynya. *Limnol. Oceanogr.*，**45**（6），1265–1273.

Belzile，C.，Gibson，J.A.E.，and Vincent，W.F.（2002）. Colored dissolved organic matter and dissolved organic carbon exclusion from lake ice：Implications for irradiance transmission and carbon cycling. *Limnol. Oceanogr.*，**47**（5），1283–1293.

Benner，R.（2002）. Chemical composition and reactivity. In D. A. Hansell and C.A. Carlson（Eds.），

Biogeochemistry of Marine Dissolved Organic Matter（pp. 59–90）. San Diego：Academic Press.

Benner, R., Pakulski, J.D., McCarthy, M., Hedges, J.I., and Hatcher, P.G.（1992）. Bulk chemical characteristics of dissolved organic matter in the ocean. *Science*，**255**（5051），1561–1564.

Biers, E.J., Zepp, R.G., and Moran, M.A.（2007）. The role of nitrogen in chromophoric and fluorescent dissolved organic matter formation. *Mar. Chem.*，**103**（1–2），46–60.

Blough，N.V.，Zafiriou，O.C.，and Bonilla，J.（1993）. Optical absorption spectra of waters from the Orinoco River outflow：Terrestrial input of colored organic matter to the Caribbean. *J. Geophys. Res.*，**98**（C2），2271–2278.

Boehme，J. and Wells，M.（2006）. Fluorescence variability of marine and terrestrial colloids：Examining size fractions of chromophoric dissolved organic matter in the Damariscotta River estuary. *Mar. Chem.*，**101**（1–2），95–103.

Boehme，J.R. and Coble，P.G.（2000）. Characterization of colored dissolved organic matter using high-energy laser fragmentation. *Environ. Sci. Technol.*，**34**（15），3283–3290.

Boyd，T.J. and Osburn，C.L.（2004）. Changes in CDOM fluorescence from allochthonous and autochthonous sources during tidal mixing and bacterial degradation in two coastal estuaries. *Mar. Chem.*，**89**（1–4），189–210.

Boyd，T.J.，Wolgast，D.M.，Rivera-Duarte，I.，Holm-Hansen，O.，Hewes，C.D.，Zirino，A.，and Chadwick，D.B.（2005）. Effects of dissolved and complexed copper on heterotrophic bacterial production in San Diego Bay. *Microb. Ecol.*，**49**（3），353–366.

Boyd，T.J.，Barham，B.P.，Hall，G.J., and Osburn，C.L.（2010a）. Variation in ultrafiltered and LMW organic matter fluorescence properties under simulated estuarine mixing transects：1. Mixing alone. *J. Geophys. Res.*，**115**，G00F13.

Boyd，T.J.，Barham，B.P.，Hall，G.J.，Schumann，B.S.，Paerl，R.W.，and Osburn，C.L.（2010b）. Variation in ultrafiltered and LMW organic matter fluorescence properties under simulated estuarine mixing transects：2. Mixing with photoexposure. *J. Geophys. Res.*，**115**，G00F14.

Buesseler，K.O. Bauer，J. E.，Chen，R. F.，Eglinton，T. I.，Gustafsson，O.，Landing，W.，Mopper，K.，Moran，S.B.，Santschi，P.H.，Vernon-Clark，R. and Wells，M.L.（1996）. An intercomparison of cross-flow filtration techniques used for sampling marine colloids：Overview and organic carbon results. *Mar. Chem.*，**55**（1–2），1–31.

Cabaniss，S.E. and Shuman，M.S.（1986）. Combined ion-selective electrode and fluorescence quenching detection for copper-dissolved organic matter titrations. *Anal. Chem.*，**58**（2），398–401.

Cabaniss，S.E. and Shuman，M.S.（1987）. Synchronous fluorescence spectra of natural waters：Tracing sources of dissolved organic matter. *Mar. Chem.*，**21**（1），37–50.

Cabaniss，S.E. and Shuman，M.S.（1988）. Copper binding by dissolved organic matter：I. Suwannee River fulvic acid equilibria. *Geochim. Cosmochim. Acta*，**52**（1），185–193.

Cabaniss，S.E.（1992）. Synchronous fluorescence spectra of metal-fulvic acid complexes. *Environ. Sci. Technol.*，**26**（6），1133–1139.

Cao，Y.，Conklin，M.，and Betterton，E.（1995）. Competitive complexation of trace metals with dissolved humic acid. *Environ. Health Perspect.*，**103**，29–32.

Cilenti，A.，Provenzano，M.R.，and Senesi，N.（2005）. Characterization of dissolved organic matter from saline soils by fluorescence spectroscopy. *Environ. Chem. Lett.*，**3**（2），53–56.

Clark，C.D.，Jimenez- Morais，J.，Jones，G.，Zanardi- Lamardo，E.，Moore，C.A.，and Zika，R.G.（2002）. A time-resolved fluorescence study of dissolved organic matter in a riverine to marine transition zone. *Mar. Chem.*，**78**（2–3），121–135.

Clark，C.D.，Litz，L.P.，and Grant，S.B.（2008）. Salt marshes as a source of chromophoric dissolved organic matter（CDOM）to Southern California coastal waters. *Limnol. Oceanogr.*，**53**（5），1923–1933.

Coble，P.G.（1996）. Characterization of marine and terrestrial DOM in seawater using excitation emission matrix spectroscopy. *Mar. Chem.*，**51**（4），325–346.

Coble，P.G.（2007）. Marine optical biogeochemistry：The chemistry of ocean color. *Chem. Rev.*，**107**（2），402–418.

Coble，P.G.，Del Castillo，C.E.，and Avril，B.（1998）. Distribution and optical properties of CDOM in the Arabian Sea during the 1995 Southwest Monsoon. *Deep-Sea Res. Pt. Ii*，**45**（10–11），2195–2223.

Conmy，R.N.，Coble，P.G.，Chen，R.F.，and Gardner，G.B.（2004）. Optical properties of colored dissolved organic matter in the Northern Gulf of Mexico. *Mar. Chem.*，**89**（1–4），127–144.

Conmy，R.N.，Coble，P.G.，Cannizzaro，J.P.，and Heil，C.A.（2009）. Influence of extreme storm events on West Florida Shelf CDOM distributions. *J. Geophys. Res.Biogeosci.*，114，G00F04，doi：10.1029/2009JG000981.

Conte，P. and Piccolo，A.（1999）. Conformational arrangement of dissolved humic substances. Influence of solution composition on association of humic molecules. *Environ. Sci. Technol.*，**33**（10），1682–1690.

Cory，R.M.，McNeill，K.，Cotner，J.P.，Amado，A.，Purcell，J.M.，and Marshall，A.G.（2010）. Singlet oxygen in the coupled photochemical and biochemical oxidation of dissolved organic matter. *Environ. Sci. Technol.*，**44**（10），3683–3689.

da Silva，J. and Tauler，R.（2006）. Multivariate curve resolution of synchronous fluorescence spectra matrices of fulvic acids obtained as a function of pH. *Appl. Spectrosc.*，**60**（11），1315–1321.

da Silva，J. and Machado，A.（1996）. Characterization of the binding sites for Al(Ⅲ) and Be(Ⅱ) in a sample of marine fulvic acids. *Mar. Chem.*，**54**（3–4），293–302.

da Silva，J.C.G.，Machado，A.，and Oliveira，C.J.S.（1998）. Effect of pH on complexation of Fe(Ⅲ) with fulvic acids. *Environ. Toxicol. Chem.*，**17**（7），1268–1273.

Del Castillo，C.E.，Coble，P.G.，Morell，J.M.，Lopez，J.M.，and Corredor，J.E.（1999）. Analysis of the optical properties of the Orinoco River plume by absorption and fluorescence spectroscopy. *Mar. Chem.*，**66**（1–2），35–51.

Del Vecchio，R. and Blough，N.V.（2002）. Photobleaching of chromophoric dissolved organic matter in natural waters：Kinetics and modeling. *Mar. Chem.*，**78**（4），231–253.

Del Vecchio，R. and Blough，N.V.（2004）. Spatial and seasonal distribution of chromophoric dissolved organic matter and dissolved organic carbon in the Middle Atlantic Bight. *Mar. Chem.*，**89**（1–4），169–187.

Eftink，M.（1991）. Fluorescence techniques for studying protein structure. In C. H. Suelter（Ed.），*Methods of Biochemical Analysis：Protein Structure Determination*，Vol. 35（pp. 127–205）. Hoboken，NJ：John Wiley

& Sons.

Elkins, K.M. and Nelson, D.J. (2001). Fluorescence and FT-IR spectroscopic studies of Suwannee river fulvic acid complexation with aluminum, terbium and calcium. *J. Inorg. Biochem.*, **87** (1–2), 81–96.

Elkins, K.M. and Nelson, D.J. (2002). Spectroscopic approaches to the study of the interaction of aluminum with humic substances. *Coord. Chem. Rev.*, **228** (2), 205–225.

Esteves, V.I., Santos, E.B.H., and Duarte, A.C. (1999). Study of the effect of pH, salinity and DOC on fluorescence of synthetic mixtures of freshwater and marine salts. *J. Environ. Monit.*, **1** (3), 251–254.

Floge, S.A. and Wells, M.L. (2007). Variation in colloidal chromophoric dissolved organic matter in the Damariscotta Estuary, Maine. *Limnol. Oceanogr.*, **52** (1), 32–45.

Fox, L.E. (1983). The removal of dissolved humic acid during estuarine mixing. *Estuar. Coast. Shelf Sci.*, **16** (4), 431–440.

Francko, D.A. and Heath, R.T. (1982). UV-sensitive complex phosphorus: Association with dissolved humic material and iron in a bog lake. *Limnol. Oceanogr.*, **27** (3), 564–569.

Fu, P.Q., Wu, F.C., Liu, C.Q., Wang, F.Y., Li, W., Yue, L.X., and Guo, Q.J. (2007). Fluorescence characterization of dissolved organic matter in an urban river and its complexation with Hg(Ⅱ). *Appl. Geochem.*, **22** (8), 1668–1679.

Gennings, C., Molot, L.A., and Dillon, P.J. (2001). Enhanced photochemical loss of organic carbon in acidic waters. *Biogeochemistry*, **52** (3), 339–354.

Ghosh, K. and Schnitzer, M. (1979). UV and visible absorption spectroscopic investigations in relation to macromolecular characteristics of humic substances. *J. Soil Sci.*, **30** (4), 735–745.

Ghosh, K. and Schnitzer, M. (1980). Macromolecular structures of humic substances. *Soil Sci.*, **129** (5), 266–276.

Gibson, J.A.E., Vincent, W.F., and Pienitz, R. (2001). Hydrologic control and diurnal photobleaching of CDOM in a subarctic lake. *Arch. Hydrobiol.*, **152** (1), 143–159.

Goldstone, J.V., Del Vecchio, R., Blough, N.V., and Voelker, B.M. (2004). A multicomponent model of chromophoric dissolved organic matter photobleaching. *Photochem. Photobiol.*, **80** (1), 52–60.

Gone, D.L., Seidel, J.L., Batiot, C., Bamory, K., Ligban, R., and Biemi, J. (2009). Using fluorescence spectroscopy EEM to evaluate the efficiency of organic matter removal during coagulation-flocculation of a tropical surface water (Agbo reservoir). *J. Hazard. Mater.*, **172** (2–3), 693–699.

Gonsior, M., Peake, B.M., Cooper, W.T., Podgorski, D., D'Andrilli, J., and Cooper, W.J. (2009). Photochemically induced changes in dissolved organic matter identified by ultrahigh resolution Fourier transform ion cyclotron resonance mass spectrometry. *Environ. Sci. Technol.*, **43** (3), 698–703.

Graber, E.R. and Rudich, Y. (2006). Atmospheric HULIS: How humic-like are they? A comprehensive and critical review. *Atmos. Chem. Phys.*, **6**, 729–753.

Grebel, J.E., Pignatello, J.J., Song, W.H., Cooper, W.J., and Mitch, W.A. (2009). Impact of halides on the photobleaching of dissolved organic matter. *Mar. Chem.*, **115** (1–2), 134–144.

Green, S.A., Morel, F.M.M., and Blough, N.V. (1992). Investigation of the electrostatic properties of humic substances by fluorescence quenching. *Environ. Sci. Technol.*, **26** (2), 294–302.

Gueguen，C.，Guo，L.D.，Yamamoto-Kawai，M.，and Tanaka，N.（2007）. Colored dissolved organic matter dynamics across the shelf-basin interface in the western Arctic Ocean. *J. Geophys. Res. Oceans*，**112**，C05038，doi：10.1029/2006JC003584.

Guo，L.D. and Santschi，P.H.（1997）. Composition and cycling of colloids in marine environments. *Rev. Geophys.*，**35**（1），17–40.

Hefner，K.H.，Fisher，J.M.，and Ferry，J.L.（2006）. A multifactor exploration of the photobleaching of Suwannee River dissolved organic matter across the freshwater/saltwater interface. *Environ. Sci. Technol.*，**40**（12），3717–3722.

Henderson，R.K.，Baker，A.，Murphy，K.R.，Hamblya，A.，Stuetz，R.M.，and Khan，S.J.（2009）. Fluorescence as a potential monitoring tool for recycled water systems：A review. *Water Res.*，**43**（4），863–881.

Hosse，M. and Wilkinson，K.J.（2001）. Determination of electrophoretic mobilities and hydrodynamic radii of three humic substances as a function of pH and ionic strength. *Environ. Sci. Technol.*，**35**（21），4301–4306.

Hudson，N.，Baker，A.，Reynolds，D.M.，Carliell-Marquet，C.，and Ward，D.（2009）. Changes in freshwater organic matter fluorescence intensity with freezing/thawing and dehydration/rehydration. *J. Geophys. Res. Biogeosci.*，114，G00F08，doi：10.1029/2008JG000915.

Huguet，A.，Vacher，L.，Saubusse，S.，Etcheber，H.，Abril，G.，Relexans，S.，Ibalot，F.，and Parlanti，E.（2010）. New insights into the size distribution of fluorescent dissolved organic matter in estuarine waters. *Org. Geochem.*，**41**（6），595–610.

Kaiser，K. and Guggenberger，G.（2000）. The role of DOM sorption to mineral surfaces in the preservation of organic matter in soils. *Org. Geochem.*，**31**（7–8），711–725.

Kieber，R.J.，Zhou，X.L.，and Mopper，K.（1990）. Formation of carbonyl compounds from UV-induced photodegradation of humic substances in natural waters：Fate of riverine carbon in the sea. *Limnol. Oceanogr.*，**35**（7），1503–1515.

Kieber，R.J.，Hydro，L.H.，and Seaton，P.J.（1997）. Photooxidation of triglycerides and fatty acids in seawater：Implication toward the formation of marine humic substances. *Limnol. Oceanogr.*，**42**，1454–1462.

Kieber，R.J.，Willey，J.D.，Whitehead，R.F.，and Reid，S.N.（2007）. Photobleaching of chromophoric dissolved organic matter（CDOM）in rainwater. *J. Atmos. Chem.*，**58**（3），219–235.

Kong，L. and Ferry，J.L.（2003）. Effect of salinity on the photolysis of chrysene adsorbed to a smectite clay. *Environ. Sci. Technol.*，**37**（21），4894–4900.

Korshin，G.V.，Kumke，M.U.，Li，C.W.，and Frimmel，F.H.（1999）. Influence of chlorination on chromophores and fluorophores in humic substances. *Environ. Sci. Technol.*，**33**（8），1207–1212.

Koussai，A.M. and Zika，R.G.（1990）. Light-induced alteration of the photophysical properties of dissolved organic matter in seawater. 1. Photoreversible properties of natural water fluorescence. *Nether. J. Sea Res.*，**27**（1），25–32.

Kowalczuk，P.，Cooper，W.J.，Whitehead，R.F.，Durako，M.J.，and Sheldon，W.（2003）. Characterization of CDOM in an organic-rich river and surrounding coastal ocean in the South Atlantic Bight. *Aquat. Sci.*，**65**（4），384–401.

Kowalczuk，P.，Durako，M.J.，Young，H.，Kahn，A.E.，Cooper，W.J.，and Gonsior，M.（2009）. Characterization of dissolved organic matter fluorescence in the South Atlantic Bight with use of PARAFAC model: Interannual variability. *Mar. Chem.*, **113** (3–4), 182–196.

Kujawinski, E.B., Del Vecchio, R., Blough, N.V., Klein, G.C., and Marshall, A.G. (2004). Probing molecular-level transformations of dissolved organic matter: Insights on photochemical degradation and protozoan modification of DOM from electrospray ionization Fourier transform ion cyclotron resonance mass spectrometry. *Mar. Chem.*, **92** (1–4), 23–37.

Kumke, M.U., Specht, C.H., Brinkmann, T., and Frimmel, F.H. (2001). Alkaline hydrolysis of humic substances – spectroscopic and chromatographic investigations. *Chemosphere*, **45** (6–7), 1023–1031.

Laane, R. (1982). Influences of pH on the fluorescence of dissolved organic matter. *Mar. Chem.*, **11** (4), 395–401.

Lakowicz, J. (2006). *Principles of Fluorescence Spectroscopy*. New York: Springer Science+Business Media.

Lakshman, S., Mills, R., Patterson, H., and Cronan, C. (1993). Apparent differences in binding site distributions and aluminum(III) complexation for three molecular weight fractions of a coniferous soil fulvic acid. *Anal. Chim. Acta*, **282** (1), 101–108.

Lead, J.R., De Momi, A., Goula, G., and Baker, A. (2006). Fractionation of freshwater colloids and particles by SPLITT: Analysis by electron microscopy and 3D excitation-emission matrix fluorescence. *Anal. Chem.*, **78** (11), 3609–3615.

Leenheer, J.A., Noyes, T.I., Rostad, C.E., and Davisson, M.L. (2004). Characterization and origin of polar dissolved organic matter from the Great Salt Lake. *Biogeochemistry*, **69** (1), 125–141.

Levesque, M. (1972). Fluorescence and gel filtration of humic compounds. *Soil Sci.*, **113** (5), 346–353.

Liu, X. and Millero, F.J. (2002). The solubility of iron in seawater. *Mar. Chem.*, **77** (1), 43–54.

Liu, R.X., Lead, J.R., and Baker, A. (2007). Fluorescence characterization of cross flow ultrafiltration derived freshwater colloidal and dissolved organic matter. *Chemosphere*, **68** (7), 1304–1311.

Lochmuller, C.H. and Saavedra, S.S. (1986). Conformational changes in soil fulvic acid measured by time-dependent fluorescence depolarization. *Anal. Chem.*, **58** (9), 1978–1981.

Lu, X.Q. and Jaffe, R. (2001). Interaction between Hg(II) and natural dissolved organic matter: A fluorescence spectroscopy based study. *Water Res.*, **35** (7), 1793–1803.

Luster, J., Lloyd, T., Sposito, G., and Fry, I.V. (1996). Multi-wavelength molecular fluorescence spectrometry for quantitative characterization of copper(II) and aluminum(III) complexation by dissolved organic matter. *Environ. Sci. Technol.*, **30** (5), 1565–1574.

Ma, J.H., Del Vecchio, R., Golanoski, K.S., Boyle, E.S., and Blough, N.V. (2010). Optical properties of humic substances and CDOM: Effects of borohydride reduction. *Environ. Sci. Technol.*, **44** (14), 5395–5402.

Ma, X.D. and Green, S.A. (2004). Photochemical transformation of dissolved organic carbon in Lake Superior – An in-situ experiment. *J. Great Lakes Res.*, **30**, 97–112.

Mac, M. and Wirz, J. (1993). Deriving intrinsic electron-transfer rates from nonlinear SternVolmer dependencies for fluorescence quenching of aromatic molecules by inorganic anions in acetonitrile. *Chem. Phys. Lett.*, **211** (1), 20–26.

Mac, M. (1995). Fluorescence quenching of aromatic molecules by inorganic anions in polar solvents. *J. Luminesc.*, **65** (3), 143–151.

Maloney, K.O., Morris, D.P., Moses, C.O., and Osburn, C.L. (2005). The role of iron and dissolved organic carbon in the absorption of ultraviolet radiation in humic lake water. *Biogeochemistry*, **75** (3), 393–407.

Mantoura, R.F.C. and Woodward, E.M.S. (1983). Conservative behavior of riverine dissolved organic carbon in the Severn Estuary – Chemical and geochemical implications. *Geochim. Cosmochim. Acta*, **47** (7), 1293–1309.

Maranger, R. and Pullin, M.J. (2002). Elemental complexation by dissolved organic matter in lakes: Implications for Fe speciation and the bioavailability of Fe and P. In S. Findlay and R. Sinsabaugh (Eds.), *Dissolved Organic Matter in Aquatic Ecosystems* (pp. 186–217). San Diego: Academic Press.

Mariot, M., Dudal, Y., Furian, S., Sakamoto, A., Valles, V., Fort, M., and Barbiero, L. (2007). Dissolved organic matter fluorescence as a water-flow tracer in the tropical wetland of Pantanal of Nhecolandia, Brazil. *Sci. Total Environ.*, **388**, 184–193.

Mayer, L.M., Schick, L.L., and Loder, T.C. (1999). Dissolved protein fluorescence in two Maine estuaries. *Mar. Chem.*, **64** (3), 171–179.

McKnight, D.M., Boyer, E.W., Westerhoff, P.K., Doran, P.T., Kulbe, T., and Andersen, D.T. (2001). Spectrofluorometric characterization of dissolved organic matter for indication of precursor organic material and aromaticity. *Limnol. Oceanogr.*, **46**, 38–48.

Means, J.C. (1995). Influence of salinity upon sediment-water partitioning of aromatic hydrocarbons. *Mar. Chem.*, **51** (1), 3–16.

Miller, W.L. (1998). Effects of UV radiation on aquatic humus: Photochemical principles and experimental considerations. In D.O. Hessen and L.J. Tranvik (Eds.), *Aquatic Humic Substances: Ecology and Biogeochemistry* (pp. 125–141). Berlin: SpringerVerlag.

Miller, W.L. and Zepp, R.G. (1995). Photochemical production of dissolved inorganic carbon from terrestrial organic matter: Significance to the oceanic organic carbon cycle. *Geophys. Res. Lett.*, **22** (4), 417–420.

Milne, P.J. and Zika, R.G. (1989). Luminescence quenching of dissolved organic matter in seawater. *Mar. Chem.*, **27** (3–4), 147–164.

Minor, E.C., Pothen, J., Dalzell, B.J., Abdulla, H., and Mopper, K. (2006). Effects of salinity changes on the photodegradation and ultraviolet-visible absorbance of terrestrial dissolved organic matter. *Limnol. Oceanogr.*, **51** (5), 2181–2186.

Mobed, J.J., Hemmingsen, S.L., Autry, J.L., and McGown, L.B. (1996). Fluorescence characterization of IHSS humic substances: Total luminescence spectra with absorbance correction. *Environ. Sci. Technol.*, **30** (10), 3061–3065.

Mopper, K., Feng, Z.M., Bentjen, S.B., and Chen, R.F. (1996). Effects of cross-flow filtration on the absorption and fluorescence properties of seawater. *Mar. Chem.*, **55** (1–2), 53–74.

Mopper, K., Stubbins, A., Ritchie, J.D., Bialk, H.M., and Hatcher, P.G. (2007). Advanced instrumental approaches for characterization of marine dissolved organic matter: Extraction techniques, mass spectrometry, and nuclear magnetic resonance spectroscopy. *Chem. Rev.*, **107** (2), 419–442.

Moran，M. A.，Sheldon，W.M.，and Zepp，R.G.（2000）．Carbon loss and optical property changes during long-term photochemical and biological degradation of estuarine dissolved organic matter. *Limnol. Oceanogr.*，**45**（6），1254–1264.

Ohno，T.，Amirbahman，A.，and Bro，R.（2008）．Parallel factor analysis of excitation-emission matrix fluorescence spectra of water soluble soil organic matter as basis for the determination of conditional metal binding parameters. *Environ. Sci.Technol.*，**42**（1），186–192.

Ortega-Retuerta，E.，Pulido-Villena，E.，and Reche，I.（2007）．Effects of dissolved organic matter photoproducts and mineral nutrient supply on bacterial growth in mediterranean inland waters. *Microb. Ecol.*，**54**，161–169.

Osburn，C.L.，and Morris，D.P.（2003）．Photochemistry of chromophoric dissolved organic matter in natural waters. In E.W. Hebling and H. E. Zagarese（Eds.），*UV Effects in Aquatic Organisms and Ecosystems*（pp. 185–217）．London：Royal Society of Chemistry.

Osburn，C.L.，Zagarese，H.E.，Morris，D.P.，Hargreaves，B.R.，and Cravero，W.E.（2001）．Calculation of spectral weighting functions for the solar photobleaching of chromophoric dissolved organic matter in temperate lakes. *Limnol. Oceanogr.*，**46**（6），1455–1467.

Osburn，C.L.，O'Sullivan，D.W.，and Boyd，T.J.（2009a）．Increases in the longwave photobleaching of chromophoric dissolved organic matter in coastal waters. *Limnol. Oceanogr.*，**54**（1），145–159.

Osburn，C.L.，Retamal，L.，and Vincent，W.F.（2009b）．Photoreactivity of chromophoric dissolved organic matter transported by the Mackenzie River to the Beaufort Sea. *Mar. Chem.*，**115**（1–2），10–20.

Osburn，C.L.，Wigdahl，C.R.，Fritz，S.C.，and Saros，J.E.（2011）．Dissolved organic matter composition and photoreactivity in prairie lakes of the US Great Plains. *Limnol. Oceanogr.*，**56**（6），2371–2390.

O'Sullivan，D.W.，Neale，P.J.，Coffin，R.B.，Boyd，T.J.，and Osburn，S.L.（2005）．Photochemical production of hydrogen peroxide and methylhydroperoxide in coastal waters. *Mar. Chem.*，**97**（1–2），14–33.

Otero，M.，Mendonca，A.，Valega，M.，Santos，E.B.H.，Pereira，E.，Esteves，V.I.，and Duarte，A.（2007）．Fluorescence and DOC contents of estuarine pore waters from colonized and non-colonized sediments：Effects of sampling preservation. *Chemosphere*，**67**（2），211–220.

Parlanti，E.，Wörz，K.，Geoffroy，L.，and Lamotte，M.（2000）．Dissolved organic matter fluorescence spectroscopy as a tool to estimate biological activity in a coastal zone submitted to anthropogenic inputs. *Org. Geochem.*，**31**（12），1765–1781.

Patel-Sorrentino，N.，Mounier，S.，and Benaim，J. Y.（2002）．Excitation-emission fluorescence matrix to study pH influence on organic matter fluorescence in the Amazon basin rivers. *Water Res.*，**36**（10），2571–2581.

Patsayeva，S.V.，Fadeev，V.V.，Filippova，E.M.，Chubarov，V.V.，and Yuzhakov，V.I.（1991）．Temperature and laser ultraviolet radiation influence on luminescence spectra of dissolved organic matter. *Vest. Moskov. Universit. Ser.* 3 *Fizik. Astronom.*，**32**（6），71–75.

Provenzano，M.R.，Cilenti，A.，Gigliotti，G.，and Senesi，N.（2008）．Spectroscopic investigation on hydrophobic and hydrophilic fractions of dissolved organic matter extracted from soils at different salinities. *Clean Soil Air Water*，**36**（9），748–753.

Provenzano，M.R.，Caricasole，P.，Brunetti，G.，and Senesi，N.（2010）．Dissolved organic matter extracted with water and a saline solution from different soil profiles. *Soil Sci.*, **175**（6），255–262.

Psenner, R.（1999）. Living in a dusty world: Airborne dust as a key factor for alpine lakes. *Water Air Soil Pollut.*, **112**（3-4），217–227.

Pullin, M.J. and Cabaniss, S.E.（1997）. Physicochemical variations in DOM-synchronous fluorescence: Implications for mixing studies. *Limnol. Oceanogr.*, **42**（8），1766–1773.

Reche, I., Pace, M.L., and Cole, J.J.（1999）. Relationship of trophic and chemical conditions to photobleaching of dissolved organic matter in lake ecosystems. *Biogeochemistry*, **44**（3），259–280.

Ritchie, J.D. and Perdue, E.M.（2003）. Proton-binding study of standard and reference fulvic acids, humic acids, and natural organic matter. *Geochim. Cosmochim. Acta*, **67**（1），85–96.

Romera-Castillo, C., Sarmento, H., Alvarez- Salgado, X.A., Gasol, J.M., and Marrase, C.（2010）. Production of chromophoric dissolved organic matter by marine phytoplankton. *Limnol. Oceanogr.*, **55**，446–454.

Ryan, D.K. and Weber, J.H.（1982）. Fluorescence quenching titration for determination of complexing capacities and stability constants of fulvic acid. *Anal. Chem.*, **54**（6），986–990.

Ryan, D.K., Shia, C.P., and Oconnor, D.V.（1996）. Fluorescence spectroscopic studies of Al-fulvic acid complexation in acidic solutions. *Humic Fulv. Acids Isolat.*, *Struct.*, *Environ. Role*, **651**，125–139.

Saar, R.A. and Weber, J.H.（1980）. Comparison of spectrofluorometry and ion-selective electrode potentiometry for determination of complexes between fulvic acid and heavy-metal ions. *Anal. Chem.*, **52**，2095–2100.

Senesi, N.（1990）. Molecular and quantitative aspects of the chemistry of fulvic acid and its interactions with metal ions and organic chemicals. 2. The fluorescence spectroscopy approach. *Anal. Chim. Acta*, **232**（1），77–106.

Senesi, N. and D'Orazio, V.（2005）. Fluorescence spectroscopy. In D. Hillel （Ed.）, *Encyclopedia of Soils in the Environment* （pp. 35–52）. Amsterdam: Academic Press.

Seredynska-Sobecka, B., Baker, A., and Lead, J.R.（2007）. Characterisation of colloidal and particulate organic carbon in freshwaters by thermal fluorescence quenching. *Water Res.*, **41**（14），3069–3076.

Sharpless, C.M. and McGown, L.B.（1999）. Effects of aluminum-induced aggregation on the fluorescence of humic substances. *Environ. Sci. Technol.*, **33**（18），3264–3270.

Shaw, P.J., Jones, R.I., and De Haan, H.（2000）. The influence of humic substances on the molecular weight distributions of phosphate and iron in epilimnetic lake waters. *Freshwater Biol.*, **45**（4），383–393.

Shizuka, H., Nakamura, M., and Morita, T.（1980）. Anion-induced fluorescence quenching of aromatic molecules. *J. Phys. Chem.*, **84**（9），989–994.

Sholkovitz, E.R.（1976）. Flocculation of dissolved organic and inorganic matter during mixing of river water and seawater. *Geochim. Cosmochim. Acta*, **40**（7），831–845.

Sierra, M.M.D., Donard, O.F.X., and Lamotte, M.（1997）. Spectral identification and behaviour of dissolved organic fluorescent material during estuarine mixing processes. *Mar. Chem.*, **58**（1–2），51–58.

Smart, P.L., Finlayson, B.L., Rylands, W.D., and Ball, C.M.（1976）. Relation of fluorescence to dissolved organic carbon in surface waters. *Water Res.*, **10**（9），805–811.

Specht, C.H., Kumke, M.U., and Frimmel, F.H.（2000）. Characterization of NOM adsorption to clay minerals by size exclusion chromatography. *Water Res.*, **34**（16），4063–4069.

Spencer, R.G.M., Ahad, J.M.E., Baker, A., Cowie, G.L., Ganeshram, R., Upstill-Goddard, R.C., and Uher, G. (2007a). The estuarine mixing behaviour of peatland derived dissolved organic carbon and its relationship to chromophoric dissolved organic matter in two North Sea estuaries (UK). *Estuar. Coast. Shelf Sci.*, **74** (1–2), 131–144.

Spencer, R.G.M., Bolton, L., and Baker, A. (2007b). Freeze/thaw and pH effects on freshwater dissolved organic matter fluorescence and absorbance properties from a number of UK locations. *Water Res.*, **41** (13), 2941–2950.

Stedmon, C.A., Markager, S., and Bro, R. (2003). Tracing dissolved organic matter in aquatic environments using a new approach to fluorescence spectroscopy. *Mar. Chem.*, **82** (3–4), 239–254.

Stolpe, B., Guo, L.D., Shiller, A.M., and Hassellov, M. (2010). Size and composition of colloidal organic matter and trace elements in the Mississippi River, Pearl River and the northern Gulf of Mexico, as characterized by flow field-flow fractionation. *Mar. Chem.*, **118** (3–4), 119–128.

Sun, L.Y., Sun, W.L., and Ni, J.R. (2009). Partitioning of water soluble organic carbon in three sediment size fractions: Effect of the humic substances. *J. Environ. Sci. China*, **21** (1), 113–119.

Treinin, A., Loeff, I., Hurley, J.K., and Linschitz, H. (1983). Charge transfer interactions of excited molecules with inorganic anions – The role of spin orbit coupling in controlling net electron transfer. *Chem. Phys. Lett.*, **95** (4–5), 333–338.

Tzortziou, M., Osburn, C.L., and Neale, P.J. (2007). Photobleaching of dissolved organic material from a tidal marsh-estuarine system of the Chesapeake Bay. *Photochem. Photobiol.*, **83** (4), 782–792.

Vahatalo, A.V., Salonen, K., Salkinoja- Salonen, M., and Hatakka, A. (1999). Photochemical mineralization of synthetic lignin in lake water indicates enhanced turnover of aromatic organic matter under solar radiation. *Biodegradation*, **10** (6), 415–420.

Vodacek, A., Blough, N.V., DeGrandpre, M.D., Peltzer, E.T., and Nelson, R.K. (1997). Seasonal variation of CDOM and DOC in the Middle Atlantic Bight: Terrestrial inputs and photooxidation. *Limnol. Oceanogr.*, **42** (4), 674–686.

Watkins, A.R. (1974). Kinetics of fluorescence quenching by inorganic anions. *J. Phys. Chem.*, **78** (25), 2555–2558.

Weishaar, J.L., Aiken, G.R., Bergamaschi, B.A., Fram, M.S., Fujii, R., and Mopper, K. (2003). Evaluation of specific ultraviolet absorbance as an indicator of the chemical composition and reactivity of dissolved organic carbon. *Environ. Sci. Technol.*, **37** (20), 4702–4708.

Wells, M.L. (2002). Marine colloids and trace metals. In D.A. Hansell and C.A. Carlson (Eds.), *Biogeochemistry of Marine Dissolved Organic Matter* (pp. 367–404). San Diego: Academic Press.

Willey, J.D. (1984). The effect of seawater magnesium on natural fluorescence during estuarine mixing and implications for tracer applications. *Mar. Chem.*, **15** (1), 19–45.

Wu, F.C., Mills, R.B., Evans, R.D., and Dillon, P.J. (2004). Kinetics of metal-fulvic acid complexation using a stopped-flow technique and three-dimensional excitation emission fluorescence spectrophotometer. *Anal. Chem.*, **76** (1), 110–113.

Yamashita, Y. and Jaffe, R. (2008). Characterizing the interactions between trace metals and dissolved organic matter using excitation-emission matrix and parallel factor analysis. *Environ. Sci. Technol.*, **42**（19），7374–7379.

Zanardi-Lamardo，E.，Clark，C.D.，Moore，C.A.，and Zika，R.G.（2002）. Comparison of the molecular mass and optical properties of colored dissolved organic material in two rivers and coastal waters by flow field-flow fractionation. *Environ. Sci. Tech.*，**36**（13），2806–2814.

Zhao，J. and Nelson，D.J.（2005）. Fluorescence study of the interaction of Suwannee River fulvic acid with metal ions and Al^{3+}-metal ion competition. *J. Inorg. Biochem.*，**99**（2），383–396.

Zhou，J.L. and Rowland，S.J.（1997）. Evaluation of the interactions between hydrophobic organic pollutants and suspended particles in estuarine waters. *Water Res.*，**31**（7），1708–1718.

Zhou，J.L.，Rowland，S.，Mantoura，R.F.C.，and Braven，J.（1994）. The formulation of humic coatings on mineral particles under simulated estuarine conditions – A mechanistic study. *Water Res.*，**28**（3），571–579.

Zhou，J.L.，Rowland，S.J.，Mantoura，R.F.C.，and Lane，M.C.G.（1997）. Desorption of tefluthrin insecticide from soil in simulated rainfall runoff systems – Kinetic studies and modelling. *Water Res.*，**31**（1），75–84.

Zsolnay，A.，Baigar，E.，Jimenez，M.，Steinweg，B.，and Saccomandi，F.（1999）. Differentiating with fluorescence spectroscopy the sources of dissolved organic matter in soils subjected to drying. *Chemosphere*，**38**（1），45–50.

第8章 水生环境中荧光溶解性有机质的生物来源和归趋

科林·A. 斯特德曼（Colin A. Stedmon）

罗丝·M. 科里（Rose M. Cory）

8.1 引言

　　地球上所有的天然水体都含有溶解性有机质（DOM）。有机生命体无处不在，使得DOM 分布广泛，其存在于海洋深处，封藏于极地冰层，甚至分布于高层大气气溶胶液滴中。尽管微生物有能力降解所有类型的复杂结构 DOM，但由于不利的能量供给、过低的DOM 浓度或其他外部限制因素（如辅助营养物），总有残存 DOM 被保留下来。

　　大量有机碳以活体生物质（500 Pg C）和土壤碳（2 300 Pg C）的形式存在于陆地上（Jobbágy and Jackson，2000；Houghton，2007）。据估计，每年 2.9 Pg C 从陆地输入内陆水体，进而 0.9 Pg C 被输运入海（Tranvik et al.，2009）。在海洋中，大部分有机碳（663 Pg C）为 DOM（Hansell et al.，2009）。海洋生产力对半易降解 DOM 净积累的贡献达到每年2 Pg C（Hansell and Carlson，1998），这些有机质在海洋混合过程中逐渐再矿化，而海洋惰性 DOM 的背景值则被认为或多或少是恒定的（Hansell et al.，2009）。上述形式碳储库的规模和通量相当大，是影响气候的全球碳循环的一个重要环节。为了更好地理解上述数字，大气中以 CO_2 形式存在的 C 约为 800 Pg（Houghton，2007），化石燃料的年碳排放量预估为 7.2 Pg（Canadell et al.，2007）。因此，如果试图了解 DOM 在全球碳循环中的作用以及对气候变化的响应和改变，就必须更好地了解水生环境中 DOM 的产生、周转和归趋（Jiao et al.，2010）。为了实现上述目标，需要采用一系列化学手段来量化和表征 DOM，并探究微生物降解和光化学降解两个主要的汇过程是如何改变和最终再矿化有机碳的。

　　溶解性有机质中的一部分有机化合物会吸光，而这部分中的一小部分也会发射荧光

（图 8.1）。几十年来，DOM 的光学（吸光和荧光）性质被用来研究 DOM 的分布及其在水生环境中的特性。该方法的主要优点是样本需求量小且分析前的准备工作简易。此外，该方法非常适用于原位或遥感测量平台，可提供高空间分辨率的测量数据。该方法的主要缺陷是研究人员对具有信号的测定化合物一无所知。DOM 的吸光信号和荧光信号是所有具有光学活性的化合物以及化合物间的分子内电荷转移相互作用的总和（Del Vecchio and Blough，2004）。这在一定程度上使荧光光谱的解释变得复杂，因为荧光强度和光谱的变化不仅取决于特定荧光团的存在与否，还取决于它们的相互作用（如猝灭或电荷转移）发生与否（Del Vecchio and Blough，2004；Stedmon and Bro，2008；Boyle et al.，2009）。尽管如此，研究人员还是在识别荧光溶解性有机质（FDOM）样本中可能存在的荧光团方面取得了一些进展。

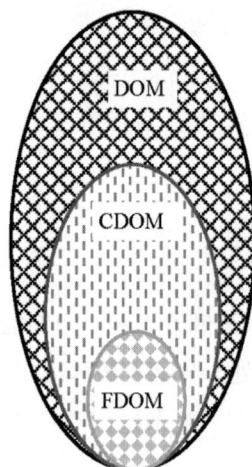

图 8.1　溶解性有机质（DOM）、有色溶解性有机质（CDOM）和荧光溶解性有机质（FDOM）之间的关系示意图。

在本章中，我们简要讨论了微生物食物网作为 FDOM 源和汇的潜力，并探究了荧光特性对微生物作用的响应过程。此外，还总结了微生物降解与光化学降解对 FDOM 特性的联合作用。该主题的相关研究报道不一而足，本章不会面面俱到回顾所有研究，而是强调一些具体研究，例如如何利用荧光光谱研究天然水生环境中 DOM 的微生物周转。

8.2　来源

8.2.1　外来源与自生源

在任何水生环境中，FDOM 的来源可分为外来源和自生源两类。外来源 FDOM 是在被研究系统之外产生并被输送到该系统的物质。例如，在湖泊中，外来源 FDOM 来自河流提供的有机质，这些有机质通常是来自上游土壤和水生生物的混合物质。对海洋盆地的外源性输入可包括降水和与邻近海域的水交换。相反，自生源 FDOM 是由生活在被研究系统内的生物体释放的物质。这些定义初看相对简单且稳固；然而，在具体研究或系统中有必要阐明这些定义，因为一旦涉及来自陆地或水生环境的固碳时，这些定义经常被交替使用。但从前面的例子可以看出，水生环境是相互联系的，要区分上游或系统内产生的水生有机质可能非常困难。

8.2.2　陆源有机质

在土壤中，微生物降解和转化来自活的和腐烂的动植物的有机质。低分子量化合物直接从较大的聚合物结构（如纤维素和木质素）中释放出来，或通过酶降解产生，而剩余的物质在通常称为腐殖化的过程中转化为更高分子量的化合物（Stevenson，1982）。在此过程中，有机质化学性质发生改变，羧基官能团数量增加，碳氢比增大。多年来，荧光一直被用于表征土壤有机质（Senesi et al.，1991）及其腐殖化程度（Zsolnay et al.，1999）。随着腐殖化程度的增加，发射光谱向较长的波长偏移（图 8.2）。这种变化可用腐殖化指数（HIX）来表示，即特定激发波长下[①]，435～480 nm 区间的发射光谱积分面积除以 300～345 nm 区间发射光谱积分面积（Zsolnay et al.，1999）。

土壤 DOM 是很多淡水和沿海水域 FDOM 的主要来源。这方面的例外情况发生于被极少植被包围的水文隔离系统中，如南极洲干谷湖（Dry Valley lakes；McKnight et al.，1991）和高海拔山地湖泊（McKnight et al.，1997）。与土壤 DOM 的其他特征类似，土壤浸出 FDOM 的含量和性质随气候、土壤水文、流域特征和坡度的变化而变化（Aitkenhead-Peterson et al.，2003；Mullholland，2003；Stedmon et al.，2006；Fellman et al.，2009a）。自然流域的土壤溶液和溪流中的 FDOM 浓度随季节变化。例如，在丹麦的一条温带溪流中，夏季的 FDOM 浓度最高，冬季的 FDOM 浓度最低（Stedmon and Markager，2005a）。这一趋势与在类似温带系统中观察到的 DOC 浓度趋势相同（Tipping et al.，1999；Kalbitz et al.，2000），其原因是水流量减少和富含有机质的表层土壤微生物活动增加（McDowell and Wood，1984；Guggenberger et al.，1998；Kalbitz et al.，2000）。与浓度季节性变化同时发生的是，浸出 FDOM 的荧光特性也有明显的季节性变化特征。例如，在丹麦的一条小型森林溪流中，412 nm 和 504 nm 处的相对腐殖质荧光在不同季节有很大的差异（对应于 Stedmon and Markager，2005a 文献中的组分 3 和组分 2）。在较冷的温度下，两者荧光信号强度相当；但在夏季，412 nm 处的荧光强度更大。

---

① 译者注：该特定激发波长一般为 254 nm。

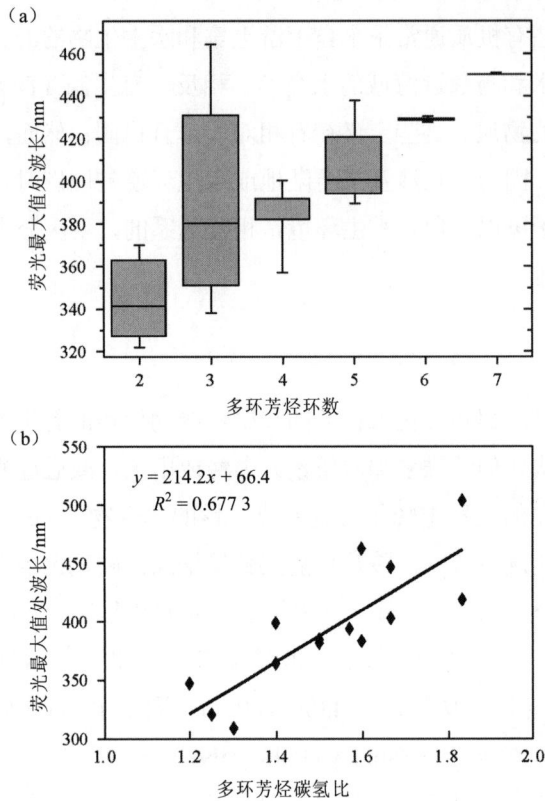

图 8.2 土壤有机质的荧光特性（发射最大值）随芳香性增加而变化（经 Elsevier 许可，转载自 Zsolnay，2003）

　　与自然流域系统不同，在受人类影响较大的流域（如以农业为主的流域），土壤的矿物含量和排水时间明显较高。因此，从这些类型的流域浸出的 FDOM 与从自然流域浸出的 FDOM 存在差异。人类影响流域 FDOM 特性的季节性变化不太明显，FDOM 的浸出主要由降水的快速排水驱动。Fellman 等（2009a）最近的一项研究表明，土壤输出的 FDOM 特性也可以在很短的时间内（如在暴雨事件期间）发生变化，变化程度与自然流域的跨季节变化相当。FDOM 组分变化再次表明，雨水在土壤中以水平流动路径为主，与低流量情况下相比，暴雨期间雨水会将土壤表层最新的不稳定有机质浸出。显而易见的是，土壤微生物活动和降水与土壤的整体接触时间共同影响了流域 FDOM 的输出量和特征。

　　木质素是陆生植物特有的一种生物聚合物（Sarkanen and Ludwig，1971），因此可用于追踪有机质从陆地生态系统到河流和最终到远洋的通量（Ertel et al.，1986；Opsahl and Benner，1997）。目前定量和表征 DOM 中木质素含量的技术包括固相萃取和随后的化学氧化以生成一系列木质素酚衍生物，使用气相色谱-质谱法进行检测（例如 Louchouarn et al.，2000）。该方法费时费力，不适用于样本需求量较大的常规采样或密集采样。因此，研究人员尝试建立木质素酚含量和特性与 DOM 紫外可见光谱性质之间的相关性（Del Vecchio and Blough，2004；Boyle et al.，2009；Hernes et al.，2009；Spencer et al.，2009）。Hernes 等（2009）发现荧光区域（激发波长低于 300 nm，发射波长介于 300～350 nm）最能预测木质素浓度和特性。这些发现与之前的理解及当前的模型相矛盾，后者将木质素组分与荧光波长更长的腐殖类物质联系起来（Ertel et al.，1986；Lochmuller and Saavedra，1986；Del Vecchio and Blough，2004）。例如，提取的木质素和 FDOM 在荧光量子产率、发射峰值和荧光寿命的光谱依赖性上有很强的相似性，表明木质素和 FDOM 具有共同的光物理性质和结构性质（Del Vecchio and Blough，2004；Boyle et al.，2009）。然而，木质素的两种分解产物香草醛和丁香酸的荧光最大值发射波长分别为 326 nm 和 338 nm，支持了 Hernes 等（2009）的发现（图 8.3）。同样，Maie 等（2007）的结果也支持这一点。他们发现，可以用尺寸排阻色谱法将佛罗里达州沿海大沼泽地 DOM 的类色氨酸荧光峰分成两部分：一部分与有机氮含量（即蛋白质）相关，另一部分与腐殖质荧光信号相关。

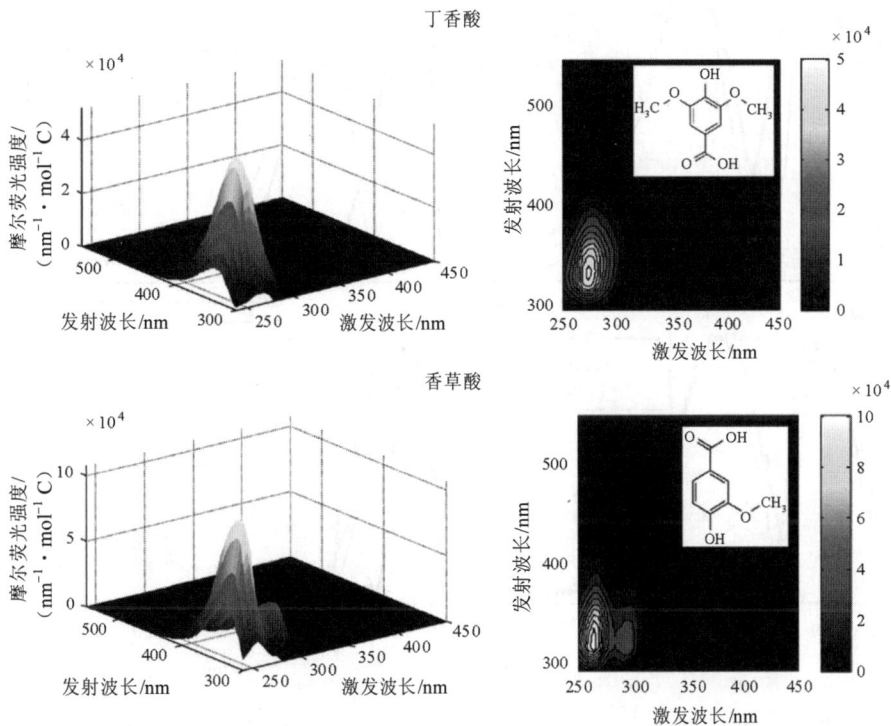

图 8.3 室温下超纯水系统中丁香酸（Sigma S 6881）和香草酸（Aldrich H3,600-1）的摩尔荧光强度（Stedmon，未发表的数据）（见彩色插图 14）

数据分析的发展使我们能够将荧光信号分离成潜在的独立信号（Stedmon et al.，2003）。这大大简化了对作用于 FDOM 的不同来源和过程的区分（例如 Stedmon and Markager，2005b），但仍需在鉴别荧光信号的实际化学来源和分辨特定荧光团与复杂相互作用产生的信号等方面开展大量研究工作。图 8.4 将一些早期研究中确定的组分的荧光特性与可能在水生环境中发现的有机荧光团的荧光特性进行了比较。阿魏酸和香豆酸是木质素的两种氧化产物。土壤真菌会产生酶（苯酚氧化酶），将木质素降解为一系列的多羟基羧酸。上述组分的荧光光谱与标准物质荧光光谱的相似性表明，它们存在与标准物质相似的结构。然而，这并不一定意味着木质素是这种荧光的唯一来源。在早期的研究中，与阿魏酸类似的荧光信号最初被标记为海洋类腐殖质（M 峰）（例如，Coble，1996；Coble et al.，1998）。此后，人们越来越清楚地认识到这一信号是海洋源和陆地源 DOM 的产物（Stedmon et al.，2003；Murphy et al.，2006，2008）。同样，在南极湖泊的 FDOM 中也观察到与大多数淡水环境中土壤有机质密切相关的组分（Fulton et al.，2004；Cory and McKnight，2005），但上述湖泊所在流域并不存在木质素的来源（Spencer，未发表的数据）。

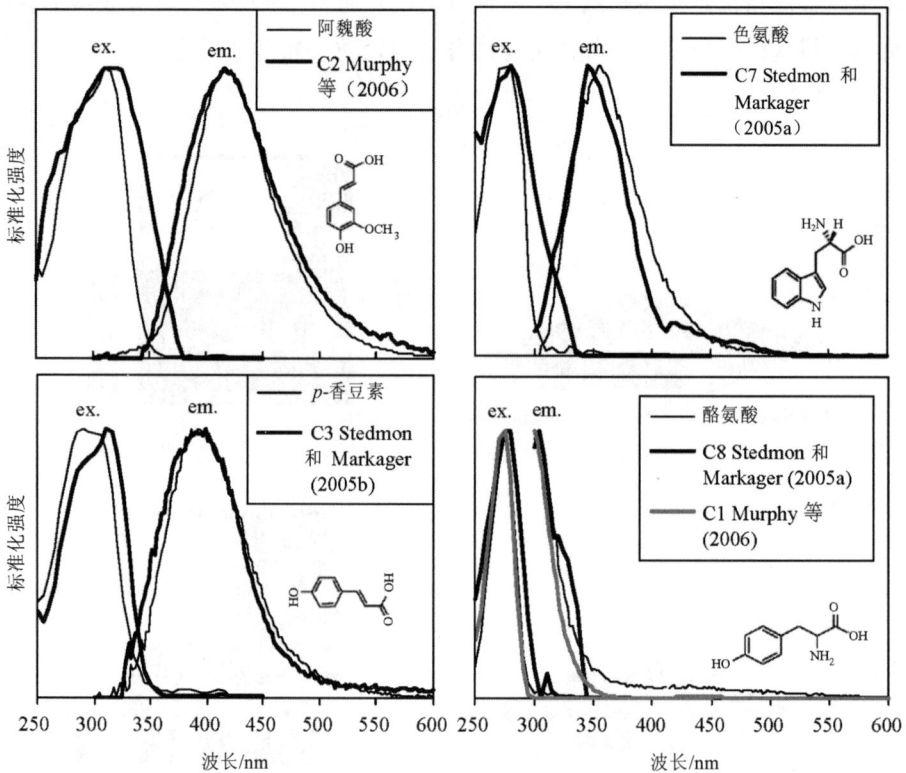

图 8.4 4 种有机化合物的荧光特性与早期研究中确定的荧光组分特性的比较。激发光谱和发射光谱分别标记为"ex."和"em."。

8.2.3 水生有机质

与土壤微生物一样，水生微生物对有机质的作用会不断改变其特性。DOM 能在水生食物网的各个营养级产生（图 8.5）。尽管细菌生长在简单的基质上，却能快速释放复杂的

DOM（Ogawa et al.，2001）。细菌在生长过程中会释放其碳需求量的 14%～31%（Kawasaki and Benner，2006）。此外，原生动物捕食和病毒感染细菌都会导致细胞裂解而产生 DOM（Strom et al.，1997；Middelboe and Lyck，2002）。同样，浮游植物在生长过程中也释放 DOM，这是浮游动物捕食的结果（Nagata，2000）。然而，目前，还不清楚食物网的每个营养级直接产生 FDOM 的程度。到目前为止，相关研究主要聚焦于细菌、浮游植物和浮游动物。尽管一些生物含有荧光蛋白质和色素，但本章讨论的重点是那些存在于天然 DOM 样本中的浓度够高、持续时间够长的荧光信号。

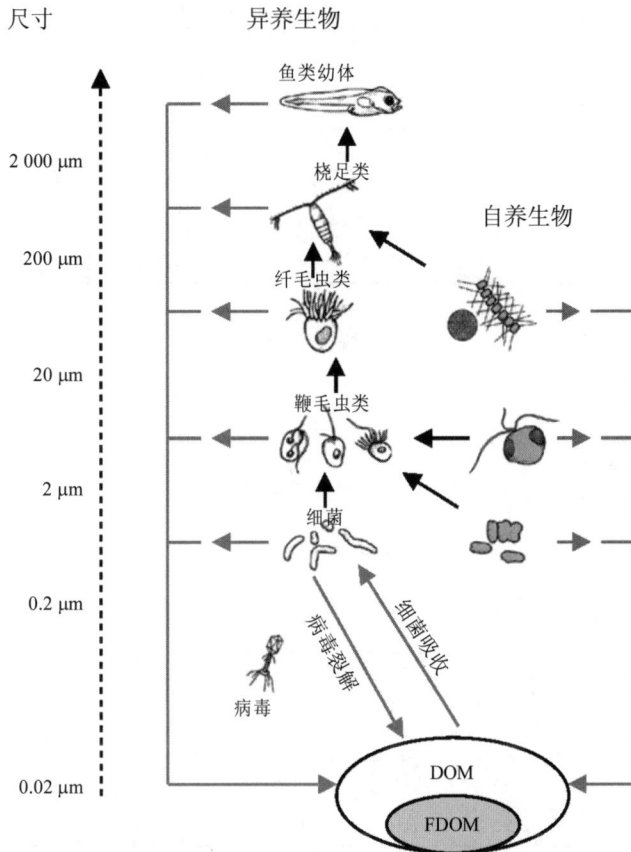

图 8.5 简单的较低层次海洋食物网示例，其中病毒是最小的生命体，鱼类幼体是最大的生命体。捕食用黑色箭头表示，每个营养级产生的 DOM 用灰色箭头表示。并非所有营养级都有产生 FDOM 的记录，目前尚未弄清 FDOM 是生物直接释放的还是生物体释放的化合物通过非生物方式形成的。

Determann 等（1998）研究了几种海洋细菌和浮游植物的荧光性质。活细菌的荧光信号非常稳定，并由蓝移的色氨酸荧光主导。浮游植物的荧光特性稍有变化，但总体上类似于酪氨酸和色氨酸的组合荧光（同样是蓝移）。蓝移的色氨酸信号是由于这些氨基酸结合于蛋白质上。此外，这两种氨基酸的一些降解产物也发射荧光，发射最大值在 300～450 nm

（图 8.6）。具有上述特性的荧光信号也常见于天然水体中，这些结果表明细菌和浮游植物的腐烂或细胞 DOM 的释放可能是水生环境中 FDOM 的来源。Yamashita 和 Tanoue（2003）发现以 340 nm 和 300 nm 为中心的 FDOM 荧光与使用高效液相色谱（HPLC）测量的色氨酸和酪氨酸的浓度之间有很强的关系，进一步支持了上述结果。

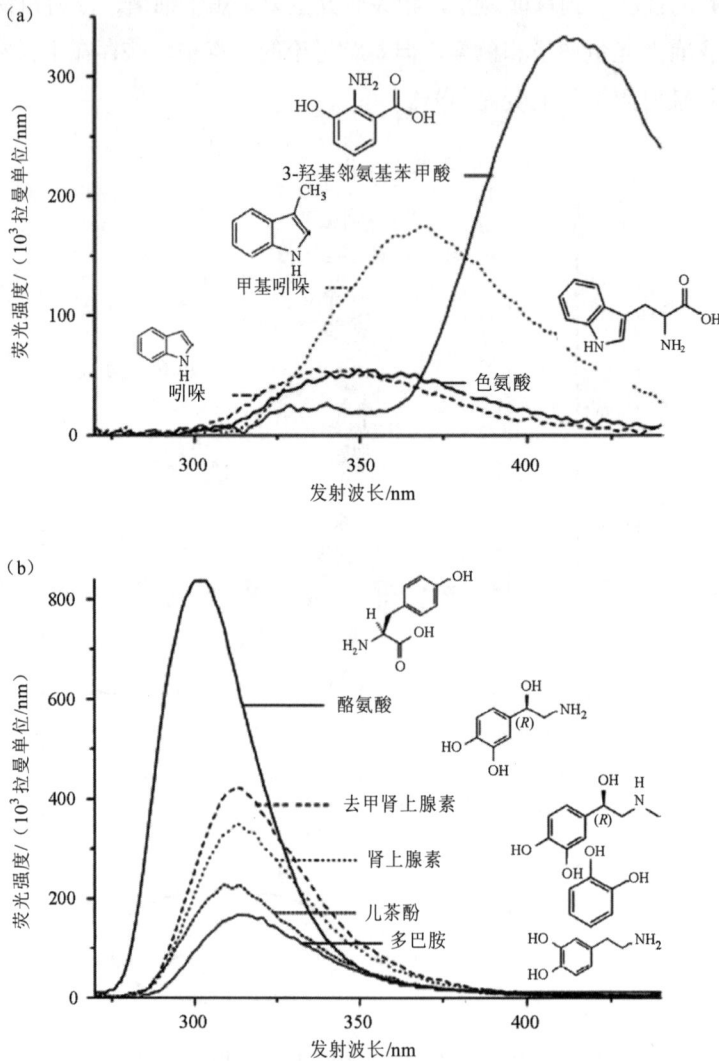

图 8.6　色氨酸（a）和酪氨酸（b）及其各自降解产物的荧光性质和结构（改自 Determann et al.，1998）

长波长类腐殖质荧光的来源在某种程度上依然是不明确的。太平洋深处的表观氧利用率（AOU）和类腐殖质荧光之间的相关性表明，FDOM 是由黑暗海洋中有机颗粒的氧化和再矿化产生的（Hayase and Shinozuka，1995；Yamashita and Tanoue，2008）。最近发现这是一个全球现象（Jørgensen et al.，2011），也适用于 CDOM 的光吸收（Nelson et al.，2010）。早期的试验工作也支持上述发现。Rochelle-Newall 和 Fisher（2002）以及 Stedmon 和 Markager

（2005b）已发现，类腐殖质荧光显然不是由浮游植物直接产生的，而是由其他无色 DOM 经微生物作用产生的。相反，类氨基酸荧光似乎是在浮游植物的指数增长阶段产生的（Stedmon and Markager，2005b）。此外，试验证据表明，光化学暴露和微生物降解之间存在着密切的相互作用。在暗培养过程中，一些类腐殖质荧光信号的产生取决于样本是否预先发生了光降解。

Romero-Castillo 等（2010）最近对浮游植物无菌培养的研究似乎驳斥了浮游植物不会直接产生腐殖质荧光的说法。结果表明，浮游植物同时产生了类氨基酸和类腐殖质的 FDOM 信号。类氨基酸荧光的产生与早期的野外和试验观察结果一致（例如 Stedmon and Markager，2005b）。如前所述，类腐殖质荧光可能是由微生物对其释放的无色 DOM 周转而形成的。因此，这个问题值得进一步研究。在一系列的研究中，Urban-Rich 等（2004，2006）也发现，浮游动物的捕食和排泄是类腐殖质和类氨基酸荧光的来源。由于大多数水生生物的蛋白质在一定程度上都含有色氨酸和酪氨酸，因此可以预计会出现类氨基酸荧光（例如 Dettmann et al.，1998）。然而，类腐殖质荧光的产生就有些违反直觉了。类腐殖质较宽的荧光峰通常与更大、更复杂的共轭结构有关，因此研究人员提出了另一种假设，即非生物缩合过程（abiotic condensation process）很可能是类腐殖质荧光有机质形成的原因。

在 Duursma（1965）总结的一些关于 DOM 荧光和海洋腐殖质的早期研究中，有人提出了一个类似于美拉德反应的类腐殖质荧光形成原因；众所周知，该反应会导致食物的褐变。在该反应中，碳水化合物和氨基酸发生缩合反应，产生具有黑色素结构的化合物（Hedges，1978）（图 8.7）。这类反应有可能发生，因为已知这两类化合物都可由浮游植物释放（Nagata，2000），并常在海水 DOM 中检测到（Benner，2002）。由于这些化合物容易被细菌分解，这就解释了为什么这些相对简单和无处不在的结构在 DOC 中的占比如此之小。由于这些化合物在海水中的游离浓度非常低，不利于美拉德反应的发生；因此，如果该反应是类腐殖质荧光形成的关键过程，其一定是迅速发生在腐烂的细胞内或周围，那里的浓度预计会很高（Yamamoto and Ishiwatari，1989；Ishiwatari，1992）。Harvey 等（1983，1984）提出并证明了形成海洋腐殖质及其相关荧光信号的另一种途径。在这一途径中，生物体释放的不饱和脂类经过自氧化交联（autoxidative cross-linking），形成与海洋腐殖质分离物特性非常相似的物质。无论实际的形成途径如何，这种快速非生物的"水生腐殖化"可能是海洋碳循环中的一个重要环节，产生了半易降解和惰性的 DOM，具有类似腐殖质的荧光，比其前体的生物利用率低，从而延迟了碳固定到再矿化转化为 CO_2 的过程（Jiao et al.，2010）。

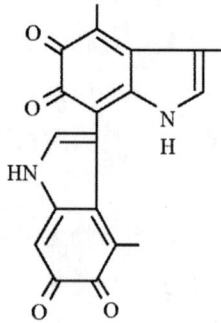

图 8.7　由碳水化合物和氨基酸经美拉德（Maillard）反应产生的黑色素结构

8.3　荧光溶解性有机质的微生物降解

DOM 的归趋是通过异养呼吸（heterotrophic respiration）或光化学反应发生矿化作用。该氧化过程发生的速度和效率是全球碳循环的主要影响因素，是值得深入研究的领域。除了将有机质中的碳、氮和磷再矿化，上述两个氧化过程还改变了剩余 DOM 的特性，从而改变了其在水生生态系统中的功能。此外，两个过程之间存在相当多的相互作用。光化学降解可以增强或延缓细菌降解，甚至与之发生竞争（Benner and Biddanda，1998；Moran et al.，2000；Tranvik and Bertilsson，2001；Stedmon and Markager，2005b）。然而，上述过程的结合可以导致初始 DOM 库几乎完全矿化，这比任何一个过程的单独作用都快得多（Vähätalo and Wetzel，2004，2008）。

DOM 的荧光特性通常用于跟踪 DOM 库中发生的转化过程，或估计 DOM 库对光化学降解和微生物降解的敏感性（Stedmon and Markager，2005b；Cory et al.，2007；Fellman et al.，2009b）。DOM 中不同的荧光组分对降解的反应不同，导致 DOM 荧光呈现与 DOM 特性、生物稳定性和光稳定性以及降解状态相关的模式，下文将讨论上述模式。

8.3.1　FDOM 的生物利用度

8.3.1.1　类氨基酸荧光

类氨基酸荧光通常与自生源 FDOM 有关，其与从淡水到海洋系统（包括未受污染水域和受污染水域）的水中生物活性提高有关。这种荧光信号与指示微生物衍生前体物质的 DOM 化学特性呈正相关，包括总体 $\delta^{15}N$ 特征、DOM 的总有机氮和脂肪族碳含量（Cory et al.，2007）以及游离氨基酸或蛋白质浓度（例如 Yamashita and Tanoue，2003）。蛋白质及其降解产物被认为是 DOM 中细菌偏好的可生物降解组分。因此，人们普遍认为，在样本组中，类氨基酸 FDOM 的相对含量用于指示可溶性有机碳、氮的存在和所占比例

（Hudson et al.，2008 及其参考文献；Fellman et al.，2009 a，b；Hood et al.，2009）。

虽然类氨基酸 FDOM 可以作为生物可利用 DOM 的替代指标，然而尚不清楚细菌代谢活性、DOM 的细菌降解和类氨基酸 FDOM 信号之间的关系（Cammack et al.，2004）。例如，实验室培养和野外中尺度观测研究表明，细菌降解可以成为类氨基酸 FDOM 的源和汇（Moran et al.，2000；Yamashita and Tanoue，2003；Boyd and Osburn，2004；Cammack et al.，2004；Stedmon and Markager，2005b；Nieto-Cid et al.，2006），这使得很难将类氨基酸 FDOM 信号与 DOM 生物利用度联系起来。在一些细菌培养研究中，这种荧光随着培养时间的延长而增加（Moran et al.，2000；Cammack et al.，2004；Boyd and Osburn，2004），而在其他 DOM 来源不同的研究中，这种荧光随着培养时间的延长而减少（Yamashita and Tanoue，2004；Stedmon and Markager，2005b；Nieto-Cid et al.，2006）。

在细菌降解 DOM 过程中，类氨基酸 FDOM 的产生和去除存在多种可能机制。在一种情况下，这类物质只是细菌降解 DOM 的副产品。例如，细菌降解蛋白质残基可能导致构象变化［变性（denaturation）］，从而增加色氨酸和酪氨酸残基的荧光（Determann et al.，1998；Lakowicz，2006）。这种情况会导致类氨基酸 FDOM 信号的增加，这并不一定是细菌降解的直接产物。此时，类氨基酸 FDOM 的积累随培养时间的延长而增加，表明该物质没有被细菌消耗，或者细菌的吸收速率小于生产速率（正净增殖量）。

对于类氨基酸 FDOM 的产生随培养时间的延长而增加的另一种解释是细菌的生物合成和生长过程中直接产生这类物质。例如，Cammack 等（2004）假设，基于细菌生长速率和荧光之间的强正相关性，类氨基酸 FDOM 是细菌生长的产物。然而，目前细菌在降解 DOM 过程中直接产生荧光组分的形成途径和形式尚未确定，至今仍不清楚。例如，这些组分是从细菌细胞中释放吗？如果是，在什么条件下释放？此外，具有荧光的氨基酸的生产耗能很高（Akashi et al.，2002），所以具有荧光的氨基酸不太可能随着时间的延长而积累，除非细菌的生长不受限制或很少受到限制。

在第一种或第二种情况下，类氨基酸 FDOM 的存在能指示生物可利用 DOM。在第一种情况下，荧光组分随培养时间的积累，表明细菌优先消耗其他不稳定的 DOM 组分，同时通过 DOM 的降解间接地增加类氨基酸 FDOM 信号。这些类氨基酸 FDOM 分子积累的原因是细菌有其他可供生长的优先碳、氮来源。在第二种情况下，生产高能量成本的荧光氨基酸表明有丰富的可溶性碳和营养物质来支持细菌生长。

上述设想与一些文献研究结论一致，这些研究旨在确定在何种条件下，细菌降解是类氨基酸 FDOM 的汇或源（Cammack et al.，2004；Stedmon and Markager，2005b；Nieto-Cid et al.，2006；Biers et al.，2007）。Cammack 等（2004）和 Nieto-Cid 等（2006）都提出，类氨基酸 FDOM 先积累、随后被消耗的现象与营养物质供应有关。同样，Biers 等（2007）表明，当添加不稳定氮源时，在海水中的细菌培养过程会产生类氨基酸 FDOM。上述研究结果可解释一些报道相互矛盾的原因。

为了支持类氨基酸 FDOM 和 DOM 生物利用度之间的联系，Fellman 等（2009b）发现，类蛋白质荧光与阿拉斯加淡水 DOM 库中可生物降解有机碳（biodegradable organic carbon，BDOC）的百分比密切相关。在阿拉斯加湾（Gulf of Alaska）的一系列冰川差异很大的沿海流域中，也发现了类似的密切关系（Hood et al.，2009）。此外，在泉水、溪流和永久冻土中，类氨基酸 FDOM 与 DOM 矿化正相关（Balcarczyk et al.，2009），在温带溪流中与溶解性有机氮（DON）吸收速率正相关（Fellman et al.，2009b），这为表明上述荧光信号与易降解碳和氮的存在相关提供了额外的证据。Stedmon 和 Markager（2005b）发现，细菌降解可以去除 FDOM 中的一个类氨基酸组分，因此其具有指示生物可利用物质的作用。

在废水和纳污水体中，类氨基酸 FDOM 与生化需氧量正相关，生化需氧量可以度量生物可利用 DOM（Hudson et al.，2008）。相对于淡水和海水，废水的类氨基酸荧光更强（Reynolds and Ahmad，1997），这为高浓度氨基酸 FDOM 与高生物活性之间的联系提供了佐证。总之，这些研究强有力地支持了类氨基酸 FDOM 与生物活性之间的关系，并表明其是在细菌高生长条件下直接或间接产生的；然而，由于其广泛存在并有一定的持久性（例如 Vähätalo and Wetzel，2008），细菌活性和类氨基酸 FDOM 消耗或降解之间的关系可能更复杂，至今缺乏深入认识。

8.3.1.2　类腐殖质荧光

类腐殖质荧光主要但不完全与土壤和植物降解的外来源有机质有关。相比于富含类氨基酸类的微生物源有机质，类腐殖质 FDOM 并不会优先被细菌降解，因此其被认为是缓慢降解或惰性 DOM 的代表。大量研究得到的一致性观点是细菌降解通常是类腐殖质荧光的来源，而不是汇（Moran et al.，2000；Stedmon and Markager，2005b）。在细菌降解是类腐殖质 FDOM 汇的情况下，类腐殖质 FDOM 的消耗低于类氨基酸 FDOM 的消耗。例如，Moran 等（2000）发现，利用河口水的 51 天细菌降解实验过程中，类腐殖质荧光的损失很少（11%～12%）或没有损失。Stedmon 和 Markager（2005b）确定了 5 种类腐殖质荧光成分，这些成分都是在黑暗条件下的微生物培养中产生的。同样地，Yamashita 和 Tanoue（2004）、Kramer 和 Herndl（2004）以及 Nieto-Cid 等（2006）发现，细菌对海洋 DOM 的降解使类腐殖质荧光随培养时间的延长而增加。Boyd 和 Osburn（2004）发现，在沿海河口水域中，细菌降解既是类腐殖质 FDOM 的来源，也是其汇。Amado 等（2007）发现，在 DOM 被细菌降解的过程中，热带淡水中类腐殖质荧光会增加。此外，在阿拉斯加东南部的温带溪流中，当外来源 DOM 的添加量逐渐增加时，类腐殖酸 FDOM 随下游距离的变化表现出保守性（Fellman et al.，2009b）。

8.3.2　光化学降解与微生物降解的相互作用

在阳光照射的表层水体中，DOM 的光化学降解强烈影响其对细菌的生物有效性（Moran et al.，2000；Tranvik and Bertilsson，2001；Obernosterer and Benner，2004）。目前，

研究人员普遍认为，光降解对 DOM 生物利用度的影响取决于 DOM 的来源——例如，淡水和海洋的自生源有机质在光照后的生物利用度降低（Benner and Biddanda，1998；Tranvik and Kokalj，1998），而 DOM 主要来自陆地前体物质（例如有大量外来源物质输入的淡水或河口水域）在光照后变得更易降解（Moran et al.，2000；Tranvik and Bertilsson，2001）。在阳光照射的表层水体中，光与生物化学紧密耦合的降解是 DOM 最重要的汇过程，因此了解上述过程如何相互作用来影响 FDOM 信号是很有必要的。

在一项实验室研究中，叶浸出 DOM 经历了长期同时的光化学降解和细菌降解后，与腐殖质相关的 FDOM 仅占黑暗对照中剩余 DOM 总量的 0.1%～0.3%，而类蛋白质 FDOM 在 420 天后是黑暗对照的 4.3%（Vähätalo and Wetzel，2008）。这些结果表明，在封闭系统中，只要时间足够长，光化学和细菌联合过程几乎可以去除所有的初始 FDOM，以及降解过程中产生的任何 FDOM。与这些结果相反的是，通常与生物易降解相关的类氨基酸FDOM 比与生物惰性相关的类腐殖质 FDOM 具有更强的持久性。然而，这并不是说在开放系统中，类腐殖质 FDOM 与缓慢降解的 DOM 无关，也不是说类蛋白质 DOM 是难降解的。相反，这些结果体现了不同荧光有机质对光化学降解和微生物降解的敏感性差异，并进一步证明了细菌降解的 DOM 可以成为类氨基酸 FDOM 的源和汇。

与类氨基酸 FDOM 相比，光降解作为汇过程对于类腐殖质 FDOM 更为重要（如 Granéli et al.，1996；Moran et al.，2000）。然而，类氨基酸 FDOM 易被光降解（Moran et al.，2000；Cory et al.，2007）。虽然光照通常会导致 FDOM 的损耗，但一项研究表明，当添加色氨酸时，光化学暴露导致海水 DOM 产生类腐殖质和氨基酸的荧光（Biers et al.，2007）。

通过研究得出的一个普遍规律是光降解后DOM发生细菌降解导致的FDOM变化与光降解引起的 FDOM 变化相反（例如细菌降解产生类腐殖质 FDOM 和类氨基酸 FDOM，而不是消耗；Moran et al.，2000；Kramer and Herndl，2004；Stedmon and Markager，2005b；Nieto-Cid et al.，2006；Amado et al.，2007）。光降解倾向于去除类腐殖质荧光（例如发射波长大于 400 nm 的 FDOM），而这类荧光物质却是在黑暗条件下通过微生物降解产生的（Moran et al.，2000；Stedmon and Markager，2005b）。由于光降解后微生物生长和活性对 FDOM 的影响通常小于光降解的影响，因此在 DOM 光降解后再进行生物降解的试验研究中，光化学对 FDOM（尤其是类腐殖质 FDOM）的影响大于细菌所产生的影响（图 8.8）。

另外一个普遍规律是，光降解是自生源类腐殖质和类氨基酸 FDOM 的重要汇过程，这些自生源 FDOM 主要由浮游植物生长和腐烂产生或细菌降解 DOM 产生（见前文）。例如，Stedmon 和 Markager（2005b）发现光降解是微生物产生的类腐殖质和类蛋白质 FDOM 的一个重要汇过程。此外，Nieto-Cid 等（2006）在河流和沿海 FDOM 培养过程中，观察到细菌产量与类腐殖质 FDOM 的光化学消耗之间存在显著相关性。他们将这些结果解释为在黑暗环境（无论是在无光层还是在夜间）中产生的自生源类腐殖质在光照下会迅速降解。同样地，Amado 等（2007）观察到，在腐殖化和富营养化的潟湖中，黑暗环境中通过自生源产生的 FDOM 在阳光下迅速降解。

尽管上述普遍规律描述了光降解和生物降解与 FDOM 产生的相互关系，但仍有许多问题有待解决。光化学过程和微生物过程是否对降解残留的 FDOM 赋予了各自不同的特征？是否能利用上述特征来追踪特定系统中的 FDOM，以明确每个过程对 DOM 归趋的相对重要性？在光降解后的 FDOM 特征变化方面，DOM 光降解后微生物活性的刺激是否明显？只有将不同的、通常是相互竞争的 DOM 改变机制进行独特性区分的缜密研究才能帮助我们回答上述问题。

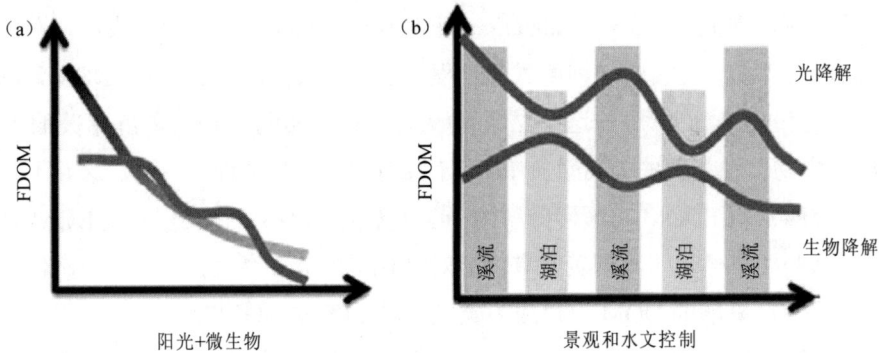

图 8.8　（a）DOM 的光-微生物联合过程对 FDOM 的预计影响：光转化（渐变线）是 FDOM 的重要汇过程，而微生物作用（波浪线）产物是 FDOM 的汇和源。由于 DOM 的光转化通常会刺激微生物对 DOM 的周转，因此光降解导致的 FDOM 损失可能会很快，紧接着是微生物产生的 FDOM。微生物对 FDOM 特征的影响通常小于短时间（例如，几天到几周）光化学实验室研究中光照对 FDOM 特征的影响。（b）在真实环境中，光照+生物联合作用对 FDOM 的净影响将反映 DOM 源及其光不稳定性和生物不稳定性之间的复杂相互作用，这会随景观和水文控制而变化（例如，图中所示的是一个由湖泊和河流组成的水文连续系统）。

8.4　未来研究

最近的研究提出了一种假设，即光化学降解和细菌降解的作用是互补的，一方的降解产物成为另一方过程所需的底物（Amado et al.，2007；Vähätalo and Wetzel，2008）。如前所述，DOM 的组合和/或顺序光化学和生物降解过程中 FDOM 库的变化似乎印证了上述假设，这表明 FDOM 能有效指示影响（非荧光+荧光）DOM 库的源汇过程。然而，使用 FDOM 作为替代指标来解释 DOM 库变化的主要限制因素是 FDOM 组分与 DOM 浓度之间缺乏定量关系。在 DOM 的光-生耦合化学过程中，以碳为度量的 DOM 库几乎没有可检测的变化，而 FDOM 能灵敏地追踪上述耦合导致的变化，这为理解 DOM 库的某些组分如何快速响应环境中的光-生耦合化学过程提供了新的见解（如 Nieto-Cid et al.，2006）。上述发现表明，虽然在某些系统中 FDOM 可能只占 DOM 库的一小部分，但 DOM 库的该组分可能比以前仅基于 DOC 浓度更能反映 DOM 空间/时间变化的动态。尽管极具挑战性，但如果能将 FDOM 组分与碳浓度联系起来，这将是一个重大突破。

本章强调了一些定性理解 FDOM 光化学和微生物源、汇过程方面的进展，然而，未来仍然需要开展大量的工作来开发 FDOM 的定量方法，以用于指示环境中上述典型的 DOM 转化过程。此外，还需要在查明 FDOM 特征方面做更多的工作，以便能够辨别在特定系统中作用于 DOM 库的每个过程的相对重要性。例如，尽管类氨基酸 FDOM 与微生物对 DOM 库的作用有十分明显的联系，但由于这些荧光团既由微生物活动产生，也由微生物活动消耗，因此对 FDOM 库中的类氨基酸组分的解释是复杂的。未来的工作应着眼于确定微生物降解无色 DOM 而产生的新鲜类氨基酸 FDOM 与同腐殖质相关的类氨基酸 FDOM 之间的差异。后者可能是腐殖类 DOM 中重要的生物可利用组分。

可以假设，DOM 在阳光和微生物下暴露的程度［例如其成岩状态（diagenetic state）］通常与其通过光化学和生物发生进一步降解的速率成反比。也就是说，由于最易被光化学和生物降解的底物被优先去除，剩余 DOM 的降解速率将较慢。一个问题是这个假设是否能在 FDOM 的特征中有所体现，例如，DOM 的成岩状态是否在 FDOM 的特征中有所反映，或者是否可能通过基于光化学和生物化学培养期间 FDOM 变化的光照或生物测量来体现。

为什么理解上述联系很重要？原因是在几个重要的环境中，有证据表明当前或可预计的未来地表水 DOM 将持续增加。气候变化引起的流域水文变化促使陆地有机质对地表水的负荷增加，例如，在欧洲和北美洲地表水中观测到 DOC 浓度增加（Monteith et al.，2007）以及北极地区冻土层融化对 DOC 预期浓度的增加（Rember and Trefry，2004；Frey and Smith，2005）。尚不清楚上述新增的 DOM 供给的可能归趋及其对水生生态系统的影响。然而，相关有机质的生物利用度对净结果有很大影响，因为通过直接或间接光化学过程增加易降解碳将有利于异养细菌与浮游植物竞争矿物质营养（Thingstad et al.，2008）。如果我们能够将特定系统中"新"DOM 的 FDOM 特征与其对光化学降解和生物降解的敏感性联系起来，将显著提高我们在区域和全球碳循环背景下跟踪和预测其归趋和影响的能力。

致谢

丹麦研究委员会（Danish Research Council；No. 272-07-0485）和嘉士伯基金会（Carlsberg Foundation；2007-01-0124）为 C.A. Stedmon 开展本章研究提供了资助。我们还要感谢两位匿名审稿人对本章提出的建设性意见。

参考文献

Aitkenhead-Peterson，J.A.，McDowell，W.H.，and Neff，J.C.（2003）. Sources，production and regulation of allochthonous dissolved organic matter inputs to surface waters. In S.E.G. Findlay and R.L. Sinsabaugh （Eds.），*Aquatic Ecosystems: Interactivity of Dissolved Organic Matter*（pp. 25–70）. Aquatic Ecology Series. San Diego: Academic Press.

Akashi，H. and Gojobori，T.（2002）. Metabolic efficiency and amino acid composition in the proteomes of *Escherichia coli* and *Bacillus subtilis*. *Proc. Natl. Acad. Sci. USA*，**99**（6），3695–3700.

Amado，A.M.，Cotner，J.B.，Suhett，A.L.，Esteves，F.D.，Bozelli，R.L.，and Farjalla，V.F.（2007）. Contrasting interactions mediate dissolved organic matter decomposition in tropical aquatic ecosystems. *Aquat. Microb. Ecol.*，**49**，25–34.

Balcarczyk，K.L.，Jones，J.B.，Jr.，Jaffe，R.，and Maie，N.（2009）. Stream dissolved organic matter bioavailability and composition in watersheds underlain with discontinuous permafrost. *Biogeochemistry*，**94**，255–270.

Benner，R.（2002）. Chemical composition and reactivity. In D.A. Hansell and C.A. Carlson（Eds.），*Biogeochemistry of Marine Dissolved Organic Matter*（pp. 59–90）. San Diego: Academic Press.

Benner，R. and Biddanda，B.（1998）. Photochemical transformations of surface and deep marine dissolved organic matter: Effects on bacterial growth. *Limnol. Oceanogr.*，**43**，1373–1378.

Biers E.J.，Zepp R.G.，and Moran M.A.（2007）. The role of nitrogen in chromophoric and fluorescent dissolved organic matter formation. *Mar. Chem.*，**103**，46–60.

Boyd，T.J. and Osburn，C.L.（2004）. Changes in CDOM fluorescence from allochthonous and autochthonous sources during tidal mixing and bacterial degradation in two coastal estuaries. *Mar. Chem.*，**89**，189–210.

Boyle E.S.，Guerriero，N.，Thiallet，A.，Del Vecchio，R.，and Blough，N.V.（2009）. Optical properties of humic substances and CDOM: Relation to structure. *Environ. Sci. Technol.*，**43**，2262–2268.

Cammack，W.K.，Kalff，J.，Prairie，Y.T.，and Smith，E.M.（2004）. Fluorescent dissolved organic matter in lakes: Relationships with heterotrophic metabolism. *Limnol. Oceanogr.*，**49**，2034–2045.

Canadell，J.G.，Le Quéré，C.，Raupach，M.R.，Ciais，P.，Conway，T.J，et al.（2007）. Recent acceleration in CO_2 emissions and the response of the global carbon cycle. *Proc. Natl. Acad. Sci. USA*，**104**，18866–18870.

Coble，P.G.（1996）. Characterization of marine and terrestrial DOM in seawater using excitation-emission matrix spectroscopy. *Mar. Chem.*，**51**，325–346.

Coble，P.G.，Del Castillio，C.E.，and Avril，B.（1998）. Distribution and optical properties of CDOM in the Arabian Sea during the 1995 Southwest Monsoon. *Deep-Sea Res.Pt. II*，**45**，2195–2223.

Cory，R.M.，McKnight，D.M.，Chin，Y.P.，Miller，P.，and Jaros，C.L.（2007）. Chemical characteristics of fulvic acids from Arctic surface waters: Microbial contributions and photochemical transformations. *J. Geophys. Res.*，112，G04S51，doi: 10.1029/2006JG000343 ER.

Del Vecchio，R. and Blough，N.V.（2004）. On the origin of the optical properties of humic substances. *Environ.*

Sci. Technol.，**38**，3885–3891.

Determann，S.，Lobbes，J.M.，Reuter，R.，and Rullköter，J.（1998）. Ultraviolet fluorescence excitation and emission spectroscopy of marine algae and bacteria. *Mar. Chem.*，**62**，137–156.

Duursma，E.K.（1965）. Dissolved organic constituents of sea water. In P. Riley and G. Skirrow（Eds.），*Chemical Oceanography*，Vol，1（pp. 433–477）. London：Academic Press.

Ertel，J.R.，Hedges，J.I.，Devol，A.H.，Richey，J.E.，and de Nazare Goes Ribeiro，M.（1986）. Dissolved humic substances of the Amazon River system. *Limnol. Oceanogr.*，**31**，739–754.

Fellman，J.B.，Hood，E.，Edwards，R.T.，and D'Amore，D.V.（2009a）. Changes in the concentration，biodegradability，and fluorescent properties of dissolved organic matter during stormflows in coastal temperate watersheds. *J. Geophys. Res.*，**114**，G01021.

Fellman，J.B.，Hood，E.，D'Amore，D.V.，Edwards，R.T.，and White，D.（2009b）. Seasonal changes in the chemical quality and biodegradability of dissolved organic matter exported from soils to streams in coastal temperate rainforest watersheds. *Biogeochemistry*，**95**，277–293.

Frey，K.E. and Smith，L.C.（2005）. Amplified carbon release from vast West Siberian peatlands by 2100. *Geophys. Res. Lett.*，**32**，L09401.

Fulton，J.R.，McKnight，D.M.，Foreman，C.，Cory，R.，Stedmon，C.，and Blunt，E.（2004）. Changes in fulvic acid redox state through the oxycline of a permanently ice-covered Antarctic lake. *Aquat. Sci.*，**66**，27–46.

Granéli，W.，Lindell，M.，and Tranvik，L.（1996）. Photo-oxidative production of dissolved inorganic carbon in lakes of different humic content. *Limnol. Oceanogr.*，**41**，698–706.

Guggenberger，G.，Kaiser，K.，and Zech，W.（1998）. Mobilization and immobilization of dissolved organic matter in forest soils. *J. Plant Nutr. Soil Sci.*，**161**，401–408.

Hansell，D.A. and Carlson，C.A.（1998）. Net community production of dissolved organic carbon. *Global Biogeochem. Cycles*，**12**，443–453.

Hansell，D.A.，Carlson，C.A.，Repeta，D.J.，and Schlitzer，R.（2009）. Dissolved organic matter in the ocean：New insights stimulated by a controversy. *Oceanography*，**22**，52–61.

Harvey，G.R.，Boran，D.A.，Chesal，L.A.，and Tokar，J.M.（1983）. The structure of marine fulvic and humic acids. *Mar. Chem.*，**12**，119–132.

Harvey，G.R.，Boran，D.A.，Piotrowicz，S.R.，and Weisel，C.P.（1984）. Synthesis of marine humic substances from unsaturated lipids. *Nature*，**309**，244–246.

Hayase，K. and Shinozuka，N.（1995）. Vertical distribution of fluorescent organic matter along with AOU and nutrients in the Equatorial Pacific. *Mar. Chem.*，**48**，283–290.

Hedges J.I.（1978）. Formation and clay mineral reactions of melanoidins. *Geochim. Cosmochim. Acta*，**42**，69–76.

Hernes，P.J.，Bergamaschi，B.A.，Eckard，R.S.，and Spencer，R.G.M.（2009）. Fluorescence-based proxies for lignin in freshwater dissolved organic matter. *J. Geophys. Res.*，**114**，G00F03.

Hood，E.，Fellman，J.，Spencer，R.G.M.，Hernes，P.J.，Edwards，R.，D'Amore，D.，and Scott，D.（2009）. Glaciers as a source of ancient and labile organic matter to the marine environment. *Nature*，**462.**，1044–

1047.

Houghton，R.A.（2007）. Balancing the global carbon budget. *Annu. Rev. Earth Planet. Sci.*，**35**，313–347.

Hudson，N.，Baker，A.，Ward，D.，Reynolds，D.M.，Brunsdon，C.，Carliell- Marquet，C.，and Browning，S.（2008）. Can fluorescence spectrometry be used as a surrogate for the Biochemical Oxygen Demand（BOD） test in water quality assessment? An example from South West England. *Sci. Total Environ.*，**391**（1），149–158.

Ishiwatari，R.（1992）. Macromolecular material（humic substance） in the water column and sediments. *Mar. Chem.*，**39**，151–166.

Jiao，N.，Herndl，G.J.，Hansell，D.A.，Benner，R.，Kattner，G.，Wilhelm，S.W.，Kirchman，D.L.，Weinbauer，M.G.，Luo T.，Chen，F.，and Azam，F.（2010）. Microbial production of recalcitrant dissolved organic matter：Long-term carbon storage in the global ocean. *Nature Rev. Microbiol.*，8，593–599.

Jobbágy，E.G. and Jackson，R.B.（2000）. The vertical distribution of soil organic carbon and its relation to climate and vegetation. *Ecol. Applicat.*，**10**，423–436.

Jørgensen，L.，Stedmon，C.A.，Kragh，T.，Markager，S.，Middelboe，M.，and Søndergaard，M.（2011）. Global trends in the fluorescence characteristics and distribution of marine dissolved organic matter. *Mar. Chem.*，**126**，139–148.

Kalbitz，K.，Solinger，S.，Park，J.H.，Michalzik，B.，and Matzner，E.（2000）. Controls on the dynamics of dissolved organic matter in soils：A review. *Soil Sci.*，**165**，277–304.

Kawasaki，N. and Benner，R.（2007）. Bacterial release of dissolved organic matter during cell growth and decline：Molecular origin and composition. *Limnol. Oceanogr.*，**51**（5），2170–2180.

Kramer，G.D. and Herndl，G.J.（2004）. Photo- and bioreactivity of chromophoric dissolved organic matter produced by marine bacterioplankton. *Aquat. Microb. Ecol.*，**36**（3），239–246.

Lakowicz，J.R.（2006）. *Principles of Fluorescence Spectroscopy*，3rd ed. New York：Springer Science+Business Media.

Lochmuller，C.H. and Saavedra，S.S.（1986）. Conformational changes in a soil fulvic acid measured by time dependent fluorescence depolarization. *Anal. Chem.*，**38**，1978–1981.

Louchouarn，P.，Opsahl，S.，and Benner，R.（2000）. Isolation and quantification of dissolved lignin from natural waters using solid-phase extraction（SPE） and GC/MS selected ion monitoring（sim）. *Anal. Chem.*，**13**，2780 –2787.

Maie，N.，Scully，N.，Pisani，O.，and Jaffé R.（2007）. Composition of a protein-like fluorophore of dissolved organic matter in coastal wetland and estuarine ecosystems. *Water Res.*，**41**（3），563–570.

McDowell，W.H. and Wood，T.（1984）. Podzolization-Soilo processes control dissolved organic carbon concentrations in stream water. *Soil Sci.*，**137**，23–32.

McKnight，D.M.，Aiken，G.R.，and Smith，R.L.（1991）. Aquatic fulvic acids in microbially based ecosystems：Results from two desert lakes in Antarctica. *Limnol. Oceanogr.*，**36**，998–1006.

McKnight，D.M.，Harnish，R.，Wershaw，R.L.，Baron，J.S.，and Schiff，S.（1997）. Chemical characteristics of particulate，colloidal，and dissolved organic material in Loch Vale Watershed. *Rocky Mt. Natl. Park Biogeochem.*，**36**，99–124.

Middelboe, M. and Lyck, P.G. (2002). Regeneration of dissolved organic matter by viral lysis in marine microbial communities. *Aquat. Microb. Ecol.*, **27**, 187–194.

Monteith, D.T., Stoddard, J.L., Evans, C.D., de Wit, H.A., Forsius, M., Hogasen, T., Wilander, A., Skjelkvale, B.L., Jeffries, D.S., Vuorenmaa, J., Keller, B., Kopacek, J., and Vesely, J. (2007). Dissolved organic carbon trends resulting from changes in atmospheric deposition chemistry. *Nature*, **450**, 537–541.

Moran, M.A., Sheldon, W.M., and Zepp, R.G. (2000). Carbon loss and optical property changes during long-term photochemical and biological degradation of estuarine dissolved organic matter. *Limnol. Oceanogr.*, **45**, 1254–1264.

Mulholland, P.J. (2003). Large-scale patterns in dissolved organic carbon concentration, flux and sources. In S.E.G. Findlay and R.L. Sinsabaugh(Eds.), *Aquatic Ecosystems: Interactivity of Dissolved Organic Matter* (pp. 139–160). Aquatic Ecology Series. San Diego: Academic Press.

Murphy, K.R., Ruiz, G.M., Dunsmuir, W.T.M, and Waite, T.D. (2006). Optimized parameters for rapid fluorescence-based verification of ballast water exchange by ships. *Environ. Sci. Technol.*, **40**, 2357–2362.

Murphy, K.R., Stedmon, C.A., Waite, T.D., and Ruiz, G.M. (2008). Distinguishing between terrestrial and autochthonous organic matter sources in marine environments using fluorescence spectroscopy. *Mar. Chem.*, **108**, 40–58.

Nagata, T. (2000). Production mechanisms of dissolved organic matter. In D.L. Kirchman (Ed.), *Microbial Ecology of the Oceans* (pp. 121–152). Wiley Series in Ecological and Applied Microbiology. Hoboken, NJ: Wiley-Liss.

Nelson, N.B., Siegel, D.A., Carlson, C.A., and Swan, C. (2010). Tracing global biogeochemical cycles and meridional overturning circulation using chromophoric dissolved organic matter. *Geophys. Res. Lett.*, **37**, L03610.

Nieto-Cid, M., Alvarez-Salgado, X.A., and Perez, F.F. (2006). Microbial and photochemical reactivity of fluorescent dissolved organic matter in a coastal upwelling system. *Limnol. Oceanogr.*, **51**(3), 1391–1400.

Obernosterer, I. and Benner, R. (2004). Competition between biological and photochemical processes in the mineralization of dissolved organic carbon. *Limnol. Oceanogr.*, **49**, 117–124.

Ogawa, H., Amagi, Y., Koike, I., Kaiser, K., and Benner, R. (2001). Production of refractory dissolved organic matter by bacteria. *Science*, **292**, 917–920.

Opsahl, S. and Benner, R. (1997). Distribution and cycling of terrigenous dissolved organic matter in the ocean. *Nature*, **386**, 480–482.

Rember, R.D. and Trefry, J.H. (2004). Increased concentrations of dissolved trace metals and organic carbon during snowmelt in rivers of the Alaskan Arctic. *Geochim. Cosmochim. Acta*, **68**, 477–489.

Reynolds, D.M. and Ahmad, S.R.A. (1997). Rapid and direct determination of wastewater BOD values using a fluorescence technique. *Water Res.*, **31**(8), 2012-2018.

Rochelle-Newall, E.J. and Fisher, T.R. (2002). Production of chromophoric dissolved organic matter fluorescence in marine and estuarine environments: An investigation into the role of phytoplankton. *Mar. Chem.*, **77**, 7–21.

Romera-Castillo, C., Sarmento, H., Álvarez-Salgado, X.A., Gasol, J.M., and Marrase C. (2010). Production of chromophoric dissolved organic matter by marine phytoplankton. *Limnol. Oceanogr.*, **55**（1）, 446–454.

Sarkanen, K.V. and Ludwig, C.H. Lignins, Eds.（1971）. *Occurrences, Formation, Structure and Reactions*. New York: Wiley-Interscience.

Senesi, N., Miano, T.M., Provenzano, M.R., and Brunetti, G.（1991）. Characterization, differentiation and classification of humic substances by fluorescence spectroscopy. *Soil Sci.*, **152**, 259–271.

Spencer, R.G.M., Aiken, G.R., Butler, K.D., Dornblaser, M.M., Striegl, R.G., and Hernes, P.（2009）. Utilizing chromophoric dissolved organic matter measurements to derive export and reactivity of dissolved organic carbon exported to the arctic ocean: A case study of the Yukon river, Alaska. *Geophys. Res. Lett.*, **36**, L06401.

Stedmon, C.A. and Markager, S.S.（2005a）. Resolving the variability in dissolved organic matter fluorescence in a temperate estuary and its catchment using PARAFAC analysis. *Limnol. Oceanogr.*, **50**（2）, 686–697.

Stedmon, C.A. and Markager, S.S.（2005b）. Tracing the production and degradation of autochthonous fractions of dissolved organic matter by fluorescence analysis. *Limnol. Oceanogr.*, **50**（5）, 1415–1426.

Stedmon C.A. and Bro, R.（2008）. Characterizing dissolved organic matter fluorescence with parallel factor analysis: A tutorial. *Limnol. Oceanogr. Methods*, **6**, 572–579.

Stedmon, C.A., Markager, S., and Bro, R.（2003）. Tracing dissolved organic matter in aquatic environments using a new approach to fluorescence spectroscopy. *Mar. Chem.*, **82**, 239–254.

Stedmon C.A, Markager, S., Søndergaard, M., Vang, T., Laubel, A., Borch, N.H., and Windelin, A. （2006）. Dissolved organic matter（DOM） export to a temperate estuary: Seasonal variations and implications of land use. *Estuaries Coasts*, **29**, 388–400.

Stevensen, F.J.（1982）. *Biochemistry of the Formation of Humic Substances*. In F.J. Stevensen（Ed.）, *Humus Chemistry*（pp. 195–220）. New York: John Wiley & Sons.

Strom, S.L., Benner, R., Ziegler, S., and Dagg, M.J.（1997）. Planktonic grazers are a potentially important source of marine dissolved organic carbon. *Limnol. Oceanogr.*, **42**, 1364–1374.

Tipping, E., Woof, C., Rigg, E., Harrison, A.F., Ineson, P., Taylor, K., Benham, D., Poskitt, J., Rowland, A.P., Bol, R., and Harkness, D.D.（1999）. Climatic influences on the leaching of dissolved organic matter from upland UK moorland soils, investigated by a field manipulation experiment. *Environ. Int.*, **25**, 83–95.

Tranvik, L. and Kokalj, S.（1998）. Decreased biodegradability of algal DOC due to interactive effects of UV radiation and humic matter. *Aquat. Microb. Ecol.*, **14**, 301–307.

Tranvik, L.J. and Bertilsson, S.（2001）. Contrasting effects of solar UV radiation on dissolved organic sources for bacterial growth. *Ecol. Lett.*, **4**, 458–463.

Tranvik, L.J., Downing, J., and Cotner, J.（2009）. Lakes and reservoirs as regulators of carbon cycling and climate. *Limnol. Oceanogr.*, **54**（1）, 2298–2314.

Urban-Rich, J., McCarty, J.T., and Shailer, M.（2004）. Effects of food concentration and diet on chromophoric dissolved organic matter accumulation and fluorescent composition during grazing experiments with the copepod. *Calanus finmarchicus. ICES J. Mar. Sci.*, **61**, 542–551.

Vähätalo, A.V. and Wetzel, R.G..（2004）. Photochemical and microbial decomposition of chromophoric dissolved organic matter during long（months-years） exposures. *Mar. Chem.*，**89**，313–326.

Vähätalo，A.V. and Wetzel，R.G.（2008）. Long-term photochemical and microbial decomposition of wetland-derived dissolved organic matter with alteration of ^{13}C：^{12}C mass ratio. *Limnol. Oceanogr.*，**53**，1387–1392.

Yamamoto，S. and Ishiwatari，R.（1989）. A study of the formation mechanism of sedimentary humic substances–II. Protein-based melanoidin model. *Org. Geochem.*，**14**，479–489.

Yamashita，Y. and Tanoue，E.（2003）. Chemical characterization of protein-like fluorophores in DOM in relation to aromatic amino acids. *Mar. Chem.*，**82**，255–271.

Yamashita，Y. and Tanoue，E.（2004）. In situ production of chromophoric dissolved organic matter in coastal environments. *Geophys. Res. Lett.*，doi：10.1029/2004GL019734.

Yamashita，Y. and Tanoue，E.（2008）. Production of bio-refractory fluorescent dissolved organic matter in the ocean interior. *Nature Geosci.*，1，579–582，doi：10.1038/ngeo279.

Zsolnay，A.（2003）. Dissolved organic matter：Artefacts，definitions，and functions. *Geoderma*，**113**，187–209.

Zsolnay，A.，Baigar，E.，Jimenez，M.，Steinweg，B.，and Saccomandi，F.（1999）. Differentiating with fluorescence spectroscopy the sources of dissolved organic matter in soils subjected to drying. *Chemosphere*，**38**，45–50.

第四部分

解释与分类

第9章　荧光指数及其阐释

蕾切尔·S.加博尔（Rachel S. Gabor）
安迪·贝克（Andy Baker）
戴安娜·M.麦克奈特（Diane M. McKnight）
马修·P.米勒（Matthew P. Miller）

9.1　引言

在水生生态系统和土壤间隙水中，溶解性有机质（DOM）是植物和土壤分解及渗滤、微生物生物量降解和微生物分泌产生的有机化合物组成的非均质混合物。土壤和沉积物等固相中的有机质（SOM）也同样复杂，不仅在化学组分上存在差异，在有机分子与矿物质结合的程度上也存在差异。DOM 中各类有机化合物的化学特征和分布是动态变化的。例如，DOM 性质可能随着水文驱动因素（如融雪）或夏季湖泊和溪流中藻类的大量繁殖而呈现季节性变化。相反，随着土壤和沉积物年龄的增长，SOM 的变化可能更慢，这个过程在历史上被称为腐殖化。

DOM 和 SOM 的重要组成部分包括有色（光吸收）化合物和荧光（光吸收和发光）化合物。腐殖质是 DOM 和 SOM 的主要显色组分，具有黄色到棕色的色系，这些颜色与植物色素、木质素和其他前体物质中提取的芳香族碳基团有关。例如，在地表水中，溶解性腐殖质通常占 DOM 的很大一部分，是水中主要的吸光成分（McKnight et al.，2003）。来自植物残体和土壤的腐殖质通常比来自微生物生物量的腐殖质更易显色，表明其芳香族碳基团的含量更高。植物/土壤源腐殖质分子和微生物源腐殖质分子的一部分在 ex 为 240～370 nm、em 为 350～550 nm 有效分析范围内发射特征宽幅荧光。另一个重要的显色组分是与胞外微生物产物和植物残骸降解产物相关的蛋白质，通常包含具荧光的氨基酸，特别是色氨酸和酪氨酸。这些类氨基酸荧光团通常比腐殖质荧光团具有更低的发射波长范围。对于 DOM 和 SOM 中的荧光类有机化合物，通过了解分子吸收光和发射光的波长范围可以获得比光吸收更多的化学信息。此外，天然水体的吸光度会受到无机溶质（如硝酸盐或铁）的影响。因此，荧光是比吸光度更敏感的有机质来源和化学性质的指标，且不太可能受到其他吸光化合物的干扰。考虑到上述原因，加之天然水体、土壤和沉积物中普遍存在荧光有机质，荧光光谱是研究有机质来源和化学组成的可靠技术（例如，Fellman et al.，2010）。如第 2 章所述，二维荧光扫描包括线扫描（如，通常是扫描固定激发波长和在一定发射波长范围内的荧光）和同步光谱扫描（用恒定的波长偏移对激发波长和发射波长进行扫描）。三维荧光扫描被称为激发-发射矩阵（EEMs），是在多个激发波长扫描多个发射波长范围内的荧光。

近几十年来，光谱（吸光和荧光）指数一直被用于表征天然有机质。例如，铂色单位的测定是湖泊学家在 20 世纪 50 年代（American Public Health Association，1965）使用的一种发色团指数，其依据是将水样与一系列标准铂溶液进行比较，且该吸光指数可反映溶解性有机碳（DOC）的浓度。虽然颜色单位不再经常被使用，但另一种被称为特征紫外吸光度（SUVA）的发色团指数依然常用。$SUVA_{254}$ 的单位为 L/（mg·m），是水样在 254 nm 处的吸光度与 DOC 浓度的比值，与物质整体芳香性相关（Weishaar et al.，2003）。土壤学家采用一种被称为 E4/E6 比值的吸光指数（提取的腐殖质溶液在 400 nm 和 600 nm 处的吸光度的比值），该指数被作为腐殖化程度的指数（Chen et al.，1977）。然而，腐殖化程度较差的水样在 600 nm 处的吸光度较小，因此这个比值通常不是很实用。随后发展了荧光指数，通常将其定义为二维（三维）荧光光谱中两个不同的点或区域的荧光强度之比，这些指数是有机质 EEMs（图 9.1）所蕴含信息的一部分。从几十年前开始，荧光指数便与常用的激发/发射光谱扫描或同步光谱扫描方法相结合并发展起来。这些不同的指数旨在解决土壤、地下水（Kalbitz et al.，1999）、湖泊和溪流（McKnight et al.，2001）等跨度较大的系统中与有机质性质相关的一些具体问题。这些指数仅体现了 EEM 的部分信息，而且其有用性必须以解决问题为前提加以考虑。目前荧光指数已被用于宏观生态系统过程研究，包括与土地覆盖相关的 SOM 和气候变化条件下 DOM 在代际尺度上发生的变化。

目前，荧光指数通常可根据完整 EEMs 所包含的数据计算得到，因为现在可以在实验室中用较短的时间（分钟）获得高分辨率的 EEMs 数据。也可以利用固定激发波长的激光为光源，和一个或数个发射波长的检测器连续地原位测量 DOM 荧光；原位测量方法参见第 6 章的相关讨论。由于目前原位探测器无法测量多个波长，因此荧光指数在遥感应用方面十分有价值。可以预见的是，在未来将开发能够以合理的光谱分辨率测量完整 EEMs 的原位荧光计。在实验室和野外两种情景下，原位荧光计会产生大量的光谱数据，但需要用有意义的方式来解释分析上述数据。在使用现代扫描式荧光计进行实验室测量时，一个 EEMs 通常包含大量（通常为 2 000～3 000 个波长对）的数据。同样地，可以每隔 10～15 min 进行一次现场测量，探头部署时间可设置为数周至数月。正是由于上述原因，荧光指数仍被广泛用于：①简化 EEM 中的大量数据；②设计一种原位探头，以在野外研究中获得量化参数，该参数具有样点间的可比较性或随时间推移的可跟踪性。

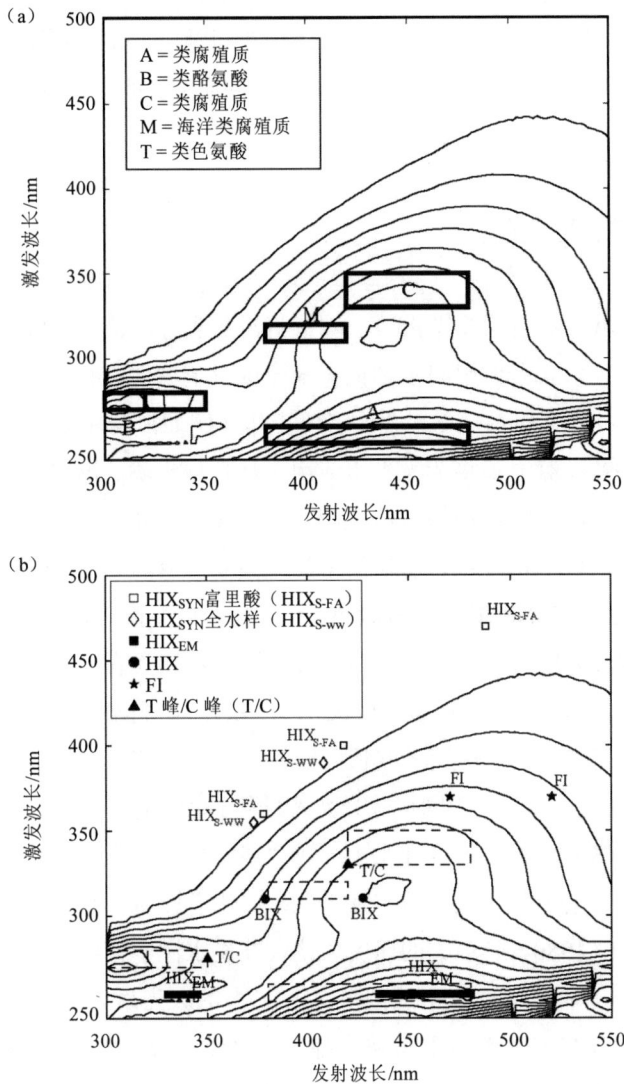

图 9.1　本章讨论了以拉曼单位为度量的校正激发-发射矩阵（EEM）的典型识别区域（a）和荧光指数测量位置（b）。在 Zsolnay 等（1999）使用的区域中，发射波长范围用一条线表示。图中所示信息见表 9.1 和表 9.2。

　　本章回顾了有机质分析的常用指数，以及这些指数的阐释和潜在的问题；概述了荧光指数的使用及其未来使用方向的一些建议和想法，以及荧光测量时一些重要的光谱学注意事项。为了进一步掌握荧光光谱的使用，以理解 DOM 的生态系统动力学，本书第 8 章和 Fellman 等（2010）的综述文章都强调了荧光光谱和指数的其他生态用途。值得注意的是，在荧光方法应用时如遇到光谱方面的问题，可参见第 2 章和第 5 章。这与荧光光谱特性的仪器依赖性、与发射光吸光度相关的内滤效应、金属络合和 pH 导致的荧光猝灭效应有关。需要考虑上述所有影响因素，以保证随着时间的推移，不同实验或单一实验的结果具有对比性（Cory et al.，2010）。尽管存在上述潜在问题，但是利用可用的标准参考物质对指数进行校正，使得不同研究人员在不同研究地点的研究具有可比性，从而有助于更广泛地揭示 DOM 和 SOM 提取物的动态。

9.2　常用荧光指数概况

表 9.1 总结了文献中常用的荧光指数，本章将对此进行讨论。荧光指数的首次使用始于 20 世纪 90 年代末，建立在使用同步扫描技术改进对土壤提取有机质解释的基础上。如妮古拉·塞内西（Nicola Senesi）及其合作者的工作（例如，Senesi et al.，1989，1991；Miano and Senesi，1992）奠定了将荧光光谱应用于从各种土壤、堆肥和污泥中分类和区分类腐殖质的基础。他们利用同步扫描方法在固定 pH 条件下分析高浓度腐殖酸和富里酸提取物水溶液，在 300～500 nm 之间观察到几个荧光强度一致的峰（Senesi et al.，1991）。荧光光谱与 ^{13}C 核磁共振（^{13}C-NMR）、紫外吸收光谱、傅里叶变换红外光谱（Fourier transform infrared，FTIR）的比较表明，荧光光谱与高取代芳香核数和具有高共振度的共轭不饱和体系有关（Senesi et al.，1989；Miano and Senesi，1992）。他们发现，由于有机质的缩聚程度不同，最大荧光强度波长位置从较短波长向较长波长的漂移可以通过荧光指数来指示和量化。后来，Kalbitz 等（1999）利用同步荧光光谱开发了"腐殖化指数"。与此同时，Zsolnay 等（1999）利用发射扫描光谱技术也开发了一种"腐殖化指数"。

水生生态学家还探索了荧光光谱技术在 DOM 的化学性质和来源研究方面的应用。例如，Stewart 和 Wetzel（1980，1981）的研究表明，在淡水湖中，相对于较小分子量的水体腐殖质组分，较大分子量的水体腐殖质组分具有更大的吸光度，但荧光强度较低，且较大分子量的腐殖质组分在富钙水体中易被去除。在海洋系统中，尽管 DOC 浓度很低，但是 DOM 的荧光特性是一种有效的表征手段（Coble，1996）。Coble 识别了海洋和沿海水域中常见的荧光团，发现了 5 个类蛋白质或类腐殖质的组分峰，这些峰的区域和标记见图 9.1（a）和表 9.2。在这项工作的基础上，水生生态学家开发了荧光指数，作为了解天然水体中 DOM 性质变化的手段。Parlanti 等（2000）提出了"新鲜度指数"（β/α 指数，后改为"BIX"指数）来确定微生物对海洋 DOM 的影响。McKnight 等（2001）提出了一种"荧光指数"（FI）来检测水体腐殖质前体有机质的差异。后来，Miller 等（2006）提出了"氧化还原指数"（RI），将其作为 DOM 中类醌基团氧化态的指标。此外，还有其他指数可量化更专业的研究中的信息。Proctor 等（2000）将一种指数应用于洞穴石笋中保存的荧光有机质的研究。Perrette 等（2005）进一步使用激光激发源，并开发了一个类似的指数，用于测量保存在石笋中的荧光有机质并进行了高空间分辨率分析。

表 9.1　本章主要荧光指数及其定义和相关文献

荧光指数	参数	注释
腐殖化指数（HIX$_{SYN}$）Kalbitz 等（1999，2000）	使用偏移量为 18 nm 的同步扫描进行计算。（ex 470 nm/em 488 nm）/（ex 360 nm/em 378 nm）或（ex 400 nm/em 418 nm）/（ex 360 nm/em 378 nm）用于富里酸。（ex 390 nm/em 408 nm）/（ex 355 nm/em 373 nm）用于全水样	与土壤和地下水 OM 中的 C/N、芳香性和缩聚作用相关。数值越大，缩聚作用越强，C/N 越低
腐殖化指数（HIX$_{EM}$）Zsolnay 等（1999）Ohno（2002a）	在 ex 254 nm 处，em 435~480 nm 下的峰面积除以 em 300~345 nm 下的峰面积。Ohno 后来建议针对浓缩样本修改为 em 435~480 nm 下的峰面积除以 em 300~345 nm + 435~480 nm 下的峰面积	表明土壤提取物的腐殖化程度，较高的数值表明较低的 H/C 比值；发射光谱向较长波长偏移，归因于较高的腐殖化程度
新鲜度指数（β/α）（BIX）Parlanti 等（2000）Huguet 等（2009）Wilson 和 Xenopoulos（2009）	原始计算方法为 β 峰（最大强度在 ex 310~320 nm/em 380~420 nm 范围内）和 α 峰（最大强度在 ex 330~350 nm/em 420~480 nm 范围内）的比值。修改方法为 ex 310 nm 处、em 380 nm 处的荧光强度除以 em 420 nm 和 em 435 nm 之间的最大荧光强度	指示最近形成的 DOM 占比。β 峰代表最近（可能是微生物）产生的 OM，而 α 峰代表更久、更易分解的 OM。为河口环境开发并主要用于河口环境
荧光指数（FI）McKnight 等（2001）Cory 和 McKnight（2005）	对于非仪器校正光谱，原始计算方法为 ex 370 nm 处 em 450 nm 和 em 500 nm 的荧光强度比值。对于仪器校正光谱，修改方法为 ex 370 nm 处 em 470 nm 和 em 520 nm 的荧光强度比值	指示 DOM 的前体物质在自然界中是更具微生物性（FI 约 1.8）还是更具陆源性（FI 约 1.2）
T/C 峰比值 Baker（2001）	ex 275 nm/em 350 nm 处的最大荧光（T 峰）与 ex 320~340 nm/em 410~430 nm 区域的最大强度（C 峰）的比值	用于确定污水对河流的影响，表示生化需氧量相对于溶解有机碳的比值
氧化还原指数（RI）Cory 和 McKnight（2005）Miller 等（2006）	Cory-McKnight PARAFAC 模型组分的还原类醌之和与总类醌的比值	指示 DOM 中的类醌组分在特征上是更易还原（接近 1）还是更易氧化（接近 0）。典型值约为 0.42

注：em 为发射波长，ex 为激发波长。

表 9.2　水生 DOM 激发-发射光谱中典型荧光峰区域的常见标识

组分	ex/nm	em/nm	Coble（1996）	Parlanti 等（2000）
类腐殖质	250~260	380~480	A	α'
类酪氨酸	270~280	300~320	B	γ
类腐殖质	330~350	420~480	C	α
海洋类腐殖酸	310~320	380~420	M	β
类色氨酸	270~280	320~350	T	δ

注：随后在非海洋环境中也观察到 M 峰的存在。

　　图 9.1（b）显示了表 9.1 所示荧光指数测量所需波长对的位置，以及表 9.2 所示的特定峰对应的荧光区域。大多数指数关注的是天然有机质中的"类腐殖质"峰荧光强度的变化，有时也将其与"类蛋白质"峰进行比较。然而，现在研究人员很清楚，这些区域的荧光可以归因于不止一类的荧光有机质。在所有情况下，对该指数的阐释都可能因有机质来源、基质和环境条件（如盐度、pH 或阳光）的变化而异。关于化学和生物对 OM 荧光影响的过程详见本书第 7 章和第 8 章，本章亦于 9.4 节的荧光指数部分简要回顾了上述过程。本节的其余部分将分别考虑每个常用的指数及其阐释，并简要介绍其开发过程与开发原因。

9.2.1　Kalbitz 及其同事开发的"腐殖化指数"（HIX$_{SYN}$）指示化学性质

　　Kalbitz 等（1999）在德国的一个沼泽地区，利用光谱技术区分了因土地利用不同而导致的溶解性腐殖质的差异性。地下水样本和表土水提取液分别取自不同演替阶段的耕地、草地和林地。通过测定其紫外光谱、荧光光谱和红外光谱性质，以确定其是否适合作为土地利用和改造的指标。他们使用同步扫描荧光测量荧光特征，激发范围为 260～560 nm，偏移量为 18 nm。在 10 mg/L DOC 条件下，对树脂提取的腐殖酸和富里酸的扫描结果进行了有机碳标准化，在 ex=360 nm/em=378 nm 和 ex=400 nm/em=418 nm 激发/发射波长处识别了特征峰，在 ex=470 nm/em=488 nm 处识别了一个肩峰。Kalbitz 等（2000）将原始水样中的峰位与富里酸组分中的峰位进行了比较，发现全水样中的峰位在分离后向更短的波长移动，这与高取代芳香核减少有关。

　　Kalbitz 等（1999）利用荧光强度比值法计算两种提取腐殖质的腐殖化指数（HIX$_{SYN}$）。两个指数分别是 ex=360 nm/em=378 nm 处的荧光强度与 ex=400 nm/em=418 nm 或 ex=470 nm/em=488 nm 处的荧光强度的比值。（ex=400 nm/em=418 nm）/（ex=360 nm/em=378 nm）和（ex=470 nm/em=488 nm）/（ex=360 nm/em=378 nm）两个指数密切相关（$r=0.91$，$n=46$）；因为它们与总荧光强度无关，因此可重复测量。Kalbitz 等（1999）认为，这些指数能度量腐殖化，指数的数值越高，腐殖化程度就越高，这是根据缩聚程度和荧光波长红移推断出来的。较高波长的腐殖化指数（ex=470 nm/em=488 nm）/（ex=360 nm/em=378 nm）与样本的 C/N 比负相关（$r=-0.63$），与 1 620 cm^{-1} 处的红外光谱芳香 C=C 结构吸光度正相关（$r=0.71$）；与 1 725 cm^{-1}/1 620 cm^{-1} 处的红外吸光度比值（与 COO—和 C=C 结构的比值有关）成反比（$r=-0.69$），证实该指数是一种缩聚程度的度量。对于全水样，Kalbitz 等（2000）计算了（ex=390 nm/em=408 nm）与（ex=355 nm/em=373 nm）的比值指数，以描述光谱向更短波长的偏移。如图 9.2 所示，该指数与腐殖化指数（$r=0.89$，$n=46$，$\alpha<0.001$）、1 620 cm^{-1} 处的红外吸光度（$r=0.66$，$n=44$，$\alpha<0.001$）以及和 C/N 比（$r=-0.48$，$n=46$，$\alpha<0.01$）密切相关，表明可以利用光谱技术测定原始水样中腐殖质的化学特征。

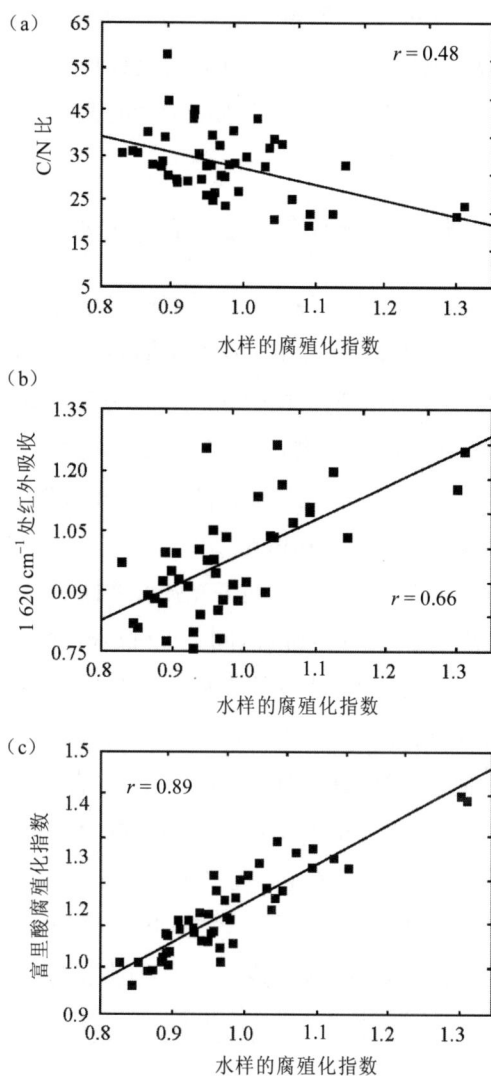

图 9.2 水样（x 轴）的腐殖化指数（HIX$_{SYN}$）与样本的 C/N 比（a），1 620 cm^{-1} 处的红外吸收（b），以及富里酸组分的腐殖化指数（c）之间的相关性。在使用 18 nm 偏移量的同步扫描后，全水样 HIX$_{SYN}$ 计算方法为（ex=390 nm/em=408 nm）/（ex=355 nm/em=373 nm），图中的富里酸 HIX$_{SYN}$ 计算方法为（ex=400 nm/em=418 nm）/（ex=360 nm/em=378 nm）[改自 Kalbitz 等（2000）]。

Kalbitz 和 Geyer（2001）进一步测试了 DOC 浓度和光谱仪类型（Perkin Elmer 的 LS 50B 荧光光谱仪和 BIO-TEK Instruments 的 SFM 25 型荧光光谱仪）对腐殖化指数的影响。他们确信，可以对腐殖化指数进行仪器间比较，但需要利用校正曲线对仪器进行适当校正。通过测定相同标准物质可获得这条校正曲线。他们还发现，如果样本 DOC 浓度过高，该指数易受内滤效应影响，从而高估芳香度。建议样本浓度约为 10 mg/L DOC，以减小内滤效应影响。

图 9.1 表明 Kalbitz 等（1999）的腐殖化指数本质上是测量现在所说的与 C 峰相关的荧光强度。该指数不是追踪峰值最大荧光的变化，而是选择更长激发波长的波长对。通过获取上述较长激发波长的荧光，该指数可以识别峰形状的变化，这可能与样本的芳香性和其他整体性质有关。

9.2.2 Zsolnay 腐殖化指数识别土壤有机质性质（HIX$_{EM}$）

Zsolnay 等（1999）与 Kalbitz 等（1999）几乎在同一时间提出了土壤有机质"腐殖化指数"（HIX$_{EM}$）。Zsolnay 等（1999）研究了干燥对土壤 OM 的影响，试图找出干燥过程中可提取 DOM 增加的来源。从多种类型土壤中（用 4 mmol/L CaCl$_2$）提取的 DOM 水溶液提取物被分离成富里酸和细胞裂解释放物。在 254 nm 固定激发波长和 300～480 nm 发射波长区间分析了 DOM 和每个组分的荧光特征。样本在 pH 为 2 的条件下测定，以排除 pH 的影响，并将样本稀释至吸光度不大于 0.1 cm^{-1}。

HIX$_{EM}$ 的测定方法是将 435～480 nm 区间荧光强度峰面积除以 300～345 nm 区间荧光强度峰面积（原文错误地除以 300～445 nm 区间荧光强度峰面积，但在原文图 9.1 和本章图 9.3 是正确的）。Zsolnay 等（1999）使用了与 Kalbitz 等（1999）类似的理论概念，提出 HIX$_{EM}$ 的增加与发射波长的增加有关，这是由于缩聚（低 H/C 比）程度增加。由于腐殖化也与 H/C 比的降低有关，他们认为该指数代表有机质的腐殖化程度。图 9.4 显示了与富里酸标准物质相比，空气干燥、烘箱干燥和熏蒸对两种土壤 OM 样本的影响，并显示了烘箱干燥如何降低 HIX$_{EM}$ 和标准物质相对荧光强度（硫酸奎宁当量荧光强度）。由于腐殖质通常比其前体物质更加缩聚，并且在烘箱干燥过程中 HIX$_{EM}$ 降低，Zsolnay 等（1999）据此得出结论，大部分释放的有机质来自非腐殖化源，如细胞裂解。

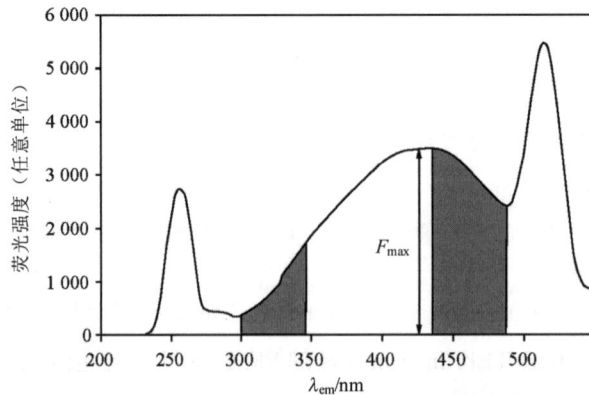

图 9.3 土壤水浸提液在 254 nm 激发波长下的荧光发射光谱。在两个瑞利散射峰之间可以看到宽的腐殖质峰（300～500 nm）。阴影表示用于计算 HIX$_{EM}$ 的区域。该指数是用右边区域（435～480 nm）光谱面积除以左边区域光谱面积（330～345 nm）计算出来的，与样本中的腐殖化程度有关。F_{max} 为峰值发射强度（Zsolnay et al.，1999）。

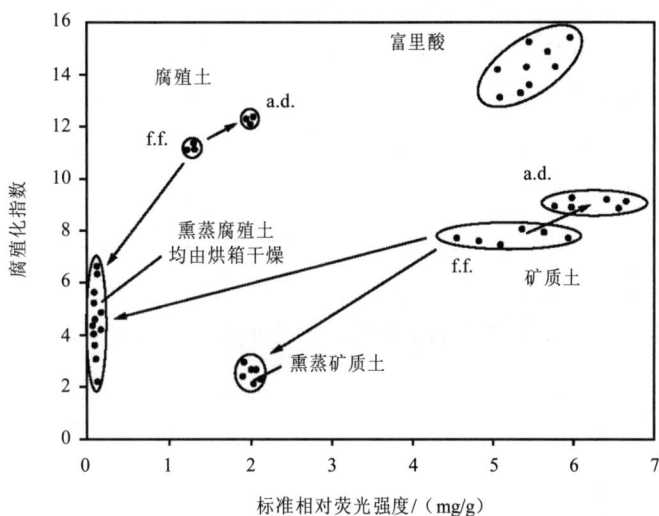

图 9.4 标准相对荧光强度（单位为硫酸奎宁当量）与 HIX_{EM} 的比较。用风干、烘箱烘干、熏蒸处理腐殖土和矿质土，然后对水提物进行荧光分析。用焦磷酸和氢氧化钠测定各土壤的富里酸含量。该图显示了野外新鲜样本（f.f.）、风干样本（a.d.）、烘箱干燥样本（o.d.）和熏蒸样本的不同信号，表明干燥过程释放了不同组分的有机质（Zsolnay et al., 1999）。

Ohno（2002a）研究了浓度和内滤效应对腐殖化指数的影响。测量了田间玉米渣提取物、水提取土壤有机质和土壤富里酸随浓度增加的荧光光谱，发现所有 3 个样本的 HIX_{EM} 都随浓度增加而增加。这是由于样本在 300～345 nm 有更大的吸收，从而导致更敏感的浓度效应。为避免上述情况下的内滤效应，Ohno（2002a）提出了以下两条建议。第一条是将所有溶液稀释到固定的吸光度（$<0.3\ cm^{-1}$），第二条是 HIX_{EM} 计算采用 435～480 nm 光谱下的荧光强度面积除以 300～345 nm 和 435～480 nm 光谱下的荧光强度面积之和。Zsolnay（2002）评论说，在稀释样本中，不同浓度 HIX_{EM} 的误差仅为 10% 左右，Ohno（2002b）进一步强调，降低浓度以减少内滤效应，可以更准确地测量 DOM 性质。因为计算 HIX_{EM} 的两个荧光区域受浓度的影响不同，所以应该谨慎使用；如果不对浓度和内滤效应进行校正，可能会对 HIX_{EM} 的计算结果产生很大的影响。最初由 Zsolnay 等（1999）提出的 HIX_{EM} 计算方法被大量文献广泛使用，该方法可以准确地用来比较样本间的差异。前提条件是样本需要稀释到其在 254 nm 处的吸光度不大于 $0.3\ cm^{-1}$，以减少因浓度产生的内滤效应并能有效校正该内滤效应（Ohno，2002a）。

9.2.3 识别海洋 DOM 中微生物源物质的新鲜度指数（"β/α" 和 "BIX" 指数）

Paranti 等（2000）研究了沿海陆架环境的海水和淡水端元过滤水样中的荧光组分和 EEMs。Coble（1996）的 C 峰、A 峰、M 峰、B 峰和 T 峰在 Parlanti 等（2000）中被重新命名，C 峰为 α，M 峰为 β，B 峰为 γ（见表 9.2）。α 峰（最大荧光强度 ex 330～350 nm，em 420～480 nm）与类腐殖质组分有关，β 峰（最大荧光强度 ex 310～320 nm，em 380～420 nm）与海洋类腐殖质组分有关，γ 峰与类酪氨酸、类蛋白质组分有关。β 峰与类蛋白质峰同时出现的结果支持了 β 峰源于生物活性的假设（图 9.5）。他们计算了表层海水和淡水样本以及蓝绿藻降解试验过程中上述 3 个峰的荧光强度比值。Parlanti 等（2000）证明 γ 峰和 β 峰都源于近期生物活动，可以作为沿海地区生物活动的标志。他们发现这些峰与 α 峰（类腐殖质）的比值提供了沿海环境中陆源荧光有机质生物产生的指数。他们将 β/α 比值命名为新鲜度指数，表明了近期生物活动产生的有机质数量。

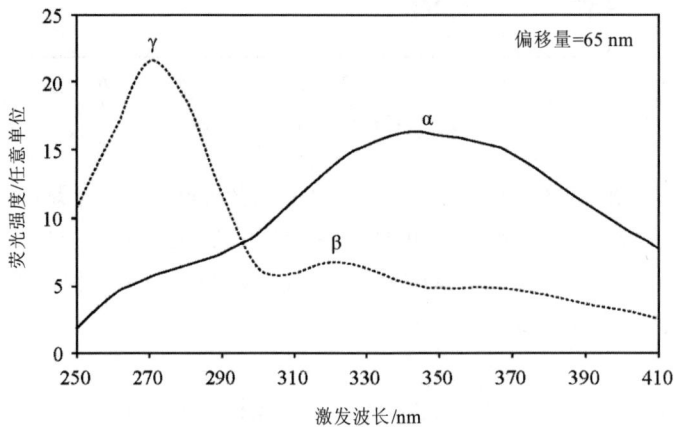

图 9.5 淡水样本（实线）和海水样本（虚线）的偏移量为 65 nm 的同步荧光光谱。α 峰（类腐殖质）、β 峰（海洋类腐殖质）和 γ 峰（类酪氨酸）的位置如图所示。海洋类腐殖质峰与藻类活动新产生的腐殖质有关，且常伴随类蛋白质峰的出现。β 峰和 α 峰被用来计算新鲜度指数，是指示沿海水生环境新产生腐殖质的指标［来自 Parlanti 等（2000），略有改动］。

Huguet 等（2009）进一步发展了 β/α 比值，并将其改名为 BIX。这个指数解释了基于 β 峰的生物活性引起发射光谱腐殖质部分的扩大。BIX 是在 310 nm 处激发，在 380 nm 处发射的荧光强度（β 峰最大值）与 430 nm 处发射的荧光强度（α 峰最大值）之比。这本质上与 β/α 比值一致，其中 BIX 的增加与荧光团 β 的强度增加有关。Huguet 等（2009）调查了河口过滤水样的 EEM，并计算了 BIX。在该环境中，低数值意味着含有低自生源溶解性有机质。数值增加与水生微生物产生更多的自生源组分有关。

Wilson 和 Xenopoulos（2009）在计算 β/α 比值时进行了微小改动。他们通过比较 34 个流域的河流溶解性有机质，确定了农用土地利用对 DOM 特征的影响。同 Huguet 等（2009）一样，他们在荧光分析时采用了 310 nm 激发波长。β/α 比值的计算方法是将 380 nm 处的发射强度（代表 β 峰）除以 420～435 nm 之间的最大发射强度（代表 α 峰）。Wilson 和 Xenopoulos（2009）发现，β/α 比值随着耕地覆盖率的增加而增加，与总溶解性氮（total dissolved nitrogen）的增加一致，总溶解性氮是一类增加生物活性的营养物质。这加强了新鲜度指数与近期微生物源 DOM 的联系。

9.2.4 识别淡水 DOM 前体物质的荧光指数（FI）

在研究湖泊和溪流中发现的腐殖质时，McKnight 等（2001）调查了植物或土壤源有机质比微生物源有机质在淡水 DOM 前体物质贡献方面的相对重要性。他们利用 ^{13}C-NMR、^{1}H-NMR、IR 和元素分析研究了从麦克默多干谷（McMurdo Dry Valley）湖泊和溪流中分离出来的完全微生物源富里酸的化学性质。麦克默多干谷是南极洲罗斯岛（Ross Island）附近没有植物的沙漠绿洲。结果表明，与植物或土壤有机质相比，这些微生物源富里酸具有较低的碳氮比和芳香性，这反映了有机分子前体库中缺乏木质素（McKnight et al.，1994；Aiken et al.，1996）。干谷湖水样和南极另一个沙漠绿洲邦格山（Bunger Hills）湖水样本的荧光指数比较研究表明，该指数可表征小体积水样。

在 Ewald 和 Belin（1987）利用激发波长为 370 nm 的 C 峰区域检测海水样本间荧光差异的基础上，他们采用了一种试错法来识别不同富里酸的荧光信号差异。研究证实，在 370 nm 激发波长下，从干涸的山谷湖泊中提取的富里酸与国际腐殖质学会（IHSS）富里酸参考品［提取自萨旺尼河，该河流入美国东南部的大湿地—奥克弗诺基沼泽（Okefenokee Swamp）］在发射扫描光谱上存在显著差异。还分析了南极湖泊的全水样和北美洲溪流及河流的全水样及其分离出的富里酸。由于南极湖泊富里酸的荧光光谱特征峰比萨旺尼河富里酸和其他植物/土壤源样本更尖、更窄，研究人员对其荧光光谱进行了内滤校正后，根据激发波长为 370 nm、发射波长为 450 nm 和 500 nm 的荧光强度比计算了荧光指数（FI），以量化南极湖泊富里酸特征峰。选择 450 nm 波长是因为其接近数据集最大强度的平均值，而选择 500 nm 波长是因为其接近微生物源富里酸峰的 50%。南极湖泊样本的 FI 最高（1.7～2.0），对应的 DOM 主要来源是与浮游植物生产力相关的微生物活动。北美洲河流样本的 FI 较低（1.3～1.4），主要来源于植物凋落物和土壤。少数样本的 EEMs 证明，该指数的增加对应于 C 峰荧光团向较低的发射波长偏移。正如预期的那样，对于分离出的富里酸样本，通过 ^{13}C-NMR 测定，其 FI 和芳香性百分比之间具有良好负相关性（图 9.6）。然而，在一组溪流富里酸样本中，河床氧化铁吸附去除大量的芳香富里酸导致富里酸芳香性大幅下降，但 FI 变化很小。正如图 9.6 所示，迪尔克里克（Deer Creek，DC）流入斯内克河（Snake River，SR），后者芳香性变低，但荧光指数变化不大。这一观察结果表明，该指数主要反映的是有机前体物质，而不是芳香性。McKnight 等（2001）认为，FI 有潜力用于筛选样本，以识别 DOM 来源和特征的变化，也可以使用其他更详细的测量方式来探究。McKnight 等（2001）也指出，FI 指数的取值范围与仪器有关。

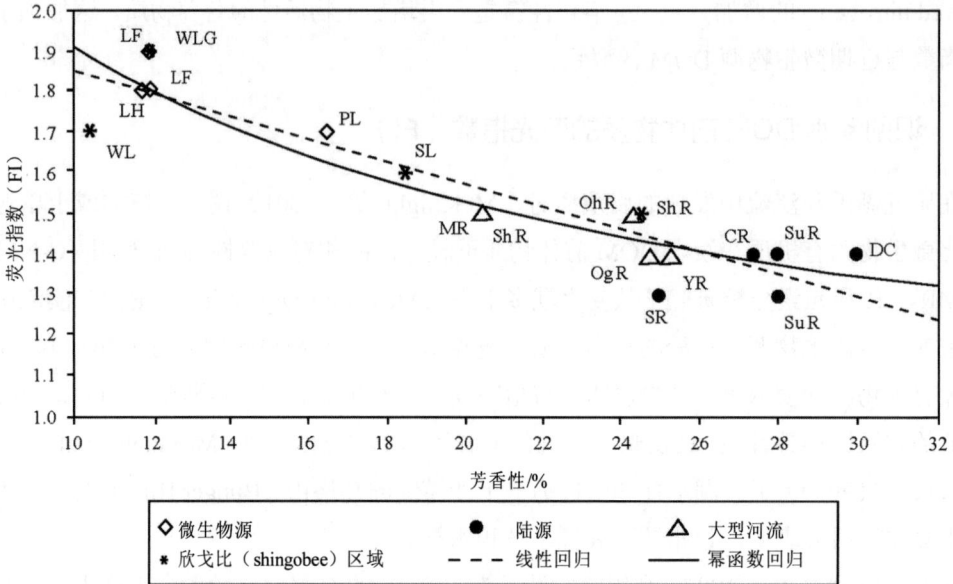

图 9.6 McKnight 等（2001）分离的不同富里酸样本荧光指数（FI）与芳香性（%）的关系图。芳香性（%）由 ^{13}C-NMR 中的芳香碳区域面积与光谱总面积的比值计算而得。FI 与芳香性有较强的相关性［线性回归方程为 $y = -0.027x + 2.1$（$R^2 = 0.85$），幂函数回归方程为 $y = 3.94x - 0.316$，其中 x 为芳香性，y 为 FI］。值得注意的是，当迪尔克里克（Deer Creek，DC）流入斯内克河（Snake River，SR）时，由于芳香富里酸吸附在河床的氧化铁上，芳香性有所下降，但 FI 变化不大，表明该指数具有一定稳定性。地点代码：DC = Deer Creek，LF = Lake Fryxell（弗里克塞尔湖），LH = Lake Hoare（霍尔湖），MR = Missouri River（密苏里河），OgR =Ogeechee River（奥吉奇河），OhR = Ohio River（俄亥俄河），PL = Pony Lake（波尼湖），SL = Shingobee Lake（欣戈比湖），ShR = Shingobee River（欣戈比河），SR = Snake River，SuR = Suwanee River，WL = Williams Lake（威廉斯湖），WLg = Williams Lake groundwater（威廉斯湖地下水），YR = Yakima River（亚基马河）［地点详情参见 McKnight 等（2001）］。

Cory 和 McKnight（2005）随后的工作基于适用于所有荧光计的仪器校正，改进了 FI。改进的 FI 计算方法为 370 nm 激发光下，发射波长 470 nm 和 520 nm 处荧光强度之比。这项研究分析了 379 个样本的 EEM 数据集，包括干旱河谷、科罗拉多州高山流域和阿拉斯加北极苔原等地点不同湖泊、溪流和湿地好氧区和缺氧区全水样和富里酸提取物。Cory 和 McKnight（2005）利用平行因子分析（PARAFAC）建立了一个 13 组分模型（PARAFAC 分析详见第 10 章），其中 7 个组分与模式醌类化合物有着相似的吸光光谱和发射光谱。3 个组分代表氧化性醌类基团（Q1、Q2 和 Q3），3 个组分代表半醌类基团（SQ1、SQ2 和 SQ3），1 个组分代表还原性氢醌类基团（HQ）。他们发现，FI 和这两个组分（图 9.7 的 SQ1 和 SQ2）具有强相关性。这些组分具有双吸收峰，其中一个峰集中在约 370 nm 处，发射峰位于 C 峰范围内。SQ2 组分在基于南极湖泊 EEMs 的简单 PARAFAC 模型中得到了解析，并且在具有较高 FI 的样本中发挥了更大作用。Cory 等（2007）进一步研究了光降解对北极样本和 FI 的影响，发现上述样本 FI 对光降解不敏感。上述结果提供了 FI 与基于前体物质的基础化学有关的证据。最后，Cory 等（2010）比较了荧光计和仪器校正因子，发现如果仪器有足够的灵敏度，校正因子的应用可以直接比较不同研究中的 FI。例如，Jaffé 等（2008）在两个不同的实验室分析了一组差异性样本，样本从海洋表层水到北极苔原土壤间隙水。两个实验室的 FI 高度相关（$r^2 = 0.87$），一旦应用适当的仪器校正因子，线性方程的截距接近零。

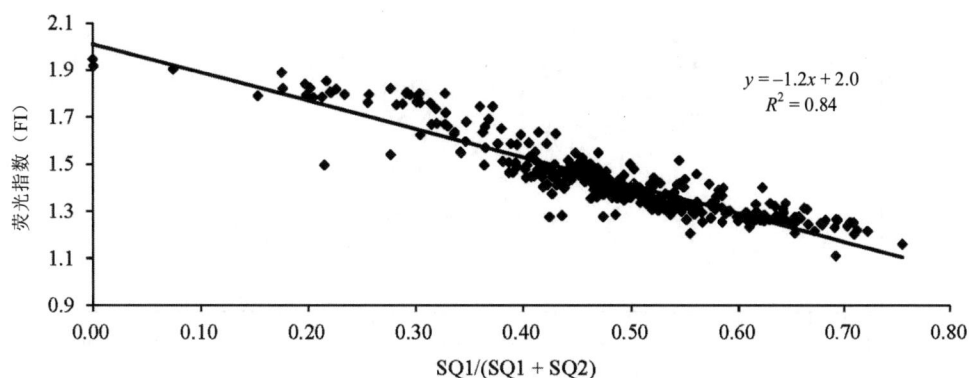

图中数据：
$$y = -1.2x + 2.0$$
$$R^2 = 0.84$$

纵轴：荧光指数（FI）

横轴：SQ1/(SQ1 + SQ2)

图 9.7　Cory 和 McKnight（2005）PARAFAC 模型的两个组分（SQ1 和 SQ2）具有类似于半醌类的光谱性质，可以解释 McKnight 等（2001）荧光指数（FI）的变化。基于南极湖泊样本构建的 PARAFAC 模型中提取了 SQ2 组分，其很可能来自微生物活动。随着 SQ2 占 SQ1+SQ2 总数的比例下降，FI 也随之下降，较低的 FI 与较少的微生物来源物质有关（摘自 Cory and McKnight，2005）。

9.2.5　识别污水对河流影响的"T/C 峰比值"

Baker（2001）分析了受污水排放影响的英国小河流水体的荧光 EEMs。污水以及排污河流上游和下游样本显示，由于污水的输入，河流水体的荧光特征发生了变化，这表明荧光技术具有分析受污水影响的河流水质的潜力。在 275 nm 激发波长、350 nm 发射波长下测量了类色氨酸 T 峰（在该文中被称为 A 峰）。在激发波长为 320～340 nm、发射波长为 410～430 nm 区间测量了类富里酸 C 峰（在该文中被称为 B 峰）。用 T 峰与 C 峰的比值来区分上下游水样。在排放点上游，由于 C 峰强度大于 T 峰强度，未受影响的河流的类蛋白质/类富里酸荧光强度比值约为 0.6。废水的 T/C 峰比值约为 1.0，显示出独特的荧光 EEMs，即类蛋白质和类富里酸峰均较高且比例大致相等。在排污点下游，EEMs 继续呈现污水信号特征，由于稀释作用，T/C 峰比值缓慢下降。

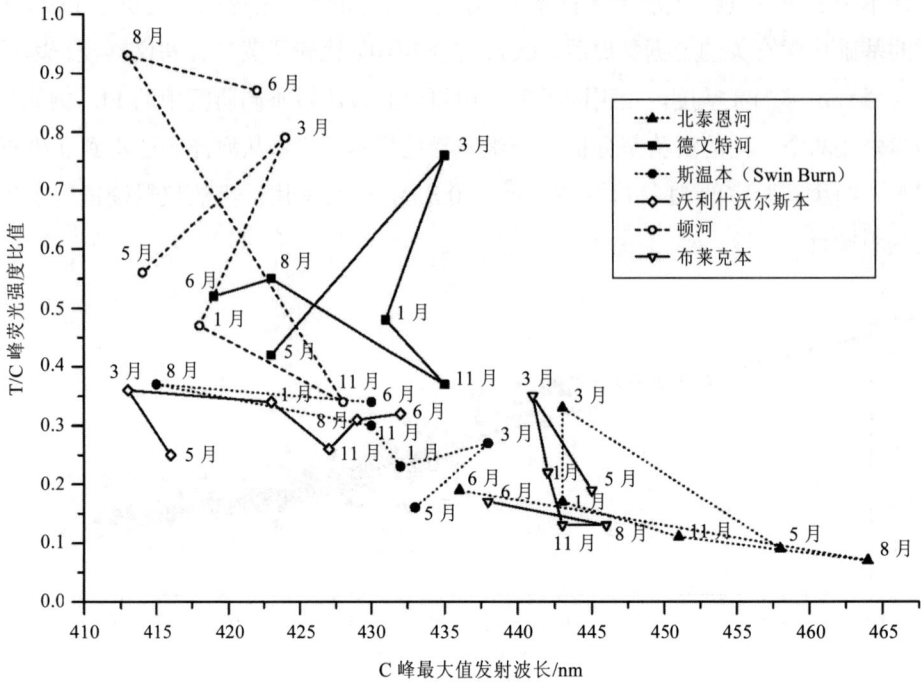

图9.8 河流水样 T/C 峰比值与 C 峰最大值发射波长关系示例。样本来自 2002—2003 年英格兰东北部泰恩流域（Tyne catchment）进行的年度采样。北泰恩（North Tyne）流域和布莱克本（Black Burn）流域这两个富含泥炭的高地流域的水样具有 T/C 峰比值较低和 C 峰最大值发射波长较高的特征，是一种天然水生有机质信号。受影响更大的低地流域——沃利什沃尔斯本（Wallish Walls Burn）有着集约化的农业，以及两个城镇流域河流顿河（River Don）和德文特河（River Derwent）具有更低的 C 峰最大值波长和更宽的 T/C 峰比值范围，而且这一比值通常高于未受影响的高地河流。这说明 T/C 峰比值指数在识别废水对河流影响方面具有一定的效用［来自 Hudson 等（2007），稍作调整］。

随后的研究表明，T 峰荧光强度与河流水体和处理过的废水中的生物需氧量密切相关（Hudson et al.，2008）。结合各河流 C 峰荧光强度与溶解性有机质浓度的关系，可以将 T/C 峰比值定义为陆地水体 BOD/DOC 比值，从而与水质产生联系。图 9.8 呈现了英国泰恩河子流域河流水体的 T/C 峰比值（Hudson et al.，2007），该指标在水质良好的高地流域和水质较差的低地流域、城市流域之间存在差异。T 峰荧光的微生物来源不限于污水源有机质，农业有机质同样是重要来源（Baker，2002）。T/C 峰比值也可作为田地流出泥浆的指标（Naden et al.，2010）。然而，在海洋和河口水体中，T 峰荧光增强源于污染物的解释是无效的，因为 T 峰荧光被归因于海洋生物活动。从概念上讲，淡水 T/C 峰比值相当于海洋和河口水域的新鲜度指数（BIX）。在这两种情况下，两个指数都表现出更新的微生物源物质与更复杂的腐殖类物质的荧光强度之比。

9.2.6　指示类醌基团氧化态的氧化还原指数

在开发水生腐殖质来源的荧光指数后不久，McKnight 等研究人员探索了利用荧光来表征环境中腐殖质参与电子穿梭（electron shuttling；氧化还原）反应的过程。Lovley 等（1996）的研究表明，微生物将腐殖质作为电子穿梭体（electron shuttle）或电子受体的方式，在某种程度上类似于模式醌类物质——蒽醌-2,6-二磺酸盐（AQDS）。由此推断，腐殖质中的类醌基团在氧化还原反应中起关键作用。Scott 等（1998）利用电子自旋共振（ESR），记录了微生物电子转移后半醌自由基的增加，这证实了电子转移到腐殖质分子醌基团上。这一变化表明苯二酚类物质的还原性逐渐占据优势地位，与蒽氢醌-2,6-二磺酸盐（AHDS）类似。然而，ESR 测量需要高浓度的腐殖质（2 000 mg/L），而该浓度水平在自然系统中是不存在的。Klapper 等（2002）探索了荧光光谱法表征腐殖质氧化还原状态的潜力。他们关于从海洋沉积物提取的腐殖质的微生物还原实验表明，随着电子转移，主要腐殖质荧光团向更高的发射波长偏移，这与 AHDS 荧光团相对于 AQDS 荧光团的波长偏移类似。Fulton 等（2004）在南极湖泊的氧跃层水体 EEMs 的观测中也发现了类似变化。

Miller 等（2006）在高寒溪流-湿地生态系统的一项野外试验研究了潜流交换在高寒溪流短（100 m）河段中控制 DOM 和氮的氧化还原反应速率的作用。在该研究中，全水样 EEMs 符合 Cory 和 McKnight（2005）的 PARAFAC 模型，并利用 7 个类醌组分的载荷值建立了氧化还原指数（RI），作为腐殖质 DOM 中类醌基团氧化还原状态的衡量指标。将 RI 定义为 4 种还原性类醌组分（SQ1、SQ2、SQ3 和 HQ）的载荷之和与 Cory 和 McKnight（2005）PARAFAC 模型确定的所有 7 个类醌组分载荷之和的比值。高 RI（0.5～0.6）代表更多的还原性类醌基团，低 RI（<0.4）代表更多的氧化性类醌基团。Miller 等（2006）将 RI 与反应性运输模型结合使用，以证明还原性类醌基团（RI = 0.51）从潜流带运输到主水道，在那里还原性类醌基团被快速氧化（RI = 0.39）。该研究强调了在生物地球化学研究中，可以用现有的 PARAFAC 模型［由 Cory 和 McKnight（2005）基于各种 DOM 来源和氧化还原条件下的 EEMs 建立］拟合新 EEMs 数据，根据各组分载荷计算 RI。Fellman 等（2009）讨论了建立一个新 PARAFAC 模型与将 EEMs 拟合到现有 PARAFAC 模型的潜在优缺点，本书于第 10 章详细讨论了 PARAFAC 模型。

RI 能够揭示地下水系统中 DOM-金属在氧化还原梯度上的相互作用。Mladenov 等（2010）采集了孟加拉国地表水和地下水样本，计算了 RI，以研究 DOM 来源和氧化还原反应在控制溶解性铁和溶解性砷迁移中所发挥的作用。在地表水中，氧化性类醌基团（RI = 0.34～0.46）、溶解性铁（<0.1 mg/L）和溶解性砷（约 5 μg/L）含量较低。浅层地下水样本中还原性类醌基团（RI = 0.47～0.48）、溶解性铁（6～10 mg/L）和溶解性砷（>200 μg/L）含量较高。基于上述结果和沉淀物培养试验结果，他们提出了微生物介导的电子穿梭路径通过腐殖类 DOM 导致浅层地下水中溶解性铁和溶解性砷迁移的假说（图 9.9），并应用于奥卡万戈三角洲（Okavango Delta）一个类似系统（Mladenov et al.，2007，2008）。RI 可用于描述氧化环境中 DOM 的氧化还原状态，如高山湖泊的水体（Miller et al.，2009；Mladenov et al.，2009）以及饮用水处理过程中的氯化反应（Beggs et al.，2009）。

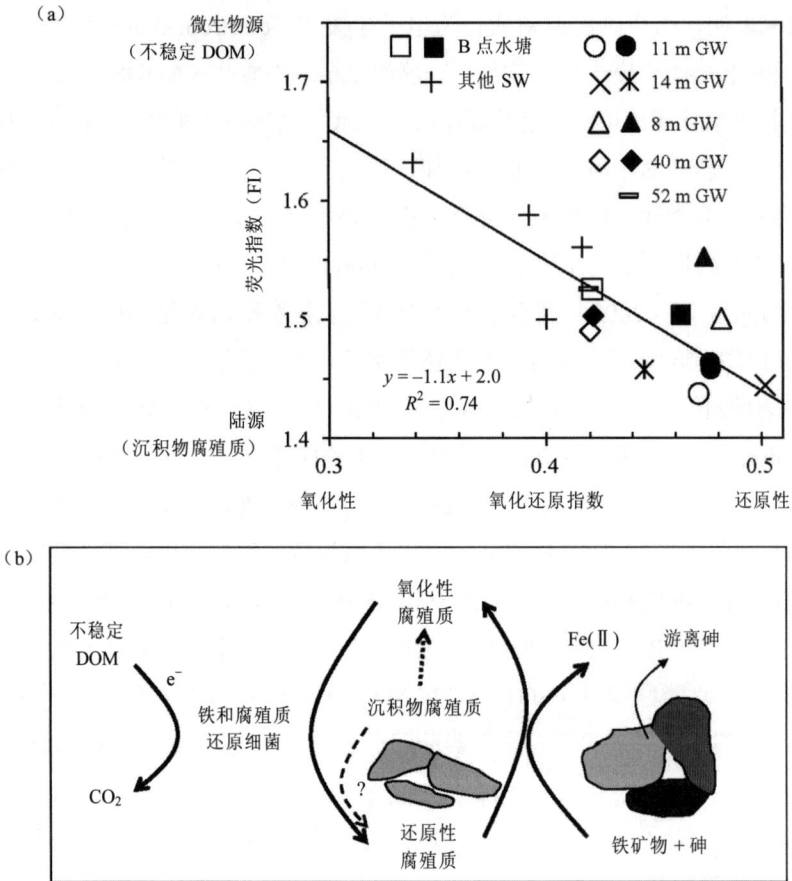

图 9.9　孟加拉国地表水（SW）和地下水（GW）样本中 McKnight 等（2001）荧光指数和氧化还原指数（RI）之间的关系（a）。RI 较低的样本处于氧化型地表水环境，溶解性砷较低，而深部地下水样本还原程度较高，来自高砷环境。（b）微生物介导的电子穿梭级联机制：腐殖质在不稳定 DOM 和氧化铁之间充当电子穿梭体，最终导致铁和砷的迁移，并改变腐殖质的氧化还原指数 [改自 Mladenov 等（2010），图中符号详情参见该文]。

9.3　荧光指数的应用

表 9.1 和图 9.1 表明，许多荧光指数具有相关性，特别是那些描述类腐殖质峰值位置变化的荧光指数（FI）（Kalbitz et al.，1999；McKnight et al.，2001）或微生物源有机质与

土壤源有机质的比值（BIX 和 T/C 峰比值）。本节重点介绍了几项研究，并举例阐释了荧光指数如何被进一步用于生态系统研究。

9.3.1 利用荧光指数识别土壤有机质的环境控制因素

正如本章前文所讨论的，使用荧光和荧光指数来研究和表征有机质的大部分工作最初是为了揭示土地利用或环境变化所导致的土壤有机质变化。Kalbitz 等（1999）开发 HIX_{SYN} 并发现耕地和集约化利用土地表层土的水浸提液有机质比用途多样或未利用土地具有更高的 C/N 和更小的缩聚度。Zsolnay 等（1999）提出用 HIX_{EM} 测量土壤干燥对 DOM 性质的影响，并发现干燥会促使土壤释放更多的非腐殖类物质，Agaki 等（2007）利用 HIX_{EM} 来评估两种土壤样本处理方法对 DOM 性质的影响。

一些研究使用并比较了这两个腐殖化指数，即 HIX_{SYN} 和 HIX_{EM}。Kalbitz 等（2003）研究了生物降解对从 13 种土壤样本提取的溶解性有机质性质的影响。随着生物降解增加，HIX_{EM} 和 HIX_{SYN} 均降低，表明腐殖化程度降低。腐殖化的减少还与芳香族 H 的减少和含 O 官能团的增加有关（图 9.10）。与 HIX_{SYN} 相比，HIX_{EM} 与这些化学特性变化的相关性更强。Bu 等（2010）在研究沿海拔梯度不同植被区土壤水溶性有机质时，也发现了这两个指数之间的相关性。他们还发现，表层土壤有机质的腐殖化程度高于深层土壤有机质，针叶林土壤的腐殖化程度高于其他植被类型，这可能是由于碳的矿化速率较慢。在生物降解研究的基础上，Cannavo 等（2004）研究了腐殖化指数对随时间变化的降水的响应。他们发现 HIX_{EM} 对降雨事件有很强的响应，提出了小分子更容易被冲走且与微生物活动有相关性的假说。他们还观察到，总碳不发生变化时，该指数也可能发生变化，这表明该指数能指示 TOC 浓度无法反映的有机质化学组成变化。

很多研究也观察到土壤剖面有机质的腐殖化指数（HIX_{EM}）随深度的增加而降低。Bu 等（2010）发现所有 4 种类型土壤有机质的 HIX_{EM} 均随深度的增加而显著减少。Corvasce 等（2006）和 Hassouna 等（2010）进行了与 Cannavo 等（2004）类似的研究，发现芳香性的降低与 HIX_{EM} 的降低有关。这很可能是因为分子量更大、腐殖化程度更高的分子被保留在矿物表面，而分子量更小、可移动性更强的分子可以被输送到更深的土层。在酸化对土壤 DOM 影响的研究中，Ohno 等（2007）也观察到 HIX_{EM} 随深度降低。他们发现，与针叶林相比，落叶林土壤有机质 HIX_{EM} 随深度的下降更为明显。此外，两种森林类型中，土壤发生酸化的流域样本的 HIX_{EM} 均高于对照流域样本。

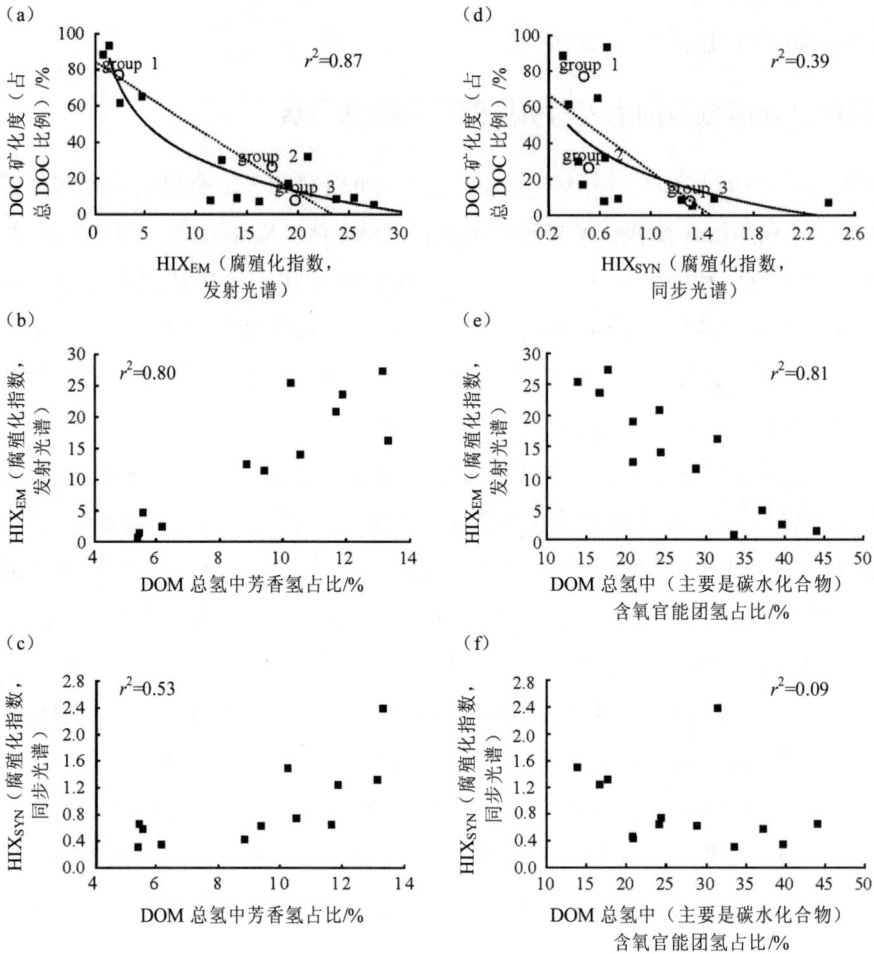

图 9.10　玉米秸秆、森林枯枝落叶层、泥炭和农业土壤中提取物 HIX_{SYN} 和 HIX_{EM} 的比较。将样本培养 90 天，以确定生物降解对 DOM 特性和荧光特征的影响。第 1 组样本在 90 天后被较高程度地生物降解（以矿化形成 CO_2 的程度衡量），第 2 组样本被中等程度地生物降解，第 3 组样本被较低程度地生物降解。图（a）和图（b）是随着生物降解增加，两类 HIX 指数的下降趋势及其对数（实线，r^2）回归和线性（虚线）回归。绘制了 HIX_{EM}（c，d）和 HIX_{SYN}（e，f）与 DOM 总氢中芳香氢占比（c，e）和含氧官能团氢占比（d，f）的关系图，其中 HIX_{EM} 与 DOM 总氢中芳香氢占比（c，e）和含氧官能团氢占比均有较强的线性关系（Kalbitz et al.，2003）。

9.3.2　建立荧光指数以测量洞穴石笋保存有机质的腐殖化程度并长期记录

有机质化学特征的长久保存使得回溯历史环境信息成为可能。地下水水文地质学家已经观察到，当滴水穿过上覆土壤和植被时会形成洞穴石笋，并保留其荧光有机质。为了量化这些保存下来的有机质变化，研究人员建立了与腐殖质发射荧光区相关的荧光指数，对应于简化的 Kalbitz 方法。Baker 等（1998）对现代石笋样本进行了标定研究，发现 C 峰的发射波长提供了有关上覆土壤类型和腐殖化程度的有用信息。Baker 等（1998）发现 C 峰最大强度波长的增加对应着缩聚程度和芳香性的增加。随后，Baker 和 Bolton（2000）总结了石笋荧光指数数据。基于这些结果，Proctor 等（2000）通过洞穴石笋中 C 峰荧光强度波长的偏移记录了 1 000 年来泥炭的腐殖化。Proctor 等（2000）使用了与光纤探针耦合的标准荧光分光光度计测量了抛光石笋表面发射的荧光。Proctor 等（2000）利用 ex=350 nm/em=420 nm 和 ex=390 nm/em=470 nm 的荧光比值，基本上能反映富含泥炭的有色陆地水体中观察到的 C 峰所在区域荧光特征（Spencer et al.，2007）。图 9.11 显示了 1 000 年来石笋保存有机质荧光比值的历史变化，通过其他气候替代性指标（如每年的薄层宽度）的验证，记录了上覆泥炭的地下水位变化和有机质腐殖化程度。最近，研究人员将同样的石笋与树木年轮记录的水可用性相结合，产生了长达 1 000 年的北大西洋涛动（North Atlantic Oscillation）记录（Trouet et al.，2009）。

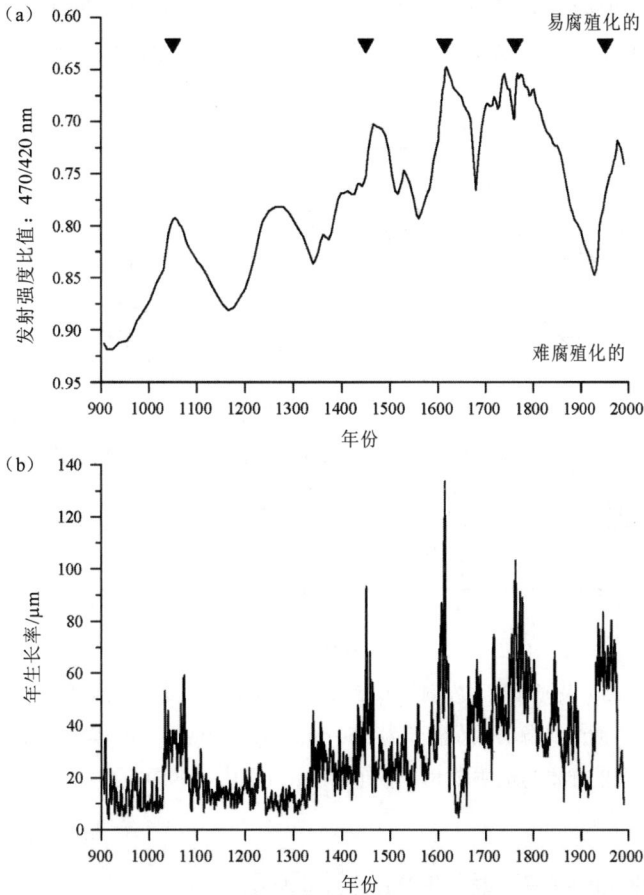

图 9.11　洞穴石笋保存有机质腐殖化程度的 1 000 年记录。（a）通过测量 420 nm 和 470 nm 处发射的荧光强度确定的荧光比值。（b）荧光有机质形成的年带宽代表石笋的年带宽（年生长率）。低荧光比值（注意逆标度）与石笋快速生长有关，造成石笋快速生长的原因是上覆泥炭地下水位下降以及 CO_2 产量和石灰石溶解的增加。因此，低的比值对应着高腐殖化时期（改自 Proctor et al.，2000）。

  该方法的一个重要进展是采用激光作为激发光源，能够在含有机质的石笋样本上实现微米级间距的分析，相当于亚年级别的时间分辨率（Perrette et al.，2005）。因此，激光激发具有高分辨率重建历史有机质通量的潜力。Perrette 等（2005）利用激光光源，开发了一种基于 364 nm 激发波长的荧光指数。从概念上讲，Perrette 等（2005）的荧光指数与 McKnight 等（2001）的 FI 和 Proctor 等（2000）使用的指数近乎相同，然而前者计算的分子、分母与后两者相比正好颠倒。前者利用的是在发射波长 514 nm（高波长）和 457 nm（低波长）处荧光强度的比值，将其作为荧光指数；后两者则是利用低发射波长和高发射波长处荧光强度比值，将其作为荧光指数。研究人员对地下水、土壤提取物和洞穴石笋进行分析，并与最大荧光发射波长（λ_{max}）进行比较。研究结果表明，与土壤水相比，地下水样本的 FI 非常低，这说明地下水中溶解性有机质相对亲水，也说明基质分别为水和方解石的溶解性有机质的 FI 存在差异（图 9.12）。地下水样本中非常低的 FI 观测结果与 Baker 和 Genty（1999）观测到的最大 C 峰值较短的发射波长观测结果相吻合。如果这是整个地下水的典型特征，这意味着地表水中 C 峰值与 FI 的关系能反映截断地下水位线的河流地表水和地下水所发生的混合作用。

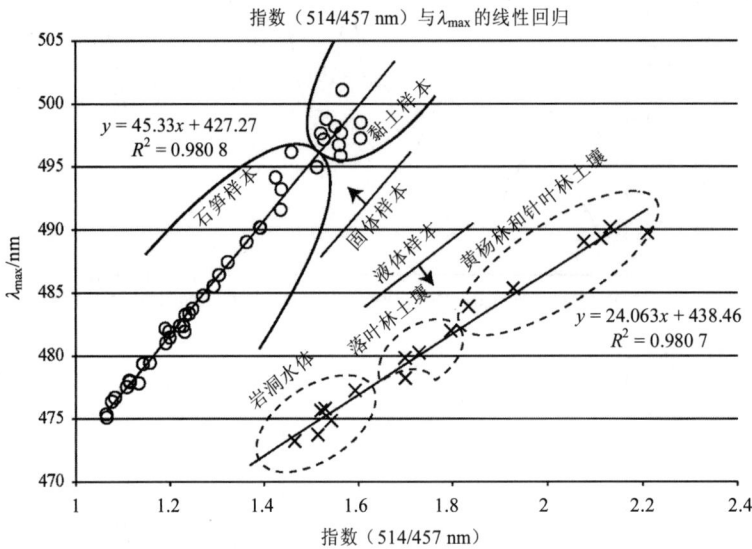

图 9.12 Perrette 等（2005）荧光指数（发射波长 514 nm 和 457 nm 处荧光强度比值）与最大荧光强度波长 λ_{max} 之间的线性回归。激光光源的激发波长为 364 nm。土壤和地下水液体样本的回归曲线斜率较低，斜率较高的回归曲线涉及的样本为地质样本（来自 Perrette et al.，2005）。

9.3.3 理解地表水 DOM 来源和性质的控制因素

  McKnight 等将 FI 初步应用于了解落基山脉（Rocky Mountains）高山和亚高山湖泊系统中 DOM 浓度的控制因素，该系统是 Niwot Ridge 长期生态研究（Long Term Ecological Research，LTER）项目的一部分（Hood et al.，2003）。所有湖区 DOC 浓度在融雪期间均呈上升趋势，且该趋势与高腐殖质百分比、低 FI 指数有关，表明了该湖区有机质的植物/土壤来源。在夏季藻华期间，腐殖质百分比下降、FI 增加。这种 FI 的增加在高寒湖泊中大于亚高寒湖泊，反映了亚高寒森林对陆地 DOM 的初始输入大于高寒苔原和岩屑地。流经不包含湖泊的相邻流域的溪流中未观察到 FI 的季节变化。^{13}C-NMR 对分离样本的化学表征证明，每年春夏季存在季节趋势，与夏季相比，春季融雪时高寒湖泊中富里酸的芳香性更强（Hood et al.，2005）。Miller 等（2009）观察到，一次不寻常的 3 天夏季暴雨导致高寒湖泊 FI 由于径流增加而突然下降，然后当藻类种群数量增加时，FI 又反弹到较高的值（图 9.13）。

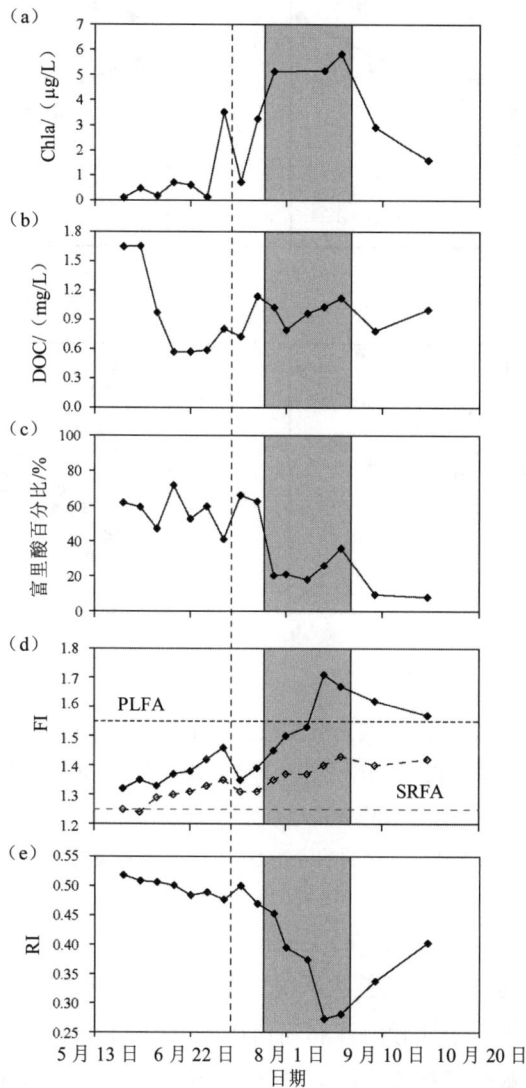

图 9.13 叶绿素 a（a）、DOC（b）、富里酸百分比（c）、全水样（实线）和富里酸（虚线）McKnight 荧光指数（FI）和全水样氧化还原指数（RI）的季节变化。垂直虚线表示持续降雨事件，阴影部分表示叶绿素 a 在河口出现峰值的时间。PLFA 代表微生物端元波尼湖富里酸的 FI，SRFA 代表陆源端元萨旺尼河富里酸的 FI（改自 Miller et al.，2009）。

在加拿大的 34 个温带流域，河岸耕地百分比从 0 到 45%不等，荧光指数被用于了解与土地覆盖和土地利用相关的 DOM 性质的控制因素（Wilson and Xenopoulos，2009）。研究人员分析了两年多来每两个月采集的过滤水样，对光谱数据在分析前进行了内滤效应校正。在研究流域中，HIX$_{EM}$ 与湿度存在一定的相关性，说明了气候对 DOM 的影响。然而，FI 和 BIX 分别与河岸耕地数量和总溶解氮量有很强的相关性，与湿度无关，说明来源物质的化学性质与湿度无关（图 9.14）。

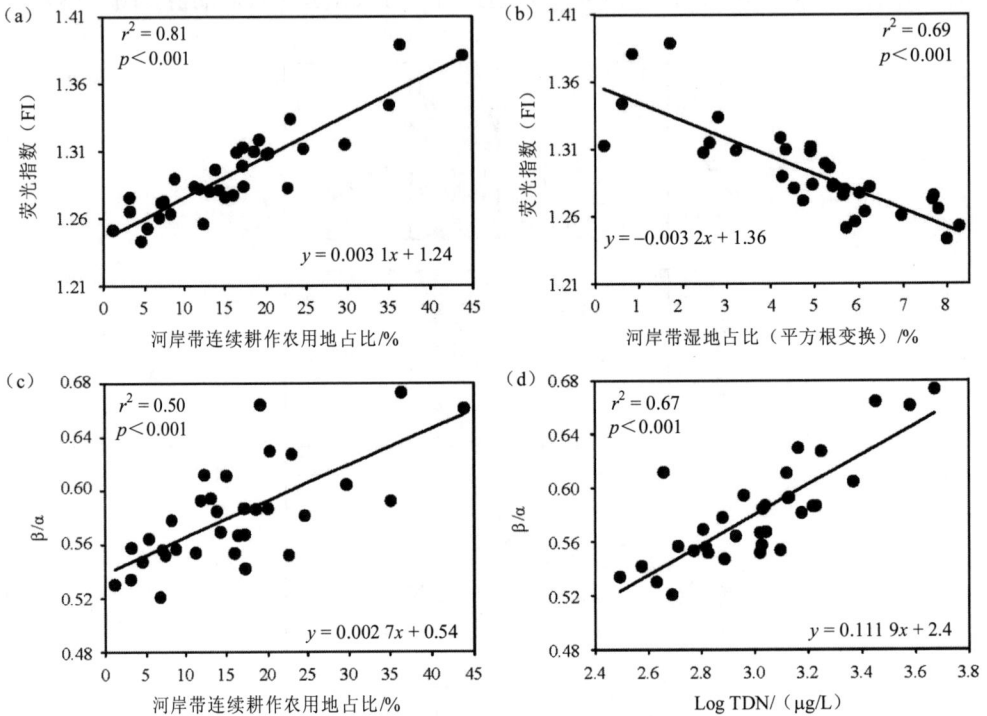

图 9.14　34 个流域 McKnight 等（2001）荧光指数（FI）[（a）和（b）]和新鲜度指数（β/α）[（c）和（d）]与土地覆盖和营养盐特征的关系。FI 与河岸带连续耕作农用地占比正相关（a），与河岸带湿地占比（平方根变换）负相关（b）；而 β/α 与连续耕作农用地百分比（c）和对数总溶解性氮（TDN）（d）正相关。上述结果为荧光指数对流域和河流特征变化的响应能力研究提供数据支撑。（改自 Wilson and Xenopoulos，2009）。

　　FI 与连续耕作农用地的相关性首次证明了土地覆被、DOM 特征和芳香性之间可能存在联系。BIX 指数最初被用于比较海洋和河口环境中的 M 峰和 C 峰，后来被应用于陆地环境，并被证明与总溶解性氮相关。这可能是一种相互关系，随着微生物产量的增加，导致 M 峰和 T 峰区域的荧光增加，这是富营养化所导致的指数升高。

　　很多研究人员使用 FI 阐释有机质的空间和季节性趋势，并且常结合地表水的校准数据集解释有机质的来源是"微生物/自生源"还是"陆地/外来源"（McKnight et al.，2001）。

Jaffe 等（2008）对 LTER 网络中主要的长期研究地点的观测数据进行比较，发现 FI 与 DOM 中的 C/N 比相关（图 9.15），FI 越高，C/N 比越低。这种关系与从自然水体分离的腐殖质研究所确定的关系一致，即微生物源腐殖质通常具有较低的 C/N 比，反映了木质素前体的缺乏（McKnight et al.，1997）。

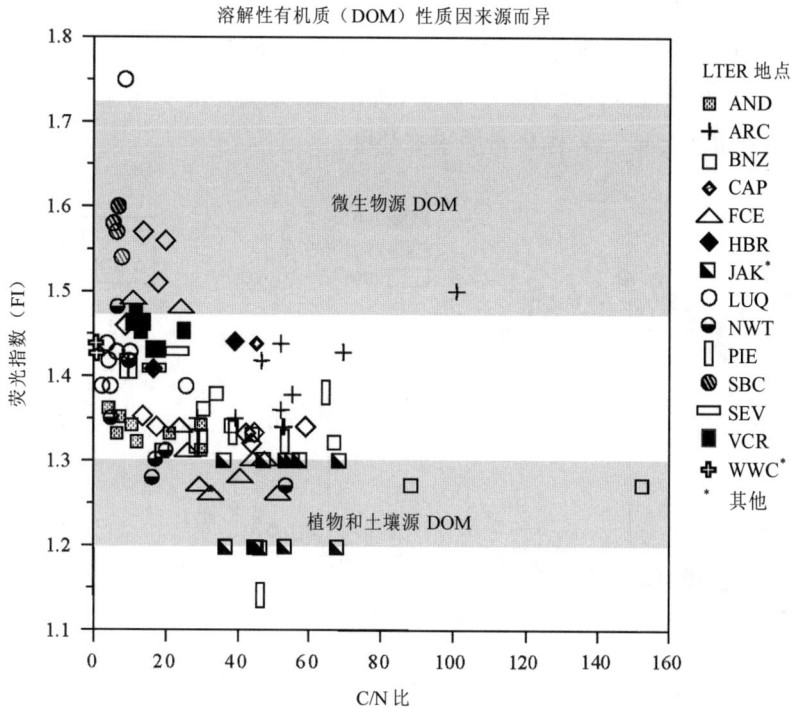

图 9.15　在 LTER 网络和其他地方的淡水和海洋 DOM 样本 McKnight 等（2001）荧光指数（FI）与 C/N 比之间的关系。较高 FI 的 DOM 是微生物源前体物质，其 C/N 比通常较低，而较低 FI 的 DOM 是陆源前体物质，其 C/N 比较高。这也表明，适当测量和校正技术的价值在于使结果和指数可在实验室间和场地间进行比较（改自 Jaffé et al.，2008）。

9.3.4　理解河口 DOM 的变化

Huguet 等（2009）在研究河口环境 DOM 时比较了 HIX_{EM}、BIX［改自 Parlanti 等（2000）提出的 β/α 指数］和 McKnight 等（2001）FI 等指数。McKnight 等（2001）FI 较低，没有季节性趋势，也没有随河口盐度梯度变化的趋势。相比之下，在河口环境中，HIX_{EM} 和 BIX 呈现随盐度变化的趋势，但提供了不同的信息（图 9.16）。HIX_{EM} 和 BIX 的关联在于二者发射波长非常相似，但激发波长却截然不同：HIX_{EM} 的激发波长为 254 nm，而 BIX 的激发波长为 310 nm。然而，人们对河口环境中影响 HIX_{EM} 指数的过程知之甚少；Huguet 等（2009）阐释用 HIX_{EM} 区分腐殖质/陆源有机质与近期/自生源有机质。在激发波长 254 nm

和发射波长 300～345 nm 处可以检测到 T 峰和 B 峰荧光。在发射波长 435～480 nm 处能检测到 A 峰荧光。因此，对于河口样本，T 峰和 B 峰荧光由自生源产生，上述解释是有效的。然而，当入海口的陆源输入具有较高强度的 T 峰荧光时，这种简单的混合模型并不适用。HIX_{EM} 直接测量 DOM 特性，还是通过测量 A 峰、B 峰和 T 峰与基质变化（盐度增加）及相关化学效应（絮凝）的相互作用来间接测量 DOM 特性，其程度尚待确定。因此，对水生样本使用 HIX_{EM} 需要仔细考虑。相比之下，反映 M 峰与 C 峰强度比值的 BIX 更能反映海洋源（自生源和细菌源）有机质和陆源（外来源）端元。图 9.16 显示了典型河口混合过程中 BIX 与盐度的关系，高 BIX 对应于高盐度。

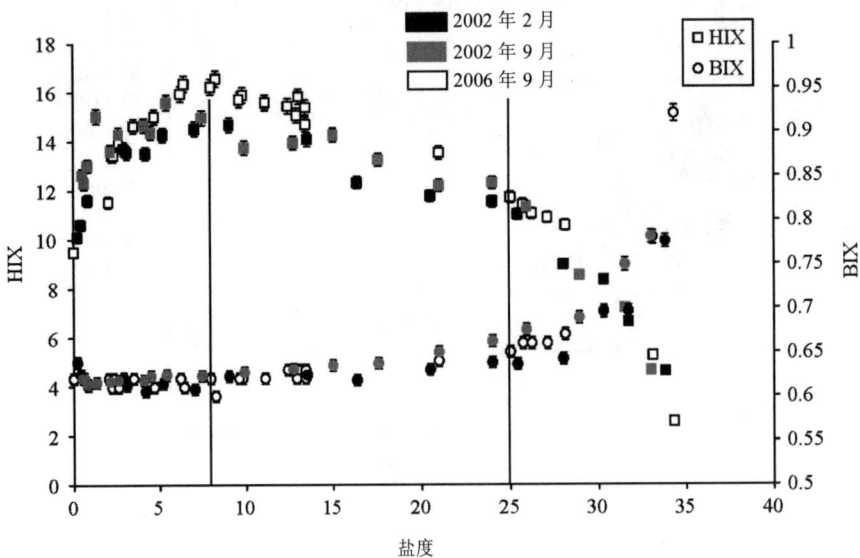

图 9.16　河口过渡带断面 3 次采样的 BIX 和 HIX_{EM} 比较。BIX 和 HIX_{EM} 用于推断有机质特征的（垂线划分）区域差异。这些差异是河流淡水与含盐海水混合引起的（Huguet et al.，2009）。

　　Huguet 等（2009）认为，由于河口环境的有机质絮凝作用和分子量变化，C 峰的发射波长可能随着盐度变化，因此对 McKnight 等（2001）FI 的解读极其复杂。他们报告的河口环境有机质 FI 数值远低于淡水。Jaffé 等（2004）也得出了类似的结论，即在红树林环境中解释 FI 是困难的。然而，Gonsoir 等（2008）在对新西兰某峡湾有色 DOM 的研究中也发现，FI 在河口处数值较低，在 5 m 水深内 FI 随深度的增加而增加。该结果可以解释为海洋源 DOM 的影响随深度的增加而增强，或者在峡湾的混合区发生了荧光团变化。

9.4　使用指数的光谱学挑战

　　荧光指数是分析溶解性有机质以及土壤和沉积物有机质的有力工具。然而，由于影响荧光特征的因素很多，为了合理利用指数，必须特别留意样本采集和数据校正。本节简要回顾了认识 EEMs 和应用荧光指数的一些常见的易犯错误和恰当的光谱技术。

9.4.1　仪器特异性和恰当的 EEM 校正

多项研究强调了仪器差异对荧光 DOM 分析的影响。Kalbitz 等（2001）发现由两种不同荧光计测定的 HIX_{SYN} 值的相关性很好，这表明两点比值指数对仪器差异可能不太敏感，但他们还是建议使用参考标准中的校正曲线，以便比较整个同步扫描。Holbrook 等（2006）比较了各种 EEM 校正方法及其对 HIX_{EM} 和 FI 相关峰的影响。他们发现，对于这些指数，由于其都依赖于单个激发波长，发射光谱校正是最重要的，但建议始终以比率模式收集光源强度标准化的发射荧光强度数据，以扣除温度或光源强度任何波动的影响。Murphy 等（2010）比较了 20 个不同实验室所使用的 8 种不同荧光计测量的多个标准样本。他们发现，校正方法一般会影响 FI，但通过对所有样本进行相同处理，实验室间的差异可以降至 8%。这表明有必要制定标准化的校正程序来比较仪器之间、实验室之间和研究之间的 EEMs 和相关指标。Lawaetz 和 Stedmon（2009）提出了 EEM 校正和拉曼强度校准的程序，从而使荧光强度以拉曼单位表示，更有助于实验室之间进行比较。最后，Cory 等（2010）对 3 种常用荧光计的校正程序和数据进行了详细的比较分析。他们发现，虽然不同的仪器具有不同的信噪比，但合理地应用校正程序将大大减少不同仪器间 FI 的差异。

9.4.2　浓度问题与内滤效应

内滤效应指的是在被荧光计检测之前光的衰减，由于激发光在到达荧光分子之前被吸收（初次内滤效应）或荧光分子发射光在被荧光计检测之前被吸收（二次内滤效应）。为了获得准确的光谱读数，对光吸收能力较强的样本，必须通过稀释或应用内滤校正来解决内滤效应（Mobed et al.，1996；McKnight et al.，2001）。最常用的内滤校正是基于 1 cm 比色皿 0.5 cm 光径进行的（Lakowicz，2006：56）。然而，这种内滤校正仅适用于吸光度足够低的水样，在这种情况下内滤校正才能充分代表光的衰减，如果水样浓度较高则需要进一步稀释。Ohno（2002a）证明，对于计算 HIX_{EM}（见 9.2.2 节），只有 254 nm 处吸光度在 0.3 cm^{-1} 以下，内滤校正才能有效去除内滤效应。Kalbitz 等（2001）在比较仪器之间的样本时建议 DOC 不高于 10 mg/L，Zsolnay 等（1999）建议将 254 nm 处吸光度保持在 0.1 cm^{-1} 以下，以避免测定腐殖化指数时出现内滤效应。Miller 等（2010）讨论了浓度效应，分析了 254 nm 处吸光度（A_{254}）分别为 0.1 cm^{-1}、0.3 cm^{-1} 和 1.0 cm^{-1} 时，样本激发波长 370 nm 处荧光峰（用于计算 FI）的差异。他们证实了浓度对不同发射荧光强度的非对等影响，并且当 A_{254} 较高时，内滤校正不能完全消除浓度效应。A_{254} 为 0.1 cm^{-1} 和 0.3 cm^{-1} 的样本的荧光峰相似，A_{254} 为 1.0 cm^{-1} 的样本的荧光峰形明显不同。

9.4.3　pH 对荧光的影响

溶解性有机质的基质的化学性质会影响样本的整体荧光。Laane（1982）发现 pH 对 DOM 荧光变化有影响，Miano 和 Senesi（1992）证实了 pH 对富里酸和腐殖酸标准物的影响。虽然荧光发射强度随着 pH 的升高而增加，但在整个扫描图中并不是均匀增加的。因为荧光指数是两个不同扫描区域的点或面积的比值，这意味着 pH 可以影响荧光指数。McKnight 等（2001）测定了南极弗里克塞尔湖（微生物源端元）和乔治亚州萨旺尼河（IHSS 提供的陆源端元）7.5 m 深处富里酸溶液的荧光光谱并计算了荧光指数值（见 9.2.4 节）。pH 条件为 2.0 和 7.5，通过酸化天然水样可以将金属结合导致的荧光猝灭最小化。pH 为 2.0 时，弗里克塞尔湖富里酸样本的荧光指数为 1.8，激发波长 370 nm 处的发射峰值位置为 442 nm。pH 为 7.5 时，荧光指数增加到 1.9，发射峰位置移至 448 nm。pH 为 2.0 时，萨旺尼河富里酸的荧光指数为 1.3，发射峰位置为 460 nm。pH 为 7.5 时，萨旺尼河富里酸的荧光指数增加到 1.4，发射峰位置增加到 461 nm。McKnight 等（2001）指出，FI 的±0.1 差异可能表明源的变化。因此，pH 为 7.5 和 pH 为 2 时的差异已经接近生物地球化学产生的差异。虽然无法对指数计算给出一个具体的建议 pH，但重要的是要始终牢记 pH 的影响，并保持 pH 一致，这样才能进行样本间比较。本书第 7 章详细讨论了 pH 对 DOM 荧光的影响。

9.5　总结

荧光指数的相关文献表明，在十多年的时间里，土壤科学、海洋科学、水文地质学和环境科学领域的研究人员独立推导出一系列用于表征有机质的荧光指数。通常，指数能追踪类腐殖质荧光峰（C 峰）的位置或强度，或类腐殖质荧光峰与微生物源（或类蛋白质）荧光峰（T 峰或 M 峰）的相对强度。这些指数已被用于各种场景，从研究土地利用模式到河口动力学，并可表征过滤水样中的有机质、富里酸或腐殖质提取物或 SOM 淋滤液。

荧光具有较高的灵敏度，是一种识别 DOM 细微变化的有效方法。但是 EEMs 中包含大量的信息，因此很难进行分析。荧光指数是一个有用的工具，能分离与 DOM 化学组分相关的荧光特征。一些指标能捕捉类腐殖质（C 峰）荧光发射波长的变化，这些变化与腐殖质的芳香性、疏水性、腐殖化程度、前体物来源和电子穿梭能力有关。这些指数包括 Kalbitz 等（1999）提出的腐殖化指数、McKnight 等（2001）提出的 FI、Miller 等（2006）提出的氧化还原指数以及 Proctor 等（2000）和 Perrette 等（2005）用于研究石笋腐殖质的指数。其他指数集中在类腐殖质峰和类蛋白质峰之间的关系，比较有机质各组分的相对重要性。这些指数包括 Parlanti 等（2000）提出的新鲜度指数和 Baker 等（2001）提出的 T/C 峰比值。Zsolnay 等（1999）的腐殖化指数利用上述类腐殖质峰和类蛋白质荧光区域的部分数据。尽管上述指数均是在特定的目标下开发的，但其中很多指数都能识别 DOM 中导致 EEM 特征变化的类似化学变化，并可用于其他研究，这已超出了最初开发这些指数时的目的。

荧光指数是分析 DOM 和追踪样本间差异的强大工具，但需要对光谱技术仔细斟酌才能正确使用这些指数。同样重要的是要认识到，每个指数最初是为一组特定样本开发的，可能只在某些环境中有用，例如海洋生态系统或土壤生态系统。因此，在选择应用特定指数时，确保指数与样本和手头的问题相关非常重要。使用已建立的指数有助于促进不同研究和生态系统之间的综合、比较和阐释（Jaffé et al., 2008）。当然，在某些情况下，如针对特定样本集或使用原位荧光探头，独立开发一个新指数可能更适合，而前人的经验和方法可以指导我们开发新指数。

致谢

我们感谢迈克尔·圣克莱门茨（Michael SanClements）、纳塔利娅·姆拉德诺夫（Natalie Mladenov）和葆拉·科布尔（Paula Coble），以及 3 位匿名审稿人对本章图表的帮助和给予的意见。我们也感谢埃里克·帕里什（Eric Parrish）的图片设计工作。本章获得了 NSF-0724960、NSF EAR-0738910 和 ANT-0839027 的资助。

参考文献

Aiken，G.，McKnight，D.，Harnish，R.，and Wershaw，R.（1996），Geochemistry of aquatic humic substances in the Lake Fryxell Basin，Antarctica. *Biogeochemistry*，**34**（3），157–188.

Akagi，J.，Zsolnay，A.，and Bastida，F.（2007）. Quantity and spectroscopic properties of soil dissolved organic matter（DOM）as a function of soil sample treatments: Air-drying and pre-incubation. *Chemosphere*，**69**，1040–1046.

American Public Health Association，American Water Works Association，and Water Pollution Control Federation（1965）. *Standard Methods for the Examination of Water and Wastewater Including Bottom Sediments and Sludges*. New York: American Public Health Association，Inc.

Baker，A.（2001）. Fluorescence excitation-emission matrix characterization of some sewage-impacted rivers. *Environ. Sci. Technol.*，**35**（5），948–953.

Baker，A.（2002）. Fluorescence properties of some farm wastes: Implications for water quality monitoring. *Water Res.*，**36**（1），189–195.

Baker，A. and Genty，D.（1999）. Fluorescence wavelength and intensity variations of cave waters. *J. Hydrol.*，**217**（1–2），19–34.

Baker，A. and Bolton，L.（2000）. Speleothem organic acid luminescence intensity ratios: a new palaeoenvironmental proxy. *Cave Karst Sci.*，**27**，121–124.

Baker，A.，Genty，D.，and Smart，P.（1998）. High-resolution records of soil humification and paleoclimate change from variations in speleothem luminescence excitation and emission wavelengths. *Geology*，**26**（10），903–906.

Beggs，K.M.H.，Summers，R.S.，and McKnight，D.M.（2009）. Characterizing chlorine oxidation of dissolved organic matter and disinfection by-product formation with fluorescence spectroscopy and parallel factor analysis. *J. Geophys. Res.*，**114**（G4），G04001.

Bu，X.，Wang，L.，Ma，W.，Yu，X.，Mcdowell，W.H.，and Ruan，H.（2010）. Spectroscopic characterization of hot-water extractable organic matter from soils under four different vegetation types along an elevation gradient in the Wuyi Mountains. *Geoderma*，**159**，139–146.

Cannavo，P.，Dudal，Y.，Boudenne，J.-L.，and Lafolie，F.（2004）. Potential for fluorescence spectroscopy to assess the quality of soil water-extracted organic matter. *Soil Sci.*，**169**（10），688–696.

Chen，Y.，Senesi，N.，and Schnitzer，N.（1977）. Information provided on humic substances by E4/E 6 ratios. *Soil Sci. Soc. Am. J.*，**41**（2），352–358.

Coble，P.（1996）. Characterization of marine and terrestrial DOM in seawater using excitation-emission matrix spectroscopy. *Mar. Chem.*，**51**（4），325–346.

Corvasce，M.，Zsolnay，A.，D'Orazio，V.，Lopez，R.，and Miano，T.（2006）. Characterization of water extractable organic matter in a deep soil profile. *Chemosphere*，**62**（10），1583–1590.

Cory，R. and McKnight，D.（2005）. Fluorescence spectroscopy reveals ubiquitous presence of oxidized and reduced quinones in dissolved organic matter. *Environ. Sci. Technol.*，**39**（21），8142–8149.

Cory，R.M.，McKnight，D.M.，Chin，Y.-P.，Miller，P.，and Jaros，C.L.（2007）. Chemical characteristics of fulvic acids from arctic surface waters：Microbial contributions and photochemical transformations. *J. Geophys. Res. Biogeochem.*，**112**（G4），G04S51.

Cory，R.M.，Miller，M.P.，McKnight，D.M.，JGuerard，J.J.，and Miller，P.L.（2010）. Effect of instrument-specific response on the analysis of fulvic acid fluorescence spectra. *Limnol. Oceanogr. Meth.*，**8**，67–78.

Ewald，M. and Belin，C.（1987）. Fluorescence from photic zone water in the Atlantic Ocean. *Sci. Total Environ.*，**62**，149–155.

Fellman，J.B.，Miller，M.P.，Cory，R.M.，D'Amore，D.V.，and White，D.（2009）. Characterizing dissolved organic matter using PARAFAC modeling of fluorescence spectroscopy：A comparison of two models. *Environ. Sci. Technol.*，**43**（16），6228–6234.

Fellman，J.B.，Hood，E.，and Spencer，R.G.M.（2010）. Fluorescence spectroscopy opens new windows into dissolved organic matter dynamics in freshwater ecosystems：A review. *Limnol. Oceanogr.*，**55**（6），2452–2462.

Fulton，J.R.，McKnight，D.M.，Foreman，C.M.，Cory，R.M.，Stedmon，C.，and Blunt，E.（2004）. Changes in fulvic acid redox state through the oxycline of a permanently icecovered Antarctic lake. *Aquat. Sci.*，**66**，27–46.

Gonsoir，M.，Peake，B.M.，Cooper，W.J.，Jaffe，R.，Young，H.，Kahn，A.E.，and Kowalczuk，P.（2008）. Spectral characterization of chromophoric dissolved organic matter（CDOM） in a fjord（Doubtful Sound，New

Zealand). *Aquat. Sci.*, **70**, 397–409.

Hassouna, M., Massiani, C., Dudal, Y., Pech, N., and Theraulaz, F. (2010). Changes in water extractable organic matter (WEOM) in a calcareous soil under field conditions with time and soil depth. *Geoderma*, **155** (1–2), 75–85.

Holbrook, R., DeRose, P., Leigh, S., Rukhin, A., and Heckert, N. (2006). Excitation-emission matrix fluorescence spectroscopy for natural organic matter characterization: A quantitative evaluation of calibration and spectral correction procedures. *Appl. Spectrosc.*, **60** (7), 791–799.

Hood, E., McKnight, D., and Williams, M. (2003). Sources and chemical character of dissolved organic carbon across an alpine/subalpine ecotone, Green Lakes Valley, Colorado Front Range, United States. *Water Resour. Res*, **39** (7), 1188–1200.

Hood, E., Williams, M., and McKnight, D. (2005). Sources of dissolved organic matter (DOM) in a Rocky Mountain stream using chemical fractionation and stable isotopes. *Biogeochemistry*, **74** (2), 231–255.

Hudson, N., Baker, A., and Reynolds, D. (2007). Fluorescence analysis of dissolved organic matter in natural, waste and polluted waters – a review. *River Res. Appl.*, **23** (6), 631–649.

Hudson, N., Baker, A., Ward, D, Reynolds, D., Brunsdon, C., Carliell-Marquet, C., and Browning, S. (2008). Can fluorescence spectrometry be used as a surrogate for the Biochemical Oxygen Demand (BOD) test in water quality assessment? An example from South West England. *Sci. Total Environ.*, **391** (1), 149–158.

Huguet, A., Vacher, L., Relexans, S., Saubusse, S., Froidefond, J.M., and Parlanti, E. (2009). Properties of fluorescent dissolved organic matter in the gironde estuary. *Org. Geochem.*, **40** (6), 706–719.

Jaffé, R., Boyer, J., Lu, X., Maie, N., Yang, C., Scully, N., and Mock, S. (2004). Source characterization of dissolved organic matter in a subtropical mangrove-dominated estuary by fluorescence analysis. *Mar. Chem.*, **84** (3–4), 195–210.

Jaffé, R., McKnight, D., Maie, N., Cory, R., McDowell, W., and Campbell, J. (2008). Spatial and temporal variations in DOM composition in ecosystems: The importance of long-term monitoring of optical properties. *J. Geophys. Res.*, **113**, G04032.

Kalbitz, K., and Geyer, W. (2001). Humification indices of water-soluble fulvic acids derived from synchronous fluorescence spectra – effects of spectrometer type and concentration, *J. Plant Nutr. Soil Sci.*, **164** (3), 259–265.

Kalbitz, K., Geyer, W., and Geyer, S. (1999). Spectroscopic properties of dissolved humic substances – a reflection of land use history in a fen area. *Biogeochemistry*, **47** (2), 219–238.

Kalbitz, K., Geyer, S., and Geyer, W. (2000). A comparative characterization of dissolved organic matter by means of original aqueous samples and isolated humic substances. *Chemosphere*, **40** (12), 1305–1312.

Kalbitz, K., Schmerwitz, J., Schwesig, D., and Matzner, E. (2003). Biodegradation of soilderived dissolved organic matter as related to its properties. *Geoderma*, **113** (3–4), 273–291.

Klapper, L., Mcknight, D.M., Fulton, J.R., Blunt-Harris, E.L., Nevin, K.P., Lovley, D.R., and Hatcher, P.G. (2002). Fulvic acid oxidation state detection using fluorescence spectroscopy. *Environ. Sci. Technol.*, **36** (14), 3170–3175.

Laane，R.W.P.M.（1982）．Influence of pH on the fluorescence of dissolved organic matter. *Mar. Chem.*，**11**，395–401.

Lakowicz，J.（2006）．*Principles of Fluorescence Spectroscopy*. New York：Springer Science+Business Media.

Lawaetz，A. and Stedmon，C.（2009）．Fluorescence intensity calibration using the Raman scatter peak of water. *Appl. Spectrosc.*，**63**（8），936–940.

Lovley，D.，Coates，J.，Blunt-Harris，E.，Phillips，E.，and Woodward，J.（1996）．Humic substances as electron acceptors for microbial respiration. *Nature*，**382**（6590），445–448.

McKnight，D.，Andrews，E.，Spulding，S.，and Aiken，G.（1994）．Aquatic fulvic acids in algal-rich Antarctic ponds. *Limnol. Oceanogr.*，**39**，1972–1979.

McKnight，D.，Boyer，E.，Westerhoff，P.，Doran，P.，Kulbe，T.，and Andersen，D.（2001）．Spectrofluorometric characterization of dissolved organic matter for indication of precursor organic material and aromaticity. *Limnol. Oceanogr.*，**46**（1），38–48.

McKnight，D.M.，Harnish，R.，Wershaw，R.L.，Baron，J.S.，and Schiff，S.（1997）．Chemical characteristics of particulate，colloidal，and dissolved organic matter in Loch Vale watershed，Rocky Mountain National Park. *Biogeochemistry*，**36**，99–124.

McKnight，D.M.，Hood，E.，and Klapper，L.（2003）．Trace organic moieties of dissolved organic material in natural waters. In S.E.G. Findlay and R.L. Sinsabaugh（Eds.），*Aquatic Ecosystems：Interactivity of Dissolved Organic Matter*（pp. 71–96）．San Diego：Elsevier/Academic Press.

Miano，T. and Senesi，N.（1992）．Synchronous excitation fluorescence spectroscopy applied to soil humic substances chemistry. *Sci. Total Environ.*，**117**，41–51.

Miller，M.P.，McKnight，D.M.，Cory，R.M.，Williams，M.W.，and Runkel，R.L.（2006）．Hyporheic exchange and fulvic acid redox reactions in an alpine stream/wetland ecosystem，Colorado Front Range. *Environ. Sci. Technol.*，**40**（19），5943–5949.

Miller，M.P.，McKnight，D.M.，Chapra，S.C.，and Williams，M.W.（2009）．A model of degradation and production of three pools of dissolved organic matter in an alpine lake. *Limnol. Oceanogr.*，**54**（6），2213–2227.

Miller，M.P.，Simone，B.E.，McKnight，D.M.，Cory，R.M.，Williams，M.W.，and Boyer，E.W.（2010）．New light on a dark subject：Comment. *Aquat. Sci.*，pp. 1–7.

Mladenov，N.，McKnight，D.M.，Macko，S.A.，Norris，M.，Cory，R.M.，and Ramberg，L.（2007）．Chemical characterization of DOM in channels of a seasonal wetland. *Aquat. Sci.*，**69**（4），456–471.

Mladenov，N.，Huntsman-Mapila，P.，Wolski，P.，Masamba，W.，and McKnight，D.（2008）．Dissolved organic matter accumulation，reactivity，and redox state in ground water of a recharge wetland. *Wetlands*，**28**（3），747–759.

Mladenov，N.，López-Ramos，J.，McKnight，D.，and Reche，I.（2009）．Alpine lake optical properties as sentinels of dust deposition and global change. *Limnol. Oceanogr.*，**54**（6），2386–2400.

Mladenov，N.，Zheng，Y.，Miller，M.P.，Nemergut，D.R.，Legg，T.，Simone，B.，Hageman，C.，Rahman，M.M.，Ahmed，K.M.，and McKnight，D.M.（2010）．Dissolved organic matter sources and consequences for iron and arsenic mobilization in Bangladesh aquifers. *Environ. Sci. Technol.*，**44**（1），123–128.

Mobed，J.，Hemmingsen，S.，Autry，J.，and McGown，L.（1996）. Fluorescence characterization of IHSS humic substances: Total luminescence spectra with absorbance correction. *Environ. Sci. Technol.*, **30**（10），3061–3065.

Murphy，K.，Butler，K.，Spencer，R.，Stedmon，C.，Boehme，J.，and Aiken，G.（2010）. Measurement of dissolved organic matter fluorescence in aquatic environments: An interlaboratory comparison. *Environ. Sci. Technol.*，**44**（24），9405–9412.

Naden，P.S.，Old，G.H.，Eliot-Laize，C.，Granger，S.J.，Hawkins，J.M.B，Bol，R.，and Haygarth，P.（2010）. Assessment of natural fluorescence as a tracer of diffuse agricultural pollution from slurry spreading on intensely-farmed grasslands. *Water Res.*，**44**（6），1701–1712.

Ohno，T.（2002a）. Fluorescence inner-filtering correction for determining the humification index of dissolved organic matter. *Environ. Sci. Technol.*，**36**（4），742–746.

Ohno，T.（2002b）. Response to comment on "fluorescence inner-filtering correction for determining the humification index of dissolved organic matter." *Environ. Sci. Technol.*，**36**（19），4196.

Ohno，T.，Fernandez，I.，Hiradate，S.，and Sherman，J.（2007）. Effects of soil acidification and forest type on water soluble soil organic matter properties. *Geoderma*，**140**（1–2），176–187.

Parlanti，E.，Wörz，K.，Geoffroy，L.，and Lamotte，M.（2000）. Dissolved organic matter fluorescence spectroscopy as a tool to estimate biological activity in a coastal zone submitted to anthropogenic inputs. *Org. Geochem.*，**31**（12），1765–1781.

Perrette，Y.，Delannoy，J.，Desmet，M.，Lignier，V.，and Destombes，J.（2005）. Speleothem organic matter content imaging: The use of a fluorescence index to characterise the maximum emission wavelength. *Chem. Geol.*，**214**（3–4），193–208.

Proctor，C.，Baker，A.，Barnes，W.，and Gilmour，M.（2000）. A thousand year speleothem proxy record of North Atlantic climate from Scotland. *Clim. Dyn.*，**16**（10），815–820.

Scott，D.T.，McKnight，D.M.，Blunt-Harris，E.L.，Kolesar，S.E.，and Lovley，D.R.（1998）. Quinone moieties act as electron acceptors in the reduction of humic substances by humics-reducing microorganisms. *Environ. Sci. Technol.*，**32**（19），2984–2989.

Senesi，N.，Miano，T.，Provenzano，M.，and Brunetti，G.（1989）. Spectroscopic and compositional comparative characterization of IHSS reference and standard fulvic and humic acids of various origin. *Sci. Total Environ.*，**81**，143–156.

Senesi，N.，Miano，T.，Provenzano，M.，and Brunetti，G.（1991）. Characterization, differentiation, and classification of humic substances by fluorescence spectroscopy. *Soil Sci.*，**152**（4），259–271.

Spencer，R.G.M.，Bolton，L.，and Baker，A.（2007）. Freeze/thaw and pH effects on freshwater dissolved organic matter fluorescence and absorbance properties from a number of UK locations. *Water Res.*，**41**（13），2941–2950.

Stewart，A. and Wetzel，R.（1980）. Fluorescence: Absorbance ratios – a molecular-weight tracer of dissolved organic matter. *Limnol. Oceanogr.*，**25**（3），559–564.

Stewart，A. and Wetzel，R.（1981）. Asymmetrical relationships between absorbance，fluorescence，and dissolved organic carbon. *Limnol. Oceanogr.*，**26**（3），590–597.

Trouet，V.，Esper，J.，Graham，N.E.，Baker，A.，Scourse，J.D.，and Frank，D.C.（2009）. Persistent positive North Atlantic oscillation mode dominated the medieval climate anomaly. *Science*，**324**（5923），78–80.

Weishaar，J.L.，Aiken，G.R.，Bergamaschi，B.A.，Fram，M.S.，Fujii，R.，and Mopper，K.（2003）. Evaluation of specific ultraviolet absorbance as an indicator of the chemical composition and reactivity of dissolved organic carbon. *Environ. Sci. Technol.*，**37**（20），4702–4708.

Wilson，H.F. and Xenopoulos，M.A.（2009）. Effects of agricultural land use on the composition of fluvial dissolved organic matter. *Nature Geosci.*，**2**（1），37–41.

Zsolnay，A.（2002）. Comment on "fluorescence inner-filtering correction for determining the humification index of dissolved organic matter." *Environ. Sci. Technol.*，**36**（19），4195.

Zsolnay，A.，Baigar，E.，Jimenez，M.，Steinweg，B.，and Saccomandi，F.（1999）. Differentiating with fluorescence spectroscopy the sources of dissolved organic matter in soils subjected to drying. *Chemosphere*，**38**（1），45–50.

第 10 章　有机质荧光化学计量学分析

凯瑟琳·R. 墨菲（Kathleen R. Murphy）

拉斯穆斯·布罗（Rasmus Bro）

科林·A. 斯特德曼（Colin A. Stedmon）

10.1　引言

在多元数据分析（multivariate data analysis，MVA）中，统计和数学建模技术可分析多个样本的多变量数据。影响溶解性有机质荧光特性的重要变量可能包括其组成、温度、pH 以及可能存在的任何猝灭剂的浓度和性质。第 9 章介绍了（研究人员驱动的）自上而下的处理荧光数据的单变量技术。这些技术可以降低荧光数据的复杂性，有助于可视化和解释，并且实施迅速、易于理解。然而，由于这些技术要求研究人员自主选择数据集的特定特征以输入至模型，因此使用这些技术的前提条件是研究人员需要对所研究的系统有较好的理解。此外，该类方法存在未能及时察觉未预料数据特征的风险。**探索性**分析的目的是通过将模型和数据可视化来避免上述情况，而不是集中在先前的假设上。事实上，探索性分析的基本思想是通过数据分析**从数据**中获取假设的灵感。随着技术进步，即使是在以前很难取样的环境中，现在获取全面的荧光数据集也是一件简单的事情。因此，数据集会变得庞大或复杂，这会掩盖样本之间细微却重要的差异。在缺乏采样环境经验的情况下，需要采取相关方法来确保在压缩原始数据集的过程中，尽可能保留和检测所有重要的相关信息。

从多元化学数据集中提取化学信息属于化学计量学的领域。化学计量学是基于化学和物理的统计和数学方法。通常，分析是由数据可视化驱动的，而非完全基于理论或统计框架。化学计量学在探索和解释复杂的数据集时特别有用，这些数据集涉及大量变量，而这些变量之间的关系却鲜为人知。很多综述总结了化学计量学在化学和光谱学中的应用（Mobley et al.，1996；Workman et al.，1996；Bro et al.，1997；Bro，2006；Lavine and Workman，2010）。

分析复杂数据集时的第一个主要目标是降低数据集的维度，以便从冗余信息和噪声中分离出重要特征。这样，简化后的数据集就更易解释。因此，由数千个数据点（样本×激发波长×发射波长）组成的激发-发射矩阵（EEM）数据集可以减少到其原始大小的一小部分（例如，在几个波长对上的样本×强度），大大增加了可解释性和数据图形可视化机会，同时也保留了原始数据集中包含的所有重要信息。第二个主要目标是检测变量之间的关系模式，以便为其他难以测量的重要参数开发预测模型或校准模型。

本章并非统计学教程，而是概述现有可能对荧光数据解释有很大帮助的化学计量技术。本章提及的技术清单绝非详尽无遗——实际上有数千种技术及其改进技术有待发现，穷尽所有技术绝非一本书能及。同样，本章讨论的化学计量学方法的基础算法可见于其他文献（Désiré-Luc Massart et al.，1988；Martens and Næs，1989；Smilde et al.，2004），各技术的说明和应用教程也已出版（如，Geladi and Kowalski，1986；Thomas，1994；Bro，1997；Stedmon and Bro，2008），并可在线获取（参见如 http://www.models.life.ku.dk/ [①]）。本章的重点是介绍化学计量学解释天然有机质荧光的方法和应用。

本章通过一个案例数据集演示化学计量技术的应用。该数据集来自丹麦霍森斯流域（Horsens catchment），包括荧光 EEMs 和 254 nm 处的吸光度，以及溶解性有机碳（DOC）、营养盐［总溶解磷（TDP）、总溶解氮（TDN）、溶解性有机磷（DOP=TDP – 溶解性无机磷）、溶解性有机氮（DON=TDN – 溶解性无机氮）］等，采样点位置如图 10.1 所示。关于数据集（20 个采样点，$n = 543$ 个样本）的详细信息载于 Stedmon 等（2006）。在先前的研究里，该团队采用平行因子分析（PARAFAC）从这些样本和一系列降解试验产生的 600 多个样本组成的数据集中提取了 8 个荧光组分（Stedmon and Markager，2005a）。本章数据分析在 MATLAB（R2010a）中运行，使用了 PLS_toolbox（v.6.0.1）工具包。

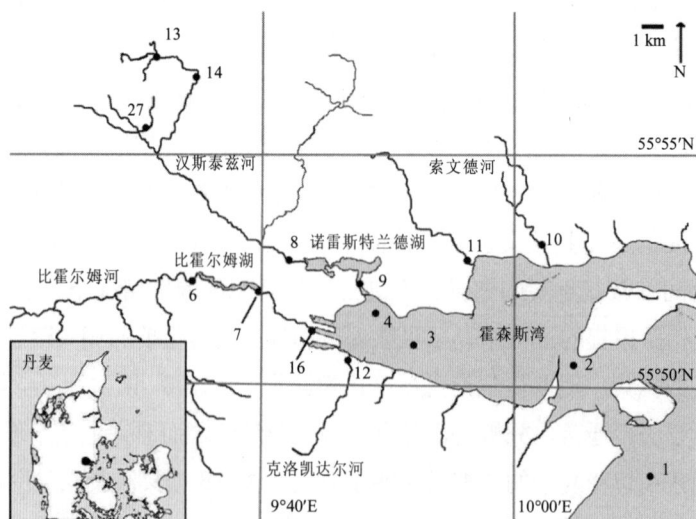

图 10.1　霍森斯流域数据集中的采样点位置（改自 Stedmon and Markager，2005b）。

---

① 译者注：该网页地址更新，点击将跳转至 https://ucphchemometrics.com/。

10.2 多元数据集和多路数据集

本节将举例说明多元数据和多路数据（multiway data）之间的区别（图10.2）。一个简单的多元数据集包括 I 个样本，在固定激发波长下测量了 5 个发射波长（$x_1 \sim x_5$）的荧光强度；这些数据排列成一个表格［图 10.2（a）］。现在假设试验是在 4 个逐渐升高的温度（$t_1 \sim t_4$）梯度下进行的。现在有两种可能的方式来安排新的数据集，一种是作为原始表格［图 10.2（b）］的二路（多元）延续，另一种是作为三路（通常是多路或多维）数据集，其中样本、发射波长和温度形成箱体的 3 个直角轴［图 10.2（c）］。如果在一个激发波长范围内重复整个试验，就会得到一个四向（维）数据集；随着交叉因子数量增加，数据集的维度和模式也会相应增加。请注意，对于图 10.2 中的每个数据集，实际测量的是荧光强度，而不是温度、发射波长或其他变量。

多路技术的一个优点是其以两种以上的模式保留并利用数据集结构方面的信息。例如，在图 10.2（c）中，如果我们对发射波长为 x_2 的盒子进行切片，我们得到一个温度×样本矩阵，该矩阵保留了变量 t_1 至 t_4 的原始序列。相反，当数据集如图 10.2（b）所示"展开"排布时，温度序列被打破，只能对数据集中的每一温度进行单独分析而无法参考其他温度。因此，当一个具有真正的三路底层结构的数据集展开时，沿着展开轴的变量顺序中隐含的信息就丢失了。一些在多路数据上运行的模型也具有所谓的"二级优势"，这一性质在分析复杂数据集时非常强大（Booksh and Kowalski，1994）。本质上，这使得即使在含有与化学干扰物相关的未校准信号的混合物中，也可以定量估计化学分析物（Bro，2003）。

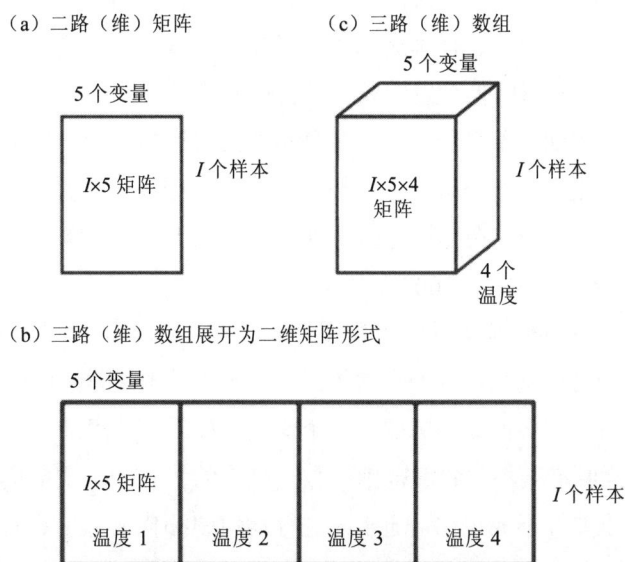

图 10.2 多元数据和多路数据的比较

本章的方法和实例主要聚焦于三路荧光 EEMs 的多路分析和多元分析。然而，所讨论的很多技术可应用于其他多元荧光数据，例如由固定波长扫描或同步扫描获得的光谱组成的数据集。在同步扫描光谱学中，使用激发和发射单色仪之间的固定波长偏移（δλ）进行扫描，产生信号强度与波长（em=ex+δλ）的关系曲线，其形状和峰值分辨率取决于 δλ（Miano and Senesi，1992；Sierra et al.，2005）。这些同步扫描结果可以可视化为 EEM 的对角线切片，它们根据 δλ 值与 EEM 各特征相交（Sierra et al.，2005）。可以分析单偏移同步扫描产生的多元数据集，也可以将一组 δλ 梯度增加的同步扫描光谱构建为多路 EEM 数据集后进行分析。

10.3　数据矩阵和数组的预处理

数据预处理是成功实现多元分析的重要组成部分，然而，如何采取最好的方法预处理荧光数据集时常困扰着研究人员。数据预处理步骤的类型和顺序，以及这些步骤是应用于行（样本）还是列（变量）都会影响分析结果（Bro and Smilde，2003）。本章关于预处理的介绍较为简短；详细的论述可参考其他资料（如 Thomas，1994；Naes et al.，2002；Bro and Smilde，2003）。一般来说，预处理应基于特定目标，如去除瑞利散射或使小峰有机会进入模型。当上述实际考量指导预处理时，选择适当的工具通常变得更加简单。本章后续的内容将举例说明预处理对荧光 EEMs 主成分分析（PCA）的作用。

在光谱数据的预处理过程中，波长选择有时易被忽略。但应铭记的是，虽然一种仪器或许能收集很宽范围内激发波长和发射波长的数据，但这些数据的质量和重要性可能各不相同。特别是，分光光度计光源类型和条件以及样本特性导致在低激发波长下获得的数据可能由于多种因素的共同影响而具有非常高的不确定性，这些因素包括光源功率输出下降、激发单色仪传输效率下降、样本对光的再吸收（内滤效应）增加（Lakowicz，2006）。因此，通常可行的做法是移除低激发波长下获得的荧光数据。另一种方法是应验证这些低激发波长下荧光数据的纳入不会使化学计量分析的结果产生偏差。如果荧光数据集来自多个荧光计，还需要在化学计量分析前进行相互校正，以减少仪器偏差的影响（Cory et al.，2010；Murphy et al.，2010）。在建模之前应剔除与荧光无关的现象（如瑞利散射和拉曼散射）的数据（Andersen and Bro，2003）。

在多元矩阵中，变量数据并不如光谱数据集那样"平滑"，那么预处理需要确保变量不会因数据标度较少而被忽略。对于光谱数据，一个小的值通常意味着很少的信息，但对于离散数据而言，情况未必如此。例如，一个变量（如温度）可能只在几摄氏度范围内变化；然而，这并非意味着其不如跨度范围在数千毫克的另外一个质量变量重要。考虑到不同变量的标度与其重要性不成正比，通常先进行均值中心化（每列数据减去列平均值）和缩放（每列均值中心化数据除以其标准差），再对"非平滑"数据进行其他分析。上述步骤常被称为"自动缩放"（Thomas，1994）。均值中心化消除了共同特征，使 PCA 模型更关注样本之间的差异。在模型中，缩放赋予每个变量相等的权重，解决了绝对范围较大的变量权重也较大的问题。就光谱而言，强度范围内波长之间的差异具有化学意义，变量的自动缩放（以及对数据集列进行的类似处理）可能会扭曲波长之间的真正比例关系，尤其是浓度范围跨度大的数据集。因此，对于光谱数据，即便是均值中心化可能有利于数据可视化，但建议不对它们进行预处理（Bro and Smilde，2003）。

虽然化学计量分析通常利用的是未预处理的未缩放荧光 EEMs 数据（Gurden et al.，2001；Bro and Smilde，2003），但是这种方法可能不适合样本浓度梯度很宽的数据集。较高浓度的样本可能会对模型施加不成比例的高杠杆作用，因为模型默认专注于最小化高浓度样本和低浓度样本之间的差异。一般的规则是当数据集浓度范围很宽（具有几个数量级的差异）时，可以对每个 EEM 的区域进行标准化，以确保建模侧重于化学变化，而非总信号的高低。这是通过将第一（样本）模式的数据缩放为标准化单位（即将数据除以样本中所有变量的平方值之和）来实现的。应该执行标准化（和其他影响行的操作）之后再预处理（如缩放和均值中心化）数据。值得注意的是，在建模之后，每个样本的标准化或缩放也可以逆转。也就是说，原始数据的得分可以通过模型得分值按照预处理过程中样本缩放比例的倒数进行缩放得到。

在回归分析和判别分析（discriminant analysis）之前，多元数据集和多路数据集的预处理遵循前文所述的一般性原则，几乎没有例外。一般来说，回归模型和分类模型的另一个目标是保证响应矩阵（即预测数据）以平均值为中心。通过将因变量和自变量都放在中心位置，消除了任何可能的偏移量差异。如前所述，如果优先考虑的是建立变量之间的关系，而不是估计响应大小或确定不同浓度样本对模型的影响，则可以实施标准化。例如，如果校准模型旨在根据遵循比尔-朗伯定律的（例如荧光）数据预测浓度，那么就不能进行标准化，因为这将导致浓度信息丢失。另外，如果模型用于对样本进行分类，那么标准化有助于模型关注数据模式，而非浓度引起的变化。

10.4　探索性数据分析

迄今为止，DOM 荧光数据的大多数化学计量学处理的目的都是识别数据集模式［无监督模式识别（unsupervised pattern recognition）或聚类分析（cluster analysis）］或推断单个 EEMs 的基本结构（光谱分解）（表 10.1）。从某种意义上说，这些是探索性的技术，旨在确定数据集结构，以便提出针对不同目的（例如，分类或预测）时哪些变量可能是重要的假设，但本身不涉及假设检验。探索性数据分析包括分析多元数据集和多路数据集的方法。聚类分析是将相似的样本进行分类，两个被测变量相似的样本属于同一组，两个被测变量差异很大的样本属于不同组。相似性是根据一些算法确定的距离来度量的。因此，聚类分析用于发现数据中的结构，而无需事先了解为什么会出现这种结构。解释聚类分析时出现一定程度的主观性是不可避免的。为了使所识别的聚类组分代表不同的化学分组，而不是偶然的相关性，研究人员应该通过图像显示和通过额外样本及其他聚类方法验证以确保聚类的合理性（Bratchell，1989）。

表 10.1　荧光有机质数据探索性分析的主要化学计量技术概述

类别	方法	输入数据	目标
探索性——可视化和聚类	聚类分析，例如层次聚类、k-均值聚类、自组织映射（SOM）	训练样本和验证样本组成的多元数据集	将观察结果分成包含相似样本的组
	主成分分析（PCA）	训练样本和验证样本组成的多元数据集	降低数据维数，探索和可视化数据集的线性梯度变化，识别样本之间的聚类
探索性——光谱分解	多元曲线分辨（MCR）	训练样本和验证样本组成的多元数据集（如同步扫描光谱）	确定混合体中的各组分的个数、含量和光谱形状，探索数据集的变异性，可视化和聚类
	PARAFAC，PARAFAC2，Tucker3	由训练样本和验证样本组成的多路数据集	确定混合体中各组分的个数和光谱形状，探索数据集的可变性，可视化和聚类。PARAFAC不允许光谱位移，PARAFAC2允许沿一个轴的显式光谱位移，Tucker3 允许沿所有轴的隐式光谱位移，但没有二阶优势
探索性——时间序列	主滤子分析（principal filters analysis，PFA）	荧光 EEMs 的时间序列	确定与高荧光变异性相关的时间段
校准	主成分回归（principal components regression，PCR）、偏最小二乘回归（PLS）及其多路形式（N-PCR 和 N-PLS）	自变量和因变量组成的多元数据集或多路数据集。训练样本和验证样本	从自变量预测因变量
分类	PLS 判别分析（PLS-DA）、簇类独立软模式（soft independent modeling of class analogy，SIMCA）法、多路 N-PLS-DA	多元数据集或多路数据集，分类识别的训练样本，测试样本	将训练样本和测试样本分成几个可能的类别之一

图 10.3 展示了利用霍森斯流域样本数据集进行层次聚类分析的一个例子。生成图形之前，需要对展开的 EEMs 数据进行标准化和均值中心化处理。为明确起见，该分析仅限于 2006 年 6 月采集的样本（$n = 32$）。图形输出（即树状图）以分层方式将相似样本组合显示出来。两个样本之间的连接线距离越大，它们之间的差异就越大。4 个高层次分组包括两组河流样本、一组河口样本和一组位于河流和河口中间的污水处理厂（waste water treatment plant，WTP）样本。总体而言，2006 年 6 月，河流样点间的差异大于河口样点和 WTP 样点的差异。此外，与其他样点相比，位于汉斯泰兹（Hansted）水系上游流域（R13 和 R14，

图 10.1）受农业影响较小，聚类分析能区分该流域各样点之间的差异（Stedmon et al.，2006）。本章其余部分将利用化学计量技术进一步详细探讨整个数据集的趋势性。

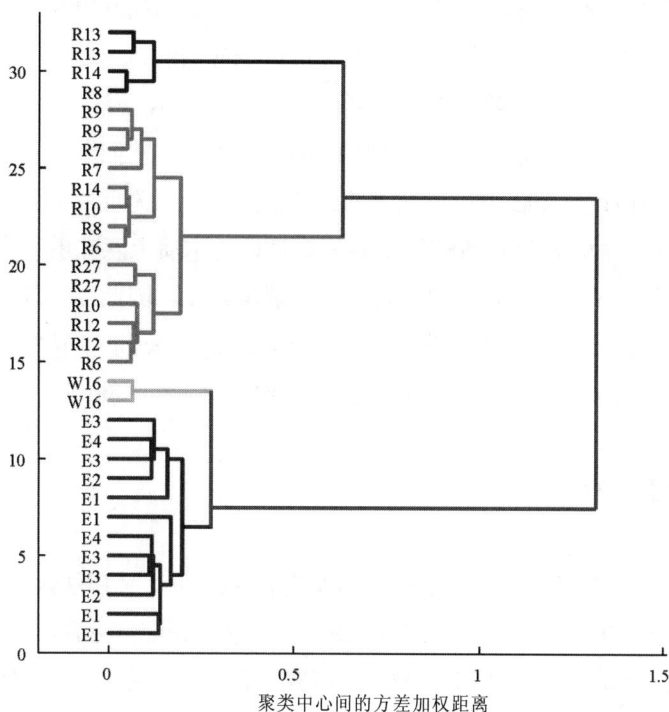

图 10.3 2006 年 6 月霍森斯流域样本聚类分析树状图。样本代码表示河流（R）样点、河口（E）样点或 WTP（W）样点，后接数字为样点编号（1～27）。E1 和 E3 除外，在每个样点间隔 20 天分别采集两次单次样本，E1 和 E3 样点间隔 20 天采集两组重复样本。

　　研究人员已采用了一系列聚类技术和其他探索技术来可视化和解释 DOM 荧光数据集。Jiang（2008）利用层次聚类分析研究了中国渤海海域 DOM 的来源。Nelson（2009）使用距离测度、聚类分析以及与经典统计学相结合的多维尺度法，研究了山地湖泊群及其连通溪流 DOM 组成的相似性与景观位置和流域特征之间的关系。Brunsdon 和 Baker（2002）提出了一种探索和可视化 EEM 的新工具，被称为主滤子分析（PFA），其可以识别荧光 EEM 时间序列数据集中的高变异性周期。他们利用该技术，确定了过去 1 万年（全新世）的石笋发育过程中 3 个具有不同荧光特征的时期。

　　自组织映射（SOM）是一种自适应人工神经网络，可用于可视化和识别溪流、水库和废水的荧光 EEMs 的模式（Bieroza et al.，2009）。该技术是主成分分析的非线性扩展，其中主成分的载荷从直线推广到曲线，该技术适合于具有高度非线性基础分布的数据集。该技术将数据集简化为低维地图，相似样本紧密聚集，不同样本远远分开，样本间的距离用渐变颜色定性描述（例如，"U-Map"法）。可视化降维的自组织映射（ViSOM）等 SOM 扩展工具与传统 SOMs 相比，简化了可视化环节（Yin，2002）。

每个样本固定波长扫描或固定偏移量同步扫描组成的数据集可构成一个数据向量，作为多元曲线分辨（MCR；Tauler et al.，1995；Antunes and Esteves Da Silva，2005；Abbas et al.，2006）的数据输入。该技术也适用于二维荧光光谱，例如发射光谱或激发光谱。MCR 技术试图清晰呈现能解释多元矩阵中化学变化的纯响应曲线；因此，与其他探索性方法（如 PCA）相比，其可以提供更多物理上可解释的结果。与 PCA 一样，MCR 模型可提供得分和载荷，但在 MCR 中，得分和载荷向量无需正交；相反，它们通常是非负的。这使得得分可以是对浓度的估计，而载荷是对光谱的估计。然而，至关重要的是应当谨慎行事，避免对结果过度解读。MCR 存在所谓的旋转模糊性，这本质上意味着一个问题可以有许多好的解决方案。这与 PCA 不同，PCA 只有一种解决方案。因此，需要谨慎使用该方法，尤其是对于具有 [例如，宽重叠光谱（broad overlapping spectra）] 特征的荧光数据，荧光数据的上述特征会增加使用 MCR 获得确定解的难度（Jaumot and Tauler，2010）。

10.5 主成分分析

一种最简单和最常用的探索性方法是主成分分析（PCA），其识别数据集中最重要的不相关变量，即主成分。PCA 以提取的主成分定义了一个新的正交坐标系，将原始数据投影至该坐标系。PCA 通常被用于探索数据，以初步评估不同变量的重要性，对对象（样本）进行聚类和分类，以及检测异常值。第一个主成分能解释数据集中大部分变化（"最大方差的超平面"），在减去所有前面的主成分后，每个后续主成分能最大限度解释数据集的剩余变化。

PCA 通常被认为是一种非参数方法，不依赖于数据概率分布的假设，并提供了唯一解（除了符号不确定性）。PCA 提供高维原始向量集降为低维向量的最小二乘解，利用该解能重构原始数据。通常以表格（或矩阵）形式对数据进行主成分分析。将三维 EEM 沿一维展开的数据也可被用于主成分分析，该展开矩阵的行是样本，列是一个激发波长和一个发射波长的唯一组合，每个组合可视为单独变量 [见图 10.2（c）]。这类 PCA 有时也被称为 Tucker1，或者（也误认为）是一种多路 PCA 模型。

在数学上，PCA 模型将数据矩阵分解为一组所谓的双线性项和一个残差矩阵：

$$X_{ij} = \sum_{f=1}^{F} a_{if} b_{jf} + e_{ij} \quad i = 1, \cdots, I; \ j = 1, \cdots, J$$

式中，x_{ij} 为第 i 个样本在第 j 个变量处的强度；a_{if} 为得分，是每个样本在各主成分上的位置；b_{jf} 是载荷矩阵中每个变量对每个主成分贡献的元素。最后，e_{ij} 是残差，代表模型没有考虑的变异性。

通常在 PCA 分析中，前几个主成分解释了数据集中的大部分变化，能将转换后的数据以得分和载荷的形式进行可视化。得分图描述了样本间的聚类和分离程度，以及聚类和主成分之间的关系；而载荷图说明了原始变量在每个主成分轴上的投影。因此，载荷可以解释光谱中在各主成分上有差异的部分。展开 EEM 的主成分分析中，载荷图看起来很像 EEM 本身，每个图显示不同波长区域沿相应主成分方向变化的程度（Persson and Wedborg，2001；Boehme et al.，2004）。如果数据集中原始变量较少，可在双坐标图（biplot）中同时查看载荷和变量（Gabriel，1971）。

　　为了说明预处理的重要性，在对光谱数据进行 PCA 分解之前，对霍森斯流域数据集应用了 3 种不同的预处理方法。通过均值中心化、自动缩放和标准化后均值中心化进行预处理，分别提取出 1 个、2 个或 3 个主成分。仅通过均值中心化，无法获得有效的多组分 PCA 模型——只能找到描述数据集中 98%变化的单一组分。通过自动缩放，主成分分析发现了两种截然不同的现象［图 10.4（a）］。第一主成分解释了数据集中 94%的变化，并显示了河流和河口位置之间的连续性，可能反映了样本之间的浓度和化学差异。第二主成分仅解释总变化的 4%，几乎完全是由废水样本造成的；除了样点 16，该成分轴上的其他样点几乎没有区别。相比之下，行标准化和均值中心化后的 PCA 确定了 3 个主成分，而样点被分为 3 个不同的群组，代表废水样本、河口样本和河流样本［图 10.4（b）］。此外，不同河流样点之间的聚类也不明显。前两个主成分分别解释了样本之间 64.9%和 13.6%的变化，而第三个主成分（未显示）解释了大约 2.5%的变化。3 种不同 PCA 模型所解释的百分比变化没有直接可比性，因为它们是由不同预处理的数据集构建的；然而很明显，不恰当的预处理会降低主成分分析在沿二级轴和后续轴划分变化的有效性，从而降低样本之间多元差异的可视化。

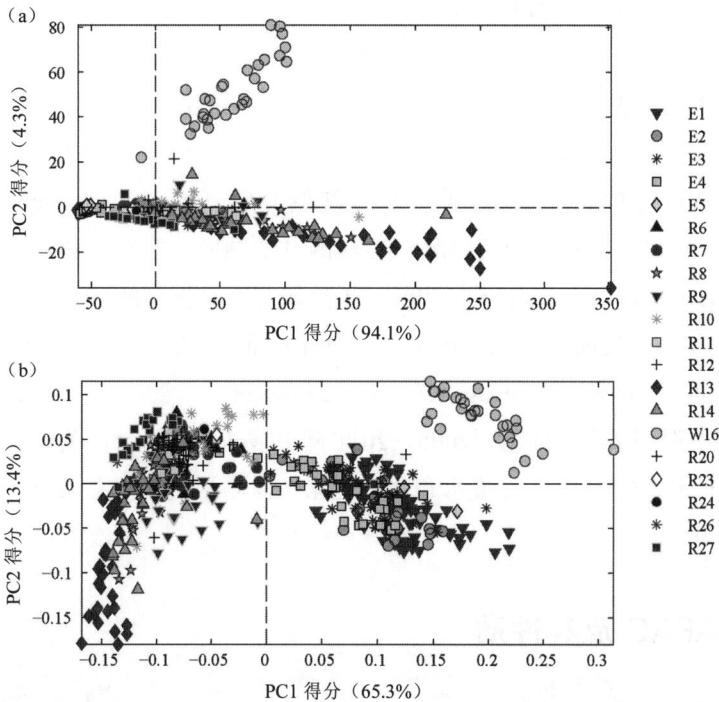

图 10.4　霍森斯流域数据集的主成分分析表明不同预处理方法对模型得分的影响。（a）自动缩放；（b）行标准化后均值中心化（见彩色插图 15）。

可以单独对荧光测量数据进行主成分分析，也可以将荧光数据与其他水化学性质结合起来进行主成分分析。还可以利用其他化学计量模型对数据集进行主成分分析以获得得分，然而这种方法可能存在冗余。同样重要的是要认识到在 PCA 得分图上聚在一起的变量通常不是强相关的，除非它们在相应主成分上也有较高的载荷。因此，对主成分分析建议的具有关联的变量，还需要直接绘制变量关系图来确定它们的关系（Gabriel，1971）。以往的海洋荧光研究对展开的 EEMs 进行主成分分析，以获得 DOM 荧光变化。Persson 等（2001）使用 PCA 检测波罗的海（Baltic Sea）深层水团和表层水团的混合。Boehme 等（2004）研究了墨西哥湾荧光 DOM 的季节和区域变化，确定了 87% 的 DOM 荧光变化与代表陆源的 PCA 主成分有关。Wedborg 等（2007）的研究表明，南大洋中类腐殖质的荧光组分与盐度、海水密度和总无机碳在第一主轴上相关，突出了其惰性，而在第二主轴上，两种类蛋白质荧光组分之间具有很强的相关性，且与温度和硝酸盐负相关。Chen 等（2010）利用 PCA 对佛罗里达州沿海沼泽地和湿地的地表水和地下水中的 9 种荧光组分进行分析，发现了来自两个地表水水源和两个地下水源的样本之间的差异。陆源类腐殖质和类蛋白质组分位于第一主轴的两端，而第二主轴两端的短发射波长类腐殖质组分分别代表了光降解和微生物降解作用。PCA 还被用于分析 DOM 荧光及其与水处理设施的过程变量和工厂性能之间的相互作用（Antunes et al.，2007；Lu et al.，2009；Peiris et al.，2010）。通常，对自然水生环境和人工水生环境 CDOM 荧光数据集进行主成分分析时，一个或两个主成分就能解释大部分（＞80%）的荧光数据变化。

10.6　平行因子分析

平行因子分析［PARAFAC，也可称为典型分解（canonical decomposition）或 CANDECOMP，但较少见］是一种起源于心理测量学领域的多路分解方法（Carroll and Chang，1970；Harshman and Lundy，1994）。虽然研究人员很早就知道 PARAFAC 在荧光数据分析方面的用途（Appellof and Davidson，1981），但 20 年前 PARAFAC 才首次被应用于 DOM 荧光分析（Søndergaard et al.，2003；Stedmon et al.，2003）。目前，PARAFAC 在 DOM 荧光研究中得到了广泛应用，2005—2011 年共发表了 90 余篇关于土壤和天然水体 DOM 的 PARAFAC 研究论文，在废水和水处理系统监测相关工程文献中出现的数量也迅速增加。

10.7　PARAFAC 及其性质

PARAFAC 受到研究人员的欢迎缘于其具有在数学上分离重叠荧光光谱各组分的能力。因此，PARAFAC 与前面提到的 MCR 相似（实际上，PARAFAC 可以被看作二路 MCR

的三路版本），重要的区别是 PARAFAC 没有旋转模糊性，而 MCR 存在旋转模糊性。这意味着如果这个模型是正确的，其将给出具有化学意义的结果。对于 PARAFAC 的数学解释，包括其应用教程，我们建议读者参考其他资料（Bro，1997；Andersen and Bro，2003）。简而言之，三路数据集的 PARAFAC 将数据信号分解为一组三线性项和一个残差阵：

$$x_{ijk} = \sum_{f=1}^{F} a_{if} b_{jf} c_{kf} + e_{ijk}$$

$$i = 1, \cdots, I;\ \ j = 1, \cdots, J;\ \ k = 1, \cdots, K$$

式中，x_{ijk} 是第 i 个样本在第 j 个发射波长和第 k 个激发波长下的荧光强度。当成功地对 EEM 数据集建模时，PARAFAC 模型允许进行直接的化学解释，这与源自 PCA 的抽象正交组分不同。例如，参数 a_{if} 与样本 i 的第 f 个分析物浓度成正比；包含元素 b_{if} 的向量 $\boldsymbol{b}_f$ 是第 f 个分析物发射光谱的缩放估计。同样，包含 c_{kf} 元素的向量 $\boldsymbol{c}_f$ 与第 f 个分析物的比吸收系数 [specific absorption coefficient；即摩尔吸光系数] 成线性比例。e_{ijk} 表示模型未解释的变异性的残差。虽然简单的所谓三线性模型如上述等式所示，但通过增加求和符号后的项数，可以将其扩展到高阶数据集。例如，针对时间序列 EEMs x_{ijkl} 这样的四路数据集，需要增加乘数项 d_{lf} 来模拟第四维度（时间）。

PARAFAC 模型成功的 3 个重要假设是：①差异性，即没有两种化学组分具有相同的激发光谱或发射光谱，或者具有完全相关的浓度（例如，一组稀释样本）。②三线性，即发射光谱不随激发波长变化，激发光谱不随发射波长变化，荧光随浓度近似线性增加。③可加性，即荧光可由固定数量的组分线性叠加而成（Bro，1997）。针对三路数组 EEMs（样本×发射波长×激发波长）组成的数据集，即使存在未校准的光谱干扰，PARAFAC 也能够分离混合物中已知荧光物质的精确光谱和浓度（Bro，1997）。

与 DOM 测量相关的实际问题可能挑战或违反上述假设，包括存在具有相似光谱性质的强相关组分，高浓度下的内滤效应，pH 变化、电荷转移和系间跨越导致的光谱变化、猝灭、仪器设置变化影响了样本之间的光谱分辨率，瑞利散射带和拉曼散射带，以及其他非三线性系统误差。数据集中存在高度相关的荧光团导致 PARAFAC 出现问题，因为其违反了差异性假设。一种新的因子模型（PARALIND）可用来处理线性相关因子引起的并发症（Bro et al.，2009）。

10.7.1　组分数量确定

PARAFAC 模型的化学解释程度取决于用户是否确定了恰当的组分数量。当确定的模型组分数量过少时，模型组分少于可检测水平上独立变化的荧光基团数量。在这种情况下，该模型可能会混合化学组分不同的光谱，得分体现的是多个不相关的荧光团混合荧光。当确定的模型组分数量过多时，模型中的组分多于独立变化的荧光基团。在这种情况下，可以使用两个或多个 PARAFAC 组分来表示与噪声相伴的单个荧光团或没有化学意义的组分。PARAFAC 模型中存在高度相关的组分表明该模型过度参数化。

不同的化学基团是否能被 PARAFAC 分离出来取决于一系列因素，包括样本中各种荧光团的相对浓度及其光谱之间的重叠程度，以及样本数量和数据集中包含的环境变化程度。在可检测荧光团数量未知的自然系统中，需要可视化和诊断工具来评估 PARAFAC 模型的有效性和确定正确的组分数量（Andersen and Bro，2003）。最简单的方法是利用模型光谱的可视化来评估其组分是否合理。有机质荧光团的光谱通常是平滑的形状，通常具有单一发射峰和单一或多个激发峰。那些看起来非常不规则、不寻常或有噪声的光谱可能是有问题的，这些问题可能是由于在预处理过程中未完全去除散射或是其他人为因素所造成的。或者模型可能过拟合，这些组分可能代表 PARAFAC 对背景噪声进行建模的尝试。尽管可视化本身可以识别一些问题，但在大多数情况下，还需要额外的工具来确认图像上可行的模型在数学上也是可靠的。

由于 PARAFAC 模型对光谱形状以及参数和误差项的结构没有任何假设，如果用不同样本集建立的两个完全独立的模型中存在的组分有相似的光谱形状，这就强有力地证实了该光谱代表潜在的化学现象。在分半验证（split-half validation）中，对数据集的独立分半部分分别进行 PARAFAC 建模。当在每个部分数据集构建的 PARAFAC 模型中均存在相同组分时，该模型就通过了验证，因为这一合理性结果绝非偶然产生的（Harshman and Lundy，1994）。越来越多的研究发现，完全不相关的数据集构建的 PARAFAC 模型中存在光谱相同的组分（例如，Stedmon et al.，2007；Murphy et al.，2011；本研究），这进一步证实了这些 PARAFAC 组分具有化学意义。

另一种确定组分数量的工具是核心一致性诊断（core consistency diagnostic；Bro and Kiers，2003），其检查数据是否符合三线性 PARAFAC 模型。有效 PARAFAC 模型的核心一致性接近 100%；不稳定的模型有中等层次的核心一致性（大约 50%）；无效的模型由于数据不是三线性的或者模型有太多的组分，其核心一致性通常接近于零或为负值。在开发一系列模型的过程中，每个模型都比前一个模型多一个组分，与少一个组分的模型相比，第一个过度确定组分数量的模型的核心一致性通常会大幅下降。

不幸的是，上述评判方法有时会给出模棱两可或矛盾的结果；例如，核心一致性差的模型通常能通过分半分析来验证（Murphy et al.，2008；Stedmon and Bro，2008），或者可能比具有更少组分和更高核心一致性的模型有更好的预测能力（Bosco et al.，2006）。模型选择诊断方法的改进是一个活跃的研究领域（Smilde et al.，2004），但必须强调，需要对分析数据、实际问题背景以及模型背后的数学和统计原理进行广泛的洞察，才能提供科学有效的结果。也就是说，开发一个自动程序利用 EEM 数据构建 PARAFAC 模型是有用的（Bro and Vidal，2010）。该程序考虑了一系列建模决策和诊断的相互依赖性，并自动确定组分的数量、可能的异常值等。尽管自动化程序可能有用，但必须意识到其是基于某些假设的，对于某些数据，其肯定是无效的。

10.8　PARAFAC 的实际操作

尽管 PARAFAC 算法旨在基于最小二乘法获得"最佳拟合"解的载荷和得分，但在实践中，该算法可能收敛于局部最小残差，而非全局最小残差。当这种情况发生时，就会得到一个不正确的解；或者更确切地说，无法获得最小二乘解。为了防止上述情况发生，建议使用随机起始条件初始化模型，并确保在不同随机启动条件下获得基本相同的解。得到相同的解意味着不同模型的残差平方和应该相同。可以利用之前 PARAFAC 模型的载荷结果作为"第一猜测"来加快建模速度或帮助模型输出一个"可能"的解（Bro，1997）；然而，这可能会使模型错误地实现局部最小残差而非全局最小残差的风险增加。

不稳定模型的核心一致性通常较低，而且从数据集中移除少量样本时模型就会发生变化。为了保证模型的稳定性，建模之前识别和剔除异常值是十分重要的，这样异常值就不会对模型的稳定性产生不利影响。采用 jack-knifing 重采样方法可以评估数据集中单个样本的影响和杠杆率（Riu and Bro，2003）。应经常检查残差图中的非随机结构。残差的一致峰意味着模型可能还存在其他组分，而峰和谷相邻出现可能表明模型拟合过度或拟合不佳（Stedmon et al.，2003）。

在建模过程中适当的约束有时可以改进不稳定模型（Andersen and Bro，2003）。例如，在荧光的平行因子分析中，浓度和光谱通常被限制为非负数。将光谱约束为有不超过一个单峰（单峰性）也有助于模型构建。约束可以帮助 PARAFAC 得到稳定的、化学敏感的解，特别是对于现实世界的、有噪声的数据集。但是必须注意确保该过程不会掩盖那些可以用其他方法更好地解决的问题，并确保重要的化学现象不会因此而被掩盖或歪曲。

10.8.1　有机质的 PARAFAC 模型

目前，在所有的化学计量方法中，PARAFAC 是有机质荧光 EEMs 分析最常用的方法。图 10.5 显示了利用天然水体和土壤 DOM 的 EEMs 构建的 33 个 PARAFAC 模型的组分数量与样本数量的关系，上述模型是 2003—2010 年由一系列研究团队独立构建而成的。虽然总体趋势表明，数据集越大，模型解析的组分越多，但是模型却能从 18 个样本的数据集中识别出多达 5 种组分（Hall and Kenny，2007）。具有 8 个及以上组分的模型数据集通常包含了土壤样本（Yamashita et al.，2008；Fellman et al.，2009a，2009b，2009c；Chen et al.，2010），而组分数量最大的模型所用数据集涵盖湖泊、溪流、土壤、湿地、河口和海洋等各种样本。

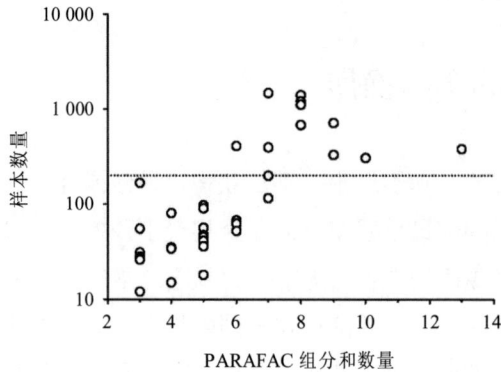

图 10.5 2003—2010 年发表的 33 个天然有机质荧光 EEMs PARAFAC 模型中，分析人员确定的样本数量和组分数量之间的关系。

在有机质荧光数据集中，对单个 PARAFAC 组分的化学解释从非常通用的（类蛋白质、类腐殖质）到更为具体的（类色氨酸、类酪氨酸、类醌）不等。在由 100 多个样本组成的数据集创建的模型中，绝大多数 PARAFAC 组分都与 Coble（1996）所述的类蛋白质（T 和 B）、类腐殖质（A 和 C）和自生腐殖质（M）峰对应。

图 10.5 表明，有机质数据集中能够识别的 PARAFAC 组分的数量上限较低。毫无疑问，天然样本中荧光团及其光谱的数量要多得多。目前尚不清楚通常确定的少量组分能在多大程度上反映无法检测到的低浓度（即低信噪比）有机质荧光团，或 PARAFAC 是否将非常相似的荧光团的组合建模成为单个组分，或者组分数量少是否反映了与比尔-朗伯定律的明显偏离。

只要满足三线性、可加性和差异性的假设，PARAFAC 模型的化学解释就是清楚的；具体来说，PARAFAC 的载荷与单个潜在荧光团的化学光谱是等效的。然而，由 DOM 数据集分解得到的 PARAFAC 组分的化学解释并不简单，部分原因是上述假设的合理程度难以评估（例如，数据集存在共线性）或存在争论点（例如，可加性和三线性）（Del Vecchio and Blough，2004；Boyle et al.，2009）。研究表明，即使存在违反可变性或三线性假设的情况（Bro，1997；Bro et al.，2009；Murphy et al.，2011），PARAFAC 也可以提供可解释的不完美模型，并且在某些情况下，施加适当的模型约束可以改善这些问题。即便如此，在自然系统中，尤其是在数据集庞大或多样的情况下，很难评估模型偏离假设的严重程度。

最近的一些研究将新的数据集投射到现有模型上，以提取"已知" PARAFAC 组分的浓度（例如，Mladenov et al.，2008；Fellman et al.，2009c；Macalady and Walton-Day，2009；Miller et al.，2009a，2009b；Miller and McKnight，2010）。在很多此类研究中，模型适用性的判断是基于误差残差相对于测量荧光信号的幅度大小。这种方法的一个问题是现有的

PARAFAC 模型与新数据集的拟合度随着模型中组分数量的增加而增加，因为不相关的组分可以用来模拟噪声并补偿较差的拟合度。事实上，在利用现有模型的预测功能之前，需要通过一系列异常值诊断来验证现有模型是否能无偏地反映新数据（Rinnan et al.，2007）。还应注意，并非所有数据集都能满足 PARAFAC 的假设，这取决于样本浓度（Stedmon and Bro，2008）、化学计量（Bro et al.，2009）、荧光团间的相互作用（Boyle et al.，2009）或与金属离子的相互作用以及其他因素间的相互作用。由于上述原因，有机质荧光 PARAFAC 模型的解释（尤其是 PARAFAC 预测功能的应用）目前还在发展中，研究人员需要谨慎对待。

10.8.2　PARAFAC 案例

在利用霍森斯流域数据集进行 PARAFAC 建模前，将浓度标准化为单位范数，并对模型得分和载荷施加非负约束。该模型解析了 5 个组分，解释 EEMs 中 99.6%的变化（图 10.6）。该模型的核心一致性较低——事实上，核心一致性诊断表明二组分模型是最合适的。然而，五组分模型通过了分半验证（图 10.6），组分光谱是有规律的，并且与其他文献关于 DOM 的 PARAFAC 光谱一致（图 10.7）。霍森斯流域 PARAFAC 模型的载荷以及与以往研究中类似光谱的相关性见本章附录。

即使在与早期研究进行比较的情况下，确定 PARAFAC 组分的来源也并不容易。一个困难是陆源附近高浓度的组分本身并不能保证该组分具有外来源特征。此外，除了开展精心设计的试验（例如，Stedmon and Markager，2005b；Stedmon et al.，2007），通常无法区分组分的产生和去除。

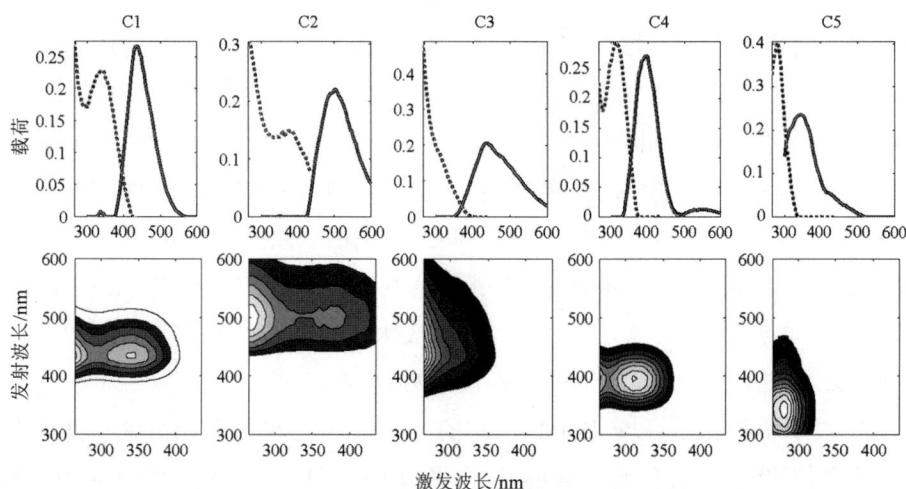

图 10.6　霍森斯流域荧光数据集的 PARAFAC 分解。光谱图在上部分，等高线图在下部分，光谱图中两个独立分半数据集建模的光谱曲线发生了重叠。

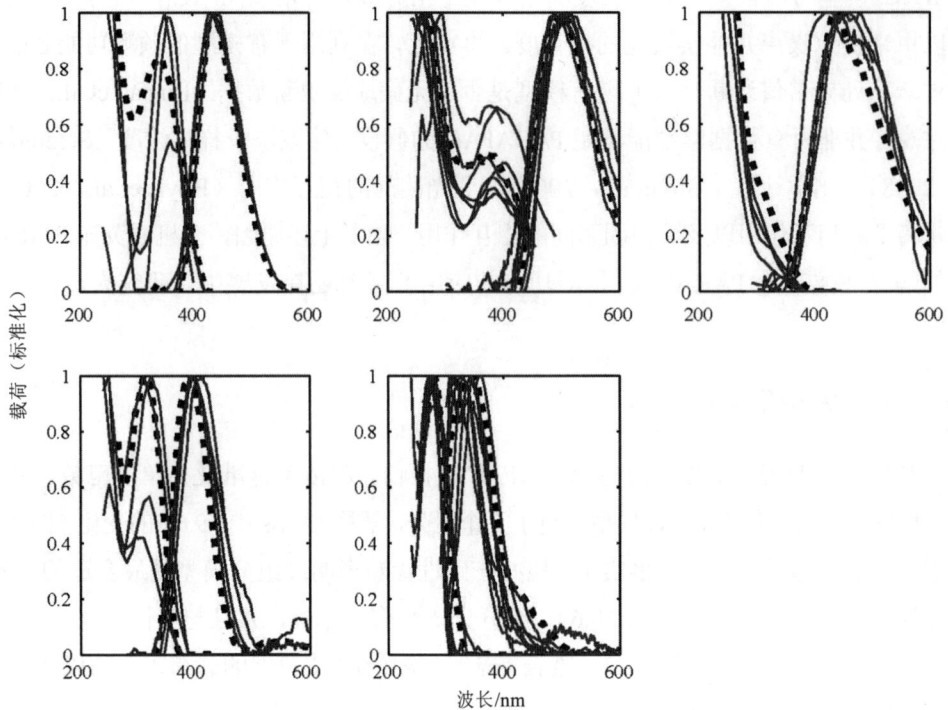

图 10.7　霍森斯流域的 PARAFAC 模型光谱（虚线）与 10 个已发表模型的 PARAFAC 光谱（细线）的比较。模型间的比较见附录。

在本章案例中，探索霍森斯流域模型中 5 个 PARAFAC 组分之间的关系就有 5!/3!2!=10 个组分组合，其中 4 个如图 10.8 所示（注意 log-log 尺度）。与图 10.4 中的 PCA 相似，PARAFAC 分析将样本分为三类。然而，由于 PARAFAC 光谱提供了额外的信息，针对样点之间的差异，其可以提供比以往更直接的化学解释。组分 3 似乎代表了在 WTP 有机质中几乎不存在或含量极小的陆源组分（图 10.8，第一张图和最后一张图）。更详细的分析表明，该信号出现在雨水密集期的水样中，在此期间，城市污水中土壤有机质的比例也较大（Stedmon，未发表）。除废水样本外，C2 和 C4 之间的一致关系表明，它们代表了一种普遍存在的信号，这种信号来自可追踪并持续进入河口的河流。C2 和 C5 相关图显示，废水、溪流和河口样点形成了 3 个不同的组，其中废水和河口样本中 C5 的占比相比于代表陆源信号的 C2 更大，这表明废水和河口存在生物活动。

图 10.7 显示了霍森斯流域 DOM 样本的 PARAFAC 模型荧光组分与其他发表的 PARAFAC 模型的比较。以往的研究推测，在很多模型中出现的类腐殖质 C2 来源于陆地物质（Stedmon et al.，2003；Murphy et al.，2008），可能是陆源有机质光化学降解过程中形成的中间体（Stedmon et al.，2007）。类蛋白质荧光（包括类色氨酸 C5）与地表水生物生产有关（Determann et al.，1994；Determann et al.，1998）。类腐殖质 C1 具有与（木质素

分解产生的）丁香醛相同的发射光谱，并与有机质负荷高的水域有关（Murphy et al.，2011）。在该研究中，C1 主要来自上游林地（尤其是 Hansted 系统中的 R13 样点和 R14 样点）以及 WTP。

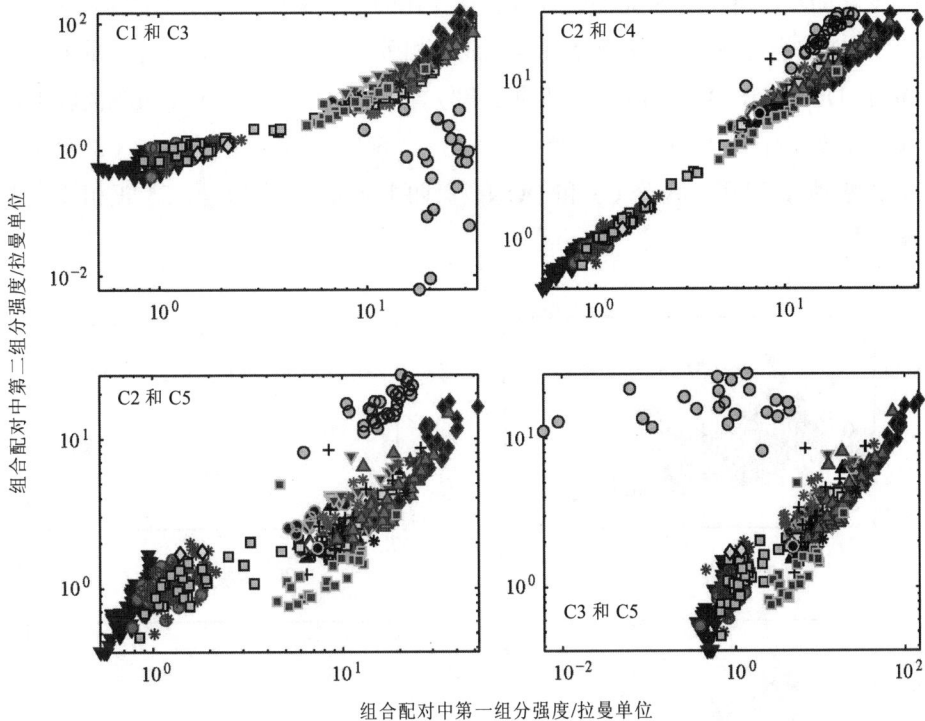

图 10.8 霍森斯流域数据集 PARAFAC 组分荧光强度对数转换后的配对比较（见彩色插图 16）。

实际上与类腐殖质 C3 相同的组分已经在至少 3 个之前的模型中被识别出来(图 10.7)。在霍森斯流域数据集中，溪流 C3 丰度最高（样点 13 最高，样点 27 最低），WTP 和河口最低。此前，Stedmon 等（2003）在 2001 年对霍森斯流域进行了采样，发现湿地和林区的类似组分（组分 1）占据主导。Stedmon 等（2005b）确定的另一个类似组分（组分 1）在硅和磷限制的中间层中积累，在那里组分 1 通过微生物降解产生，并受到紫外线（UV）和可见光的降解作用。Chen 等（2010）的 PARAFAC 模型中，一个非常相似的组分（组分 2）出现在佛罗里达湾的地表水而非地下水中。至少 4 个之前的模型确定了与类腐殖质 C4 几乎相同的组分（Stedmon et al.，2003；Stedmon et al.，2007；Kowalczuk et al.，2009；Murphy et al.，2011），特别是在靠近陆源的地点。在霍森斯流域的研究中，C4 在溪流中含量丰富，与 C3 相比，在 WTP 样点也有丰富的 C4。

10.8.3 PARAFAC PCA 案例

在对霍森斯流域数据集的进一步分析中，用 PCA 可视化 5 种 PARAFAC 组分、营养盐、DOC 和吸光度之间的关系（图 10.9）。第一主成分（62.4%）与荧光组分 C2、DOC、吸光度正相关，与其他各变量均正相关。第一个载荷图 [图 10.9（i）] 证明了这一点，在第一个主成分中，所有变量都位于坐标原点的右侧。因此，第一主成分似乎是一个主要描述碳含量变化的轴，这一现象显然是导致总体变化的主要原因。第二主成分（16.4%）与磷（TDP、DOP）强正相关，与 DON 和 C3 弱负相关，该主成分主要描述磷的变化。这可以从 TDP 和 DOP 位于第二主成分正轴的较高位置，而 DON 和 C3 位于负轴的较不极端位置这一事实中看出 [图 10.9（ii）]。第三主成分（7.6%）与氮正相关，与 C3 负相关 [图 10.9（iii），横轴]，可用于区分 C3 和 DON。第四主成分（6.1%）与 C5 正相关 [图 10.9（iii），纵轴]。

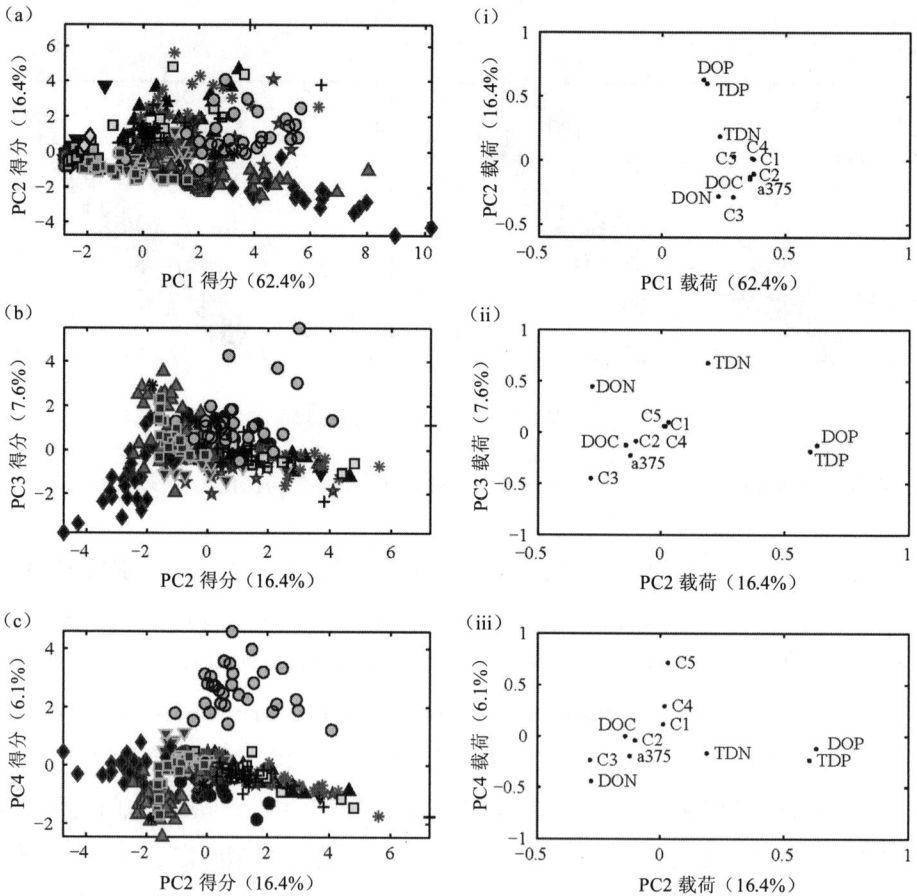

图 10.9　对霍森斯流域数据集的 PARAFAC 组分和水质参数的主成分分析。左侧得分图 [（a）～（c）] 显示各样点之间的差异，右侧载荷图 [（i）～（iii）] 显示变量之间的相关性（见彩色插图 17）。

对任何模型最重要的检验，除了确保其在统计上是合理的外，还要确保结果在支撑有机质来源和行为的认识方面是可信的。图 10.9 中的主成分分析表明，在霍森斯流域，荧光与碳（DOC，a375）之间存在很强的相关性，而碳、氮、磷的变化在很大程度上是独立的。这符合目前对霍森斯流域和碳、氮、磷供给解耦的理解。流域中的有机碳和 CDOM 主要来自土壤，特别是森林较多的流域土壤［如图 10.4（a）中的 R13］，而磷的最大来源是农业流域，如 R10 和 R11［图 10.4（b）］（Stedmon et al.，2006）。在 Hansted 系统的湿地流出区采样点（R14），TDN 和 DON 浓度最高（Stedmon et al.，2006 的图 2）。因此，主成分分析结果揭示了有机碳、有机氮和有机磷供给的差异，这似乎与土地利用有关。

10.8.4 监督学习技术

与主要使用无监督学习的探索性数据分析不同，监督学习涉及利用与期望结果集相配对的数据开发模型，这些结果集可用于指导模型估计。在化学计量学领域，数据分析的目标通常涉及分类或预测。在这两种情况下，都要遵循一个基本的程序。首先，收集训练（或"验证"）数据集，包括目标特征的参考计量，以及反映目标特征的计量属性（在预测的情况下）或样本对应的类别（在分类的情况下）。然后，利用化学计量模型确定计量属性和目标特征（预测）或其类别（分类）之间关系的"最佳模型"。执行验证时，使用新的数据集（测试集验证）或使用原始数据矩阵的适当子集（交叉验证）对预测进行检验，这对于确保获得的模型不会过度拟合，从而可以广泛描述随机变化至关重要（Martens and Næs，1989）。如果验证成功、预测良好，并且如果训练集包含新样本中预期的全部条件，那么未来可以从测量变量中估计目标特征，而无需测量目标特征，偶尔会出于检查目的而进行测量。分类和预测模型的输入数据包括探索性数据分析的输出数据，例如由 PCA 或 PARAFAC 确定的主成分。

10.9 多元校准

校准的目的是开发预测模型，将目标特征（可能难以测量或测量费用昂贵）与更容易测量的化学系统属性联系起来，例如光谱数据（Thomas，1994；Gibb et al.，2000）。在很多情况下，测量数据与目标变量之间，或者在这些变量的某些（可能是非线性的）变换之间，可以预期存在线性关系。在众多技术中，主成分回归（PCR）和偏最小二乘回归（PLS）是最常用的。两者都是多元线性回归（MLR）模型的扩展，但使用不同的算法来计算回归系数，并施加不同的限制。PCR、PLS 与 MLR 的主要区别在于 PCR、PLS 能够处理高度相关的输入变量（例如荧光 EEMs 中的相邻波长），而 MLR 要求输入变量在一定程度上是唯一的。PCR 和 PLS 也能处理变量比样本多的数据集。

在 PCR 中，PCA 模型的得分向量被用作 MLR 模型的自变量，用于预测因变量。PCR 模型最能反映预测变量（矩阵 X 列）之间的协方差结构，而 PLS 模型能反映预测变量（X）与响应变量（Y）之间的协方差结构。因此，PLS 模型被优化用于预测响应。PCR 模型和

PLS 模型都提供了从 X 预测 Y 的回归系数。回归系数不同于 MLR 的回归系数，因为在 PCR 和 PLS 中，系数是模型中载荷的线性组合，也不像 PARAFAC 那样具有直接的化学意义。在 PCR 中，载荷来自 PCA，因此载荷是最重要光谱变化的正交抽象表示。在 PLS 中，载荷同样是抽象的，但在这种情况下，载荷反映了与预测因变量相关的 X 的变化。不过，可以用与 MLR 回归系数相似的方式来解释回归系数。

PLS 的一个多线性版本被称为 N-PLS，也被开发用于建立多路数据的回归模型（Bro，1996）。EEMs 的 N-PLS 模型的载荷类似于 PARAFAC 模型的载荷，即一个激发光谱、一个发射光谱以及模型中每个潜在变量（latent variable）的回归系数向量。然而，与 PARAFAC 不同的是，N-PLS 识别的潜在变量对预测响应矩阵进行了优化，通常不会代表纯化学光谱。因此，N-PLS 载荷在这方面与普通的二路 PLS 载荷类似。

霍森斯流域数据集的主成分分析所揭示的荧光与 DOC 之间的相关性表明，可以通过荧光强度来预测 DOC。此前，Vasel 和 Praet（2002）试图利用激发波长为 280 nm 的荧光发射扫描光谱（300～450 nm）预测污水处理厂的 DOC 和 TOC，发现相关性较差（$R^2 < 0.4$），预测成功率较低。Marhaba 等（2003）在利用荧光预测 DOC 方面取得了更大成功（$R^2 > 0.9$），他们从为新泽西州各种水处理设施供水的河道采集水样，测定了 69 个 EEMs（激发波长 225～500 nm，发射波长 231～633 nm），根据这些 EEMs 开发了一个三组分 PCR 模型，用于预测 DOC。

对于当前案例，利用展开的 EEMs 结合 PLS 回归来预测霍森斯流域的 DOC 浓度。预处理采用均值中心化，因为如前所述，标准化将去除与预测 DOC 浓度相关的荧光数据固有的浓度信息。交叉验证表明，具有两个潜在变量的模型具有较高的相关系数（交叉验证 $R_{cv}^2 = 0.91$）；然而，对模型预测的检验（图 10.10）表明，由于河口样点 DOC 浓度较低且对模型的影响较小，在联合样点模型中，河口样点的 DOC 预测效果较差。针对这种情况的解决方案是构建两个单独的模型：一个用于河流和 WTP 样点，另一个用于河口样点。表 10.2 总结了不同数量潜在变量（LV）的 PLS 模型结果。在选择最优模型时，需要在选择较少潜在变量和最小化交叉验证预测均方根误差（$RMSE_{cv}$）之间进行权衡，因为增加潜在变量的数量会增加过度拟合的风险，导致对未来数据的预测较差。$RMSE_{cv}$ 较低的模型也具有较高的相关系数（R_{cv}^2）。尽管通常选择具有最小 $RMSE_{cv}$ 的模型，但具有最小 $RMSE_{CV}$ 的模型并不总是最好的。据观察，PLS 十分"取悦于人"，这意味着其很容易对预测能力产生过于乐观的评估，尤其是在变量比样本多得多（例如，针对展开的 EEM 数据集）或交叉验证不充分的情况下［例如，使用留一法（leave-one-out）交叉验证包含重复样本的大型数据集］（Westerhuis et al.，2008；Kjeldahla and Bro，2010）。这常常导致选择过度拟合的模型，这些模型在未来预测方面可能比潜在变量较少的模型表现更差。

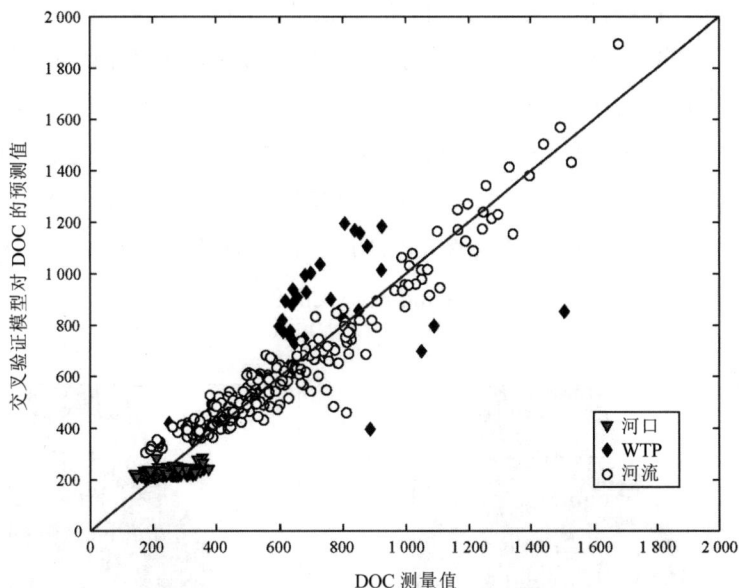

图 10.10　利用偏最小二乘法（PLS）和荧光强度预测霍森斯流域 DOC 浓度。基于所有样点数据构建单独的双潜在变量模型对河口样本的预测结果较差。

表 10.2　利用霍森斯流域河流和废水样本（$n=302$）和河口样本（$n=211$）的单独 PLS 模型和荧光强度预测 DOC 浓度

	河流和废水样本		河口样本	
nLV	$RMSE_{cv}$	R^2_{cv}	$RMSE_{cv}$	R^2_{cv}
1	120.59	0.80	46.51	0.24
2	**104.11**	**0.85**	36.57	0.52
3	98.25	0.87	**34.51**	**0.58**
4	93.07	0.88	35.53	0.58
5	89.07	0.89	33.21	0.63
6	90.32	0.89	32.49	0.64
7	90.17	0.89	31.48	0.66

注：每种情况下的"最佳模型"以粗体表示，代表了最小潜在变量数（nLV）、最小 $RMSE_{cv}$ 和最大 R^2_{cv} 之间的权衡。

　　对于河流和 WTP 样点，五组分模型具有最低的 $RMSE_{cv}$；然而，二组分模型似乎是一个更好的选择，因为其他 3 个潜在变量对 $RMSE_{cv}$ 和相关系数（R^2_{cv}）的改善十分有限。对于河口地区，三组分模型似乎是足够的。同样，一个七组分模型具有较低的 $RMSE_{cv}$，然而增加更多的潜在变量对 $RMSE_{cv}$ 的改善非常小。因此，保守的方法是为河流和 WTP 模型选择 2 个潜在变量，为河口模型选择 3 个潜在变量。

　　回归系数图能突出对 DOC 浓度预测影响最大的 EEM 区域（图 10.11），然而在光谱数据（和一般的非设计数据）的情况下，必须注意不要过度解释组分（Kjeldahla and Bro，

2010）。从图 10.11 可以看出，对于河流和 WTP 模型，T 峰和 M 峰是最重要的，这些区域的荧光与 DOC 浓度明显正相关［正回归系数，图 10.11（a）］。在河口模型中，C 峰区具有较高的负回归系数，表明 C 峰区的荧光与 DOC 浓度呈负相关，而 A 峰区具有较高的正回归系数［图 10.11（b）］。虽然图 10.11（a）所示的关系看似合理，但是图 10.11（b）所示的 C 峰荧光与 DOC 浓度之间的强负相关却有违常识。事实上，该图的视觉解释可能会因潜在变量中的重叠光谱信号而失真（图 10.12），从而导致实际本应与 DOC 浓度呈正相关的波长回归系数为负值（Kjeldahla and Bro，2010）。

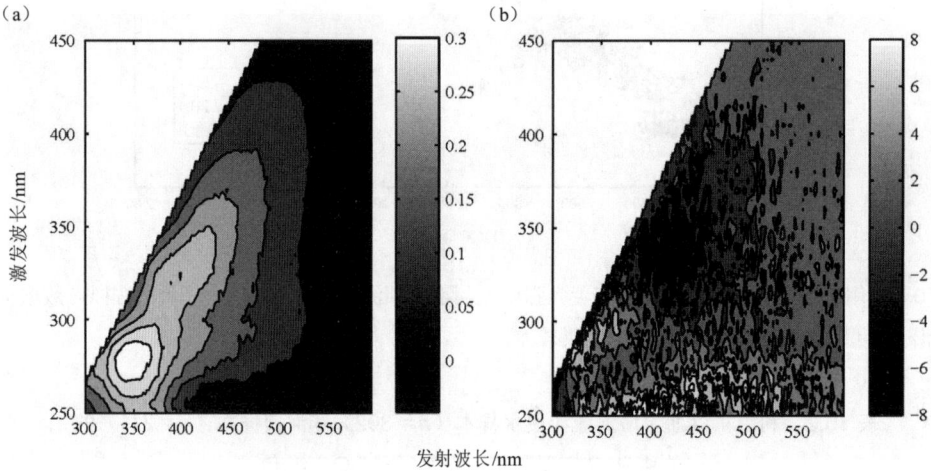

图 10.11　利用荧光强度预测霍森斯流域 DOC 浓度的 PLS 模型回归系数。（a）双潜在变量的河流和 WTP 模型。（b）三潜在变量的河口模型。

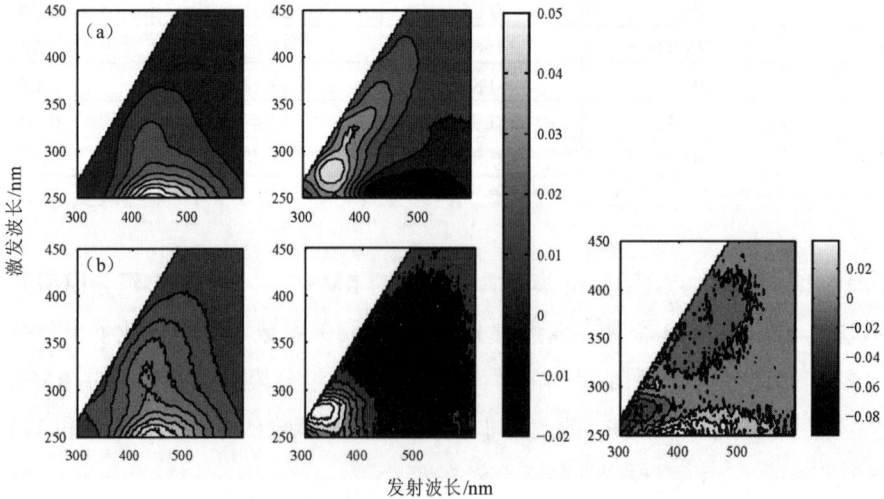

图 10.12　利用荧光强度预测霍森斯流域 DOC 浓度的 PLS 模型潜在变量。（a）双潜在变量的河流和 WTP 模型。（b）三潜在变量的河口模型。

如图 10.13 所示,通过仔细比较两个河流样点(R12:农业用地和 R13:森林用地)、WTP 样点(W16)和一个河口样点(E3)预测和实测 DOC 浓度随时间的变化,可以检验 PLS 回归模型的性能。在每个样点,实测 DOC 浓度的时间趋势也体现于预测浓度中。河流样点实测浓度和预测浓度之间存在明显的密切对应关系 [图 10.13(a)(b)]。尽管不如河流样点,废水样点的预测值与实测值也较为吻合 [图 10.13(c)]。在河口,由于调节海洋水体 CDOM 和 DOM 产生过程的解耦作用,与荧光 DOM 不共变的非荧光 DOM 库可能会更大(Nelson and Siegel,2002)。尽管如此,E3 样点 DOC 预测浓度不仅在总体趋势上与实测值一致,而且在很多情况下,EEMs 重复样的 DOC 预测浓度差异小于实测 DOC 浓度之间的差异 [图 10.13(d)]。总体而言,R12、R13、W16 和 E3 等 4 个样点 DOC 浓度预测的绝对误差中值分别为 4.9%、3.3%、11.6% 和 5.9%。因此,PLS 预测 DOC 浓度的误差通常与(DOC 和荧光)联合测量方法误差相当,有时甚至更小。

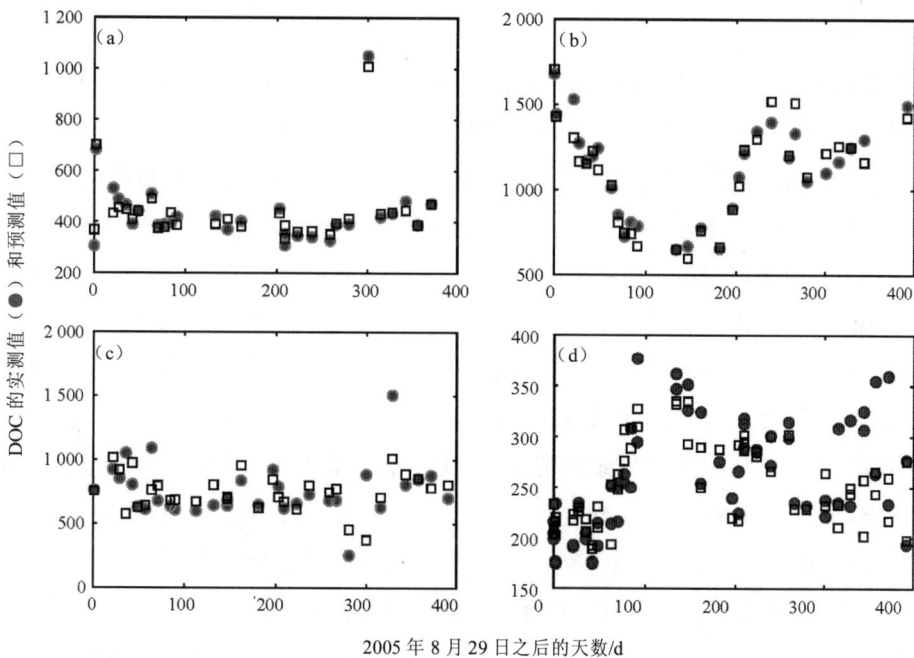

图 10.13 霍森斯流域 4 个样点基于荧光和 PLS 的 DOC 浓度预测值。(a)农业样点 R12;(b)森林样点 R13;(c)WTP 样点 W16;(d)河口样点 E3。圆形和方形符号分别表示 13 个月内 DOC 浓度的实测值和预测值。在 E3 样点采集了重复样本。

预测化学计量技术(特别是 PLS)已被广泛应用于生物医学和工业领域的荧光数据集分析。相比之下,涉及 DOM 数据集的案例较少。Persson 和 Wedborg(2001)利用 PLS 预测了波罗的海荧光 DOM 的土壤来源和海洋来源。Murphy 等(2009)试图利用 PLS 预测海洋荧光样本的来源(以距离陆地的远近来表示)。一些研究人员已经使用荧光和 PLS

或 PCR 监测废水处理系统和生物反应器中的水质（Vasel and Praet，2002；Marhaba et al.，2003；Morel et al.，2004；Wolf et al.，2007）。PLS 还可用于从土壤和森林地表渗出液的荧光测量中预测一系列化学和微生物变量（Simonsson et al.，2005；Rinnan and Rinnan，2007）。

10.10　分类

通常，人们希望将样本归至预设的分类或类别中。例如，这些类别可以描述数据集中样本来源的差异，样本是否经历了某种处理，或者样本是"好"还是"坏"。分类模型是由一个"训练"数据集构建的，其中每个样本都有一个已知类别。随后，使用算法确定的距离统计量对新数据集中的样本进行分类，以预测新样本所属类别。实现上述目标的常用化学计量学方法有 k 近邻法（kNN）、基于 PCA 的有监督分类法——簇类独立软模式法（SIMCA）以及线性判别分析法（linear discriminant analysis，LDA）和基于偏最小二乘回归的判别分析法（PLS-DA）。

在图 10.14 中，基于展开 EEMs（标准化和均值中心化）的 PLS-DA 可用于预测来自霍森斯流域的每个样本在河口、河流或 WTP 三个类别中的隶属情况。使用随机子数据集对 PLS-DA 模型的交叉验证表明，三组分模型最为合适。与 PLS 回归模型要求最小的 $RMSE_{cv}$ 不同，PLS-DA 模型要求交叉验证的分类错误率最小（Kjeldahla and Bro，2010）。在当前案例中，对于河口、河流和 WTP 样点，交叉验证的分类错误率分别为 2.2%、0.2% 和 1.6%。在图 10.14 中，纵轴表示每个样本的（交叉验证）预测类别隶属关系得分值，与阈值（虚线）比较，该阈值用于区分被评估为属于特定类别的样本（虚线上方）和不属于该类别的样本（虚线下方）。理想情况下，一个好的分类模型也会显示样点紧密聚集在 1（类别隶属关系）或 0（非类别隶属关系）附近；在本案例中，非紧密聚类的特征反映数据集中各样点之间的连续性，以及先前的三类别划分的某种代表性。在图 10.14（a）中，除了来自 E1～E5 样点的 4 个样本外，所有样本均被正确地划分为河口类别，而少量的河流（$n = 3$）和 WTP（$n = 3$）样本则无法与河口类别区分。图 10.14（b）表明，河流样本具有相似的分类成功率。在图 10.14（c）中，所有来自样点 16 的样本都被正确地分配到 WTP 类别中，然而 WTP 类别中还存在一个来自河口的错误分类样本。

在以往的 DOM 荧光研究中，分类技术应用范围有限。Bilal 等（2010）利用 DOM 荧光特性的分类和回归树（classification and regression trees，CART）来研究生物降解实验中农场废物污染的持久性。Hall 和 Kenny（2007）将 SIMCA 耦合到 PARAFAC 模型中，对美国东海岸港口样本进行分类，而 Hall 等（2005）使用多线性 N-PLS-DA 对港口和河流的样本进行分类。然而，总体而言，判别技术尚未被充分应用于 DOM 荧光数据集的解释中，未来在理解和预测天然有机质荧光行为方面判别技术可以发挥更大的作用。

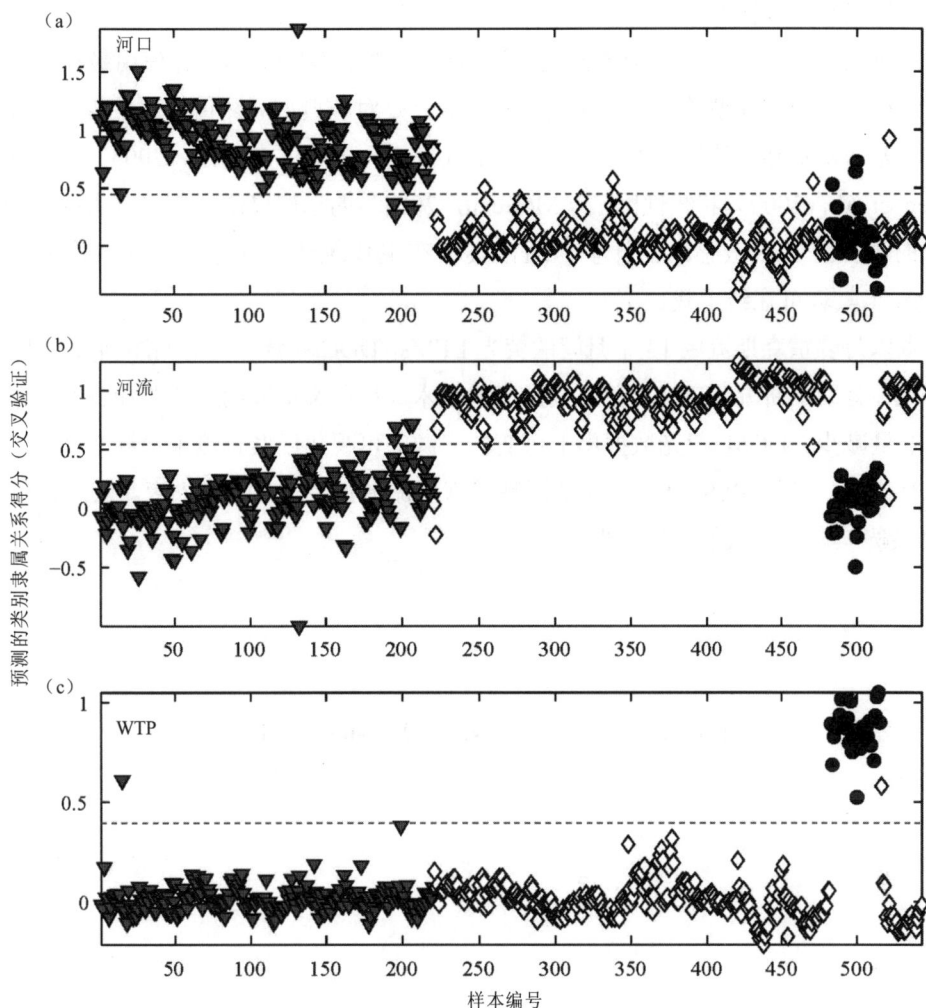

图 10.14　使用 PLS-DA 区分河口、河流和 WTP 样本，虚线区分不同类别样本。（a）河口样点，符号是实心三角形。（b）河流样点，符号是空心钻石形状。（c）WTP 样点，符号是黑色实心圆。

10.11　总结

本章介绍了一系列用于探索和可视化 CDOM 荧光数据集以及预测荧光与其他变量之间关系的化学计量学模型。显然，探索性方法（特别是 PARAFAC 和 PCA）已经得到广泛应用。相反，验证模型和判别分析的尝试相对较少，但由于其具有构建和检验预测模型的能力，在提高对有机质来源和生物地球化学过程的理解方面具有相当大的潜力。

本章讨论了建立光谱数据化学计量模型的一些技术问题，特别是对数据进行适当的预处理以获得有意义的多变量模型的重要性。此外，还讨论了实施交叉验证程序以确保有监督模型能做出有效预测的重要性。

本章中的大多数方法都基于经典的统计估计（如均值和方差），并使用最小二乘法进行基于经典线性回归模型的预测。这些方法的缺点是对非典型观测值（异常值）和模型假设的小偏差非常敏感。计算 PCA、PLS、PCR（Verboven and Hubert，2005）、PARAFAC（Engelen et al.，2009）和线性回归（McKean，2004）的稳健算法，使用对离群值和模型假设中的小偏差不太敏感的估计量，通常集成在现代统计软件包中，或者作为免费的 MATLAB 工具箱可在线下载。

本章以丹麦霍森斯流域 13 个月间的荧光 EEMs、DOC 和营养盐时间序列数据为案例，演示了几种有助于研究 CDOM 荧光数据集的技术。这些案例表明，双路和三路化学计量模型对变量减少、DOM 荧光数据集中可变性来源的可视化以及预测未来样本之间的关系都十分有价值。使用 PLS 回归，可以预测霍森斯流域河流的 DOC 浓度，其准确性可与 DOC 和荧光实际测量误差水平相当。

致谢

感谢嘉士伯基金会和丹麦研究委员会（No. 272-07-0485）的支持。

附录

　　将本章（霍森斯）案例的 5 组分 PARAFAC 模型光谱与 10 项已发表研究中的 PARAFAC 模型光谱进行比较。根据图 10.7 中从左上到右下顺序将组分从 1 至 5 进行编号。以往模型中相应组分的编号位于表的上 1/3 处。针对激发光谱和发射光谱，本案例模型与以往模型相似组分之间的光谱一致性分别显示表的后面部分（Tucker，1951）。匹配组分间在图像和统计上均相似，并叠加显示于图 10.7。

本研究	Stedmon et al., 2003	Stedmon and Markager, 2005a	Stedmon and Markager, 2005b	Cory and McKnight, 2005	Murphy et al., 2006	Stedmon et al., 2007	Murphy et al., 2008	Kowalczuk et al., 2009	Chen et al., 2010	Murphy et al., 2011
以往研究中与霍森斯案例 PARAFAC 组分（C_H）相似的组分（C_Y）										
C_H				C_Y						
1		4				1				
2				5	3	3	3	4	5	
3		1	1					2	2	
4						2		3		2
5	4		6	8			7	5		
发射光谱间的光谱一致性										
C_H				C_H 和 C_Y 之间的一致性						
1		1				0.99				
2				1	0.99	0.99	1	0.97	0.98	
3		0.98	1					0.98	1	
4			0.94			0.99		0.98		0.94
5	0.98			0.99			0.97	0.97		
激发光谱间的光谱一致性										
C_H				C_H 和 C_Y 之间的一致性						
1		0.92				0.99				
2				0.95	1	0.99	0.98	0.98	0.99	
3		0.99	0.98					0.99	0.99	
4			0.99			0.97		0.99		1
5	0.95			0.96			0.99	1		

参考文献

Abbas，O.，Rebufa，C.，Dupuy，N.，Permanyer，A.，Kister，J.，and Azevedo，D.A.（2006）. Application of chemometric methods to synchronous UV fluorescence spectra of petroleum oils. *Fuel*，**85**，2653–2661.

Andersen，C.M. and Bro，R.（2003）. Practical aspects of PARAFAC modeling of fluorescence excitation-emission data. *J. Chemometr.*，**17**，200–215.

Antunes，M.C.G. and Esteves Da Silva，J.C.G.（2005）. Multivariate curve resolution analysis excitation-emission matrices of fluorescence of humic substances. *Anal. Chim. Acta*，**546**，52–59.

Antunes，M.C.G，Pereira，C.C.C.，and Esteves da Silva，J.C.G.（2007）. MCR of the quenching of the EEM of fluorescence of dissolved organic matter by metal ions. *Anal. Chim. Acta*，**595**，9–18.

Appellof，C.J. and Davidson，E.R.（1981）. Strategies for analyzing data from video fluorometric monitoring of liquid-chromatographic effluents. *Anal. Chem.*，**53**，2053–2056.

Bieroza，M.，Baker，A.，and Bridgeman，J.（2009）. Relating freshwater organic matter fluorescence to organic carbon removal efficiency in drinking water treatment. *Sci. Total Environ.*，**407**，1765–1774.

Bilal，M.，Jaffrezic，A.，Dudal，Y.，Le Guillou，C.，Menasseri，S.，and Walter，C.（2010）. Discrimination of farm waste contamination by fluorescence spectroscopy coupled with multivariate analysis during a biodegradation study. *J. Agric. Food Chem.*，**58**，3093–3100.

Boehme，J.，Coble，P.，Conmy，R.，and Stovall-Leonard，A.（2004）. Examining CDOM fluorescence variability using principal component analysis：Seasonal and regional modeling of three-dimensional fluorescence in the Gulf of Mexico. *Mar. Chem.*，**89**，3–14.

Booksh，K.S. and Kowalski，B.R.（1994）. Theory of analytical chemistry. *Anal. Chem.*，**66**，A782-A791.

Bosco，M.V.，Garrido，M.，and Larrechi，M.S.（2006）. Determination of phenol in the presence of its principal degradation products in water during a TiO_2-photocatalytic degradation process by three-dimensional excitation-emission matrix fluorescence and parallel factor analysis. *Anal. Chim. Acta*，**559**，240–247.

Boyle，E.S.，Guerriero，N.，Thiallet，A.，Vecchio，R.D.，and Blough，N.V.（2009）. Optical properties of humic substances and CDOM：Relation to structure. *Environ. Sci. Technol.*，**43**，2262–2268.

Bratchell，N.（1989）. Cluster analysis. *Chemometr. Intell. Lab. Syst.*，**6**，105–125.

Bro，R.（1996）. Multiway calibration Multilinear PLS. *J. Chemometr.*，**10**，47–61.

Bro，R.（1997）. PARAFAC：Tutorial and applications. *Chemometr. Intell. Lab. Syst.*，**38**，149–171.

Bro，R.（2003）. Multivariate calibration：What is in chemometrics for the analytical chemist? *Anal. Chim. Acta*，**500**，185–194.

Bro，R.（2006）. Review on multiway analysis in chemistry – 2000–2005. *Crit. Rev. Anal. Chem.*，**36**，279–293.

Bro，R. and Kiers，H.A.L.（2003）. A new efficient method for determining the number of components in PARAFAC models. *J. Chemometr.*，**17**，274–286.

Bro，R. and Smilde，A.K.（2003）. Centering and scaling in component analysis. *J. Chemometr.*，**17**，16–33.

Bro，R.，Workman，J.J.，Mobley，P.R.，and Kowalski，B.R.（1997）. Review of chemometrics applied to spectroscopy：1985–95，Part 3. Multi-way analysis. *Appl. Spectrosc. Rev.*，**32**，237–261.

Bro，R.，Harshman，R.A.，Sidiropoulos，N.D.，and Lundy，M.E.（2009）. Modeling multiway data with linearly dependent loadings. *J. Chemometr.*，**23**，324–340.

Bro，R.，Vidal，M.，and Mizer，E.E.（2010）. Automated modeling of fluorescence EEM data. *Chemometr. Intell. Lab. Syst.*，**106**，86–92.

Brunsdon，C. and Baker，A.（2002）. Principal filter analysis for luminescence excitation-emission data. *Geophys. Res. Lett.*，**29**，2156.

Carroll，J.D. and Chang，J.J.（1970）. Analysis of individual differences in multidimensional scaling via an n-way generalization of Eckart-Young decomposition. *Psychometrika*，**35**，283–319.

Chen，M.L.，Price，R.M.，Yamashita，Y.，and Jaffe，R.（2010）. Comparative study of dissolved organic matter from groundwater and surface water in the Florida coastal Everglades using multi-dimensional spectrofluorometry combined with multivariate statistics. *Appl. Geochem.*，**25**，872–880.

Coble，P.G.（1996）. Characterization of marine and terrestrial DOM in seawater using excitation-emission matrix spectroscopy. *Mar. Chem.*，**51**，325–346.

Cory，R.M. and McKnight，D.M.（2005）. Fluorescence spectroscopy reveals ubiquitous presence of oxidized and reduced quinones in dissolved organic matter. *Environ. Sci. Technol.*，**39**，8142–8149.

Cory，R.M.，Miller，M.P.，McKnight，D.M.，Guerard，J.J.，and Miller，P.L.（2010）. Effect of instrument-specific response on the analysis of fulvic acid fluorescence spectra. *Limnol. Oceanogr. Meth.*，**8**，67–78.

Del Vecchio，R. and Blough，N.V.（2004）. On the origin of the optical properties of humic substances. *Environ. Sci. Technol.*，**38**，3885–3891.

Désiré-Luc Massart，B.G.M.，Vandeginste，S.N.，Deming，Y.M.，and Kaufman，L.（1988）. *Chemometrics：A Textbook*. Amsterdam：Elsevier.

Determann，S.，Reuter，R.，Wagner，P.，and Willkomm，R.（1994）. Fluorescent matter in the early Atlantic-ocean. 1. Method of measurement and near-surface distribution. *DeepSea Res. Pt. I*，**41**，659–675.

Determann，S.，Lobbes，J.M.，Reuter，R.，and Rullkotter，J.（1998）. Ultraviolet fluorescence excitation and emission spectroscopy of marine algae and bacteria. *Mar. Chem.*，**62**，137–156.

Engelen，S.，Frosch，S.，and Jorgensen，B.M.（2009）. A fully robust PARAFAC method for analyzing fluorescence data. *J. Chemometr.*，**23**，124–131.

Fellman，J.B.，Hood，E.，D'Amore，D.V.，Edwards，R.T.，and White，D.（2009a）. Seasonal changes in the chemical quality and biodegradability of dissolved organic matter exported from soils to streams in coastal temperate rainforest watersheds. *Biogeochemistry*，**95**，277–293.

Fellman，J.B.，Hood，E.，Edwards，R.T.，and Jones，J.B.（2009b）. Uptake of allochthonous dissolved organic matter from soil and salmon in coastal temperate rainforest streams. *Ecosystems*，**12**，747–759.

Fellman，J.B.，Miller，M.P.，Cory，R.M.，D'Amore，D.V.，and White，D.（2009c）. Characterizing dissolved organic matter using PARAFAC modeling of fluorescence spectroscopy：A comparison of two models. *Environ. Sci. Technol.*，**43**，6228–6234.

Gabriel，K.R.（1971）. Biplot graphic display of matrices with application to principal component analysis. *Biometrika*，**58**，453–467.

Geladi，P. and Kowalski，B.R.（1986）. Partial least-squares regression：A tutorial. *Anal. Chim. Acta*，**185**，1–17.

Gibb，S.W.，Barlow，R.G.，Cummings，D.G.，Rees，N.W.，Trees，C.C.，Holligan，P.，and Suggett，D.（2000）. Surface phytoplankton pigment distributions in the Atlantic Ocean：An assessment of basin scale variability between 50°N and 50°S. *Prog. Oceanogr.*，**45**，339–368.

Gurden，S.P.，Westerhuis，J.A.，Bro，R.，and Smilde，A.K.（2001）. A comparison of multiway regression and scaling methods. *Chemometr. Intell. Lab. Syst.*，**59**，121–136.

Hall，G.J. and Kenny，J.E.（2007）. Estuarine water classification using EEM spectroscopy and PARAFAC-SIMCA. *Anal. Chim. Acta*，**581**，118–124.

Hall，G.J.，Clow，K.E.，and Kenny，J.E.（2005）. Estuarial fingerprinting through multidimensional fluorescence and multivariate analysis. *Environ. Sci. Technol.*，**39**，7560–7567.

Harshman，R.A. and Lundy，M.E.（1994）. PARAFAC：Parallel factor-analysis. *Comput. Stat. Data Anal.*，**18**，39–72.

Jaumot，J. and Tauler，R.（2010）. MCR-BANDS：A user friendly MATLAB program for the evaluation of rotation ambiguities in multivariate curve resolution. *Chemometr. Intell. Lab. Syst.*，**103**，96–107.

Jiang，F.，Lee，F.S-C.，Wang，X.，and Dai，D.（2008）. The application of excitation/emission matrix spectroscopy combined with multivariate analysis for the characterization and source identification of dissolved organic matter in seawater of Bohai Sea，China. *Mar. Chem.*，**110**，109–119.

Kjeldahla，K. and Bro，R.（2010）. Some common misunderstandings in chemometrics. *J. Chemometr.*，**24**，558–564.

Kowalczuk，P.，Durako，M.J.，Young，H.，Kahn，A.E.，Cooper，W.J.，and Gonsior，M.（2009）. Characterization of dissolved organic matter fluorescence in the South Atlantic Bight with use of PARAFAC model：Interannual variability. *Mar. Chem.*，**113**，182–196.

Lakowicz，J.R.（2006）. *Principles of Fluorescence Spectroscopy*，3rd ed. New York：Plenum Press.

Lavine，B. and Workman，J.（2010）. Chemometrics. *Anal. Chem.*，**82**，4699–4711.

Lu，F.，Chang，C-H.，Lee，D.-J.，He，P-J.，Shao，L-M.，and Su，A.（2009）. Dissolved organic matter with multi-peak fluorophores in landfill leachate. *Chemosphere*，**74**，575–582.

Macalady，D.L. and Walton-Day，K.（2009）. New light on a dark subject：On the use of fluorescence data to deduce redox states of natural organic matter（NOM）. *Aquat. Sci.*，**71**，135–143.

Marhaba，T.F.，Bengraine，K.，Pu，Y.，and Arago，J.（2003）. Spectral fluorescence signatures and partial least squares regression：Model to predict dissolved organic carbon in water. *J. Hazard. Mater.*，**97**，83–97.

Martens，H. and Næs，T.（1989）. *Multivariate Calibration*. Chichester：Wiley & Sons.

McKean，J.W.（2004）. Robust analysis of linear models. *Stat. Sci.*，**19**，562–570.

Miano，T.M. and Senesi，N.（1992）. Synchronous excitation fluorescence spectroscopy applied to soil humic substances chemistry. *Sci. Total Environ.*，**117–118**，41–51.

Miller，M.P. and McKnight，D.M.（2010）. Comparison of seasonal changes in fluorescent dissolved organic matter among aquatic lake and stream sites in the Green Lakes Valley. *J. Geophys. Res. Biogeosci.*，**115**. G00F12，doi：10.1029/2009jg000985.

Miller, M.P., McKnight, D.M., and Chapra, S.C.（2009a）. Production of microbially derived fulvic acid from photolysis of quinone-containing extracellular products of phytoplankton. *Aquat. Sci.*, **71**, 170–178.

Miller, M.P., McKnight, D.M., Chapra, S.C., and Williams, M.W.（2009b）. A model of degradation and production of three pools of dissolved organic matter in an alpine lake. *Limnol. Oceanogr.*, **54**, 2213–2227.

Mladenov, N., Huntsman-Mapila, P., Wolski, P., Masarnba, W.R.L, and McKnight, D.M.（2008）. Dissolved organic matter accumulation, reactivity, and redox state in ground water of a recharge wetland. *Wetlands*, **28**, 747–759.

Mobley, P.R., Kowalski, B.R., Workman, J.J., and Bro, R.（1996）. Review of chemometrics applied to spectroscopy: 1985–95, Part 2. *Appl. Spectrosc. Rev.*, **31**, 347–368.

Morel, E., Santamaria, K., Perrier, M., Guiot, S.R., and Tartakovsky, B.（2004）. Application of multi-wavelength fluorometry for on-line monitoring of an anaerobic digestion process. *Water Res.*, **38**, 3287–3296.

Murphy, K.R., Ruiz, G.M., Dunsmuir, W.T.M., and Waite, T.D.（2006）. Optimized parameters for fluorescence-based verification of ballast water exchange by ships. *Environ. Sci. Technol.*, **40**, 2357–2362.

Murphy, K.R., Stedmon, C.A., Waite, T.D., and Ruiz, G.M.（2008）. Distinguishing between terrestrial and autochthonous organic matter sources in marine environments using fluorescence spectroscopy. *Mar. Chem.*, **108**, 40–58.

Murphy, K.R., Boehme, J.R., Noble, M., Smith, G., and Ruiz, G.M.（2009）. Deducing ballast water sources in ships arriving to New Zealand from southeastern Australia. *Mar. Ecol. Prog. Ser.*, **390**, 39–53.

Murphy, K.R., Butler, K.D., Spencer, R.G.M., Stedmon, C.A., Boehme, J.R., and Aiken, G.R.（2010）. The measurement of dissolved organic matter fluorescence in aquatic environments: An interlaboratory comparison. *Environ. Sci. Technol.*, **44**, 9405–9412.

Murphy, K.R., Hambly, A., Singh, S., Henderson, R.K., Baker, A., Stuetz, R., and Khan, S.J.（2011）. Organic matter fluorescence in municipal water recycling schemes: Towards a unified PARAFAC model. *Environ. Sci. Technol.*, **45**, 2909–2916.

Naes, T., Isaksson, T., Fearn, T., and Davies, T.（2002）. *A User Friendly Guide to Multivariate Calibration and Classification*. Chichester: NIR Publications.

Nelson, C.E., Sadro, S., and Melack, J.M.（2009）. Contrasting the influences of stream inputs and landscape position on bacterioplankton community structure and dissolved organic matter composition in high-elevation lake chains. *Limnol. Oceanogr.*, **54**, 1292–1305.

Nelson, N.B., and Siegel, D.A.（2002）. Chromophoric DOM in the open ocean. In D. A. Hansell and C. A. Carlson（Eds.）, *Biogeochemistry of Marine Dissolved Organic Matter*（pp. 547–578）. San Diego: Academic Press.

Peiris, R.H., Halle, C., Budman, H., Moresoli, C., Peldszus, S., Huck, P.M., and Legge, R.L.（2010）. Identifying fouling events in a membrane-based drinking water treatment process using principal component analysis of fluorescence excitation-emission matrices. *Water Res.*, **44**, 185–194.

Persson, T. and Wedborg, M.（2001）. Multivariate evaluation of the fluorescence of aquatic organic matter. *Anal. Chim. Acta*, **434**, 179–192.

Rinnan, R. and Rinnan, A.（2007）. Application of near infrared reflectance（NIR）and fluorescence spectroscopy to analysis of microbiological and chemical properties of arctic soil. *Soil Biol. Biochem.*，**39**，1664–1673.

Rinnan，Å.，Riu，J.，and Bro，R.（2007）. Multi-way prediction in the presence of uncalibrated interferents. *J. Chemometr.*，**21**，76–86.

Riu，J. and Bro，R.（2003）. Jack-knife technique for outlier detection and estimation of standard errors in PARAFAC models. *Chemometr. Intell. Lab. Syst.*，**65**，35–49.

Sierra，M.M.D.，Giovanela，M.，Parlanti，E.，and Soriano-Sierra，E.J.（2005）. Fluorescence fingerprint of fulvic and humic acids from varied origins as viewed by single-scan and excitation/emission matrix techniques. *Chemosphere*，**58**，715–733.

Simonsson，M.，Kaiser，K.，Danielsson，R.，Andreux，F.，and Ranger，J.（2005）. Estimating nitrate, dissolved organic carbon and DOC fractions in forest floor leachates using ultraviolet absorbance spectra and multivariate analysis. *Geoderma*，**124**，157–168.

Smilde，A.，Bro，R.，and Geladi，P.（2004）. *Multi-way Analysis*：*Applications in the Chemical Sciences.* Chichester：John Wiley & Sons.

Søndergaard，M.，Stedmon，C.A.，and Borch，N.H.（2003）. Fate of terrigenous dissolved organic matter （DOM） in estuaries：Aggregation and bioavailability. *Ophelia*，**57**，161–176.

Stedmon，C.A. and Markager，S.（2005a）. Resolving the variability of dissolved organic matter fluorescence in a temperate estuary and its catchment using PARAFAC analysis. *Limnol. Oceanogr.*，**50**，686–697.

Stedmon，C.A. and Markager，S.（2005b）. Tracing the production and degradation of autochthonous fractions of dissolved organic matter using fluorescence analysis. *Limnol. Oceanogr.*，**50**，1415–1426.

Stedmon，C.A. and Bro，R.（2008）. Characterizing dissolved organic matter fluorescence with parallel factor analysis：A tutorial. *Limnol. Oceanogr. Meth.*，**6**，572–579.

Stedmon，C.A.，Markager，S.，and Bro，R.（2003）. Tracing dissolved organic matter in aquatic environments using a new approach to fluorescence spectroscopy. *Mar. Chem.*，**82**，239–254.

Stedmon，C.A.，Markager S，Søndergaard，M.，Vang，T.，Laubel，A.，Borch，N.H.，and Windelin，A. （2006）. Dissolved organic matter（DOM） export to a temperate estuary：Seasonal variations and implications of land use. *Estuaries Coasts*，**29**，388–400.

Stedmon，C.A.，Markager，S.，Tranvik，L.，Kronberg，L.，Slatis，T.，and Martinsen，W.（2007）. Photochemical production of ammonium and transformation of dissolved organic matter in the Baltic Sea. *Mar. Chem.*，**104**，227–240.

Tauler，R.，Smilde，A.，and Kowalski，B.（1995）. Selectivity，local rank，3-way data-analysis and ambiguity in multivariate curve resolution. *J. Chemometr.*，**9**，31–58.

Thomas，E.V.（1994）. A primer on multivariate calibration. *Anal. Chem.*，**66**，795A–804A.

Tucker，L.R.（1951）. *A Method for Synthesis of Factor Analysis Studies*（Personnel Research Section Report No. 984）. Washington，DC：Department of the Army.

Vasel，J.L. and Praet，E.（2002）. On the use of fluorescence measurements to characterize wastewater. *Water Sci. Technol.*，**45**，109–116.

Verboven，S. and Hubert，M.（2005）. LIBRA：A MATLAB library for robust analysis. *Chemometr. Intell. Lab. Syst.*，**75**，127–136.

Wedborg，M.，Persson，T.，and Larsson，T.（2007）. On the distribution of UV-blue fluorescent organic matter in the Southern Ocean. *Deep-Sea Res. Pt. I*，**54**，1957–1971.

Westerhuis，J.，Hoefsloot，H.，Smit，S.，Vis，D.，Smilde，A.，van Velzen，E.，van Duijnhoven，J.，and van Dorsten，F.（2008）. Assessment of PLSDA cross validation. *Metabolomics*，**4**，81–89.

Wolf，G.，Almeida，J.S.，Crespo，J.G.，and Reis，M.A.M.（2007）. An improved method for two-dimensional fluorescence monitoring of complex bioreactors. *J. Biotechnol.*，128，801–812.

Workman，J.J.，Mobley，P.R.，Kowalski，B.R.，and Bro，R.（1996）. Review of chemometrics applied to spectroscopy：1985–95，Part Ⅰ. *Appl. Spectrosc. Rev.*，**31**，73–124.

Yamashita，Y.，Jaffe，R.，Maie，N.，and Tanoue，E.（2008）. Assessing the dynamics of dissolved organic matter（DOM）in coastal environments by excitation emission matrix fluorescence and parallel factor analysis（EEM-PARAFAC）. *Limnol. Oceanogr.*，**53**，1900–1908.

Yin，H.（2002）. ViSOM – A novel method for multivariate data projection and structure visualization. *IEEE Trans. Neural Networks*，**13**，237–243.

彩色插图

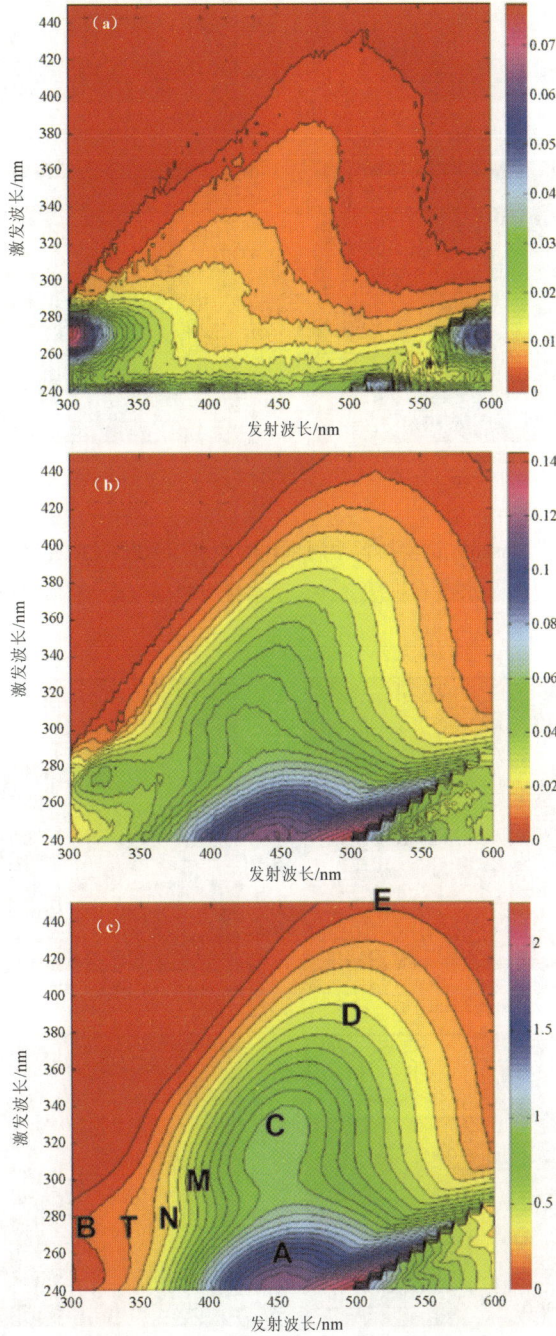

彩色插图 1 （a）太平洋、（b）缅因湾（Gulf of Maine）和（c）佩诺布斯科特河水样的激发-发射光谱。
（c）图中标注了表 2.1 所列的常见特征峰及其位置。

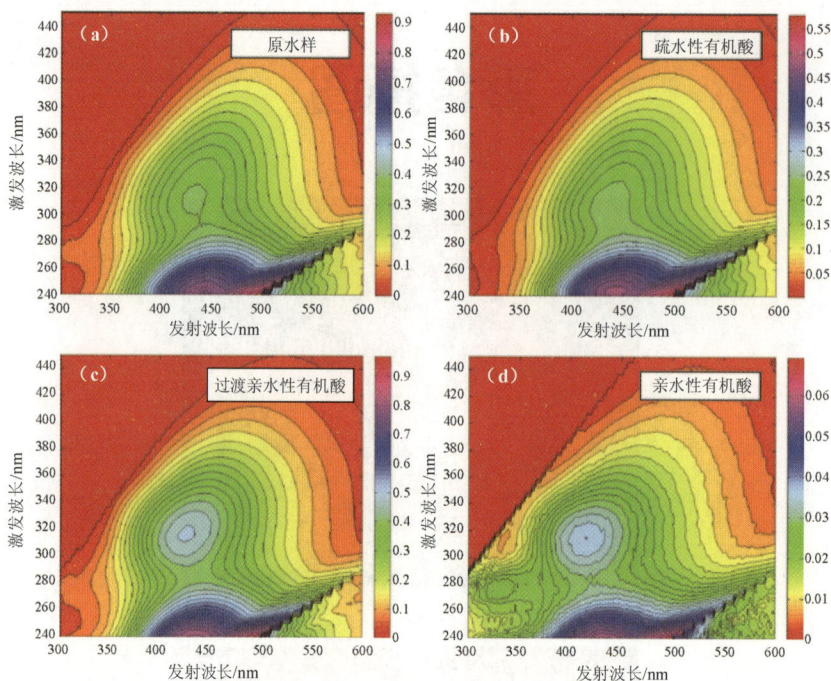

彩色插图 2 阿拉斯加州（Alaska）试验站育空河水样的原水样激发-发射光谱（a）以及 XAD 法分离的疏水性有机酸组分（b）、过渡亲水性有机酸（c）、亲水性有机酸（d）的质量标准化激发-发射光谱。

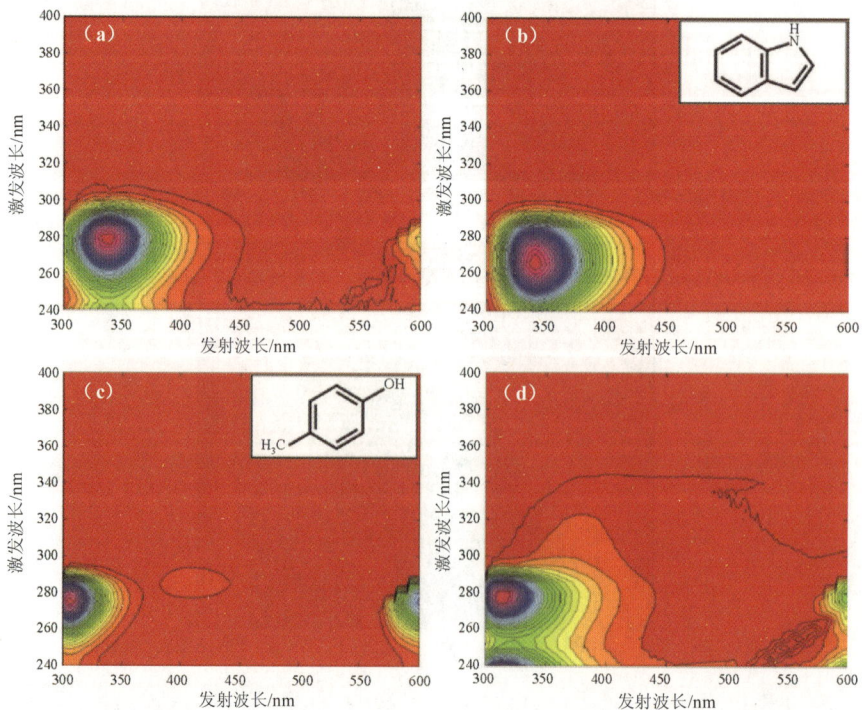

彩色插图 3 牛血清白蛋白（a）、吲哚（b）、甲酚（c）和杜鹃花提取单宁（d）的激发-发射光谱。

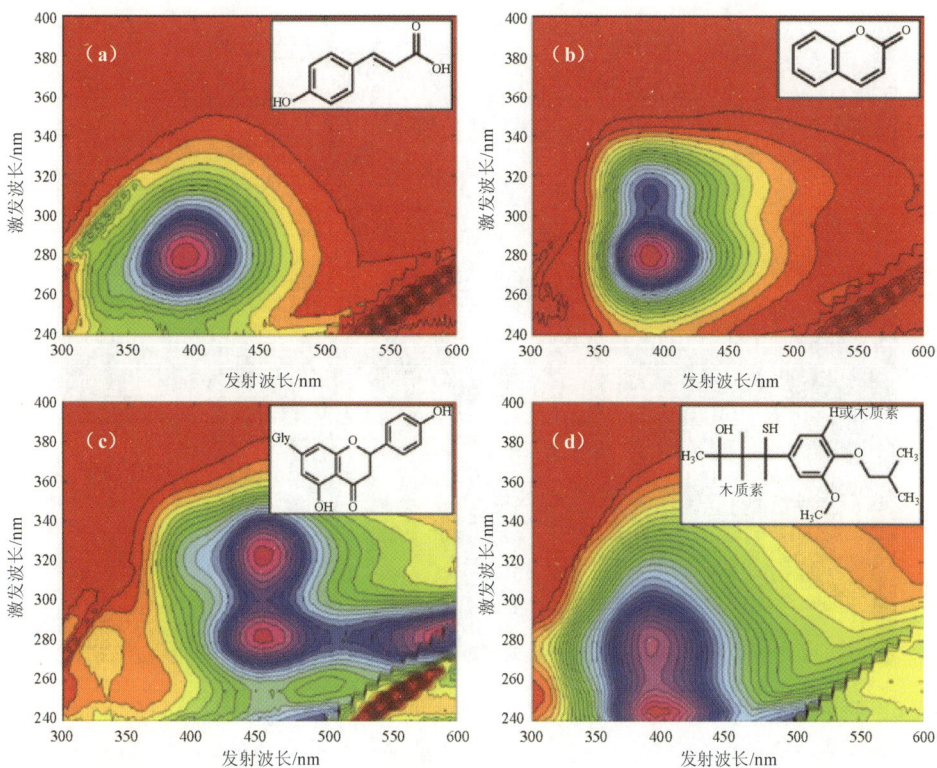

彩色插图 4　*p*-香豆酸（a）、香豆素（b）、柚皮苷水合物（c）和碱性木质素 2-羟丙基醚（d）的激发-发射光谱。

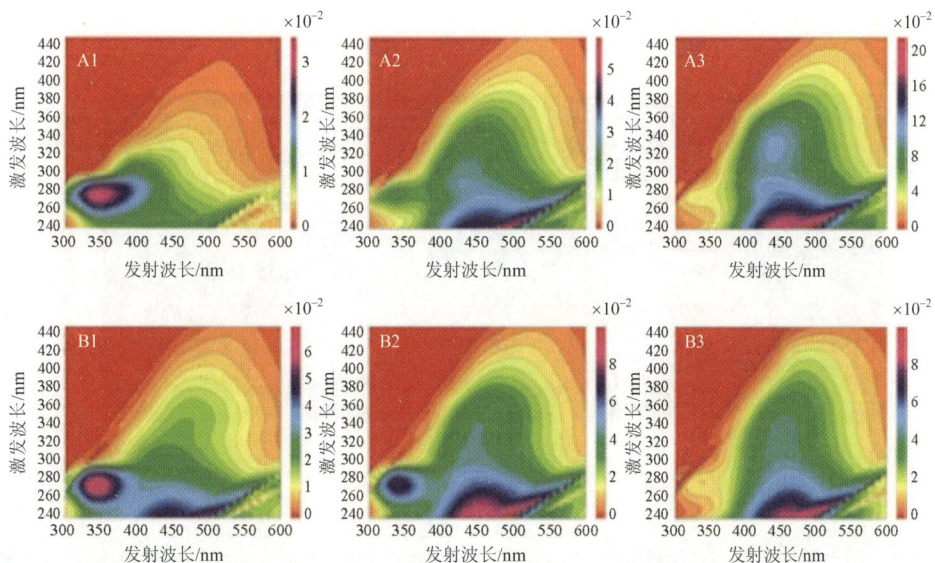

彩色插图 5　苔藓淋滤液 DOM 荧光随时间变化：24 h（A1）、194 h（A2）和 3 个月（A3）时小叶泥炭藓（*Sphagnum angustifolium*）淋滤液 DOM 荧光变化；24 h（B1）、194 h（B2）和 3 个月（B3）时羽藓类苔藓（Feathermoss mix）淋滤液 DOM 荧光变化。右边的颜色条为 DOC 标准化荧光强度（来自 Wickland et al.，2007，获得 Springer Science+Business Media 授权）。

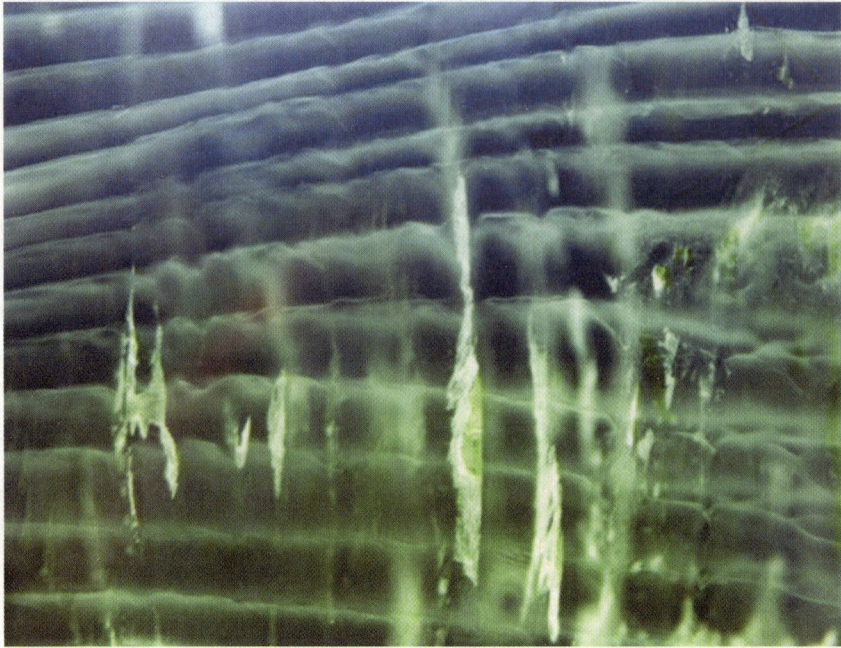

彩色插图 6 荧光 NOM 保存于石笋中形成年纹层（annual laminae）。这张图片显示了 NOM 荧光的年循环与季节性地下水补给有关。石笋是来自意大利埃内斯托洞穴（Ernesto Cave）的 ER-77［图片由伯明翰的伊恩·费尔柴尔德（Ian Fairchild）提供］。

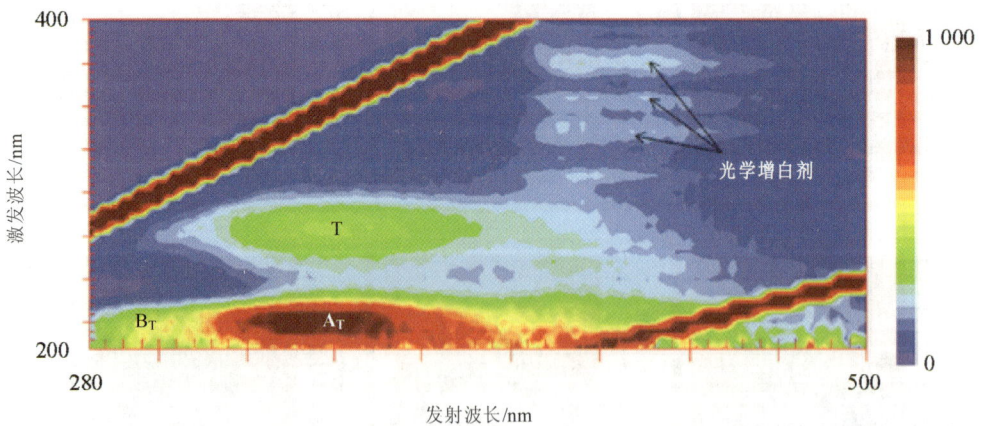

彩色插图 7 原水的荧光激发-发射矩阵（EEM）；其中，B_T=类酪氨酸，T 和 A_T=类色氨酸（改编自 Henderson，2009，获得 Elsevier 授权）。

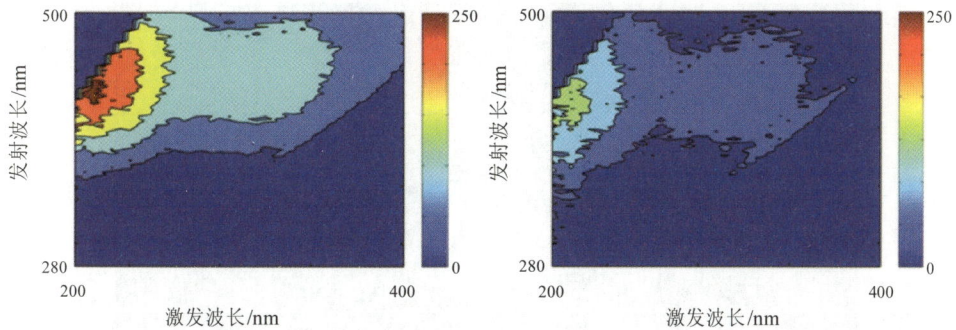

彩色插图 8 不同水处理阶段水的激发-发射矩阵。（a）原水（raw water）和（b）澄清水（改编自 Bieroza et al.，2009b，获得 Elsevier 授权）。

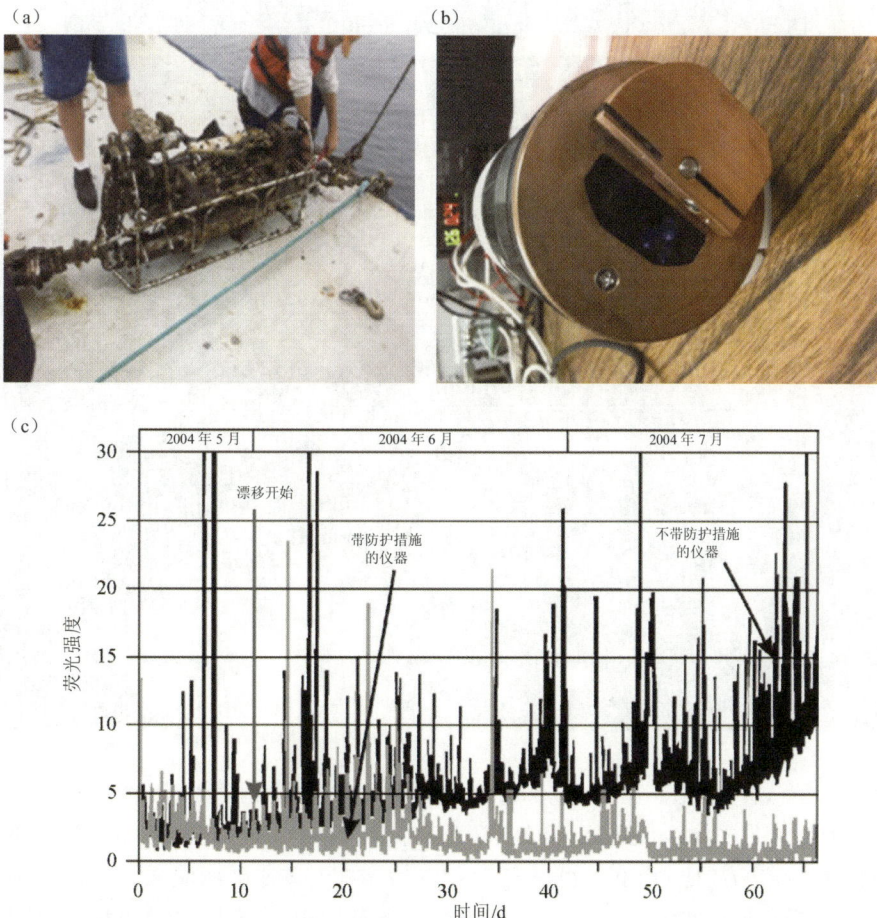

彩色插图 9 在缅因州佩诺布斯科特河部署光学组件开展研究之后回收该光学组件（a，照片由 C. Roesler 和 A. Barnard 提供）、传感器上的铜制生物污损遮挡板示意图（b，照片由 B. Dowing 提供）和生物污损导致不带防护措施的荧光计出现数值漂移（c，重绘自 Delauney et al.，2010）。

(a)

(b)

彩色插图 10 荧光传感器部署平台。(a) Rosette 温盐深（CTD）垂直剖面仪中，水被泵送通过串联安装在 Rosette 底部的荧光计（CDOM 荧光计）和其他环境传感器（由 R. Conmy 提供）；(b) 装有各种光学传感器和化学传感器的拖曳载具（由 R.F. Chen 提供）；(c) 配备叶绿素计和 NOM 荧光计、溶解氧传感器和 CTD 的 Minishuttle tow-yo 载具（由 R.F. Chen 提供）；(d)（e）浮标、系泊设备和滑行器也是光学传感器和环境传感器的平台（由 Cefas 提供）。

(c)

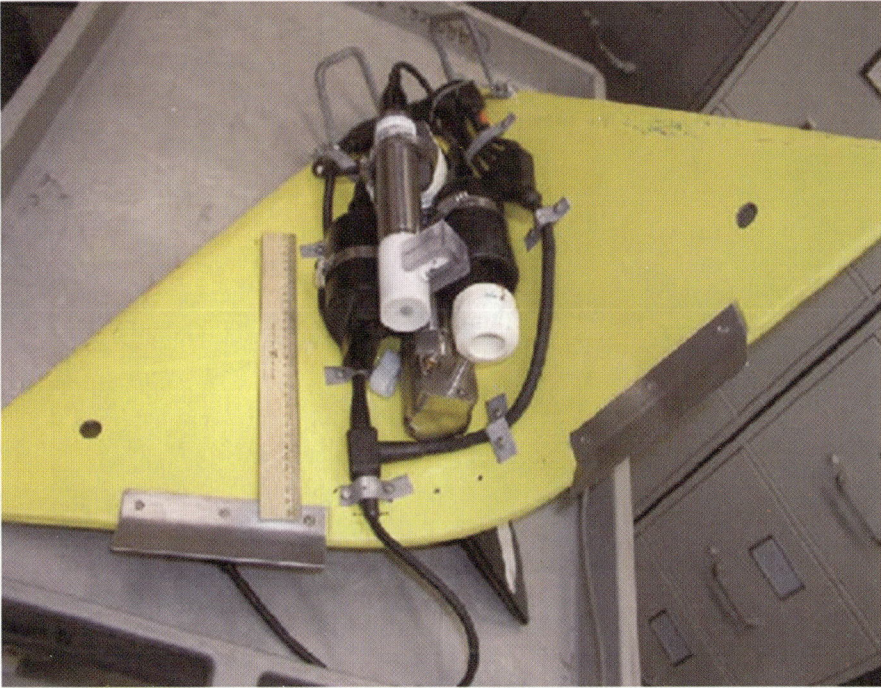

(d)

彩色插图 10 （接上图）

(e)

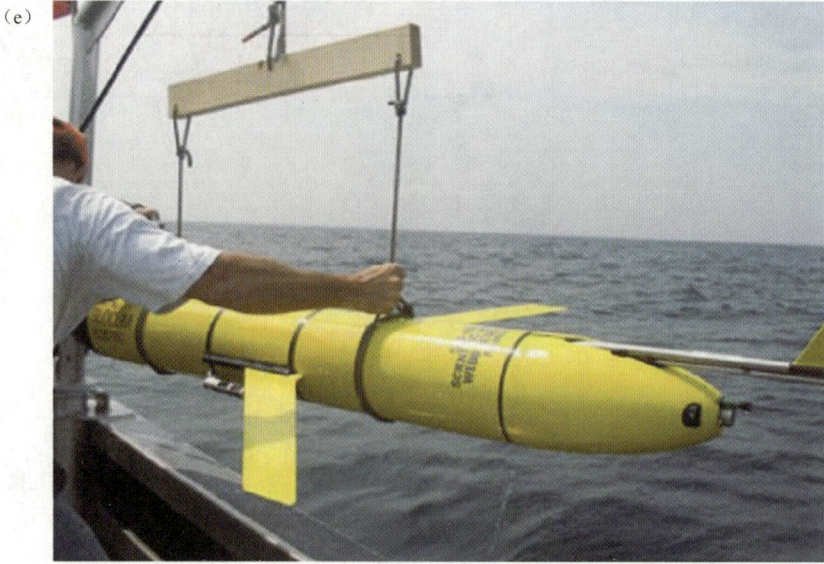

彩色插图 10 （接上图）

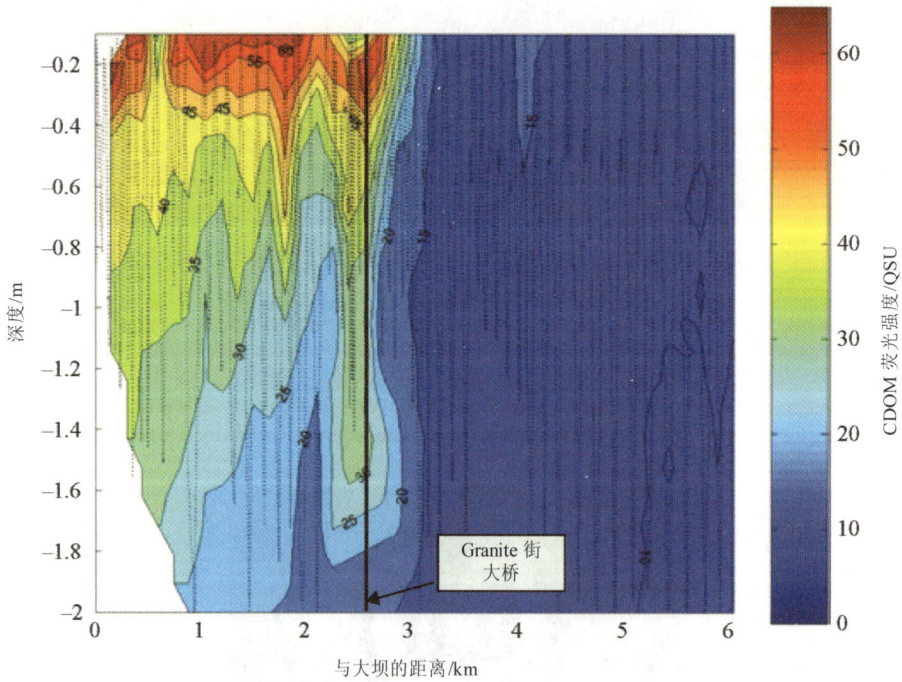

彩色插图 11 高潮时尼庞西特河口的 CDOM 荧光变化。虚线表示拖曳载具的移动路径，桥梁距大坝 2.6 km。

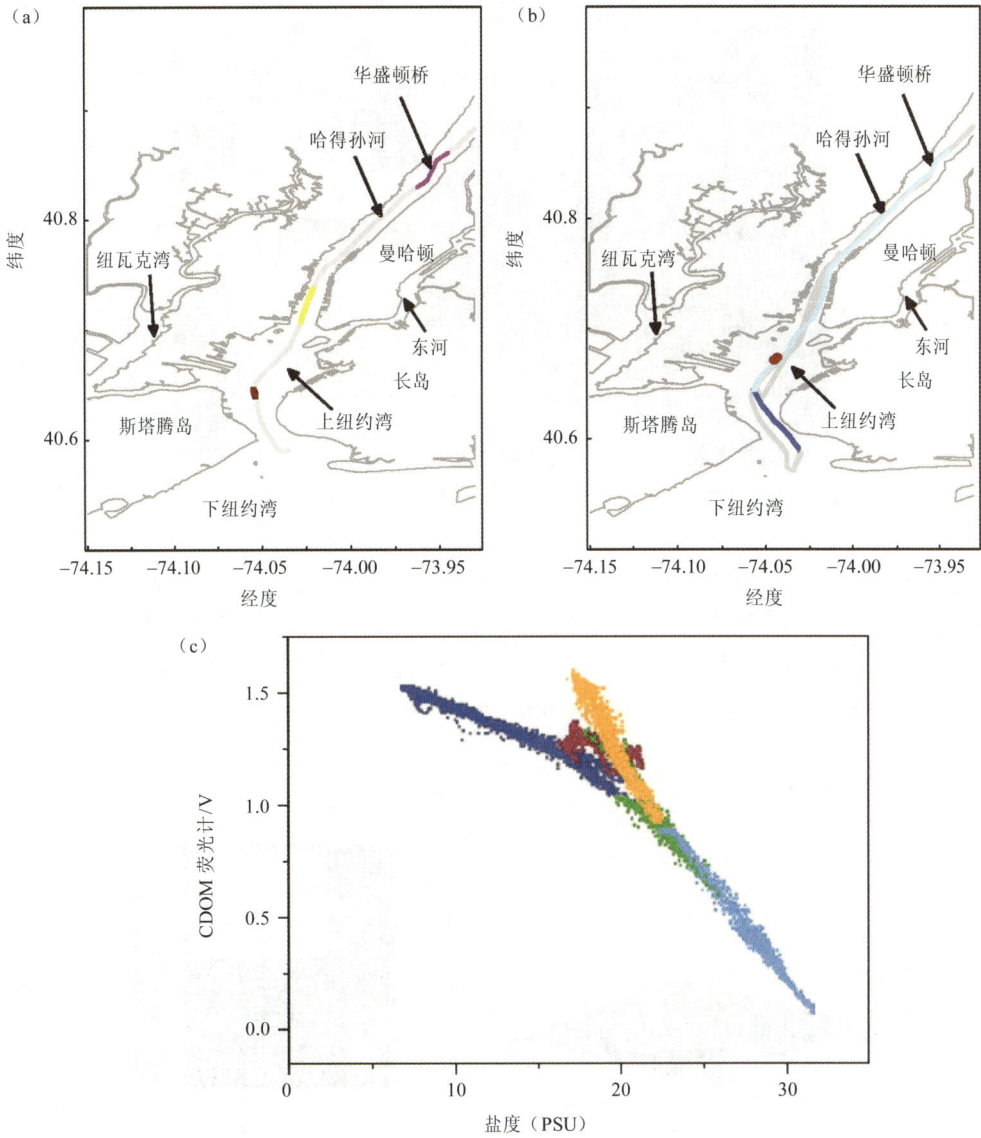

彩色插图 12 落潮和涨潮期间哈得孙河口 CDOM 随盐度的变化（上图）；数据符号的颜色对应于地图上航迹的颜色（下图）。请注意，落潮期间黄色 CDOM（可能是污水产生的 CDOM）的贡献（左上图）在涨潮期间的航道中并未出现（右上图）。

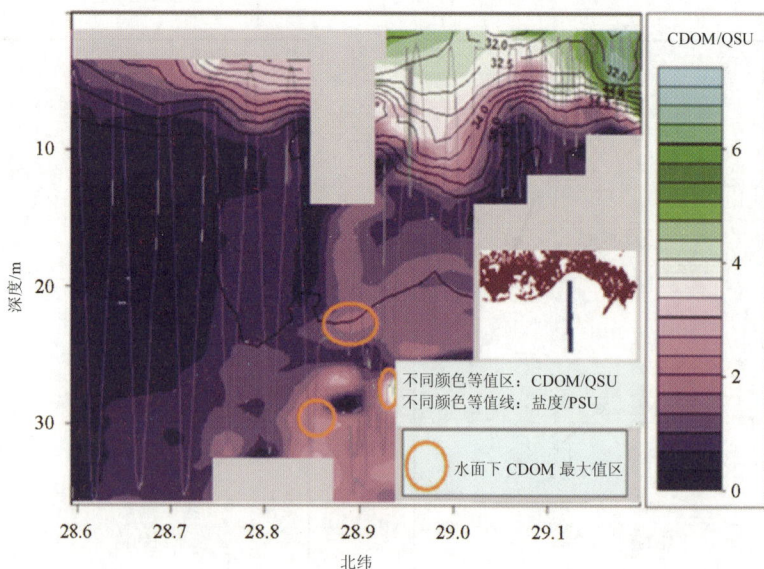

彩色插图 13 2000 年 6 月横跨密西西比河羽流的 CDOM（灰度渐变色）和盐度（黑线）等值图。盐度用等值线表示。插图显示了与密西西比三角洲（Mississippi Delta）相关的调查断面的位置。灰线代表拖曳载具的路径，灰框代表丢失的数据。海底深度比荧光和盐度测量的最大深度深约 5 m。水面下 CDOM 最大值区域用圆圈凸显。（改绘自 Chen and Gardner，2004）。

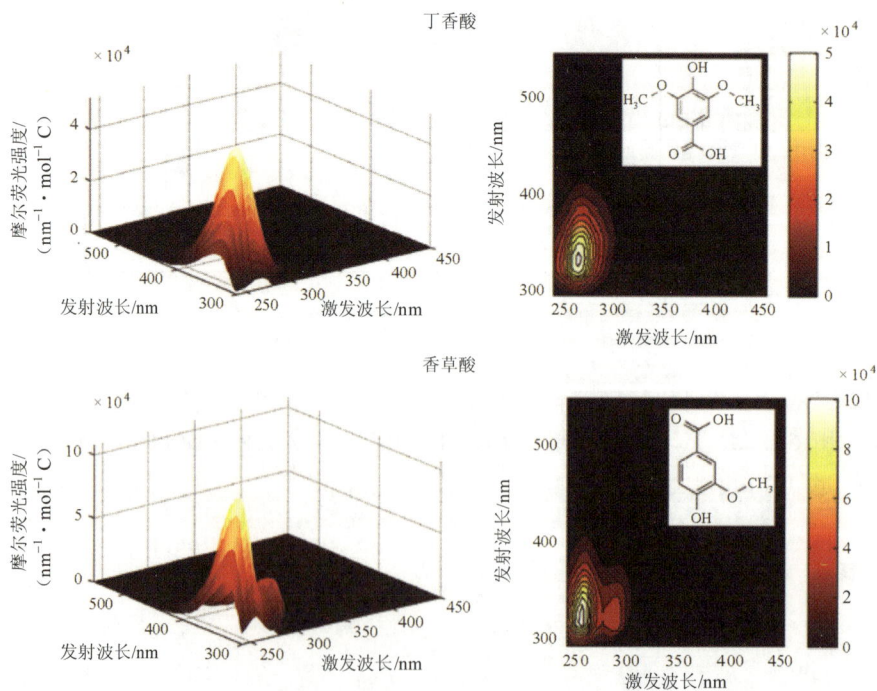

彩色插图 14 室温下超纯水系统中丁香酸（Sigma S 6881）和香草酸（Aldrich H3,600-1）的摩尔荧光强度（Stedmon，未发表的数据）。

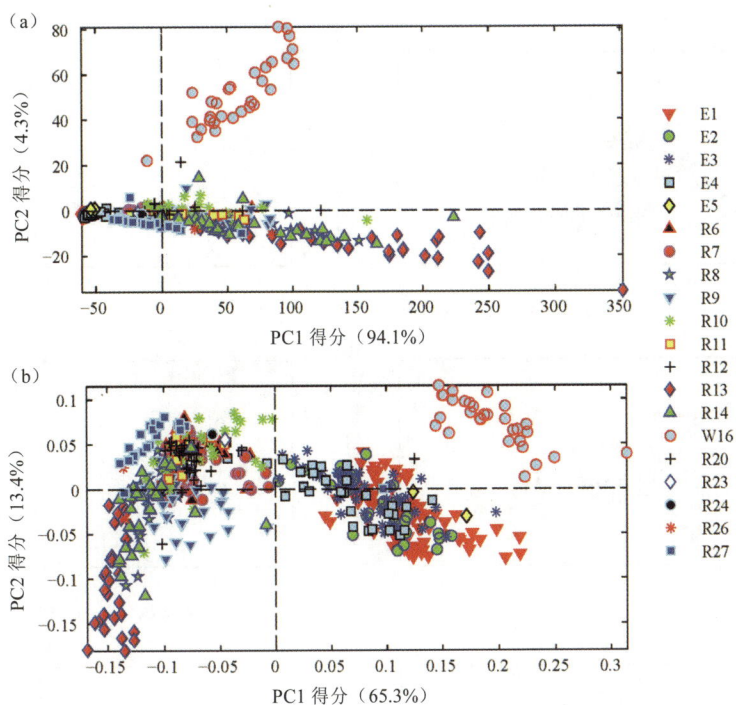

彩色插图 15 霍森斯流域数据集的主成分分析表明不同预处理方法对模型得分的影响。（a）自动缩放；（b）行标准化后均值中心化。

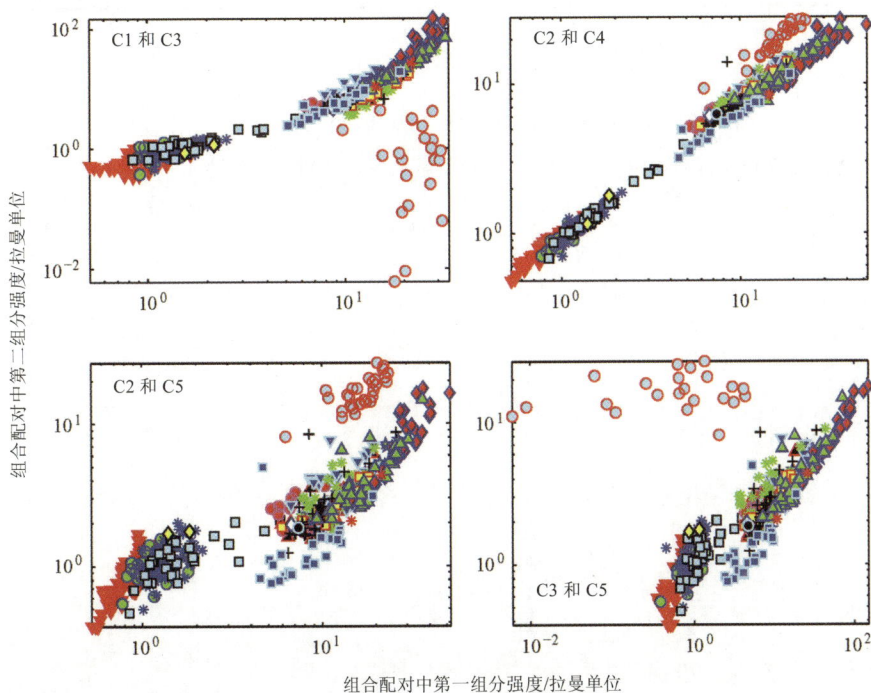

彩色插图 16 霍森斯流域数据集 PARAFAC 组分荧光强度对数转换后的配对比较。

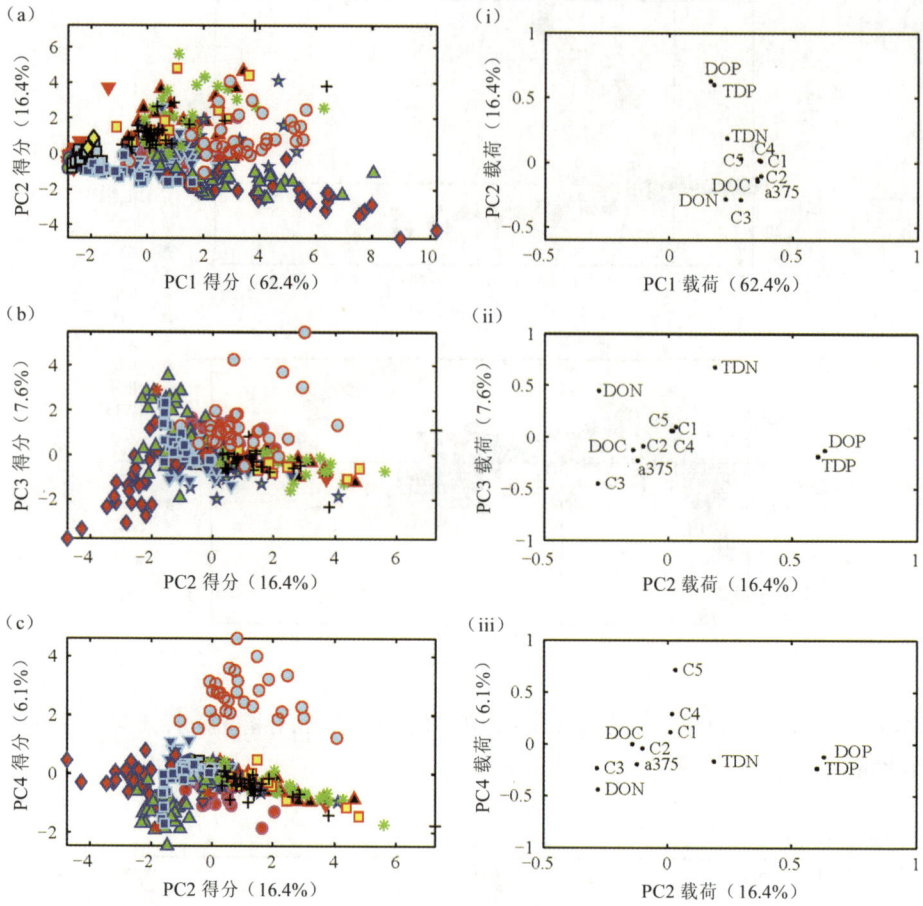

彩色插图 17 对霍森斯流域数据集的 PARAFAC 组分和水质参数的主成分分析。左侧得分图[（a）～（c）]显示各样点之间的差异，右侧载荷图 [（i）～（iii）] 显示变量之间的相关性。